廟算台海

新世紀海峽戰略態勢

林中斌 主編

臺灣 學生書局 印行

謹以本書

紀念一位傑出的戰略學家

海軍少將　王曾惠

廟算台海

新世紀海峽戰略態勢

目　　錄

引言—廟算勝 得算多

「夫未戰而廟算勝者，得算多也。夫未戰而廟算不勝者，得算少也。多算勝，少算不勝，而況於無算乎？吾以此觀之，勝負見矣。」（孫子兵法始計第一）

兩千五百年以前，孫武說過：「戰爭未發生之前，要在廟堂上有周詳的估算來比較敵我軍力的優劣強弱。如果因此得到勝利，那是因爲在廟堂上估算的多。如果這樣做了，而仍不能打勝，那是因爲在廟堂上估算的少。估算多打得勝，估算少打不勝，何況沒有估算呢？我們用這種方法去觀察，勝敗可以預見。」

在今日的我國，相當於當時的廟堂應該是國安會。面對兩岸關係的譎變，台海的戰略估算應該是國安會不可迴避的責任。其中最重要的部分就是提升對共軍的了解。國安會的邱義仁秘書長今年（2002年）三月就任後立即指示要加強對解放軍的研究。本書初步的呈現了他的關切。

高等政策研究協會主辦國際會議專研解放軍有十一

年以上的歷史。雖然它在國內默默耕耘，卻蜚聲國際。國安會特別委託該會協助專案研究而成此書。

我海軍少將王曾惠鑽研古今海軍戰略多年而且心繫台海戰略態勢，可惜於今年四月五日過世。本書收集其相關論文數篇，並以出版紀念之。

林中明先生潛心比較中西文武思想數十年。其劃時代之研究創舉《斌心雕龍》，將《孫子兵法》與《文心雕龍》做關連比較，引起各地軍文學者廣泛的注意。特請其代爲本書作序。

他山之石可以攻錯。共軍近十多年來大量出版高科技戰爭之研究書籍。本人數年來在零星累積方式下收集的應僅爲部分，特置於附件(高科技戰爭：共軍出版書籍採樣)。其軍事學術研究的決心與規模或許值得我方參考。

資訊時代來臨後，將來的戰爭會有更多智能的成分。軍事學術不再只是奢侈的裝飾品，而是國家存亡的關鍵要素。希望此書能得各方高明的指正，並且在我國軍事學術上拋磚引玉，產生加成擴散的效果。果然如此，則是國家社會之福。

國安會諮詢委員

林中斌 謹識

2002年秋

代序—九地之下九天之上

林中明

兩千年前，歐洲的強權，在地中海圍繞著西西里島，競逐大海的控制權。兩千年後，亞洲的強權，也在太平洋圍繞著臺灣島，競逐大洋的控制權。印證了所羅門王所說的：「太陽之下沒有新事。」《吳子》說：「凡兵之所起者有五：爭名，爭利，積惡，內亂，因饑。」似乎天下戰事的爆發，不完全是由於物理的力學勢差，也不只是爲了優化經濟「利益」，而是藏有相當大的非理性成份，因此難以數學預料戰爭爆發的時間，也不易推測下一次戰爭的的敵友。但是對戰爭的勝負判斷，還是有軌跡可循。

如何判斷變化的軌跡？《孫子》以居高臨下，輕重次第的說：「主孰有道？將孰有能？天地孰得？法令孰行？兵眾孰強？士卒孰練？賞罰孰明？吾以此知勝負矣。」可以說，《孫子》整個研判的精神在客觀的「知敵我」，而且特別注重一般將領容易忽視的「隱性」、「陰性」和「不可觸摸」的變數。從戰史來看，戰場上最大「殺傷力」，就往往來自「標準答案」之外的創新和虛實的轉換。譬如說，把臺灣當作不沉的航母時，其本身之不能移動，和「存在艦隊」迂迴縱深的侷限，就不能不考慮不同的安排。當人人都談「信息戰」的時候，也不要忘記「網路經濟」在市場和社會上的眞實比重和其「泡沫化」的教訓。從前以爲是獨立於其它社會科學之外的軍事科學，現在要向其他的學科「取經」，甚至吸取經驗，借用分析工具和接受教訓。

所以研究中共軍事思想，在注意大家都注意的「新變」之餘，也不能不研究毛澤東的政治和戰略思想等「不變」的基礎思想。論戰爭，毛澤東最喜歡引用《孫子》說的「知己知彼，百戰不貽；不知彼而知己，一勝一負；不知彼不知己，每戰必殆。」本書的編者，廖文中博士，本身就是軍事科學的專家。他收集編寫了這「十四篇」軍事科學論文，提供客觀和最新的中共軍事研究，籠罩了最重要的軍事課題，聯繫了古今新舊的變化。想來其精神和所致力之處，也正是《孫子》所說的「知己知彼，百戰不殆。」

現代化和高科技的讀者也許會問：爲什麼在21世紀還說2500年前，只有六千餘字的《孫子》？這個「實事求是」的問題，可以從兩個大方向來解釋：其一，因爲這是中共解放軍軍事哲學思想的根源①；其二，因爲《孫子》不僅是中華文化的顯學，而且日益受到國際戰略專家的重視和應用，甚至成爲美國軍事學校和企業管理學者的主要教材和參考書籍之一，而且對高科技電腦晶片的發明創新，也有直接的啓發②。

經典的著作，其重要性在「質」不在「量」，在「原則③」不在「技巧」；而且一定是經得起時間、地域和社會、文化的反覆考驗。借用古代印度哲學「劫」的觀念，若以「十年爲一小劫，百年爲一中劫，千年爲一大劫」，那麼所有的「經濟學」教科書都過不了「十年一度」的「小劫」。而《孫子兵法》已經過了250個「小劫」，和兩個半「大劫」，而且仍然生氣蓬勃，甚至打入各種社會科學，包括「文藝理論」④⑤。所以用《孫子兵法》做爲基石來探討中共軍事的哲學思維，當然勝過「意識形態」的「馬、列、史」和後期私慾薰心的「毛澤東思想」。

至於蘇俄的軍事思想，同樣在「馬、列、史」和「意識形態」的鉗制下，雖然武器精猛，軍事尖端科技發達，但其形態龐大而智略被動，同時上拼美國太空科技，中支越南對中共四次作戰，下陷阿富汗十年泥沼，最後終於導致蘇聯「帝國」全面崩潰。更由於蘇俄以陸權領軍，沒有大規模兩棲作戰成功的範例，所以在三軍聯合作戰戰術和歐亞大陸大戰略上，除了對年老一輩留俄垂垂老矣的軍人還有一些「慣性」影響和對俄製武器的使用之外，就不值得新一輩解放軍的師法。因此對於研究中共軍事思想的範圍而言，嚴謹的做法固然應該瞭解近代俄國戰略代表者的思想，並從政治掛帥的煙霧下，找出他們重要思維的方向。但就先後重要性而言，我認爲卻不必把講實力而乏創意的蘇俄軍事思想，當做當下研究對象的首位。

此外，就軍事理論歷史的研究而言，「馬、列共產主義」對蘇俄興衰的影響，可以說「成也蕭何，敗也蕭何」。而曾長期在「意識形態」籠罩下的中共解放軍，也因爲思想受到鉗制，而間接弱化了它可能的進步和對臺的有效攻擊力。這種歷史吊詭之處⑥，在王曾惠《海軍戰略的發展（1652—1674）」一文中，也於分析英、荷幾番爭霸戰的結尾，特別以史家的眼光加以著墨。他溯源歷史的大局觀，接近美國海軍戰略創始人馬漢將軍的歷史修養，超出一般「頭痛醫頭，就事論事」的技術性論文。王曾惠將軍的第二篇論文，則從臺灣島的地理、歸屬和法、商歷史來研究「中國海軍於臺灣島戰略地位」，頗有羅馬凱撒大將寫《高盧戰記》的細膩風格，是「知己知彼」的過程裏，不可少的「知己」功夫。他的第三篇論文「中共臺海戰爭兩棲登陸軍力」，特別重視新一代，有關「空海一體，多層雙超，超越登陸和縱深登陸」的見解。他對於「地效飛行器」商、戰潛力的分析，則有當年英國富勒和邱吉爾先悉「機械戰」和裝甲車威力的眼光，和德國曼斯坦色當突破的預見。他的第四篇論文「我國未來海軍戰略之構思」則廢棄傳統觀念下「存在艦隊」的時效意義，而強調爭取主動「以攻爲守，境外決戰」，和決心和勇氣的重要，回歸到古今世界兵學的基本原則。

不過我以爲「存在艦隊」的意義，如果參照《孫子》「善守者，藏于九地之下；善攻者，動于九天之上」的原則，從新詮釋現代大環境下「致人而不致於人」的新組合，則未必是落伍的觀念。但就這四篇軍事論文的縱深和概括面而言，可以說他已經形成了一個重要的戰略學研究架構，大有可能爲臺灣寫出一本重要的《臺灣海軍戰略》。可惜天不假年，英年早逝，未能寫出像馬漢那樣影響全世界海權思想的《海軍戰略》。作爲王曾惠將軍50年的老友和小學同學，於公於私，於學術於志趣，都是極其惋惜和痛心的事。於此也只能以我的詩句「自古英雄多遺恨，夜看流星劃長空」，和簡單的序言來弔念他了。

現代的戰爭打的是軍事、政治、外交、經濟和高科技結合的總體戰。本書編者收入楊念祖有關「美日安保合作對西太平洋安全之影響」一文，顯示了作者和編者對地緣政治和軍事同盟整體運作的重視。使得此書的範圍擴大到對亞洲大戰略的透視和國際局勢的全面考量。其資料的豐富，也讓戰略研究者看到美軍「境外決戰」和三層防線佈局的戰略優勢；和今後太平洋勢力板塊，因爲日本軍力的走出日本海，而勢將重新劃分的歷史必然性。因而本書不同於一般「純軍事」和「量化研究」的論文集。但由於國際情勢的千變萬化，這本論文集的部份論文必將受到時間的影響，從而改變了相對的戰略關係。但就取材的方向而言，則仍是後續研習者的羅盤，具有「印證歷史」和「與時偕行」的教育意義。

在中共解放軍隨同中國共產黨，一同從僵化過時的「馬列教條」中逐漸「解放」的同時，中共的軍事、政治、外交、經濟和高科技結合的總體戰⑦也越趨活躍，在「意識形態」和手法上更接近於過去大英帝國和現在的美國。

譬如說朱鎔基總理於今年九月訪問法國時，就向法國的軍火商政集團招手，願意承購法國賣給臺灣的全部武器。而稍後國防部長遲浩田訪問菲律賓時，則願意賣飛機給菲律賓，以取代臺灣想賣給它的F5E戰機。這種政軍外交經濟一體，攻守交錯的「大戰略」⑧，看似沒有實際的戰鬥力，但就《孫子兵法》的「不戰而屈人之兵」和李德哈特的「間接戰略」而言，這些「政、戰、經濟、外交」一體的「運動包圍戰」，雖然不在本書範圍之內，但是對高一層次的研究，則是更值得注意的題材。

此外，研究中共解放軍的軍事思想，固然要知道其思想的來源。但現代高科技的新發展，又帶給各國軍事發展新方向和競爭壓力。所以從舊的根源來說，研究中共軍事思想不能不精究中國古代的軍事經典——從宋代集結的《武經七書》到1998年集成50卷本的《中國兵書集成》加上毛澤東的早、中期的軍事思想。對此部份的研究，張惠玲撰寫的「從老子、孫子、曹操到解放軍」，給本書提供了有系統的回述，並比較老子、孫子和曹操、毛澤東在軍事思想上的同異，使得本書涵蓋的歷史範圍，更加全面。在這篇論文之中，有兩點值得注意：

其一，古代的老子、孫子和曹操都以不同的方式，批評和貶低「窮兵黷武」的「純軍事」思想和手段。這是和一些東西方崇拜武力的政、軍和參謀人員所遵循的模式和「範例」，在文化思想上有根本性的大差異。這對今後世界漸趨和平或大小戰爭不絕，將是一個重要的指標。

其二，《老子》《孫子》和曹操、毛澤東都在文學上達到「辭如珠玉」⑨的高度，也表現了傳統中華文化裏「文武合一」的範例。本書的作者們，文筆都流暢洗練，這也是特色之一。而中共戰略專家李際均將軍作總序，由解放軍文藝出版社出版的一套「軍事學者評點古典軍事文學名著」⑩；而1953年曾留學蘇聯伏羅希洛夫海軍學院，後來曾擔任過中國海軍學院院長的朱軍，在寫過《孫子兵法釋義1987》之後，會在90歲的高齡，闡寫《管子釋義1998》。這些看似和軍事無關的「瑣事」，其實清楚地闡明了中共的文化方向已脫離了「外來」而不符中國文化民情的「馬列主義」「意識形態」。這也說明研究中共軍事思想，須要把「黨、政府、文化、人民」四大項分別處理，時空歸零，這才能客觀而實際地瞭解其思維動向，從而才能制定最有效的政策和戰略。

若從新的一頭來看，則最重要的是近十年，受到美國高科技武裝影響下，新的中共國防戰略。美國早期軍校的教育注重工程和數學。結果眞正打起仗來，這些訓練對將領的「競勝求存」幫助卻是有限，或者反而還造成高比率和不必要的大量死亡。但是到了21世紀，科技的威力遠遠超過了人體的戰力，反應速度和偵察範圍。於是乎科技人員的重要性，隨著武器能力的快速發展而益形緊要。結果舊式軍校的理工訓練課程，竟然回過頭來卻更符合新時代的需要！新時代的戰略家，如果不懂得高科技在光電、生物、海洋、太空等方面的軍事效力和發展方向，其危險性就像古代農業社會的軍人不會射箭和騎馬，而妄想對抗蒙古騎兵和神射手一樣。但是回顧歷史，我們也會「驚異」的看到曾任「兵部尚書」的「大詩人」蘇軾，在58歲時，自動請纓領軍邊防，並在定州積極修編「弓箭社」，成功地抑制了契丹的進犯；和65歲，曾被封爲「武學博士」的朱熹，在長沙編練「弓手土軍」，弭平叛亂。這都說明了戰爭的本質是「既鬥力，也鬥智」的總體戰鬥，缺一不可。

再就中共解放軍新世紀的六大次元一、海，二、陸，三、空，四、天，五、磁，六、網而言，其首三項還是近于傳統的編制和思維。但是後三項，則師法美國新一代科技掛帥的新方向。於是乎中共軍事的思維方向，變成經典戰略和尖端科技的綜合體。中間一代的戰爭經驗反而變得相對次要了。中共慣說的「老、中、青」三結合，也勢必改變它過去習慣的比例，而變成兩頭大，中間小。或者說，能夠洞悉全球大戰略的國際歷史關係專家，和熟悉高科技應用和發展潛力的智識份子，勢將取代過去全靠累積傳統作戰和管理經驗的「純」軍事的參謀和作戰人員，而成爲新一代的軍事智略和運作團隊的重要成員。因此，過去只注重分析中共軍事武器能力和數量的做法，就必須改變成瞭解他們軍事智略團隊的思維、智識和人員的培育。當中共軍隊不再經營生意，而專注於軍隊體制的現代化，同時軍人的素質由大力徵召精選智術青年而改進時，研究中共軍事能力和走向的方式就不能不因之而積極相對調整，並注意加速臺灣本身在這兩方面的進步。

如果對中共解放軍新世紀的六大次元：海陸空天磁網，加以分析。我認爲前五項屬於「可觸見」的「陽性戰鬥力」，非常觸目和熱門。在本書中，編者也詳盡的收集了施子中的「中共海軍新世紀建設與發展戰略」，和廖文中的《空軍與島嶼國家防衛作戰》，和「中共組建『天軍』發展『星戰』」三篇深入的專作。施子中的「中共海軍跨世紀建設與發展戰略」看似專爲中共海軍現代化的來龍去脈作了詳盡而深度的報導和分析。但若和一百多年前馬漢爲美國海洋戰略所作的建議和「藍圖」，就可以發現相似的心態和思想。當年的馬漢，並非獨立發展他的「海軍戰略」，而是經過父子兩代的努力，和學習傳承自古希臘以來，到「現代」的陸海戰例，和實際的世界週遊實地考察，而歸納出的海戰原理。但從目前的情況來看，似乎像馬漢之流的大戰略家，應該已在亞洲成形，或許已經出現？

廖文中的「空軍與島嶼國家防衛作戰」，和「中共組建『天軍』發展『星戰』」從現實的雙方兵力、戰機、導彈、衛星偵查導航作了詳盡的對比，並模擬多種假想而可能的戰爭狀況，甚至精闢地分析了國際形勢，是本書中最先進的軍事和武器分析的論文，想必將爲其他軍事研究者所引用。而回溯《孫子兵法》「善守者，藏於九地之下；善攻者，動於九天之上」兩句前人認爲是極其「浪漫」和「富有詩意」的「詩句」，我們發現孫子所說的「藏於九地之下」，其實也是現代核子潛艇「航藏於九洋之下」的預言。而「善攻者，動於九天之上」的想法，竟然已在美、俄的「太空星戰」正式實現。再回溯杜黑的「制空權」理論，一旦把它升級到相對於「傳統軍種」的太空層次，他的思考「對象」也正是今日從太空看地球上軍事戰鬥的狀況。所以從歷史和科學發展的軌跡來看，今後突破性的戰略思想一定是從經典著作和高科技相結合，加上觀察實戰和具有「詩人想像力」的「智識份子」所產生，而絕不是「單極職業和思維」所能製造出來的人物。

此外，在這五個近於「陽性戰鬥力」大題目之外，第六「網路戰爭」，第七「後勤補給」，第八「人員培育和人才使用」，第九「政、經、外交總體戰」，和第十「用間」和敵後縱隊運用等五項「不可觸見」、「間接和持續戰力」、「總體智力和勇氣」等「陰性戰鬥力」，或許更值得軍事研究者加以思慮。因爲就歷史上的軍事教訓而言，經常是「最不受注意的地方，就是致命的地方」。因此在本書中林勤經的「中共網軍建設與未來發展」及時以學術研究的方式，專精地討論了美、中兩方的「網路戰爭」理論和發展次序，以及觀念革新、人力資源和系統構建的重要。關於「人力資源和系統構建」，中共近十年來已做出顯而易見的成績。但是說到「觀念革新」，這就不止於技術和執行階層的實踐。回顧歷史上集權專制的軍隊，往往空有質量俱優的大軍，卻常常爲劣勢少量的「思想自由」而有死戰決心的對手所擊敗。有位西方的史學家把這個現象歸於東西方文化的差異，顯然自己也是屬於「胸襟不自由」一類，可以當做反面教材來參考。

廖文中又討論了極其重要的「中共二十一世紀軍隊後勤改革與發展」，以及論總體戰力的「系統整合與軍事戰力升級」。這都是一般談論軍事者容易忽略和不易從上而下宏觀整體的好文章。軍隊後勤是戰爭裏最不具「魅力」的工作。但是漢朝打天下的首功卻是蕭何，而不是韓信。而海灣戰爭的大功也還是建築在精確綿密的後勤補給之上。這就是《孫子・軍爭篇》所說的：「是故卷甲而趨，日夜不處，倍道兼行，百里而爭利……是故軍無輜重則亡，無糧食則亡，無委積則亡。」

再就「系統整合與軍事戰力升級」而言，漢家天下的第二功臣是張良，因爲沒有張良，就沒有「系統整合與軍事戰力升級」。《孫子・行軍篇》說的好：「兵非貴益多也，惟無武進，足以并力、料敵、取人而已。」因爲「系統整合」就是「并力」，能夠「并力、料敵」，當然「軍事戰力升級」，易於「取人」。

所以就我看來，廖文中的論文和編排內容，都和《孫子兵法》相呼應。相信這些精闢客觀的論文，會給有關的研究人員帶來深、廣、新、專的資料和觀念。從而使得兩岸軍事人員增進互相的瞭解，降低因「非理性」的誤判，所帶來「兩蒙其害」的戰爭。這種「以知敵而卻敵」做法，不僅是戰國時代精通力學、光學等「高科技」，和「城守⑪」戰備的「總工程師」墨翟，曾經成功地在強大的楚國演練過，也是我們現代「高科技」從事者，對海峽兩岸和平的致力和期待。

老子說：「以道佐人主者，不以兵強天下」，他又說：佳兵不祥，戰勝如喪。希望歷史還是重覆地站在愛好民主和平的人民，和「智信」且「仁」的將帥一邊，而不是站在「窮兵黷武」和「好戰必亡」者的一邊⑫。這不僅是我們的企望，希望也是對岸和世界強權軍政領導人的理念和智慧。

註：①林中斌，中共核武戰略——演變暗藏傳統(China's Nuclear Weapons Strategy -- Tradition within Evolution), Lexington Books, 1988.

②林中明，「舊經典 活智慧 -- 從易經、詩經、孫子、史記、文心”看企管教育和科技創新」，第四屆「中華文明的二十一世紀新意

義」學術研討會論文集，嶽麓書院，湖南大學，2002年5月。

③Captain Steven E. Cady, World Peace and the Soviet Military Threat, Air University Review, Jan.-Feb., 1977.

As the Frenchman said: Plus ca change, plus c'est la meme chose (The more things change the more they are the same.").

④林中明，「劉勰、『文心』與兵略、智術」，中國社會科學院；史學理論研究季刊，1996 第一期

⑤林中明，「斌心雕龍——從『孫武兵經』探解文藝創作」，第四屆孫子兵法國際研討會論文，1998年。

⑥王曾惠，「海軍戰略的發展(1652—1674)」：「1674年戰爭終了，荷蘭精疲力盡，遂淪爲二流國家，英國則取而代之，成爲首屈一指的海洋帝國。戰後15年，1689年元月荷蘭親王奧倫治威廉三世入主英國，雖非關戰略卻是歷史的惡作劇，造化弄人「天地爲爐兮，造化爲工，陰陽爲碳兮，萬物爲銅」。」

⑦許約翰·柯林斯，「大戰略：原則與實現1973」：許多人至今仍然相信，如果不受人爲的約束，單憑武力就能打贏戰爭。事實上，如果沒有深謀遠慮的政治戰、經濟戰、社會戰和心理戰相配合，武力本身是不能取勝的。

⑧Chong-Pin Lin, " CHINA AFTER SEPT.11 ," The Asian Wall Street Journal, July 11, 2002, P9.

"With Beijing's self-restraint serving as a defense in the world now dominated by a single superpower, Beijing launched diplomatic counteroffensives beginning in late 2001 to regain its influence in two phases......For Beijing, it may be noble, if not also necessary, to look after its old friends when others despise them. Yet for Washington, that may just unwittingly make Beijing the patron for the "axis of evil."

⑨劉勰《文心雕龍》：「《孫武兵經》，辭如珠玉，豈以習武而不曉文也？」

⑩姚有志將軍點評的《水滸全傳》，吳如嵩《三國演義》，劉先廷《東周列國誌》。

⑪《墨子·城守20篇》專講守城防禦之道，今存11篇殘卷。

⑫1998年，第四屆孫子兵法國際研討會上，91歲的朱軍（海軍指揮學院中將），在討論軍事哲學之餘，親筆寫給作者「自古言兵非好戰」和論「公私」的五言絕句。表達了他終結一生70年戰鬥的理念和智慧。

從老子、孫子、曹操到解放軍*

張惠玲

壹、前　言

自4000多年前黃帝時代的阪泉之戰後，中國即面臨許許多多的戰役，除了「合久必分，分久必合」的內憂外，外患也多次使中國面臨改朝換代。豐富的戰爭經驗，促使戰略思想逐漸形成。「戰略」的概念，最早是出現在中國，所謂「戰略」是指「指導戰爭全面的計畫與策略」，並決定著戰術手段的運用①。中國的戰略思想是受到歷史中政治、軍事、文化等因素的影響而產生，在「老子」、「論語」、「孟子」等經典中，都可見戰略的觀念。

中共的軍事戰略受到中國古代戰略理論的影響很大②，在當前現存500多部戰略兵書中，包括「孫子兵法」、「吳子兵法」、「尉繚子」、「司馬法」、「六韜」，其等對待戰爭的精神與原則都可見於中共的軍事戰略理論中，「孫子兵法」的影響尤爲大。「孫子兵法」可視爲是指導中國大小戰役的第一個戰略兵書，也標誌著中國古代戰略理論的確立，對古今中外之軍事戰略有著重要的影響力。然而，在孫子的兵法思想中，吾人可以發現老子的「道德經」對其有深遠影響；其後三國時代的曹操，在他本人豐富的作戰經驗中，將「孫子兵法」具體運用出來，不僅將孫子兵法發揚光大，甚至也注入了更深入的意涵。在今日中共的軍事戰略中，相當大部分的謀略本質，除了是依循著「孫子兵法」的精神，曹操的軍事思想也是頗受重視的。因此，本文擬先以「孫子兵法」爲主軸，分別探究孫子與老子，以及孫子與曹操的思想異同，並進一步分析「孫子兵法」對中共軍事戰略的影響，希望有助於對於中共軍事戰略思想的瞭解。

貳、中共軍事戰略的重要起源—孫子兵法

「孫子兵法」雖出於春秋末期，書中卻已論及諸多戰略要素包括「伐謀」、「伐交」、「伐兵」、「攻城」等戰略手段，以「道、天、地、將、法」作爲戰略力量的要素③。「孫子兵法」對待戰爭的態度是追求「不戰而屈人之兵」的理想境界，在治軍原則上則是提倡「令之以文、棄之以武」，追求於「致人而不致於人」的境界④。這樣的精神也是理性對待戰爭國家的軍事準則。

「孫子兵法」全書十三篇僅六千餘字，卻在古今中

外軍事兵學擁有重要地位。第一篇是在述明戰前應先有所盤算，這是孫子謀略之道的根本。孫子主張戰前應將敵我能力對比作一分析，有勝利的把握才準備作戰，並以「詭道」，亦即權變的作戰原則，力求「攻其無備，出其不意」而獲致勝利。第二篇「作戰篇」主要論述物力、財力、人力與戰爭的關係，作戰的指導思想是「速戰速決」，「兵貴勝，不貴久」戰略態度。第三篇「謀攻篇」中，孫子指出了「戰爭是手段而不是目的」的戰略原則，論述「上兵伐謀」的全勝思想，最高段的戰略就是要能做到「不戰而屈人之兵」。

第四篇到第十二篇則是在說明如何在衡量敵我軍力優劣的前提下進行各種戰術的運用。第四篇「形篇」在論述戰爭必須具備相當軍事實力，才能「先爲不可勝，以待敵之可勝」。第五章「勢篇」論述在瞭解敵我軍事實力的基礎後，如何正確指揮作戰和部署兵力，創造利己的情勢。第六篇「虛實篇」強調戰爭中要「避實擊虛」，攻其必救之處，如此才能對敵軍正中要害。第七章「軍爭篇」論述要爭取戰場上主動權，誰能取得主動權，才有可能取得勝戰。第八章「九變篇」在說明根據各種戰場情況，靈活的運用戰術。第九章「行軍篇」說明行軍宿營的問題及利用地形地物判斷敵情。第十章「地形篇」說明在不同地形下，作戰的行動原則。第十一章「九地篇」則是以九種不同作戰地區說明用兵的原則。第十二篇「火攻篇」說明火攻的條件與方法。最後一篇說明以間諜取得情報對戰爭情勢掌控的重要性。

「孫子兵法」的哲學是重視人事，反對天命，強調政治、經濟在戰爭中的作用。雖然其高度重視「將帥」在戰爭的作用而較忽視軍事武器的角色，但是孫子兵法對於戰前的心理建設、國際環境的運用、支持戰爭的後勤準備、探測敵情，以至於開戰後的兵力部署、指揮調度等層面所提出的原則，至今日還是有相當大的參考價值。

參、孫子與老子思想之比較

老子和孫子身處於戰國時代的對立抗爭環境，在二人之著作「道德經」與「孫子兵法」中，都表達出對當世混戰的自處之道。以下茲先分析二人思想之略同處。

第一、萬物不是一成不變的，要在變化中求發展，在反覆相互轉化中使萬物不停的發展。

孫子認爲作戰必須要出奇才能制勝，而所謂之「奇」，即爲採取隨機應變，或不合常規的行動來捕捉勝機。「奇正」又非一種固定的劃分，彼此之間是可相互轉換的，例如當預備隊（奇）使用後，自然會與敵軍接觸，而變成第一線部隊（正），而原先第一線部隊（正）

也就可以抽調，成為新的預備隊（奇）⑤。老子主張要運用大道的自然規律，處動盪之世，要以靜制動，處沈寂之世，則以動制靜⑥。經常在空虛無有間適時轉換，才能去舊更新，與大道亙古常新。

第二、兩人皆重視時機、情勢，主張順勢而為，謀定而後動，藉助外力達成目標。

老子認為，眞正能體悟天道而眞正行道的人，是能運用道的自然規律，在天下動盪渾濁之中，以靜制動，用清靜無為之道來化民易俗，使天下徐徐澄靜，重返清明，並在天下困窮沈寂之中，以動制靜，用有生於無之道來創造生機，使下徐徐復甦，回復活力。動靜伺時機，進退由情勢⑦，不得已必須戰爭時要運用別人力量來打仗，才是所謂合乎宇宙大道的原理⑧。

孫子自「計篇」開始即指出一切戰略思想都必須以「計」為起點⑨，要對國力先加以評估。他認為作戰時，將之用兵更要能發揮高度彈性，才能把損失降到最低，把收穫升到最高程度⑩，孫子並認為在尚未交戰前，若試加以估算就能知道勝負之分⑪，因此「知勝」是「廟算」的結果，又是「謀攻」的先決條件。

第三、兩人皆視戰爭是需謹愼的大事，戰爭是手段而非目的，不趕盡殺絕，追求「善」與「全」。

老子認為，用大道來輔佐君王治理天下之人，是絕不任意使用武力來逞強稱霸天下的，因爲武力不但不足以服人，反而會引起武力的反抗與強暴的報復。因此，善於用兵的人，即使萬不得已使用武力，只求達到戰略的最高目的就作罷，絕不會以武力來窮兵黷武，會適可而止⑫。

孫子認爲，戰爭是國家的大事⑬，國家之所以要主動投入戰爭，是因爲它想用戰爭爲手段達到某種目的，因爲守勢只能阻止對方達到目的，並不能使我方達到目的，所以不得已才必須採取攻勢。在擬定計畫亦即其所謂之「謀攻」時，最高的理想在於求「全」，而達到此理想的最高境界更在於「不戰」⑭，由此觀之，孫子不僅主張愼戰，反對久戰，更追求「不戰」之道。

第四、兩人皆主張戰術需以奇術欺敵。

老子認爲，治理國家必須以誠信無僞的正道，要殺敵致勝則必須以兵不厭詐的奇術⑮。孫子則認爲兵法必須「因利制權」，以不同的手段來達到造勢的目的，這種隨機應變，毫無常軌的模式即是孫子所謂之「詭道」⑯，詭道並不限於詐欺之術，主要是以虛實的手法，讓敵人摸不清我方的實力，在戰前以造勢來增加獲致勝利的機會。

第五、兩人皆喜以「二元化」方式論述。

二人皆喜以二元化相對的方式來比擬事務，如老子說的「雄雌」、「白黑」、「榮辱」⑰、「正奇」⑱，與孫子指出的「治亂」、「強弱」、「勇怯」⑲、「虛實」⑳、「攻守」㉑等。但老子的二元論有主觀的價值判斷在其至中，如「柔勝於剛」㉒，而孫子的二元是平等的無優劣之分。

第六、兩人都喜歡以「水」來做比擬。

老子喜歡以水的柔弱來比擬有善德的人㉓，以及以柔克剛，老子認爲再堅強的東西，也無法改變水的本性㉔，但水卻可在無形中深入滲透任何堅硬固實的東西。孫子亦以「水無常形」來形容作戰時應該也要「兵無常勢」㉕，「形」是指部署，假使部署不適當，則欲求自保都有困難，焉能求勝，所以孫子主張在「形爲靜態、勢爲動態」下，應該善於因應敵人變化而取勝。

老子與孫子雖然有許多相似之處，然而，老子是以「無」的觀念作爲思想的核心，其邏輯爲「無知則無欲，無欲則無爭」，孫子則是以「謀」的觀念主導戰或非戰。在「道德經」與「孫子兵法」中，或有出現兩人皆提及相同的字，但二者分別之釋義卻是完全不同的。

第一、兩人皆提及「道」字，但對道的釋義不同。

老子所謂之「道」是指宇宙自然規律，是恆久不變的眞道㉖，是浩瀚空虛，其運用是沒有窮盡，永無止盡㉗。而孫子所謂之「道」㉘則是指，治國的目標、方針和正當原則，亦即是政治的理想與理念。他認爲計謀之首要工作是要評估一國的國力大小，而五個指標之中首先就是要明瞭「道」，身爲統帥者必須要有充分的認識，才能制敵機先。二者對「道」的認知是根本不同的。

第二、兩人對「知」的看法不同。

老子思想某種程度是反智的，這個智是指機詐之智，他主張聖人治理天下應淨化人心，不推崇名位慾望，使人民勞動筋骨不疏離純樸生活，使機詐之徒不敢有所作爲㉙。眞正的「知」，是要體悟天道而眞正行道，如此則可無往而不通，老子的無爲而治並非是主張不去作爲而造成無秩序狀態，反之，是要以天道的原理來達到眞善美的境界㉚。孫子則主張要「先知」，從戰爭前的謀略分析開始，都是要對敵人和自己的國力、情勢做一估算，越清楚自己的實力，越能掌握敵人的實力，才是戰場上克敵致勝的眞理㉛。

第三、兩人皆提及「剛柔」，但對剛柔的認知不同。

老子認爲，堅強是死亡的型態，柔弱才是生存的型態。依恃兵勢強盛的軍隊，反而居劣勢不能取勝㉜，所以他主張，立身處事爲人做事，與其逞強不如柔和㉝。孫子之「九地篇」是論述當我軍進入他國領域，即採取進攻或入侵的行動時，所面對的地理環境之分類，在「九地」中所提及之「剛柔」㉞則是指地理有剛柔之分，剛即爲險地，柔即平易之地。

肆、孫子與曹操的比較

曹操在中國歷史上是個重要的軍事謀略家，其在東漢三分天下的時代中，所運用之兵法受「孫子兵法」影響頗深，在曹操的著作中甚至可見其對於「孫子兵法」的刪訂和註解，然而，曹操一生累積豐富的作戰經驗，不僅運用了孫子兵法的戰略，也形成了他自己的軍事思想脈絡。孫子與曹操二人對中國軍事戰略發展皆有相當深層的影響，因此下文將略加分析兩人思想上之異同處。

第一、皆認同戰爭是不得已的作爲。

曹操和孫子都認爲戰爭是不得已的作爲㉟，孫子認爲，戰爭是國家的大事㊱，國家主動投入戰爭的原因在於欲以戰爭爲手段達到某種特定目的，因爲守勢只能阻止對方達到目的，並不能達成我方之目的，所以不得已才必須採取攻勢。孫子認爲在擬定計畫亦即其所謂之「謀攻」時，最高的理想在於求「全」，而達到此理想的最高境界更在於「不戰」㊲。而曹操認爲有仁心的君王是不喜歡發動戰爭的㊳，爲了愛惜民力也必須謹愼出戰㊴，由於作戰對社會的影響很大，作戰兵員以募集一次爲度，不因兵員不足又回國徵兵㊵。由此觀之，孫子與曹操面對戰爭的態度是主張愼戰，反對久戰，更企圖不戰。

第二、皆重視「將」之方略才能。

孫子非常重視指揮全責之統帥的才能，並將之列爲戰力基本要素之一環㊶，認爲要能有充分認識用兵道理的將帥，才能將人民的生命、國家的安危託付在他的手上㊷。孫子認爲作戰時，「將」之用兵更要能發揮高度彈性，才能把損失降到最低，把收穫升到最高程度㊸。曹操和孫子一樣都重視將士的才能，認爲只有具備才能的人，才能爲國建功，曹操認爲從沒有不具才能的人能爲國建功的㊹。

第三、皆認爲戰爭要適可而止，不趕盡殺絕。

孫子認爲戰爭應以勝利爲目的，並不在長久作戰㊺，凡是用兵，以不傷害敵國而使之屈服爲最大的勝利，擊潰敵國並使之屈服，並非是最好的方式㊻。曹操也認爲對敵人不要趕盡殺絕，雖然要使敵人落荒而逃，但是不要從背後去猛追，他認爲若窮追不捨必會造成遺害㊼。二人並皆主張速戰速決㊽，因爲長期征戰也必定會對國家造成不利㊾。

第四、皆重視「軍紀」。

孫子認爲在戰爭時元首不可對軍隊妄加干涉，否則將造成軍事上的危機。在軍中亦嚴格要求「不可越級報告，亦不得越級指揮」，以確保各級指揮權的獨立㊿。曹操重視法律，如果有人違背法律就要處罰，不過量刑亦需適當，另外，在軍隊中要按軍法行事，不施行以一般治國之道51。兵員對軍隊中的軍令，要唯令是從52，在軍令之下，一個命令才能有一個動作，將士要各司其所，不得逾越自己的本分職務53。戰爭時的進攻或後退都要遵守指示，如果不遵守命令，即使是立下功勞，雖有功也不賞54。

第五、皆重視「計謀」與「詭道」的應用。

孫子認爲兵法必須「因利制權」，以不同的手段來達到造勢的目的，這種隨機應變，毫無常軌的模式即是其所謂之「詭道」55。詭道並不限於詐欺之術，主要是以虛實的手法，讓敵人摸不清我方的實力，而無法預料我方是採取何種戰術策略，同時要因應敵人陣勢的變化，避開堅實，攻擊弱點56，來增加勝利的機會。曹操也認爲在對敵人發動攻擊之前，必需先要有所謀略57，而兵法是以權變爲主要的策略58，所以要用各種可能的方式去混淆敵人。

第六、皆重視戰前的估算。

孫子和曹操都對戰前的估算非常重視，認爲在戰前仔細評估，戰爭的勝負也就大致可確定了。但是，由於戰爭中隨時都有突發的情況，戰爭並沒有固定的模式，所以隨時臨機應變對戰爭是更重要的(59)。孫子主張戰爭一旦發生需要有國家總體的配合，舉凡政治、外交、經濟、軍備等都要事先加以準備。「孫子兵法」自「計篇」開始即指出一切戰略思想都必須以「計」爲起點(60)，要對國力先加以評估。孫子並認爲在尚未交戰前，若試加以估算就能知道勝負之分(61)，因此「知勝」是「廟算」的結果，又是「謀攻」的先決條件。曹操認爲出兵作戰要花費大量人力物力，所以事前一定要做好規劃，糧食更要從敵國就地取得，以避免遠途運輸造成人民負擔(62)。曹操並也重視軍事力和經濟力對國家的安定的作用，故有謂：夫定國之術，在於彊兵足食(63)。

曹操的軍事思想雖有相當成分源於孫子，但在其長期戰爭經驗中，對於「孫子兵法」又另有所發揮與補強，二人的差異如下：

第一、曹操是文學家、政治家、軍事家，孫子主爲軍事家。

在曹操的作品中，除了軍事的訓令之外，還有文學的詩集包含對人生的體驗（如「短歌行」）、旅遊書懷（如「苦寒行」、「秋胡行」、「氣出唱」三首等）、治理國家的法令（如「收田租令」、「選舉令」、「置屯田令」等），曹操的政治思想是要富國強兵、用賢任能。而「孫子兵法」則是著重在軍事層面，著墨於戰爭的心裡及物質準備方面。

第二、「孫子兵法」主為發動戰爭的謀略之道，曹操更進一步有因應戰爭的細部規劃。

孫子兵法是針對從戰爭的準備、戰法以至於求勝的過程形成一系列的戰事準則，自始計、作戰、謀攻、軍形、兵勢、虛實、軍爭、九變、行軍、地形、九地、火攻、用間等十三篇中，脈絡相承並自成體系，因此古今中外在軍事上叱吒風雲的人物皆對「孫子兵法」有精湛的研究。在曹操的著作中，除了不乏「孫子兵法」的精神外，他另也談及有關治國之道，包含國家社會因應戰爭的配合之道。在經濟方面不僅要屯田以生財㊽，也要盡量使財富分配能平均㊾，社會方面則需重視教育㊿，賞善罰惡(67)，政治方面要重視選賢舉能，察納雅言(68)，在社會綜合健全的發展下，國家才能富國強兵。

第三、曹操思想相對孫子更為多元色彩。

孫子認為作戰必須要採取隨機應變，或不合常規的行動來捕捉勝機，例如「奇、正」又非一種固定的劃分，彼此之間是可相互轉換的(69)，這種想法與道家主張要運用大道的自然規律相似，處動盪之世，要以靜制動，處沈寂之世，則以動制靜(70)，經常在空虛無有間適時轉換，才能與大道亙古常新。「孫子兵法」受道家不少影響，曹操除了軍事外，也重視法治的實踐，強調以法律來治理亂世⑺，執法的人尤其要明通法理⑿，他強調治國治軍不能離開刑賞，即使是太平盛世，仍要「輕重隨其行」，此即法家思想。另一方面，曹操的施政又有儒家仁政的色彩，他對當時的豪強地主進行打壓，限制其對人民的奴役，並對租稅做了統一的規定，以減緩人民的負擔⑬，同時曹操也重視敦化社會風俗，命令各郡縣要興辦教育⑭，講求禮讓⑮，提倡節儉等。此外，曹操也提倡「兼愛」、「尚同」、「節儉」等墨家思想⑯，在「短歌行」中，更顯出其性格、文風略有道家豁然的一面⑰，從其作品忠實展現了其多元的思想內涵。

第四、曹操以「君王」定勝負，孫子以「個人」的謀略定勝負。

曹操認為決定勝負的關鍵是君主的「道德智能」⑱，善於領導戰爭之人，應當先修明政治以使自己立於不敗之地⑲。孫子認為，凡身為統帥者必須要充分瞭解「道、天、地、將、法」等五項基本要素，並要具體以「領導者、將帥、天時地利、法令、士兵、部隊、賞罰」等七項指標來衡量敵我優劣，他並表示，凡是將帥聽從他的意見必定獲勝，可以留用；不聽者，必定失敗，應解除職務⑳。二人之兵法中所顯露出此點略異之處，或許是因為曹操是以君王身份帶兵，而孫子之兵法則是身為臣子進獻給君王之教戰兵法。

第五、曹操對於將帥另有提出看法。

孫子認爲，爲將者要具備「智、信、仁、勇、嚴」五種品德，對於五項基本要素必須具備充分的知識，才能克敵致勝㉛。曹操則更進一步提出對「將」之要求；他認爲若將帥賢能則國家可保長治久安㉜，因此將帥的作用不僅是像孫子之要求必須遵從他的指示而已，而是更進一步發揮將帥的自主性，重視將帥的潛質，個人以爲，從曹操的軍事思想中，對於將之賢能相對孫子是有較廣泛的意涵，不僅限於五種品德，由於平時還要型塑國家社會堅強的能力，曹操似乎比孫子對國家安全的維持有更廣的看法，相對而言，將帥對於國家安全有更大的重要性。

第六、曹操對戰術有更深入的分析。

孫子認爲用兵之法則是，有十倍於敵人的兵力就包圍敵人㉝。曹操則進一步提出這是在敵我雙方將領智勇相等和士兵戰力平均的情況下才可採用之方法，如果我方兵力素質較弱，敵人兵力素質較強，就不能採用這種方法，而有時又只需集中兩倍於敵人的兵力包圍敵人即可㉞。曹操不僅評估戰爭對峙時兵員的所需之量，他更深入的思考到重視兵員素質的問題。

伍、曹操對孫子兵法的應用

曹操兵法戰略不僅師承孫子，而且更進一步將以發揚光大，運用「孫子兵法」的原則，打贏戰爭，最著名的可推西元200年時的「官渡之役」。東漢末年，漢皇室名存實亡，各路諸侯競相征戰，其中著名的官渡之役成就了曹操的一統中原地位。在官渡戰前曹操首先的謀畫帷幄，就是孫子兵法「計篇」中所說「廟算」的精要。孫子說，「夫未戰而廟算勝者，得算多也…」㊇，此是指，未開戰前就能察覺到將勝利，是因爲有充足的謀畫與分析，得勝機會就多。官渡之戰前，在黃河南北形成曹操與袁紹兩軍對峙的局面，袁紹以十一萬大軍雄厚兵力的優勢，準備南下許都，進攻中原，而曹操只有三萬的兵力。曹操在戰爭開始前召集部將分析情勢與對策，他認爲：「袁紹兵多將重，實力雄厚，但是袁紹志大卻缺智謀，色厲而膽略不足，兵多但不善指揮，將驕而各存私念，所兵員雖多，卻不可怕」。㊈曹操的重要大將荀彧也提出相同看法。在與重要謀將分別從敵軍之主帥、將領、士兵素質、紀律等方面的全盤評估下，曹操與部將一致認爲形勢有利於己，有相當大的勝算，於是才進一步盤算戰術的運用。

首先，曹操對袁軍採取孫子兵法「詭道」中所謂之

「實而備之」的戰術⑧⑦，決定「以逸待勞」、「後發致人」，待袁紹派部將攻打戰略要地白馬，才開始兩軍的正式交鋒。曹操一開始不與袁軍正面衝突，「聲東擊西」佯裝要渡河攻打袁紹後方的延津，待袁軍兵分兩路，曹操率兵直趨白馬，袁軍措手不及倉促迎戰而耗傷，兩軍對峙於官渡。這正是孫子提出「詭道」十二法其中的一法，即「近而示遠」，攻擊的目標雖在近處，卻假裝要去襲遠處，再以主力全攻白馬一地。曹操後因相對袁紹兵少糧缺，不利久戰，於是決定採取「偷襲」戰略，將袁軍儲於烏巢的軍糧全部燒毀，致使袁軍官兵士氣進一步動搖而大潰，曹操進一步消滅殘餘勢力，奠定統一北方的基礎。這種以「偷襲」戰術瓦解敵軍士氣，再趁敵軍混亂而進攻，潰散敵軍亦正是利用孫子兵法中「將軍可奪心」⑧⑧、「亂而取之」⑧⑨的戰術運用。在官渡之役中，袁紹主要敗在只會用戰爭一般規律的「正術」而不會運用權變指揮的「奇術」。曹操則至掌握了孫子兵法的謀略之道，方能以弱勝強，獲致勝利。

陸、孫子兵法對中共軍事戰略的影響

中共領導人對於軍事戰略的運用，常可發見孫子兵法的精神蘊寓其中。例如，彭德懷在說明解放軍的「積極防禦戰略方針」時指出，「中共解放軍要在戰爭爆發前，不斷加強軍事力量，繼續擴大國際統一戰線活動，先以政治、外交方式制止或推遲戰爭的爆發，但是當帝國主義向我國發動攻擊時我們要能立即給予有力的還擊，並在預設的地區阻止敵人進攻」⑽。在這三行話中即包含了孫子提出致勝的手段是「上兵伐謀，其次伐交」，⑾彭德懷也進一步指出，積極防禦的軍事指導原則，不僅要在政治道義上處於主動地位，更要掌握軍事行動的主動權。這個原則在中印邊界戰爭中，中共領導人認爲其採取「不打第一槍和後制於人」的戰略，在國際社會中已取得維持和平的形象，擁有政治道義的主動權，在1962年取得美國與蘇聯的支持後才開始全面進攻。中共打戰是不打沒有掌聲的仗，必會營造國際支持氣氛，才會「師出有名」的進行。

毛澤東曾指出：「戰爭就是兩軍指揮員以軍力、財力等項物質基礎做地盤，互爭優勢和主動的主觀能力的競賽。競賽結果，有勝有敗，除了客觀物質條件的比較外，勝者必由於主觀指揮的正確，敗者必由於主觀指揮的錯誤。」⑿在這短短三行話中，也已呈現出孫子兵法中「作戰篇」、「勢篇」等的原則，同時毛澤東與孫子一樣，都高度重視將領對勝戰的決定性影響。在毛澤東看來，政治動員作爲非軍事的前提與手段，當然優於作爲軍事因素的武器狀況⒀。

毛澤東的戰爭思想原則中強調，首先就是要把戰爭的政治目的讓軍隊與人民充分瞭解，讓士兵與人民知道是爲什麼而戰，以激起同仇敵愾的士氣。這就是要做到孫子兵法所講的「上下同欲者勝」㊾，而怎樣才能做到「同欲」？中共講究「政治教育」就是要做到全國目標一致，透過由上而下口徑一致的宣傳方式，加上訴求民族主義使人民產生榮辱之心與共來達成。這點在今天中共對台問題的處理上仍可見到。其次，毛澤東在兵力運用上強調以人民軍隊爲骨幹，主力兵團與地方兵團相結合，這是正規軍間的結合形式，也是作戰的骨幹。主力兵團隨時準備面迎作戰任務，地方兵團則是要在敵人所在當地與民兵、自衛軍合作，削弱敵人兵力。這也是孫子所強調作戰方法要「以正合，以奇勝」㊿，所謂「正」是指揮系統中的正面迎戰，「奇」是指出敵不意，包括以側翼迂迴、兩翼包抄等戰術，靈活機動的戰術運用，達到攻其不備，出其不意。「正」與「奇」在兵力的部署上都是必備的，「正」是「奇」的基礎，觀察毛澤東在國共戰爭的戰術運用，通常就是以「正」當敵，以「奇」致勝。

中共第二代領導人鄧小平在軍事戰略部署上，也是「孫子兵法」的信奉者。在國共戰爭期間，善用了「詭道」，特別是在「攻其無備，出其不意」的奇正術上，也是發揮的淋漓盡致。另外，中共在對台灣的戰略上則是善用政治攻勢，以心理戰來打擊台灣人民的意志。這也是出於「孫子兵法」中的「不戰而屈人之兵」的理想，希望透過軍事演習來嚇阻台灣。中共一再在媒體上直陳在台灣問題的處理上「不放棄武力」，並在東南沿海針對台灣爲假想敵進行演習，其目的即是在瓦解台灣的信心，意圖使台灣因恐懼中共的軍事力量而避免採取中共所不欲的發展方向。這種「心戰」與「兵戰」的結合運用從國共內戰至今一直是鄧小平運籌帷幄的重要戰略，國共內戰時以「心戰」減低「兵戰」的難度，近年來的對台部署則是要以「兵戰」增強「心戰」的效果㊻。

1999年中共兩位空軍大校所寫的《超限戰》一書問世後，吾人可以發現中共對於當代戰爭的看法已提升到另一個層次了。因應科技文明進展而衍發出的超限戰，不僅跳脫過去傳統武器軍力的戰爭，對於是戰友或是敵人的關係也不是永久的，讓人會迷惘不知爲何而戰，因爲在全球化時代下昨天的朋友可能成爲今天的敵人。雖然如此，新軍事革命下因應而生的「超限戰」思想，仍指出八個必要的原則必須掌握㊼，而這些原則仍然不脫孫子兵法的精神。第一，全向度—以360度的觀察、設計和組合運用一切相關因素。這是孫子兵法「謀攻篇」所說的「知己知彼，百戰不殆」，要瞭解自己和敵人擁有足以影響戰爭的各種因素，以及這些因素的變化，這也是戰爭致勝的先決條件。第二，共時性—在同一時間段上的不同時空內展開行動，以達突擊性、隱蔽性。這是孫子兵法「謀攻篇」中所強調的「奇」、「正」之戰術，也是「形篇」所說的「善攻者，動於九天之上」，在進攻時以不同兵力步署與戰術保持進攻的突然性與快速性，使敵人無法得知虛實。第三，有限目標—在手段可及的範圍之內，決定可實現性目標，再確立行動指針。第四，無限手段—趨向無限制手段選擇的範圍，但以滿足有限目標爲限。這也是孫子兵法「謀攻篇」中所強調的「奇」、「正」之戰術，此即孫子兵法中以靈活戰術運用達成既定目標爲原則，不久戰，不擴戰。第五，非均衡—從力量的分配、主戰方向及打擊重心等都要考量敵我情勢。這也是孫子兵法「謀攻篇」所說的「知己知彼，百戰不殆」與「用兵之法，十則圍之，五則攻之，倍則分之，…不若則分之」，必須有充足的敵情分析再去做軍力調配與戰術運用。第六，最小耗費—在足夠實現目標的下限上，使用戰爭資源。第七，多維協作—爲完成一個目標在軍事與非軍事領域中，所有可動用力量間的協同配合。第八，全程調控—在戰爭的開始、進行和結束的全過程，不間斷地獲取信息、調整行動和控制局勢。孫子兵法即已重視取得資訊的來源，包括「鄉間」、

「反間」、「內間」、「死間」等方式⑱，在全球化時代，資訊來源以及情報資訊的運用更爲廣泛也更加多元化，但是針對取得情報來源的主體仍不脫孫子所說的五種方式。

由以上的分析，吾人可以得知中共軍事戰略思想受「孫子兵法」很大的影響，軍事戰略中處處可見對「孫子兵法」的運用。而「孫子兵法」可貴之處就在於其不僅是世界上最早的兵書，表現出孫子對於戰爭的價值觀、策略及過程的謹慎態度，至今仍相當受用，而其謹慎看待戰爭，「愼戰」卻「不避戰」、「不好戰」的立場也使得古今中外之軍事家皆對「孫子兵法」極爲推崇，將「愼戰」，最好是「不戰」的觀念作爲軍事主要原則。由此，吾人亦可期勉作爲有效戰略運用，中共兩岸問題透過外交談判途徑，較軍事對峙更可有助於和平的達成。若深入瞭解「孫子兵法」中的精神與運籌帷幄，吾人也就可以掌握中共戰略運用中的虛虛實實，不會被對方故意散佈出來的訊息自亂陣腳，也能明瞭何時是我們要掌握主動的先機。

* 本文的完成要特別感謝林中斌、林中明博士給的諸多建議。

註：①王文榮主編，戰略學，國防大學出版社，2001年10月，頁20-21。
②Chong-Pin Lin, China's Nuclear Weapons Strategy -- Tradition within Evolution, Lexington Books, 1988, pp.17-36.
③見「孫子兵法」第一篇「始計篇」。
④李際均，軍事戰略思想，軍事科學出版社，1998年2月，頁177-178。

⑤孫子「勢篇」：戰勢不過奇正，奇正之變不可勝窮也。奇正相生，如循環之無端，孰能窮之哉？

⑥老子第十五章：「古之善爲道者，微妙玄通，深不可識。夫唯不可識，故強爲之容：豫兮若冬涉川，由兮若畏四鄰，儼兮其若克，煥兮若冰之將釋，敦兮其若樸，曠兮其若谷，渾兮其若濁。孰能濁以靜之徐清，孰能安以動之徐生。保此道者不欲盈。夫唯不盈，故能蔽而新成。」

⑦同上註，老子第十五章。老子第八章：「上善若水，水善利萬物而不爭，處眾人之所惡，故基於道。居善地，心善淵，與善仁，言善信，正善治，事善能，動善時。夫唯不爭，故無尤。」

⑧老子第六十八章：「善爲士者不武，善戰者不怒，善勝敵者不與，善用人者爲之下。是謂不爭之德，是謂用人之力，是謂配天之極。」

⑨孫子「計篇」：……故經之以五，校之以計，而索其情：一曰道，二曰天，三曰地，四曰將，五曰法。

⑩孫子「謀攻篇」：……故用兵之法，十則圍之，五則攻之，倍則戰之，敵則能分之，少則能守之，不若則能避之。

⑪孫子「計篇」：……曰：主孰有道？將孰有能？天地孰得？法令孰行？兵眾孰強？士卒孰練？賞罰孰明？吾以此知勝負矣。

⑫參老子第三十章：「以道佐人主者，不以兵強天下。其事好還，師之所處，荊棘生焉；大軍之後，必有凶年。善者果而已，不敢以取強，果而勿矜，果而勿驕，果而不得以，果而勿強。物壯則老，是謂不道，不道早已。」老子第三十一章：「夫佳兵者不祥之器，物或惡之，故有道者不處。君子居則貴左，用兵則貴右。兵者不祥之器，非君子之器，不得已而用之，恬淡爲上。勝而不美，而美之者，是樂殺人。夫樂殺人者，則不可得志於天下矣。吉事尚左，凶事尚右，偏將軍居左，上將軍居右。言以喪禮處之，殺人之眾，以悲哀泣之，戰勝以喪禮處之。」

⑬孫子「計篇」：兵者，國之大事也。死生之地，存亡之道，不可不察也。

⑭孫子「謀攻篇」：凡用兵之法，全國爲上，破國次之，全軍爲上，破軍次之，全旅爲上，破旅次之，全卒爲上，破卒次之，全伍爲上，破伍次之。是故百戰百勝非善之善者也，不戰而屈人之兵，善之善者也。

⑮老子第五十七章：「以正治國，以奇用兵，以無事取天下。吾何以知其然哉？以此。天下多忌諱，而民彌貧；朝多利器，國家滋昏；人多伎巧，奇物滋起；法令滋彰，盜賊多有。故聖人云：

我無爲而民自化，我好靜而民自正，我無事而民自富，我無欲而民自樸。」

⑯孫子「計篇」：………兵者，詭道也。故能而示之不能，用而示之不用，近而示之遠，遠而示之近。利而誘之，亂而取之，實而備之，強而避之，怒而撓之，卑而驕之，佚而勞之，親而離之。攻其不備，出奇不意。

⑰老子第二十八章：「知其雄，守其雌，爲天下谿；爲天下谿，常德不離，復歸於嬰兒。知其白，守其黑，爲天下式；爲天下式，常德不忒，復歸於無極。知其榮，守其辱，爲天下谷；爲天下谷，常德乃足，復歸於樸。樸散則爲器，聖人用之，則爲官長，固大制不割。」

⑱同註15，老子第五十七章：「以正治國，以奇用兵……。」

⑲孫子「勢篇」：亂生于治，怯生于勇，弱生于強。治亂，數也；勇怯，勢也；強弱，形也。

⑳孫子「虛實篇」：兵之勝，避實而擊虛。

㉑孫子「虛實篇」：固善攻者，敵不知其所守；善守者，敵不知其所攻。

㉒老子第三十六章：「將欲歙之，必固張之；將欲弱之，必固強之；將欲廢之，必固舉之；將欲奪之，必固與之；是謂微明。柔弱勝剛強。於不可脫於淵，國之利器，不可以示人。」

㉓老子第八章：「上善若水，水善利萬物而不爭，處眾人之所惡，故基於道。居善地，心善淵，與善仁，言善信，正善治，事善能，動善時。夫唯不爭，故無尤。」

㉔老子第七十八章：「天下莫柔弱於水，而攻堅強者莫之能勝。以其無以易之。弱之勝強，柔之勝剛，天下莫不知，莫能行。是以聖人云：『受國之垢，是謂社稷王；受國不祥，是謂天下王。』正言若反。」

㉕孫子「虛實篇」：夫兵形象水，水之形避高而趨下，兵之形避實而擊虛。水因地而制流，兵因敵而制勝。故兵無常勢，水無常形，能因敵變化而取勝者謂之神。

㉖老子第一章：「道可道，非常道；名可名，非常名。無名，天地之始；有名，萬物之母。故常無，欲以觀奇妙；常有，欲以觀其徼。此兩者，同出而異名，同謂之玄。玄之又玄，重妙之門。」

㉗老子第四章：「道沖，而用之或不盈。淵兮似萬物之宗；挫其銳，解其紛，和其光，同其塵，湛兮似或存。吾不知誰知子，象帝之先。」

㉘孫子「計篇」：固經之以五，校之以計，而索其情：一曰道，二

曰天，三曰地，四曰將，五曰法。

㉙老子第三章：「不尚賢，使民不爭；不貴難得之貨，使民不爲盜；不見可欲，使民心不亂。是以聖人之治，虛其心，實其腹，弱其志，強其骨。常使民無知無欲，使夫智者不敢爲也。爲無爲，則無不治。」

㉚老子第二章：「天下皆知美之爲美，斯惡已。皆知善之爲善，斯不善已。固有無相生，難易相成，長短相形，高下相傾，音聲相合，前後相隨。是以聖人處無爲之事，行不言之教。萬物作焉而不辭，生而不有，爲而不恃，功成而不拘。夫唯弗居，是以不去。」

㉛孫子「謀攻篇」：故曰：知己知彼，百戰不殆，不知彼而知己，一勝一負；不知彼不知己，每戰必殆。

㉜老子第七十六章：「人之生也柔弱，其死也堅強。萬物草木之生也柔脆，其死也搞枯。故堅強者死之徒，柔弱者生之徒。是以兵強則不勝，木強則兵，強大處下，柔弱處上。」

㉝老子第七十八章：「天下莫柔弱於水，而攻堅強者莫之能勝。以其無以易之。弱之勝強，柔之勝剛，天下莫不知，莫能行。是以聖人云：『受國之垢，是謂社稷王；受國不祥，是謂天下王。』正言若反。」

㉞孫子「九地篇」：剛柔皆得，地之理也。

㉟曹操《孫子序》：聖人用兵，戢而時動，不得已而用之。吾觀兵書戰策多矣，孫武所著深矣。

㊱孫子兵法「計篇」：兵者，國之大事也。死生之地，存亡之道，不可不察也。

㊲孫子兵法「謀攻篇」：凡用兵之法，全國爲上，破國次之，全軍爲上，破軍次之，全旅爲上，破旅次之，全卒爲上，破卒次之，全伍爲上，破伍次之。是故百戰百勝非善之善者也，不戰而屈人之兵，善之善者也。

㊳曹操《存恤從軍吏士家室令》：自頃以來，軍數征行，或遇疫氣，吏士死亡不歸，家室怨曠，百姓流離，而仁者豈樂之哉？不得已也。

㊴曹操《孫子注》火攻篇：不得以己之喜怒而用兵也。

㊵曹操《孫子注》，作戰篇。

㊶孫子兵法「計篇」：故經之以五事，校之以計，而索其情。一曰道、二曰天、三曰地、四曰將、五曰法。

㊷孫子兵法「作戰篇」：……故知兵之將，民之司命，國家安危之主也。

㊸孫子「謀攻篇」：……故用兵之法，十則圍之，五則攻之，倍則戰之，敵則能分之，少則能守之，不若則能避之。

㊹曹操《論吏士行能令》：議者或以軍吏雖有功能，德行不足堪任郡國之選，所謂「可與適道，未可與權」。未聞無能之人，不鬭之士，並受祿賞，而可以立功興國者也。

㊺孫子「作戰篇」：……故兵貴勝，不貴久。

㊻孫子「謀攻篇」：凡用兵之法，全國爲上，破國次之；全軍爲上，破軍次之；全旅爲上，破旅次之；全卒爲上，破卒次之；全伍爲上，破伍次之。……故上兵伐謀，其次伐交，其次伐兵，其下攻城。

㊼曹操《兵法》：太白已出高，賊魚入人境，可擊必勝，去勿追，雖見其利，必有後害。

㊽曹操《孫子注》「作戰篇」：……久則不利。兵猶火也，不戢將自焚也。

㊾孫子兵法「作戰篇」：……故兵聞拙速，未睹巧久也。夫兵久而國利者，未之有也。

㊿孫子兵法「謀攻篇」：……故君之所以患於軍者三。不知軍之不可以進，而謂之進；不知軍之不可以退，而謂之退，是謂縻軍。不知三軍之事，而同三軍之政者，則軍士惑矣；不知三軍之權，而同三軍之任，則軍士疑矣。

51曹操《孫子注》謀攻篇：……軍容不入國，國容不入軍，禮不可以治兵也。

52曹操《兵書要略》：銜枚無權譁，唯令之從。

53曹操《船戰令》：雷鼓一通，吏士皆嚴；再通，什伍皆就船。整持櫓棹，戰士各持兵器就船，各當其所。幢幡旗鼓，各隨將所載船。鼓三通鳴，大小戰船以次發，左不得至右，又不得至左，前後不得易。違令者斬。曹操《步戰令》：嚴鼓一通，步騎士悉裝；再通，騎上馬，步結屯；三通，以次出之，隨幡所指。……臨陣皆無喧嘩，明聽鼓音，旗幡麾前則前，麾後則後，麾左則左，麾右則右。

54曹操《步戰令》：嚴鼓一通，步騎士悉裝；再通，騎上馬，步結屯；三通，以次出之，隨幡所指。……臨陣皆無喧嘩，明聽鼓音，旗幡麾前則前，麾後則後，麾左則左，麾右則右。……進戰，士各隨其號。不隨號者，雖有功不賞。進戰，後兵出前，前兵在後，雖有功不賞。

55孫子兵法「計篇」：………兵者，詭道也。故能而示之不能，用而示之不用，近而示之遠，遠而示之近。利而誘之，亂而取之，實而備之，強而避之，怒而撓之，卑而驕之，佚而勞之，親而離之。攻其不備，出奇不意。

56 孫子「虛實篇」：……兵之勝，避實而擊虛。

57 曹操《孫子注謀攻篇》：欲攻敵，必先謀。

58 曹操《孫子注》計篇：……兵無常形，以詭詐爲道。

59 曹操《孫子注》計篇：……兵無常勢，水無常形，臨敵變化，不可先傳，故曰料敵在心，察機在目也。

60 孫子「計篇」：……故經之以五，校之以計，而索其情：一曰道，二曰天，三曰地，四曰將，五曰法。

61 孫子「計篇」：……曰：主孰有道？將孰有能？天地孰得？法令孰行？兵眾孰強？士卒孰練？賞罰孰明？吾以此知勝負矣。

62 曹操《孫子注》作戰篇：欲戰必先算其費，務因糧於敵也。

63 曹操《置屯田令》：夫定國之術，在于彊兵足食。秦人以急農閒天下，孝武以屯田定西域，此先代之良式也。

64 曹操《置屯田令》。

65 曹操《收田租令》。

66 曹操《修學令》。……庶幾先王之道不廢，而有以益于天下。

67 曹操《明罰令》。

68 曹操《求言令》：……常以月旦各言其失，吾將覽焉。

69 孫子「勢篇」：戰勢不過奇正，奇正之變不可勝窮也。奇正相生，如循環之無端，孰能窮之哉？

70 老子第十五章：「……孰能濁以靜之徐清，孰能安以動之徐生。保此道者不欲盈。夫唯不盈，故能蔽而新成。」

71 曹操《以高柔爲理曹喙令》：夫治定之化，以禮爲首；撥亂之政，以刑爲先。是以舜流四凶族，皋陶作士；漢祖除秦苛法，蕭何定律。喙清識平當，明于憲典，勉恤之哉。

72 曹操《選軍中典獄令》：夫刑，百姓之命也。而軍中典獄者或非其人，而任以三軍死生之事，吾甚懼之。其選明達法理者，使持典刑。

73 曹操《贍給災民令》：……其令吏民男女：女人七十以上無夫子，若年十二以下無父母兄弟，及目無所見，手不能作，足不能行，而無妻子父兄產業者，廩食終身。……貧窮不能自贍者，隨口給貸。曹操《戒飲山水令》：凡山水甚強寒，飲之皆令人痢。

74 曹操《修學令》：喪亂以來，十有五年，後生者不見仁義禮讓之風，吾甚傷之。其令俊國各修文學，縣滿五百戶置校官，選其鄉之俊造而教學之，庶幾先王之道不廢，而有以益於天下。

75 曹操《禮讓令》：里諺曰：「禮讓一寸，得禮一尺」，斯合經之要矣。

⑯曹操《度關山》：……侈惡之大，儉為共德。……兼愛尚同，疏者為戚。

⑰曹操《短歌行》：對酒當歌，人生幾何！譬如朝露，去日苦多。

⑱曹操《孫子注》計篇：……曰主孰有道，將孰有能，道德智能。

⑲曹操《孫子注》形篇：故善戰者，立於不敗之地，而不失敵之敗也。……善用兵者，修道而保法，故能為勝敗之政。

⑳孫子兵法「計篇」：將者，智、信、仁、勇、嚴也。……凡此五者，將莫不聞，知之者勝，不知者不勝。……故較之以計，而索其情。曰：主孰有道；將孰有能；天地孰得；法令孰行；兵眾孰強；士卒孰練；賞罰孰明；吾以此之勝負矣。將聽吾計，用之必勝，留之；將不聽吾計，用之必敗，去之。

㉑孫子兵法「計篇」。

㉒曹操《孫子注》作戰篇：……故知兵之將，民之司命，國家安危之主也。將賢則國安。

㉓孫子兵法「謀攻篇」：故用兵之法：十則圍之，五則攻之，倍則戰之，……。

㉔曹操《孫子注》謀攻篇：以十敵一，則圍之，是將智勇等而兵利鈍均也。若主弱客強，不用十也，操所以倍兵圍下邳生擒呂布也。

㉕孫子兵法「計篇」，「夫未戰而廟算勝者，得算多也，未戰而廟算不勝者，得算少也。多算勝，少算不勝，而況乎無算乎！吾以此觀之，勝負見矣。」

㉖張國浩編著，不戰而勝—孫子謀略縱橫，正展出版公司，2000年9月，頁154-155。

㉗孫子兵法「計篇」。「兵者，詭道也。…近而示之遠，遠而示之近…實而備之，強而避之…，攻其無備，出其不意。」

㉘孫子兵法「軍爭篇」。

㉙孫子兵法「計篇」。

㉚姚有志，世紀論兵，解放軍文藝出版社，2002年5月，頁87。

㉛孫子兵法「謀攻篇」。用兵的上策是以謀略勝敵，最好能是不戰而屈人之兵，其次是透過外交手段取勝。

㉜毛澤東軍事文集，第1卷，頁692-693。另參彭光謙主編，戰略學（2001年版），軍事科學出版社，2001年10月，頁114。

㉝林中斌，核霸，學生書局，1999年，頁83。

㉞孫子兵法「謀攻篇」，「知勝者有五：…上下同欲者勝。」

㉟孫子兵法「勢篇」，「凡戰者，以正合，以奇勝」。

⑯鄧小平在國共戰爭時的戰術運用可參考郭勝傳，鄧小平軍事謀略，中央文獻出版社，2000年9月，頁95-298。
⑰喬良、王湘穗著，超限戰--對全球化時代戰爭與戰法的想定，解放軍文藝出版社，1999年8月，頁226-237。
⑱孫子兵法「用間篇」指出取得情報資訊有五種方式。「鄉間」是指利用敵國平民百姓為間諜，提供訊息。「反間」是指找出敵軍派來的間諜，加以收買，再作反間諜。「內間」是指收買敵國官員作間諜。

海軍戰略的發展（1652~1674）

王曾惠

壹、前　言

海軍的運用可遠溯自古埃及時代，主要用途在運送及支援陸上部隊，戰略及戰術卻乏善可陳。希臘槳船的撞角、羅馬軍艦的「烏鴉爪」①，都只是程度不同的登船作戰工具。「希臘火」②一度保持了拜占庭海軍的優勢，然作戰方式仍是海上白刃戰。大帆船（Galleon）③時代，軍艦高聳的前樓與艉樓，根本就是陸上碉堡的移植，以利於在艦上的攻防作戰。1571年勒本多海戰（Battle of Lapanto）終止了土耳其征服的大戰，但西方聯盟的勝利，得自於西班牙步兵優良的品質多而戰略少。直到1588年西班牙大艦隊（Armada）征英之役，英國以較靈活的削造艦（Flush）④，實施海上砲戰而非登船肉搏，海戰形態才有了初步改變。1639年荷蘭海軍將領馬丁特朗普（Martin Van Tromp）⑤，以砲擊及「火船」⑥贏得當斯海戰（Battle of Downs）勝利⑦，自此結束了漫長的海上陸戰時代。

17世紀初艦船已具有遠洋能力，艦砲射程也達2000碼以上⑧，艦隊通信已有雛形，編隊戰術也有相當的水準，前三角帆、斜杠帆及後桅縱帆的發展，增加了艦艇操縱與逆風行駛性能⑨，這些技術的進步，大幅提高海軍實施戰略、戰術的能力，也帶給英荷戰爭中，海軍作戰的活力。

1652年至1674年三次英荷海戰中，全是海上的作戰，也是海軍戰略肇建的時代，戰爭中雙方直接參戰的艦數，也唯有20世紀初期日德蘭海戰方能比擬。戰術、戰略的運用更層出不窮，荷蘭海軍上將魯特（Michiel De Ruyter）⑩在第三次戰爭中，以存在艦隊寓攻於守的戰略作爲，至今仍未有出其右者。雙方作戰精神，引用1666年「四日之戰」英方指揮官孟克（George Monck）⑪在第一天作戰結束後，只剩44艘軍艦，仍決定再與尚有70餘艘軍艦的敵人繼續戰鬥，在作戰會議時所說的話：「如果我們已被敵人的數量嚇壞，我們早應該溜之大吉，但是縱令我們在艦數方面居於劣勢，我們卻在所有其他方面優於敵人。要讓敵人知道，雖然我們的兵力被分割，但我們的精神卻完整；退一步想，在我們的軍艦上英勇戰死，總比在荷蘭人面前出醜光榮得多。打勝仗要靠戰爭運氣，但臨陣脫逃卻是懦夫行爲」⑫。在「四日海戰」中，確是不折不扣的歷時四天，而且每晚雙方均徹夜修理戰損，以期再戰，在兩方均有拼戰到底的決心時，才可能有這種場面出現，也唯有這種精神上的激勵，才使得雙方海軍得以快速的進步及發展。

1674年戰爭終了時，荷蘭已不再是一個海上強國，英國卻以在此戰爭中，所得到的各種海軍經驗，就此步上海洋帝國的坦途。

貳、戰爭背景與緣起

一、戰爭背景

㈠荷蘭的成長

荷蘭原爲尼德蘭聯邦的一省，與現今比利時、盧森堡在中古時合稱低地國（Low Countries），14世紀末，因隨船醃製鯡魚的方法有了極大的改進，使北海的海產能維持較長的時間以推銷到遠地；漁船與漁網的設計也全面更新，並引起採捕運銷的集中。原已初具經濟規模的低地國家地區，整個經濟型態爲之改觀，生活水準提高，中產階級增加，要求思想自由的願望隨之而生。

1517年10月31日馬丁路德反對教皇的贖罪卷，而將他的「九十五條論題」，張貼於日耳曼薩克遜選侯的威騰堡萬聖教堂大門上，揭開了宗教改革的序幕，不數年喀爾文教派（Calvinists）⑬即盛行於低地國家北部。

1513年神聖羅馬帝國皇帝查理五世將低地國家全部佔領，查理五世忙碌一生，希再造一個名符其實的大帝國，削平異端，而以天主教廣被於他所轄的領域與人民之間，但事與願違。1556年查理五世自願退位，將帝國一分爲二。德奧及神聖羅馬帝國之部份傳位於皇弟斐迪南，西班牙、美洲殖民地、義大利半島之領域與低地國家傳於其子菲力二世，菲力以宗教爲名採高壓手段，1566年約300多位低地國家貴族，於布魯塞爾請願，要求終止對宗教異教的迫害，荷蘭獨立戰爭因之而起。隨著1578年西班牙帕瑪公爵（Duke of Parma Alexander Farnese）的大軍進入南部低地國家，使眾多的技術人員、資本家等北上集於荷蘭，更因戰爭的需求，大量的金錢也流入此地區，貿易隨之增加，經濟因而發展，其時菲力因須防土耳其西侵及英國進入歐陸，無力控制全局，只能掌握南部低地國家（今之比利時）。同時荷蘭「沉默威廉」發特許狀給荷蘭武裝商船使其具有交戰員的身份⑭，這些通稱爲「海上乞丐的」獨立軍，出沒無常，敵友不分，但就歷史發展而言，他們助長了荷蘭人日後在海上的霸權。1639年10月21日當斯海戰後，荷蘭海上已無敵手。在海軍的支援下，除了獨佔波羅的海的貿易，壟斷北海的漁業，擁有東印度大部分的商業，更進入地中海與西印度群島。早在1601年的估計，當時荷蘭已有商船2000

艘，總噸位50萬噸以上⑮，全歐洲大部分的貿易均落入荷蘭人手中。當1648年「三十戰爭」（The Thirty Year War）結束，荷蘭獨立時，她已是一個首屈一指的海洋國家。

㈡英國的擴張

1558年都鐸（Tudor）虔誠的天主教徒瑪麗女王升天，伊麗莎白女王繼承大統，新女王對宗教採寬容的態度，實事求是。同年英國喪失在歐洲大陸最後一塊領地「加萊」，使國防線退至本土，英國的防衛，從此得依賴海峽；換言之英國的安全得視海軍強弱而定，海軍與海上事務的重要性，遂獲得英國人之共識。伊麗莎白初期，英國仍爲一貧窮國家，但在女王堅強與務實的作風下，收容了大量歐洲戰爭與宗教的難民，其中不乏技術人員與企業家，更增加海軍及商船力量向海外發展。

1588年因宗教與商業利益等衝突，西班牙無敵艦隊征英，英國在海軍素質較佳與天候之助下擊敗無敵艦隊，隨後孟喬勳爵（Lord Mountjoy）平定愛爾蘭，國家力量得以一致對外。1595年艾色克斯（R. D. Essex）對西班牙大西洋沿岸港口和其殖民地攻擊，得到了極大利益，1599年英東印度公司成立，殖民事業持續發展，至1603年伊麗莎白去世時，英國已是統一而強大的國家。詹姆士一世时代（1603~1625）雖國王與議會不和，但走向海外的政策仍然不變，1625年查理一世踐位後因宗教等種種原因，與議會的鬥爭加劇，終在1642年8月爆發內戰，經六年的拼鬥，1648年8月17日普雷斯登之戰（Battle of Preston）勤王軍徹底失敗，內戰結束。1649年1月30日查理一世蒙難，圓頭黨的清教徒克林威爾掌軍政大權，是謂護國主。克氏雖出身陸軍但眼光銳利，立即看出英國需要一支強大的海軍以對外擴張。他將海軍重組，以模範新軍的紀律及宗教精神注入海軍，並大量增加海軍經費，調高待遇，提振士氣。就1652~1653年100萬磅及1657~1658年89萬磅海軍經費支出來看，前者爲當年歲支之二分之一，後者更高達五分之四⑯。早在1638年查理一世，已任命了一位海軍元帥，指揮他的艦隊，當內戰爆發後海軍擁護國會，同時由華維克公爵（Sir Warwick）統率海軍，並設立一個海軍委員會（Navy Commissioners）代替原有之海軍局。1649年克氏掌權後，撤消海軍元帥代以一個海軍小組委員會（Committee of Admiralty），再由這兩個委員會建立新海軍，前者改善海軍一切問題，後者注重於司法與軍紀，其所出版的戰爭條例（Articles of War），成爲爾後一切海軍法律、紀律的基礎。在委員會下有三位海軍將領負責海軍的指揮，其中布萊克（Robert Blake）⑰對於海軍指揮、戰略、戰術等有廣泛而深遠的影響，而

他更是海軍史上，少數能率艦隊進入敵港作戰全身而退的人。總而言之，當1652年英荷戰爭爆發前，英國已是一流的海洋強國，其海軍力量已與荷蘭旗鼓相當，更遠在歐洲各國之上。

二、戰爭的緣起

1599年及1602年英、荷兩國相繼成立東印度公司⑱，雙方在貿易、漁業等方面衝突開始明朗化，荷蘭商人在海軍有力的支援下佔盡上風，英國則在各方面均居劣勢⑲。1609年荷、西兩國簽定十二年之停戰條約，荷蘭海軍兵力得以轉用於商貿，更處處壓迫英國，雖然在1619年雙方達成二十年休戰條約，但在英國人眼中是種不平等的協定⑳。更不幸的是在簽約同年，荷蘭溫和派失勢，強硬的庫思（J.P. Coen）被任命爲巴達維亞（現今雅加達）總督，使休戰條約成爲虛文。1623年「安汶屠殺事件」㉑更引起英國的憤慨，但當時英王查理一世與國會長期不睦，無法團結一致對外，數年後內戰爆發更無力他顧。荷蘭乃乘此時機，奪取英國貿易航路、貨運，控制松德海峽獨佔波羅的海，進而攻佔西西里島，對英國競爭的製品天鵝絨、粗羅沙課以重稅，種種的措施一再的使英人氣憤。內戰結束後克林威爾統一國內軍事力量，希望在歐洲建立一個新教帝國而以英格蘭作爲領袖，於是向荷蘭提出一項驚人的建議，主張英國與荷蘭聯合，把歐洲以外所有的地區瓜分，荷蘭爲既得利益者，當然不表同意。1651年10月9日英國以「航海法案」㉒作爲報復，依此法案，英國及其殖民地的貨物，須以英船運送，外國的貨物除以英船或以生產國船隻裝載外不准進口。英國更要求所有船隻，航經英國海域時須向英艦點旗致敬，而且對荷蘭船隻可當作保皇黨的海盜加以搜索，違此規定的船隻貨物一律沒收，並對輸入貨物課以重稅。簡言之就是要打擊、奪取荷蘭在漁業、航運、製造業等的獨佔權，於是經濟利益乃成爲戰爭的主因。孟克說的更直接了當明白清楚，也可代表當時英人的心聲，他說：「理由安在有何關係？我們所希望的，就是要獲得荷蘭所控有的更多貿易」㉓。從另一個角度來看，當時雙方都造了新型的作戰艦隊，所有的艦隻都重新設計，是不是雙方都感到技癢，渴望找一個夠份量的對手，試試新艦威力，也說不定是原因之一。

1652年5月29日多佛海峽輕風徐揚，荷蘭海軍上將馬丁特朗普率40艘軍艦護送商船隊返國，於多佛外海與布萊克的25艘軍艦不期而遇，布萊克首先發砲要求敬禮，特朗普則以齊發回覆，戰爭遂起。

參、戰前態勢

荷蘭處西北歐交通的十字路及出海口，海岸曲折多淺灘，英國則扼英倫海峽，位歐陸大西洋沿岸的中央，有絕佳的海上戰略位置。故西北歐與低地國家進入大西洋的兩條航路均受制於英國，其一由北繞過蘇格蘭奧克尼群島，就17世紀的船隻而言該地區惡劣的天候極具危險性。其二向南經多佛及英倫海峽，雖須面對私掠船及英艦隊的威脅，但總比受風損沉沒來得好。

1648年西發利里和約（The Peace of Westphalia）協定，三十年戰爭結束，荷蘭獲得獨立，即大量削減海軍艦隻，由150艘軍艦到1651年初僅剩40艘，雖同年底又新造38艘，並計畫於翌年改裝大型商船。在此時期英國卻努力造艦，雙方優劣態勢逐漸轉變。

1651年3月英國海軍兵力約爲60門砲艦3艘、54門砲艦10艘、40~46門砲艦12艘、30~40門砲艦24艘、總計49艘，火攻船不列入㉔。到1652年初英國全力造艦的結果使兵力大增，荷蘭仍只改建武裝商船，到1653年3月戰爭爆發十個月後，雙方兵力之比較詳如下表㉕。

艦　級	英	荷
50~80門砲	12	1
40~46門砲	25	14
30~40門砲	55	42
軍艦總數	92	57
武裝商船	46	76
總　計	138	133

武裝商船約備砲20~30門，作戰時可作爲軍艦使用，但結構遠爲脆弱。同時荷蘭因其海岸的特性，一般艦船吃水較淺、噸位較輕、人員也較少，例如同樣備砲60門的軍艦，英國載員320人而荷蘭僅有260人，故與英國同級艦對抗時多居下風。英國指揮官大部份雖由陸軍轉任，可是部隊軍紀、士氣、訓練方面較佳。荷蘭指揮官多具長期海上作戰經驗，戰略、戰術的素養高，然人員多由商船徵召而來，勇敢、自信、技巧高但紀律差、自以爲是，常使命令無法執行，直至第三次戰爭方才改善。綜而論之，戰爭之前就雙方的兵力、戰略位置、補給線而言，英國戰略態勢較爲有利。

肆、戰爭經過與雙方戰略之運用

一、第一次英荷戰爭（1652~1654）

㈠經過

1.海峽與北海方面

自1652年5月29日多佛海峽至1654年第一次西敏寺條約（Treaty of Westminster I）止，二年之間共有7次重要的海戰（見圖一及表一），其中影響最深遠者爲1652年2月28日波特蘭海戰（Battle of Portland）或稱爲英倫海峽三日之戰。

表一：(1652~1654)英、荷第一次戰爭重要海戰一覽表

時間	戰爭	戰場	指揮官	兵(作戰艦)力	結果	戰略運用	影響
1652 0529	多佛海戰 (Battle of Dover)	英倫多佛海峽	荷：馬丁特朗普(ADM Martin Tromp) 英：布萊克(Blake)	荷：40艘 英：25艘	荷：損失2艘戰艦，但將商船順利護返荷蘭。 英：無損失。	荷：護航 英：封鎖與攻擊	荷蘭從此組成護航船團，英人則增加攻擊
1652 0826	普利茅斯之戰 (Action of Plymouth)	英倫海峽西端普利茅斯南方海面	荷：魯特上將(ADM Michiel De Ruyter) 英：艾斯寇(Ayscue)	荷：30艘 英：26艘	雙方均無重大損失，但英國無法阻止荷蘭商船隊通過海峽。	荷：護航 英：攻擊、攔截	
1652 0906	第一次愛爾巴島海戰(The First Battle of Elba)	北海、倫敦東方海面	荷：蓋倫中將(Van Galen) 英：博德利代將(Commodore Bodley)	荷：14艘 英：15艘	荷蘭勝利擊潰英東地中海艦隊。	荷以中央位置內線作戰，集中兵力於ELBA島附近，各個擊破英之東西地中海艦隊。	
1652 1008	肯特諾克海戰(Battle of Kentish Knock)	多佛海峽加萊附近海面	荷：威瑟中將(Write de With) 英：布萊克(Blake)	荷：65艘 英：65艘	英國贏得勝利損傷甚小，荷蘭損失3艘戰艦及人員傷亡慘重。	荷：爭取制海以打通航路。 英：爭取制海阻止荷航運。	英國認爲已擊敗荷蘭艦隊而將一部兵力使用於其他地區，分力分散使下次之海戰失利。
1652 1210	丹克內海戰(Battle of Dungeness)	英倫海峽(Beachy Head)南方海面	荷：馬丁特朗普(ADM Martin Tromp) 英：布萊克(Blake)	荷：70艘 英：42艘	荷蘭艦隊擊敗英艦隊護航成功，英損失戰艦3艘。	荷：護航 英：截擊	

1653 0228 ｜ 0302	英倫海峽三日之戰(波特蘭海戰)(Battle of Portland)	地中海愛爾巴島北方海面	荷：馬丁特朗普(ADM Martin Tromp) 英：布萊克(Blake) 孟克(Monck)	荷：70艘 英：70艘	荷蘭隊雖將大部分船隊護返但損失重大。 英：損失船艦×11，商船×20。 英：損失戰艦×1，人員約1000人。	荷：護航 英：截擊	雙方為爭取制海均積極備戰。
1653 0313	第二次愛爾巴島海戰(The Second Battle of Elba)	北海	荷：蓋倫中將(Van Galen) 英：博德利代將(Commodore Bodley)	英、荷參戰兵力均不詳，但荷蘭之武裝商船較多	荷蘭擊滅英西地中海艦隊。	同第一次愛爾巴島海戰。	英艦隊退出地中海，導致英地中海貿易癱瘓，但卻使海峽之兵力增加。
1653 0612 ｜ 0613	蓋巴德海戰(Battle of Gabbard)	荷：馬丁特朗普(ADM Martin Tromp) 英：孟克(Monck)	荷：馬丁特朗普(ADM Martin Tromp) 英：布萊克(Blake)	荷：104艘 英：133艘	英國得勝。 荷：損失戰艦×20，人員約1400人。 英：損失戰艦×1，人員約400人。	荷：制海以打通航路。 英：封鎖與攻擊。	英國艦隊將封鎖線逼近荷蘭海面。
1653 0808 ｜ 0810	榭文寧根之戰(Battle of Scheveningen)	北海附近荷蘭榭文寧根海面	荷：馬丁特朗普(ADM Martin Tromp) 英：布萊克(Blake)	荷：106艘 英：100艘	雙方損失重大。 荷：損失15艘戰艦，艦隊司令馬丁特朗普陣亡。 英：損失10艘戰艦，但其餘各艦也須返港整備。	荷：反封鎖 英：封鎖	英國雖勝利，但損失重大無力再戰，艦隊須返港整備因而解除對荷之封鎖。荷蘭戰術失利但達到戰略目標。

1653年2月28日荷蘭海軍上將馬丁特朗普率軍艦70艘接護船隊返航，英布萊克率領同等兵力，前鋒由彭尼（Penn）指揮、後衛由孟克（Monck）擔任（如圖二之一），欲捕捉荷蘭商船隊，雙方相遇於赫根角（Cape La Haque），特朗普由左舷艦艉受風而佔位於商船隊前方。首先，巡弋於海峽中的布萊克決心切斷特朗普進路，特朗普則立即攻擊布萊克的艦隊，並令商船隊順風脫離，使其艦隊處於商船隊與敵艦之間。荷後衛魯特也同時攻擊布萊克側翼以支持特朗普，英彭尼則率其艦隊越過特朗普前進路線再右旋打擊其側背（見圖二之二），致特朗普的行動未能奏功。孟克則遭荷右翼愛佛生（Evertsen）攻擊而遠離主力，未能於決勝時刻加入戰場。雙方經整個下午激戰未見勝負，入夜荷蘭商船隊已脫離險境，特朗普且戰且走，3月1日英軍雖追擊終日然徒勞無功。3月2日晨雙方艦隊再度於比區角（Beachy Head）交戰，同時英軍利用快速砲艦追擊荷商船隊因而捕獲部分商船，至夜幕低垂時英、荷雙方均已彈藥耗盡，作戰中止，荷雖損失較重，但仍將大部份商船隊送返港而得到戰略上的勝利。

此次海戰後，兩軍指揮官均向其海軍部提出報告，認爲戰鬥隊形的保持爲作戰勝利的關鍵。1653年3月29日英海軍在艦隊作戰訓令中，認爲縱隊作戰爲最佳之作戰隊形，布萊克、彭尼均予署名。因此，波特蘭海戰遂成爲爾後海戰戰術發展的端緒。由1653年至「七年戰爭」，英海軍對縱隊作戰均下達硬性規定㉖，但荷蘭海軍則予縱隊中各單位指揮官足夠的彈性，故能得到較大的戰術運用與利益。

1653年8月初英國改變戰略，將封鎖線移至荷蘭海域，而於8月10日爆發榭文寧根之戰，荷海軍損失重大，馬丁特朗普陣亡。但英軍傷亡也相當慘重，不得不解除封鎖，至此雙方均感厭戰而於1654年4月15日簽訂第一次西敏寺條約（Treaty of Westminster I），戰爭終止。

2.地中海方面

戰爭前，英、荷爲保護其商船不受回教海盜騷擾，均在地中海維持一小型艦隊，荷蘭地中海艦隊由備砲26~30門的軍艦14艘組成，並以武裝商船22艘支援，英駐地中海艦隊有備砲30~45門軍艦15艘。戰爭之前荷艦隊集中於土倫，英艦隊以杜斯加尼公國（Tuscany）的萊洪港（Leghorn）爲駐地（圖三），但分艦隊爲二部，一部於西地中海，另一部於東地中海，戰爭爆發時英軍試圖於第勒安尼海（Tyrrhenian Sea）會合，荷艦隊則封鎖萊洪港，並以科西嘉島隱密其位置，保持內線機動。英東地中海艦隊在數艘武裝商船增援後北上，荷艦隊以一部保持封鎖，主力南下迎擊，1652年9月6日於愛爾巴島南方海域將其擊潰，英艦隊殘部退入愛爾巴島朗岡港（Longone），荷艦隊繼續封鎖萊洪港及監控朗岡港，並巡弋於兩者之間保持有利位置。被分離的英艦隊獲得連繫後即設法會合集中一戰，英國將萊洪港英艦隊司令解職，將其指揮權移給愛爾巴島艦隊指揮官博德利代將（Commodore Bodley）以統一作戰，後者雖盡一切努力以改變態勢，但兵力與位置總是居劣勢。荷軍利用中央位置，誘使萊洪港英西地中海艦隊單獨出戰，1653年3月13日於萊洪外海將其擊滅。於是新任英軍指揮官只好率殘餘艦隻離開地中海，英國在地中海之貿易乃被荷蘭癱瘓。

㈡雙方戰略運用

荷蘭自1652年多佛海戰後均以護航爲重心，進出海峽時將艦隊靠英海岸航行，置商船隊於其外側。英國則行截擊及封鎖，除1653年8月榭文寧海戰外，英艦隊均於其近海巡弋機動，結果使荷蘭戰略得逞，荷蘭之構想，乃使艦隊位於英艦隊與商船隊之間，不論艦隊數量的優劣見敵必戰，故得以遲滯敵艦隊行動，使商船隊獲得寶貴的時間安全通過（請注意圖一各次作戰位置大多靠近英海岸）。1653年8月英國發覺此一問題，便將艦隊駛往荷海岸執行封鎖與攻擊，可是又產生另一個問題，當英艦隊於荷近海作戰後須返回整補，可是又無預備兵力接替，故若荷商船航行計畫時間恰當，航路還是暢通無阻。封鎖與護航作戰，在當時艦隊技術與能力上，均有所限制，但「兵力」確是自古以來，最須解決的問題。

地中海方面的作戰，荷蓋倫中將（Van Galen）利用地利佔中央位置，使英海軍無法集中而被個個擊破，爲一典型的內線作戰，但也因英艦撤離地中海而使海峽方面作戰艦數處於優勢，一件事往往有兩面，是好是壞實在難說。

第一次海戰結束，雙方均盡力改良艦隊，努力造艦，更規畫軍艦等級便於戰術運用㉗，不久其他國家也都依其規範而行：

17世紀英、荷戰爭至19世紀中業，操帆戰艦的分級

一級艦	90門砲以上	三層甲板	三桅
二級艦	80~90門砲	三層甲板	三桅
三級艦	50~80門砲	雙層甲板	三桅
四級艦	30~50門砲	雙層或單層甲板巡防艦（Frigate）	三桅
五級艦	18~38門砲	雙甲板護航艦（Corvettes）	雙桅
六級艦	18門砲以下	單甲板巡邏艦（Sloop）	單桅

前三級艦適於戰鬥序列中交戰，因此將此三類艦謂之戰列艦（Ships of the Line）。第四級艦爲快速砲艦（Frigate），此型艦輕快、狹長、吃水淺，又有相當的火力，適於巡防、對付海盜及私掠船。最後兩級通常爲護航艦（Corvetes）及海防艦（Sloop）。英、荷簽訂之

第一次西敏寺條約，荷蘭只達成英國航海法案之些微讓步，但英國得到遠東貿易及聖海倫娜（St. Helena），自此英國眞正開始成爲海洋強國。

二、第二次英荷戰爭（1665~1667）

1658年英護國主克林威爾去世，紛擾的結果造成查理二世復辟，此時奧倫治家族也被排斥於荷蘭政治權力之外。兩國的關係因政治不睦，又在重商主義的猜忌下益形惡化，除在海洋上互不相讓外，同時努力造艦備戰，1664年底雙方兵力比較如下㉘：

1664年英、荷雙方兵力比較

艦　級	英	荷
100門砲	1	0
86~90門砲	3	2
70~80門砲	7	11
60~70門砲	14	1
50~60門砲	25	18
46~50門砲	22	19
30~40門砲	8	13
20~30門砲	2	1
6~16門砲	2	8
總　計	84	73

1664年中，英攻佔荷西非及北美新阿姆斯特丹（現

今紐約），荷則在地中海施以報復。1664年12月19日英艦隊更在士麥拿海面（Smyrna）㉙，攻擊荷蘭高價位的船隊並捕獲3艘，1665年3月14日荷蘭在法國、丹麥支持下再度對英宣戰。

㈠經過

英、荷第二次戰爭歷經二年，其間曾發生三次大規模海戰（如圖四及表二）。

表一：(1665~1667)英、荷第二次戰爭重要海戰一覽表

時間	戰爭	戰場	指揮官	兵(作戰艦)力	結果	戰略運用	影響
1665 0613	羅斯托夫海戰 Battle of Lowestoft	北海附近英格蘭羅斯托夫海面	荷：華森奈爾(Van Wassenade) 英：約克公爵(英王)詹姆二世	荷：103艘 英：109艘	英國勝利 荷：損失戰艦17艘，人員約4000人，包括將官3人。 英：損失戰艦2艘，人員約8000人，包括將官2人。	荷：爭奪制海 英：爭奪制海	
1666 0611 | 0614	英倫海峽四日之戰 The Four days Fight on Channel	多佛海峽敦克爾克海面	荷：魯特(De Ruyter) 英：魯伯特王子(Prince Rupert)	荷：89艘 英：78艘	荷蘭勝利 英國損失戰艦17艘，人員約5000人，被俘3000人。 荷蘭損失戰艦6艘，人員約2000人。	荷：制海以維護航運 英：攻擊以制海	荷蘭獲得制海，打通航路，並封鎖泰晤士河約6週。

1666 0804 | 0805	北佛蘭之戰 Battle of North Foreland	多佛海峽北端北佛蘭海面(現馬爾卡角附近)	荷：魯特(De Ruyter) 英：魯伯特王子(Prince Rupert)	荷：90艘 英：90艘	英國勝利荷人失去制海 荷：損失戰艦2艘，人員約1000人。 英：損失戰艦1艘，人員約3000人。	荷：制海以維護航運 英：攻擊以制海	英國達到制海之目的，但卻因而鬆懈備戰，導致海軍戰力衰退。
1667 0619 | 0623	荷蘭艦隊進入泰晤士河	英泰晤士河麥德威河	荷：魯特(De Ruyter)	荷：44艘	擊毀英戰艦9艘，焚燒造船廠及奪取部分海軍倉庫之軍備。	荷：攻擊與破壞	英國因查理二世宮庭費用過鉅使海軍軍備不良，荷蘭趁機進入泰晤士河及麥德威河，逼迫英人簽訂和約。

首次爲1665年6月13日羅斯托夫海戰，荷指揮官華森奈爾（Von. Wassenaer）原爲騎兵上校，毫無海上經驗，在此次作戰中陣亡也失去勝利。1666年初法國對英宣戰，造成英國在1666年6月「四日之戰」（The Four Days Fight on Channel）前，誤信法國艦隊欲自大西洋北上與荷艦隊會合，於是分兵兩路，由魯伯特王子（Prince Rupert）率領20艘作戰艦南下迎敵，海峽方面兵力遂居劣勢。

1666年6月11日晨荷蘭艦隊84艘、英艦隊58艘各錨泊於敦克爾克北方海面，斯時西南風強勁，濃霧消散雙方相互發現，但風高浪大難以砲戰均未實施攻擊。至午風力減弱，英艦隊右舷受風，孟克乘上風集中兵力急襲小特朗普（如圖五之一），希能在荷主力救援前將其擊滅，荷艦隊見況立即砍錨前往救援，小特朗普未向主力撤退會合而單獨頑抗，幸賴第魯特與埃佛生行動迅速始免於難(如圖六之二)。第二日兩軍並航砲戰互有死傷，入夜後雙方均徹夜修理戰損。第三日孟克與聞信趕回的魯伯特會合，英方實力大增但仍未能對荷艦施以打擊。第四日（6月14日）雙方兵力各約70艘，相互並行砲擊，荷居上風住置；其戰列斷續，各旗艦均住於左側；英艦隊於下風住置集結成縱隊（圖七之一），企圖搶入上風側，但因其前鋒已滿帆急駛，致與主力產生間隙。荷前鋒凡尼斯（Van Nes）識破好機，立即率隊突破此空檔而切斷英艦隊，後衛小特朗普也乘上風衝入英艦隊後衛，其一部則接近英主力實施攻擊。同時凡尼斯徐徐進入英前鋒下風，拉大距離誘敵前鋒遠離其主力，魯特見機不可失即集中砲火攻向孟克（圖七之二），英主力在三面受敵的情況下損失慘重，傍晚時分雙方彈藥耗盡戰鬥停止，一次歷時最久也最激烈的海戰終於結束，其損失戰艦17艘（包括當時最強大的軍艦之一皇家太子號【Royal Prince】㉚）5000人傷亡，3000人被俘。荷蘭損失戰艦6艘人員2000人，魯特贏得勝利，打通航運並封鎖泰晤士河。

但英艦隊並非一敗塗地，經全力的整備，1666年8月2日再度出海，8月4日與荷艦隊遭遇，發生北佛蘭之戰（The Battle of North Foreland），荷蘭戰敗，英得到制海權並將戰爭帶至荷蘭海岸，8月8日英艦隊在德克塞（Texel）附近海域摧毀荷蘭商船150艘。1666年因倫敦大火，查理二世又將海軍經費移用，更因政策錯誤遂使艦隊戰力崩潰。1667年6月19~23日，魯特乘英艦隊不良，使英國蒙受前所未有之恥辱，他在毫無抵抗的情形下進入泰晤士河，只因風潮不利才未攻擊倫敦，但溯麥德威河（Medway River）而上燒毀軍艦、搬走海軍倉庫，然後將英國南部與泰晤士河，封鎖達六週之久，在這種痛苦的壓迫下，1667年7月21日英國和談，第二次英荷戰爭結束。

㈡雙方戰略運用

第二次英、荷戰爭本質上荷蘭乃在保護其航運，而英國同樣志在攻擊與掠取，但雙方均改以制海爲手段，換句話說希望擊滅敵人的艦隊而獲得「狹海」㉛的控制權，以確保或切斷海上交通線。在此次作戰中荷蘭在戰略上略勝一籌，就各次作戰的位置來看（圖五），荷蘭故計重施，將艦隊帶至英國近海，故不論作戰的勝負，已得到寶貴的時間使商船隊得以通過海峽。以戰術之作爲而論荷蘭不及英國，英艦隊的戰鬥艦隊漂亮無比，作戰時更如照章行動之騎兵，專心一意與敵戰鬥。荷蘭人的艦隊缺乏紀律，常常各自爲戰互逞英雄，若非魯特的才華，荷蘭人早就一敗塗地。

「四日之戰」時英國人犯了嚴重之戰略錯誤，分兵爲二因而分散了艦隊實力，分散兵力已夠糟糕，而就此事而言更無此必要，就算來了法國艦隊，英軍至當的作法是內線作戰，在法軍抵達前擊滅荷艦隊後再轉用兵力，要不是英艦隊人員的素質，「四日之戰」就是荷蘭海軍的「特拉法加」（Trafalgar）。第二次英荷之戰時，荷採取許多措施以補救前次戰爭的缺失，但未充分見效。

1666年因英王查理二世揮霍無度，使得海軍戰力削弱，更因他的觀念：「因爲荷蘭人主要靠貿易獲得支援，他們海軍的補給是仰賴貿易，而且經驗証明，沒有比傷害他們貿易更能害人，因此本王決定大幹一場，一定要讓他們吃盡苦頭，同時也不必像過去一樣，讓英國人花費許多錢維持如此龐大的艦隊，每年夏天在海上馳騁。…基於此等功績，本王立即採取一項重大決心，要將大量的軍艦封存起來，只留少數的巡防艦供巡邏之用。」這種只對敵人商運，而不置重點於其艦隊的省錢商業破壞作法，就當時荷蘭艦隊仍具相當實力的情況而言，只是一種幻想不切實際。其實在1666年8月北佛蘭海戰後英國將艦隊駛近荷蘭海岸，不數月荷航運就爲之停頓，只要英國再繼續下去，荷蘭聯合省就會同第一次戰爭後期情況一樣，須德海成爲船桅森林，國內乞丐充斥，阿姆斯特丹十室九空，街道生滿野草，可是查理二世錯誤的決定，不但使荷蘭危機解除，更導致1667年6月第魯特進入泰晤士河。此次戰爭證明了集中爲不變的戰略原則，而若以商業破壞爲目的，手段仍是制海，若以制海爲目的，則擊潰敵人艦隊即爲手段。

1667年布拉達和約（Treaty of Breda）英、荷互相讓步，荷蘭放棄其在北美之殖民地，英國也刪除航海法案中若干條例。

三、第三次英荷戰爭（1672~1674）

英、荷戰爭第三回合，並無特殊理由，係肇因於法國與英國締結密約擬分割荷蘭，且奪取荷蘭貿易乃英國宿願，故雙方一拍即合。這次戰爭荷蘭處於極不利的態勢，她同時受陸、海兩面的攻擊，英國當時爲最強的海軍國，法國則爲陸上霸主，看來荷蘭人得救的機會微乎其微。但她的人民依舊奮戰到底，在陸上掘堤抵抗，並盡力組成相當的海上武力與英法聯軍作戰，在此回合，一共打了四次海戰（如圖八及表三），這多次的海上鬥爭，一切的榮耀均歸諸於荷蘭與其偉大的海軍將領魯特，使荷蘭免受英法聯軍海上的入侵。

表一：(1672~1674)英、荷第二次戰爭重要海戰一覽表

時間	戰爭	戰場	指揮官	兵(作戰艦)力	結果	戰略運用	影響
1672 0417	Battle of Sole Bay	北海、英格蘭Southwold灣海面	荷：魯特(De Ruyter) 英：約克公爵(英王) 法：埃斯特雷斯(Estrees)	荷：130艘 英法：150艘	雙方損失相當，但荷蘭得到戰略上的勝利，使英法聯軍無法由海上入侵。 荷：損失戰艦2艘，人員約2000人。 英：損失戰艦4艘，人員約2000人。	荷：內線作戰以反登陸及截擊。 英法聯軍：兩棲作戰侵入荷蘭。	荷：魯特以內線作戰主動攻擊，使英法聯軍欲由海上入侵再會合陸上部隊之計頓成泡影，讓荷蘭本土轉危爲安。
1673 0607	第一次史考尼維德海戰 First Battle of Schoon evldt	北海、敦克爾克北方海面近荷蘭沿岸	荷：魯特(De Ruyter) 英：魯伯特王子(Prince Rupert) 法：埃斯特雷斯(a'Estirees)	荷：89艘 英法：127艘	互無勝負雙方損失甚微。	荷：內線作戰以一部阻滯法艦隊主力，攻擊英艦隊以實施截擊及反登陸作戰。 英法聯軍：先制海再行兩棲登陸。	荷蘭達到戰略上之目的使英法聯軍不敢冒然登陸。
1673 0614	Second Battle of Schooe vwldt	同上	同上	荷：89艘 英法：127艘	同上	同上	同上
1673 0821	德克塞海戰 Battle of Texel	荷蘭Camperdown海域	同上	荷：105艘 英法：120艘	荷蘭得到勝利，雙方雖未損失戰艦，	荷：內線作戰以截擊行動保護航路。	荷蘭海上威脅解除，龐大的東印度

					但英人員損失較重，約2000人。英法聯軍放棄登陸之行動。	英法聯軍：制海以行兩棲登陸。	船隊安全返港；同時也解登陸之威脅。自1672年至今四次海戰，英法均未得到勝利，更因內部不和、利益各異，此次海戰後聯軍解體。

㈠經過

1672年梭兒灣（Battle of Sole Bay）與1672年6月二次史考尼維德海戰（Battle of Schooneveldt），在戰術方面雙方不分軒輊，但荷蘭都得到戰略上的勝利，使英法聯軍不敢貿然登陸。

1673年7月下旬，聯軍由英王堂兄魯伯特親王率艦120艘出海，並裝載了一批陸軍意圖入侵荷蘭，8月22日與荷蘭作戰艦105艘相遇於德克塞（Texel）附近海面，聯軍佔上風位置，對荷蘭艦隊不利，魯特乃傍淺灘航行使敵人不敢接近，入夜後風向轉爲離岸風，21日黎明魯特見機，立即命各艦滿帆以橫隊衝出攻擊（如圖九之一）。埃斯特雷斯（Estrees）的法國艦依法王的意願，居縱隊前鋒，並以避免損失爲原則，換句話說就是希望英、荷互拼而隔岸觀火，在此念頭下法國艦隊逐漸與主力脫離。荷班克爾中將（VADM Banckert）見狀即用一部監控法艦隊，主力轉攻英軍。

居後衛的英將史普拉格爵士（Sir Edward Spragge）與小特朗普原有宿怨，且在出海前向英王保證他會將小特朗普捉回，不論生死，否則他就以身殉國，結果使後衛脫離主力與小特朗普各懷鬼胎的激戰，在他第二次更換旗艦時，所搭乘之小艇被砲彈擊沉而葬身海底，結果使魯伯特親王受兩面圍攻（如圖九之二）而損失慘重，至黃昏時分，第魯特見英法艦隊逐漸會合，即將艦隊撤返淺灘附近，戰鬥終止，英方損失較重。

聯軍基於荷艦隊威脅未除，遂放棄登陸企圖駛返基地，荷蘭海上威脅解除，龐大的東印度船隊得以返航。德克塞海戰後，英國因國內反戰又憤於法國艦隊的行爲，因而在1674年2月17日單獨與荷蘭構和，英、荷海戰到此全部結束。

㈡雙方戰略運用

英、荷第三次海戰，已不是單純的海上作戰，而海戰的目的也與前兩次不盡相同，英法聯軍以兩棲進犯爲目標，荷蘭則以截擊作戰阻其登陸，除梭兒灣海戰外，荷蘭都把他們險要的海岸與淺灘作了戰略性的運用，雖然他們被迫在極不利的情況下作戰，但並沒有將他們的淺灘作爲避難所，而以此爲作戰基礎，實施攻勢的防禦作戰。當時機對敵有利時，魯特就以島嶼與淺灘作爲掩護，一旦時機有利，就立即實施攻擊，也就是說他並不是扮演一個消極的防禦，而是永遠以積極的存在艦隊精神，隨時掌握敵人兵力分散或側翼暴露的機會，予以致命的打擊，而迫使敵人不敢登陸。

至於法國軍艦在當時是最好的，當時法、英、荷同級艦載員的比較㉝如下表：

艦 型	法	英	荷
90門砲	700~1200人	600~800人	／
70門砲	500~700人	500~600人	400~500人
50門砲	300~500人	280~400人	200~400人

但他們的軍官缺乏經驗，人員訓練也較差，同時不願意進行近距離作戰，又因路易十四的指示以保全艦隻爲原則，因而毫無作戰意願。荷蘭人說的妙：「法國人，他們花錢僱英國人替他們打仗，因此他們全部的工作，是要看人家是否夠資格賺到他們的工資。㉞」也正因於此，荷蘭人在四次海戰中均能打破聯軍登陸的企圖，同時荷蘭海軍已盡改前二次戰爭的缺點，表現出色。英海軍除人員不如前二次戰爭，指揮官素質更差荷蘭甚遠。

可嘆的是荷蘭海軍在此次戰爭中每次戰鬥都獲得勝利，然並未能使荷蘭恢復昔日的地位，也未能抑制英國的掘起。可是魯特在極不利的情況下，所表現的技巧、勇氣與戰略運用，因而得到17世紀最偉大海員的稱號，他去世後直到沙弗林（Vie de Suffren）與納爾遜（Nelson）時代方能與他比擬。

伍、結　語

英、荷海上戰爭前後24年，在24年間海軍戰略、戰術從含混不清慢慢轉變爲有系統的思想與規程，由馬丁特朗普的開宗明義，到魯特集運用而大成，漸漸發展至今，通商破壞、封鎖、護航、截擊、制海、兩棲等皆有之。值得注意的是英查理二世，對荷蘭通商破壞的看法，有其正確的一面，只是他的工具無法支持他的構想，二百六十餘年後，英國也遇到同樣的問題，只是角色顛倒，德國人變成破壞者，他的潛艦作戰，幾乎使英國戰敗。

一個以經貿爲命脈的海洋國家，海上交通線是國家生命線，荷蘭如此，英國也是如此。海上交通線與陸上不同，無固定的路線，也無法切斷，船艦就是實質上的交通線，擊沉或限制它，交通線就自動消失。因之，擊潰作戰艦隊，使其船運失去保護，即爲切斷交通線的手段，這與制海有相同的意義。故就海洋國家而論，確保交通線爲目的，而制海等作爲皆爲手段。

在三次戰爭中，首次戰爭，荷蘭重在護航，英國則在封鎖與截擊作戰，雙方目的都是交通線。第二次仍是交通線之爭，但以制海爲手段。第三次戰爭，英法聯軍企圖以海上入侵，然受到魯特存在艦隊的威脅與牽制，而未竟其功。但足以提供後世一個重要的經驗，「在未擊敗敵人作戰艦隊前，兩棲進犯只是空談」，再之對存在艦隊的運用條件，也有一個基本的描述：

㈠艦隊必須能夠存在。

㈡敵人有所企圖，存在艦隊能對敵造成威脅及牽制。

㈢敵人艦隊被某些因素所牽制。

㈣艦隊不受任何因素牽制。

㈤艦隊必須具機動性。

㈥艦隊必須有寓守於攻的攻擊精神。

因地理環境與國情不同，造艦政策各異，使英國和荷蘭同級艦對抗時佔盡上風，但也使英艦無法進入淺水區而有所限制，事情皆有正反兩面，如何掌握優點避開短處，正是戰略作爲首要考量之一。1674年戰爭終了，荷蘭精疲力盡，遂淪爲二流國家，英國則取而代之，成爲首屈一指的海洋帝國。戰後15年，1689年元月荷蘭親王奧倫治威廉三世入主英國，雖非關戰略卻是歷史的惡作劇，造化弄人「天地爲爐兮，造化爲工，陰陽爲碳兮，萬物爲銅」也沒有什麼話好說。然1652-1674年這種空前絕後的海上戰爭，除奠定了爾後海軍戰略、戰術的基礎外，雙方作戰到底的精神，更足以爲吾人的借鏡。

註：①烏鴉爪（The Corvus）：第一次布匿戰爭時，羅馬鑑於海上經驗及作戰技巧，因而製造一種跳板，一端固定於船頭，另一端裝有一個金屬鉤，海上接敵時伺機將此跳板放下，鉤著敵船，使戰士登敵艦作戰。鹽野七生，「漢尼拔戰記」，台北，三民書局，民國87年。

②希臘火（Greek Fire）：敘利亞人在公元668年發明的秘密武器。用瀝青、硝石、樹脂、石油、生石灰等物混合而成，由管筒或投射器射出，混水越燃越烈。W. L. RODGERS,「Naval Warfare under Oars」, Maryland, U.S. Naval Institute Press, 1940, 41頁。

③大帆船（Galleon）：指不大不小專以風帆船推動之商船或軍艦，設計爲軍艦時，有高聳的前樓或艉樓，以利船上之攻防。海軍總司令部編印，「艦艇演進史」，台北市，民國60年，93頁。

④削造艦：16世紀末爲英國所設計，將大帆船戰艦前、艉樓高度降低，而增加操縱之性能，且比火砲作戰，而非登陸艦。1588年，英西戰爭時，英國以此型艦隻與西班牙大艦隊作戰，取得勝利，Peter PADFIELD, Armada, Maryland, U.S. Naval Institute Press, 1988, 115頁。

⑤馬丁特朗普（Martin Van Tromp）（1597~1653），荷蘭獨立戰爭及第一次英荷戰爭前荷蘭海軍出名的將領，1639年10月21日於當斯海戰擊滅西班牙艦隊後，曾將掃把升至桅頂，據說是以後海軍長旒旗的來源。1653年10月樹文寧根海戰（Battle of Scheveningen）陣亡，爲世所公認的海軍戰術之父。

⑥Admiral W. H. SMYTH, Sailor's Word Book, London, Conway Maritime Press, 1996, p.299。

⑦當斯海戰：1639年9月初西班牙奧昆多（Oquendo）率70餘艘軍

艦出現於英倫海峽北上。9月17日荷蘭海軍上將馬丁特朗普（ADM Martin Van Tromp），以20餘艘艦隻迫使奧昆多於當斯海面錨泊，荷蘭利用此時逐漸集中船艦，並利用上風位置，以11艘火船攻擊，其餘則以砲擊作戰。戰鬥結果，西班牙損失嚴重，僅十餘艘艦船逃脫，自此西班牙海軍榮耀盡失，再也無法翻身。Helmut PEMSEL, A History of War at Sea, Maryland, U.S. Naval Institute Press, 1977, p.43。

⑧16世紀末至17世紀中業艦砲性能如下圖表所示：

型式	口徑	砲長	彈重	有效射程	最遠設程
加農	7.25吋	10-12呎	50-60磅	285碼	1680碼
中加農	6.25吋	9-10呎	30-32磅	285碼	1428碼
輕加農	8吋	10-12呎	24磅	268碼	1344碼
長砲	5吋	12-13呎	17-18磅	336碼	2100碼
中長砲	4.25吋	10-12呎	9磅	336碼	2100碼
輕長砲	3.5吋	8-10呎	5磅	285碼	1428碼
輕砲（手砲）	3.25吋	7-8呎	4磅	268碼	1344碼

⑨John HARLAND, Seamanship in the Age of Sail, London, Conway Maritime Press, 1984, p.13-15。

⑩魯特（Michiel De Ruyter）（1607~1676），荷蘭最負盛名的海軍將領，1641年首次指揮15艘軍艦參加葡萄牙對抗西班牙海軍作戰。英、荷戰爭全程無役不從，第三次戰爭時荷蘭幸賴他的天才，才免於被英法聯軍入侵。1676年4月22日在地中海奧斯塔海戰（Battle of Augusta, Sicily）率西荷聯軍與法軍作戰中受傷，數日後在其旗艦恩德拉瓦（Eedracht）上去世，被譽爲17世紀最偉大的海員。

⑪孟克（George Monck）（1608~1670），第一、二次英荷戰爭著名的英海軍將領，受封爲奧比瑪爾公爵（Duke of Albemale）。

⑫David HOWARTH，著名海戰，台北，海軍總司令部譯印，民國76年9月，p.38。

⑬喀爾文教派；喀爾文教派爲馬丁路德宗教改革後在荷蘭盛行的新

教派，思想在保守與過激之間，由法國喀爾文所創，其理論以「命定論」爲核心，有「我個人之命運非人間其他權威可以左右」。這些理論被公認有助長唯物論個人主義及自由主義的功效，爲推資本主義有力工具。

⑭武裝商船：領有特許拿捕狀的武裝商船，謂之私掠船(Privateer)，但只能掠奪拿捕狀所指定國家船艦，所得之財物須與政府均分。Peter PADFIELD, Armada, Maryland, U.S. Naval Institute Press, 1988, p.32-33。

⑮黃仁宇，「資本主義與二十一世紀」，台北，聯經出版公司，民國81年，p.119。

⑯箕作元八，「西洋海軍史」(日文)，東京，富士山房，大正12年，434頁。

⑰布萊克（Robert Blake）(1599~1657)，英國海軍史上聲譽排名僅次於納爾遜的將領，原爲商人與學者，內戰爆發時爲圓頭黨之騎兵上校，護國主掌權，轉爲海軍時年已五十，對英海軍改革貢獻極大。第一次英荷戰爭時無役不從，1655年4月9日突破波多法林納港（Porto Farina）及1657年4月20日襲擊聖塔克魯滋（Santa Cruz）港，均以艦隊攻入敵港並全身而返，是海軍史上少有的例子，他的戰略、戰術可能不及當時其他的將領，但決心與勇氣無以倫比，1657年8月17日在返港英國，距普利茅斯港（Plymouth）2小時航程外去世。

⑱馮作民，「西洋全史」(九)，台北，燕京公司，民國64年，941-945頁。

⑲荷海軍1648年西發里亞和約前居絕對優勢，和約後荷大量裁減海軍，至1652年前後雙方力量約已概等。

⑳同註15，p.588。

㉑安汶屠殺事件：1623年荷蘭巴達維亞總督爲商業利益之爭奪，於鹿加群島的希蘭島安汶地區，以謀反爲藉口處死日本傭兵11人及英人10人，並將英人趕出摩鹿加群島。

㉒「大不列顛百科全書」(中譯本第一冊)，台北丹青書局，民國79年，p.258。

㉓Alfred T. MAHAN（馬漢），「海權對歷史的影響」(中譯本)，海

軍學術月刊社譯，民國79年，p.439。

㉔同註16，p.442。

㉕同16，p.444。

㉖「海權史」第一冊，國防部聯合作戰委員會譯印，民國56年，p.81~86。

㉗Helmut PEMSEL, A History of War at Sea, Maryland, U.S. Naval Institute Press, 1977, p.48。

㉘同註16，p.552。

㉙Smyran現稱Izmir，土耳其濱愛琴海之商港，為17世紀黑海地區貨物集散地之一。

㉚Kenneth GIGGEL, Classic Sailing Ships, London, W.W. Norton Company, 1988, p.32。

㉛狹海（Narrow Sea）是指包括北愛爾蘭海、英倫海峽及北海近英倫海峽部分之海域。

㉝同註16，p.588。

㉞同註19，p.117。

系統整合與軍事戰力提升

廖文中

壹、前　言

在廿一世紀以後的高技術戰爭中，軍隊戰鬥力的高下將愈來愈依賴於軍事力量的系統性，戰場的勝負愈來愈決定於作戰雙方綜合作戰能力的競爭和較量。但軍隊綜合作戰能力的提高，需要極大的經濟資源和人力資源的投入，這就與國家有限的資源形成尖銳的矛盾。例如冷戰最高峰時期，美國與前蘇聯的軍事費用因武備競賽，每年所投入的軍費相差無幾，但在國民總生產毛額（GNP）中，蘇聯的軍費比重較美國幾乎高出一倍，最終拖垮蘇聯，造成當前蘇聯分崩離析的結果。隨著資訊技術的飛躍發展，世界各國似乎都發現到一條有效化解此一矛盾的途徑，就是將軍事系統的戰力重新加以整合，加快加強形成新的軍事力量。無論是現代作戰理論從「以平台為中心」向「以網絡為中心」的轉移，還是席捲全球各軍事強國的新軍事革命潮流，其核心就是「系統整合」（System Integration）。包括911事件之後，美國情報系統和作戰系統之間的整合，或是國軍即將面臨聯合作戰第一關的C^4ISR－EW之間的系統整合。簡言之，系統整合就是將若干子系統的功能緊密結合起來，成爲一個功能一體化的新系統。也就是把本來沒有聯繫、聯繫鬆散或亂序聯繫的相關子系統透過整合系統構建成最佳配合的整體。

提高綜合作戰能力的基礎是作戰技術裝備的不斷改進。在人類歷史上，武器裝備的發明與改進往往可以改變戰爭形態，也就是科學技術決定著戰爭的方法。進行軍事戰爭、武器裝備的物質準備是基本建設，是具有牽引作用的，在武器裝備得到改進之後，才會進一步提到兵力結構的精進；改革部隊編制、加強指揮體制、才有能力論及創新作戰理論和戰法，每個系統必須是環環相扣、密不可分的。

貳、系統整合與改善作戰技術裝備同等重要

「裝備更新」與「系統整合」是軍事建設的兩種基本途徑。前者是改進和發展武器系統的硬體，如改進和發展傳感器、作戰平台、打擊武器、通信和指揮設備等；後者是加強武器系統之間的聯繫和協調，甚至變革武器系統的體系結構，在各種作戰平台之間建立數據鏈、建

設各軍兵種一體化的資訊網絡等軟體。作戰是體系與體系的對抗，也是管理系統對管理系統、武器系統與武器系統的對抗。從系統的角度考慮，尤其要重視系統整合。

根據系統原理，系統的功能不僅取決於系統的構成要素，而且在更大程度上取決於這些要素的構成方式。這就決定系統整合在裝備建設中具有重大作用，往往能在系統裝備基本不變的情況下，可以通過系統整合實現系統整體功能提高質量。

一般而言，採用裝備更新的方法發展武器裝備比較側重於依靠硬技術，如開發新材料、新能源、新技術等，需要較大的投入；而系統整合的方法則側重於依靠軟體技術，如一體化設計、軟體開發等，具有低耗高效的特點。因此，在資源受限的情況下，採用以系統整合爲主、以裝備更新爲輔的方法進行軍事建設是一條低耗高效之路，是解決裝備建設中需要與可能這一矛盾的良策。

資訊技術的進步爲系統整合提供極爲有利的條件和強有力的技術手段。以往的技術進步主要是基於物質和能量，而當今的技術進步卻是基於資訊的。資訊是一切物質和能量狀態的反映，亦是控制一切物質能量狀態和運動的中介。因此，與以往基於物質和能量的技術相比，資訊技術軍事應用的一個特點是不僅能用於進行作戰系統的裝備更新，而且更適合於實現作戰系統的系統整合。在資訊技術迅猛發展的今天，系統整合方法將在新裝備研製中發揮愈來愈重要的作用。在經濟生產一體化和經濟活動集約化、全球化的過程中，電腦和資訊網絡所起的決定性作用已經充分證明了這一點。

通過系統整合充分發揮資訊技術的巨大軍事潛力，符合技術發展的時代大趨勢。在軍隊建設中，武器裝備的更新換代耗費巨大。如果要通過對作戰系統的所有裝備全面更新的方法提升綜合作戰能力，這在目前的軍費條件下是無法實現的，即使在美國和西歐也是困難重重的。事實上，這種徹底更新系統裝備的方法浪費很大，在很多情況下並無必要。在當今時代，許多作戰平台的機動力、火力、防護力以及自身資訊獲取能力已經接近極限狀態。半個世紀以前坦克火砲口徑和射程的提高非常緩慢；艦載雷達對水面目標的探測距離也始終受到桅桿高度的限制等等的侷限情況下，雙方戰爭曠日廢時，勞民傷財，無論勝敗雙方均需付出極大的代價。然而全球科技的飛快發展，各種作戰裝備在廿一世紀後卅年得到空前的改革，改革的一大重點就是作戰系統綜合效能的提高手段由裝備更新向系統整合轉移，通過系統整合的方法來加強和優化作戰平台的聯繫或創新其組合方式，以極大的增進其綜合作戰能力，並可充分發揮資訊技術的特點和潛力，正是一條既省時省錢、又可達到低耗高效的捷徑。

參、美國海軍CEC就是作戰與情報系統整合

美軍自九〇年初打完海灣戰爭之後即朝此一方向進行改革，其目標就是軍隊建設的資訊化、網絡化、數字化，其實質還是爲了實現作戰系統的高度整合化，實現聯合作戰的高度一體化。美國海軍在1996年7月提出的2010聯合作戰願景（2010 Joint Vision）中提出「網絡中心戰」（Network Centric War），其基本思想就是運用資訊技術將許多在空間上分散配置的作戰單元緊密地聯繫在一起，作爲一個整體遂行作戰行動，此一思維的基礎就是源自於1992年海灣戰爭之後，所著手進行此方面的研究和裝備試驗：「合作作戰能力」（CEC，Cooperative Engagement Capability）系統，亦稱「協同作戰系統」，是美國海軍在原C^3I系統的基礎上爲加強海上防空作戰能力而研製的作戰指揮控制通信系統。該系統利用電腦、通信和網絡等技術，將航母戰鬥群中各艦艇上的目標探測系統、指揮控制系統、武器系統和艦載預警機連成網絡，實現作戰資訊共享，統一協調戰鬥行動。每艘艦艇均可即時掌握戰場態勢和目標動向。對來襲的空中目標，可以由處於最佳位置的軍艦發射武器進行攔截，從而大大提高整個航母編隊的防空能力。

航母戰鬥群中各艦艇所具備的偵察能力都存在地域、範圍、手段、精度的侷限，各個獨立偵察子系統所獲取的情報不能適應複雜環境下的整體作戰需求。若能建立一個囊括戰場內所有艦艇的資訊網絡，將所獲偵察情報加以綜合，形成精度更高、範圍更廣、全局一致的戰場態勢資訊，並爲全艦隊所共享，將可取代傳統的、各自爲戰的海上防空作戰模式，實現眞正意義上的協同作戰。CEC系統正是爲此一目標而整合的作戰指揮通信系統。在1996年初的一次試驗中，一艘巡洋艦在艦載雷達尚未發現目標的情況下，根據一架試驗飛機提供的目標數據，發射了4枚標靶「標準」防空飛彈，成功攔截遠在3倍雷達視距以外的4枚巡弋飛彈，並且在「標準」飛彈超出母艦的控制之後由試驗飛機對其繼續進行引導。

而整個CEC系統仍只是美國海軍「網絡中心戰」中的一個子系統，根據美國海軍空間、資訊戰、指揮與控制司令部司令塞伯羅夫斯基海軍中將在「美國海軍學會會刊」1998年1月號上發表「網絡中心戰－他的起源和未來」的論文說明，美海軍提出的網絡中心戰的作戰結構由三級可相互操作的作戰網絡組成：

（一）第一級是「聯合監視跟蹤網絡」，使用像CEC這樣的系統，網絡用户數量在24個之內，資訊傳輸時間爲亞秒級，資訊精度達到武器控制質量；

（二）第二級爲「聯合戰術網絡」，使用11號數據鏈（Link-11）、16號數據鏈（Link-16）、聯合戰術資訊發布系統（JTIDS）等系統，網絡用户數量在500個之內，主要用於傳送和顯示目標位置、航向、航速、目標識別數據和指揮命令等戰術數據，資訊傳輸時間爲秒級，精度達到部隊控制要求；

（三）第三級爲「聯合計劃網絡」，運用IT－21（Information Technology for the 21st Century）艦隊海上內部網、NMCI（Navy－Marine Corps Intranet）海軍與海軍陸戰隊陸上內部網、全球指揮控制系統（GCCS）等，網絡用户數量在1000個之內，是一個多媒體資訊網絡，可向海上、岸上的所有艦艇和指揮機構提供連續的音頻、視頻、文本、圖形、圖像資訊、資訊傳輸時間爲幾分鐘，精度達到決策制定和部隊協同要求。

網絡中心戰的網絡結構由聯合偵測網絡、聯合戰術網絡和聯合資訊網絡三個相互耦合的網絡組成：

（一）「聯合偵測網絡」把所有戰略、戰役和戰術級傳感器獲取的數據融合在一起，迅速產生對戰場空間的態勢感知，目前由CEC系統構成；

（二）「聯合戰術網絡」主要由各種海上、空中和陸上武器系統組成，目前由11號和16號戰術數據鏈構成；

（三）「聯合資訊網絡」由分布廣泛的資訊基礎設施構成，目前由IT－21和NMCI系統構成，IT－21是艦隊海上內部網，而NMCI是海軍部的陸上內部網，串聯海軍和海軍陸戰隊兩個軍種所有的基地、司令部和支援系統的終端網站，是溝通全戰場的保障，對聯合偵測網絡和聯合戰術網絡發揮支撐作用。

網絡中心戰概念的實質，是利用計算機資訊網絡對地理上分散的部隊實施一體化的指揮和控制。其核心是利用網絡把各種探測器、武器系統、指揮控制系統聯繫在一起，實現資訊共享，實時掌握戰場戰場態勢，縮短決策時間，提高指揮速度和協同作戰能力；各級指揮官可利用網絡交換大量的圖文資訊，掌握整個戰場態勢，並通過網絡和電視電話會議及時、迅速地交換意圖，制定作戰計劃，解決各種問題，以便對敵方實施快速、精確、連續的打擊。美海軍的網絡中心戰基本就是一個串連所有子系統的一個大網絡，可以說是當前全球作戰能力「系統整合」的最佳範例。

肆、美國空軍JTIDS就是情報與戰術系統整合

在20世紀60年代的越南戰爭中，雖然美軍在海上、陸上和空中都有指揮系統，由於通信、導航和識別是由

相互分立的系統所建構的，覆蓋範圍未能重疊，彼此聯繫不緊密，因此常常出現傳送延遲、情況不明和通信不靈的情況，往往使作戰分隊和空中戰機難以有效的指揮和控制，甚至預警指揮飛機的資訊也無法快速到達聯合指揮系統，而坐失勝利的戰機。因此，美軍急需整合一個統一的信號和硬體、命令和通信、導航和識別功能集成在一起的資訊系統－C^4ISR。

70年代初，美海軍和空軍投人大量人力物力制訂「綜合戰術導航系統」(ITNS)、「統一戰術航空管制系統」(ITACS)和SEEK BUS等計劃。這些計劃分別用於解決海上導航、抗干擾和保密的指揮、控制、通信、預警指揮機、數據分發等問題，逐漸形成了通信、導航和識別(CNI)等綜合系統的基本雛形。1974年，美軍成立以空軍爲主的諸軍種JTIDS聯合計劃辦公室（JPO），正式開始JTIDS項目的研製。

「聯合戰術資訊分發系統」(Joint Tactic Information Distribution System,JTIDS）是一種功能全面的通信、導航和識別綜合系統，可以把包括預警指揮機在內的各種探測系統所蒐集的戰術資訊匯集，分發到指揮系統和飛機、艦船等戰術單位。JTIDS把大範圍内的各種參戰單位緊密地聯繫在一起，是多軍兵種聯合指揮自動化系統的重要組成部分，也是美軍及其盟軍聯合、聯軍作戰的重要裝備，已經在美國及其盟國中廣泛應用。

JTIDS是一種時分多址通情系統，能將時間按照一定的規則分成若干單元。安裝在指揮或作戰單位的每個終端機均分配一定數量的時間單元，利用這些時間單元發射信號，以廣播自己收集的資訊或要發出的指令；其他終端機則接收信號，從中取出自己需要的資訊。JTIDS通過一個通信網把各指揮、情報、作戰單位聯繫起來，形成一個動態數據庫；各單位將獲得的情報、自己的位置、要發出的指令分發出去，同時又從其中取出自己所需的資訊，由此實現資訊的傳遞與共享。

JTIDS是集通信、導航和識別功能爲一體的綜合系統。其中，通信功能是把戰場上所有預警探測、電子戰等情報單位產生的資訊傳送到各級指揮與作戰單位，以形成實時的敵我態勢，同時把各級指揮和控制單位發出的命令以及各作戰單位之間的作戰配合命令實時地傳送至目的地；導航功能是向各作戰單位實時提供三維的位置、速度和姿態信息，產生參戰單位分布圖，同時將預警探測系統獲取的目標位置及座標轉換爲可用資訊，爲攻擊敵方固定或移動目標的武器提供制導；識別功能是通過各種保密手段，將敵方和我方的單位區分開來，使己方的情報資訊不致誤傳到敵方。

JTlDS對傳輸資訊的實時性、準確性和遠程傳輸能力都有很高的要求；其容量夠大，可同時擁有上千個用户；數據傳輸以數字化資訊爲主，可同時傳送數字話音和自由文電；具有作用範圍廣、資訊吞吐量大、抗干擾和抗摧毀能力強、保密和識別能力高等特點。

美國空軍的領導機制是實行軍政和軍令分開的雙軌制，軍政系統由空軍部向國防部長負責，軍令系統的作戰指揮由空軍參謀部負責一切作戰的事宜，空軍參謀部下設九大司令部①，多爲1992年「海灣戰爭」結束後，美空軍爲了因應急速發展的「新軍事革命」（RMA）所改組成立的，其中1992年7月1日新成立「空軍情報司令部」，專門負責各作戰司令部之情報資訊通信工作集中統合，將各分系統的資訊加以集中，並進行統一分發的業務，至此JTIDS系統的功用於焉發揮，同時更及於友軍和盟軍之間的聯合作戰指揮系統。目前由美軍透露的銜接系統大約25個②，若以終端計算可能超過數千個以上。（JTIDS系統如附圖）

以上兩個例子説明近十年來美軍爲了因應全球作戰環境的急遽改變，陸海空三軍的各類型武裝作戰系統正由於資訊工業的興起而獲得系統整合的契機，不僅大大的提高「戰爭力」，更改變戰爭的型態，同時不久之後更將波及神秘而牢不可破的國家情報體系的改組，將美國國家安全情報體系和美軍全球作戰情報體系整合在一起。

伍、反恐戰爭影響全球情報與作戰系統整合

美國雖然擁有先進且龐大的情報機構，但在911事件之前卻對恐怖份子的襲擊計畫一無所知，暴露出美國對國際化、網絡化和高技術化恐怖襲擊活動的防範和打擊能力十分脆弱，主要的原因就是缺乏一套可將各系統的情報整合為一體的機制。鑒此，美國國會已要求美情報機構進行重大調整和改革，其中包括考慮取消禁止情報機構在海外從事暗殺的行政命令，擴大軍事情報機構的權利，並計劃恢復中央情報局僱用外國間諜的做法。美總統布希還在國家安全委員會設立由陸軍領銜的「打擊恐怖主義辦公室」，主管軍事和情報的協調和整合各情報與作戰系統的任務。為加強對恐怖份子的打擊，各國加大情報能力的投資，包括迅速蒐集情報、及早發現恐怖跡象以及情報分析、傳輸和分析能力等。雖然美國的軍事作戰能力非常強大，但面對不太熟悉的恐怖主義襲擊，美國防部必須提高情報保障能力，為此，增加的軍事撥款首先用於加強情報力量建設，重點支持發展情報蒐集、遙感和向決策者分發情報的能力。在情報偵察裝備建設上，美軍除加強衛星預警、電訊偵蒐、影像綜合情報之外，更加重視人力情報的派遣部署、情報的分

析和快速分發能力的建設。

俄羅斯爲提高反恐怖情報的獲取和反應能力，正在首都莫斯科地區建立由18顆預警衛星、16部大型預警雷達及A－50空中預警機等組成的空中偵察預警系統，並擬在俄西部建立新的戰略預警雷達中心，爲俄防空部隊裝備新型防空一體化指揮系統。獨聯體國家已達成協議，將加快組建獨聯體反恐怖情報中心，加強內部人員和情報交流，總部將設在吉爾吉斯斯坦的比什凱克，已於2001年底組建完成並開始運作。

除美國、俄羅斯等軍事情報大國外，部分亞洲國家針對自身情報力量不足等薄弱環節，在調整現有情報機構和轉變情報職能的同時，也在加緊組建新的情報機構。

印度迅速成立一個情報協調小組和聯合軍事情報局，負責情報的集中處理等事務。據印度內務部官員稱，聯合軍事情報局下設一個聯合機構，由來自印度內務部研究與分析中心、軍事情報機構及各邦情報機構的代表組成。此外，印度各邦也將建立情報分隊，向印內務部提供情報。

巴基斯坦三軍情報局和聯邦情報局，已將情報工作重點轉向蒐集恐怖勢力活動情況，並將建立以軍隊和聯邦情報部門爲主體，省、縣和基層情報機構參與的全國情報體系，爲有效打擊恐怖主義勢力提供及時、準確、可靠的情報保障。

韓國擬在國家情報局內設立一個反恐怖主義機構，由國防部、內務自治部、國家情報局等相關機構的情報專家和諜報人員組成，專司反恐怖情報的蒐集工作。此外，韓國政府還制定「支持美國打擊恐怖主義法案」，加強與美進行軍事情報交流與合作的條款和內容。

菲律賓總統已批准設立由軍隊和警察系統共同組成國家反恐怖活動委員會。東協國家還計畫成立反恐怖情報軍事聯盟，交換恐怖份子活動的有關情報，加強邊境聯合巡邏，共同打擊區域內的恐怖活動。隨著光纖電纜和數字化通信技術的發展，情報偵察工作越來越依賴民間無所不在的通訊網絡和電子計算機爲主的國際資訊工業圈。爲此，一些中小國家積極採取措施加強情報建設，一是通過增加情報經費的投入，重點加強密碼制定和破解，以及電話、無線電通信和衛星傳輸等手段建設，提高情報蒐集能力，使情報機構能夠在全球性反恐怖作戰的整體效能中發揮作用。二是與情報大國開展合作，儘可能融入大國情報系統，或以區域爲主的安全機制，以尋求自我保護，並藉由情報合作的機制提昇本國的國際或區域內地位的份量。

陸、共軍「軍隊指揮一體化」就是系統整合

至於中共解放軍方面，亦早在1992年海灣戰爭之後，跟1980年代末世界「新軍事革命」的浪潮，著手各方面包括作戰理論、編制體制、戰爭運籌、武器裝備等一系列的全面而又深刻的研究，其中「軍隊指揮」一體化的變革也是深入研討的一個項目。共軍在1990年代末的數場研討會中，多次提出總結報告論證「新軍事革命」的基礎就是「透過以資訊（資訊）技術爲核心的發展，將眾多武器系統和作戰指揮系統結合起來，發揮正確而有效的一體化作戰」。繼而再解釋所謂「一體化」就是「系統集成」（系統整合），通過「系統集成」綜合運用各種技術系統和作戰系統，使軍事能力得以大幅度提高③。

在軍事科學中，基礎理論層級是「軍事學」，技術理論層級是「軍事運籌學」，應用技術層次是「軍事系統工程」。回溯共軍在軍隊建設歷史中，錢學森的科學研究背景對共軍的建設理論與實際應用都有不可磨滅的功勞，1979年7月錢學森在共軍軍隊總部機關領導的會議上講授「軍事系統工程」，強調軍事路線和軍事戰略兩項根本性問題解決後，軍事系統工程就要運用現代科學技術方法解決執行軍事路線、軍事戰略的實際問題。

錢學森提出軍事系統工程要解決的五項內容，一是作戰模擬；二是武器裝備系統的設計方案論證、戰術技術指標的確定與效能評估；三是後勤系統的組織管理，包括物資庫存、需求、消耗、補充、運輸的組織管理系統；四是組織建立作戰指揮體系，包括情報、偵察、作戰、指揮自動化等系統的設計；五是對戰略問題進行定量分析與戰爭模擬等。結論是這五大內容所聯結的系統「合則強，分則弱」，從中擷取經驗，提出「從定性到定量綜合集成（整合）法」，將軍事科學所屬界門的諸系統整合，匯排成爲有效武力，「系統整合」成爲共軍軍事科學院和國防大學，以及所有院校、機關和部隊間一項重要的研究課題④。

柒、美軍積極強化國軍的三軍作戰系統整合

至於國軍戰力方面的不足，也與三軍系統分立，各軍種因本位主義未能整合有關。美方近年積極評估並協助台灣提昇戰力，美方按部就班，目前已完成海、空軍戰力評估，2001年則是陸軍，其評估結論與建議列爲美方軍售重要參考依據。美方1999年評估重點在空軍，項目如「聯合防空」，評估結果爲去年對台軍售長程預警雷達，空對空中程飛彈的重要參考。2000年美方評估重點則爲海軍，項目如反潛，2001年對台軍售獲得潛艦、

紀德艦等突破性裝備，美軍評估建議是重要依據。

2001年評估重點則爲陸軍。據悉，以美軍太平洋司令部爲主的評估小組，四月已來台進行第一回合評估，重點項目包括「野戰防空」，2001年7月再度來台展開第二回合評估，重點爲「反登陸」與「聯合作戰」等項目，陸軍以六軍團爲主，以代號「前鋒」計畫作爲準備因應。美軍對陸軍的二次評估建議將作爲2002年是否軍售M1戰車予阿帕契直升機參考。

自1999年迄2001年七月，美方分梯次完成國軍陸、海、空三個軍種戰力評估後，美方可能派遣國務院重要官員來台總結，並展開一連串秘密協商。美方四月來台的評估小組成員，至五月中旬還有五人留台繼續作業；美方此次評估重點是「海空安全走道」，其精義是國軍各軍種均有飛彈，無論射程遠近，這些現役部署的飛彈個別系統都相當精準，但仍欠缺統籌管制機制，假若美機、艦必須進入台海區域，在不能發生誤擊的情況下，軍方必須明確訂定「空中與海上安全走道」。美方評估小組相當重視台灣防區的「安全走道」問題，要求七月二度來台評估作業時，希望國軍及早完成詳細規畫⑤。

美軍駐太平洋總司令布萊爾在2002年2月27日回答美國眾議院國際關係委員會亞太小組、中東暨南亞小組舉辦之聯合聽證會，布萊爾在回答質詢時提出書面證詞，其中有兩段說明美軍對海峽兩岸的軍力對比和彼此所涵蓋問題的看法，一是對共軍近年來迅速崛起的看法，認爲共軍近年來軍力加強的因素之一是重視「系統整合」。文內說明：「一年來解放軍各項演習顯示解放軍的素質繼續明顯提升。解放軍推動現代化，強調三軍整合，除了基本的海上作戰能力外，2001年各項演習也證明中共正在加強協同作戰能力，針對關鍵目標，結合兩棲作戰、飛彈、空襲等多方面統合戰力。所謂關鍵目標，包括軍用機場、軍港、以及指揮中心。顯示中共繼續發展並演練短程彈道飛彈以威脅台灣，也沒有放棄必要時以武力解決台灣問題」。而對台灣方面的國軍在近年來國防建設方面，問題似乎亦出現在「系統整合」不夠，布萊爾指出，「台灣的武裝力量也持續重整及現代化，包括指揮、管制、通信、電腦、情報、偵察、搜索（即C^4ISR）。去年美國同意出售陸、海、空軍裝備以維持台灣防衛所需，而台灣也仍然需要投注心力改善C^4ISR，同時整合三軍防禦能力」⑥。

捌、提昇國軍戰力亟待「聯合作戰」的系統整合

目前國軍在三軍「運籌體系」（Operation System，或稱「作戰體系」）上，正由過去名爲「聯合作戰」，實爲三軍分立、各自建設的情況逐步走向以資訊系統爲

基礎的三軍系統整合。與此同時，國軍在兩岸軍事的競爭壓力下，也在美國亞太戰略的架構下展開新一輪的台、美軍事合作的系統整合，俾於一旦「台海有事」，或美中關係惡化時，台灣軍力得以「切入」（EMERGE）美軍西太平洋的防衛軍力之中，成爲美軍在亞洲武力的輔助部隊⑦。前者最爲明顯的例證即爲國軍在國防二法通過後，改制成立「資通次長室」，將原屬參謀本部二級單位的「通資局」提昇爲一級單位，與人事、情報、作戰、後勤各次長室並列，藉C^4ISR的功能成爲整合三軍聯合戰力的黏合劑，或依中共的説法是「成爲現代戰爭的戰力倍增器」，正式理順三軍聯合作戰在資訊時代的關係和序次。其次是近一年來「華美專案」向美國開列的軍購清單中，大幅度揚升的比例並非陸、海、空軍的作戰武器和裝備，而是命令和通訊系統中必備的各種軟體和三軍通用的通信、雷達和命令傳輸系統的硬體設備。

至於後者，則是美國三軍各特業小組在近一年半以來在台深入各軍種、據點實地考察國軍三軍戰力之後所作的評估，認爲國軍間戰力難以整合的基本原因有三，一是受困於嚴重的三軍歷久存在的軍種本位主義，二是高級軍事領導階層對以資訊戰爭爲主軸的「新軍事革命」（RMA）將帶來的衝擊缺乏警覺，三、最根本的大問題是軍隊人才的缺乏，素質難以提昇。因此，美國軍方對美、台軍事合作的未來走向和前景感到憂慮⑧。根據2000年以來在美國華府透過和美軍方關係良好的智庫如蘭德公司、國際戰略研究所等所作的兩岸軍力評估和模擬戰爭推演，均認爲公元2005年是一個重要的指標年份，屆時中共解放軍的軍事實力與台灣的軍事實力將達到「均衡點」，而中共綜合國力的持續上升，相對於台灣經濟衰退對軍事實力的支持度，恐對美國西太平洋的防衛戰線造成一個嚴重的缺口。而布希政府另一個壓力就是來自美國「國防工業體」（MIC，Military Indulstry Complex），也希望藉由美、台軍事合作能夠傾銷其軍火產品，因而也不斷透過有關學者、智庫發表統計報告⑨，促使布希政府加大對台銷售剩餘武器的範圍和數量，這也是美國在我國新政府甫上任之際，一次性開出震驚兩岸的武售清單，其中包括八艘潛艦、四艘紀德艦、十二架P-3反潛機、二百枚AIM-120中程空對空飛彈、長程預警雷達以及甚多可以提昇武器性能的資通軟體，如空軍LINK-16，海軍艦隊間CEC系統和F-16戰機的雷達通信傳輸系統的精進（MMC-3051）等，其最大目的就是平衡台海兩岸的軍事實力，其次就是整合美軍與國軍的若干情報、作戰系統，一屆戰時國軍可以在有限度的範圍內提供美軍西太平洋軍事戰線上的輔助戰力。

玖、結　語

系統整合原是一個技術名詞，但系統整合的思想和方法完全可以作爲一種哲學方法應用於技術領域之外。因此，建立均衡科學的兵力結構，提高軍隊的合成化程度，建立一體化的聯合指揮體制，發展合成作戰和聯合作戰理論，實現軍事力量在武器裝備、編制體制、作戰理論和人員素質上的協調配套，從廣義上說也是一種系統整合。此種系統整合對增強軍隊的作戰能力同樣具有根本性的影響，一支軍隊只有精良的武器裝備而沒有與之相適應的編制體制、作戰理論和人員素質，同樣難以形成戰鬥力。前者是硬體，後者是軟體。前者是戰鬥力的物質基礎，後者是形成戰鬥力的一種機制和上層建築。

面對未來新型態戰爭，國軍在現有主、客觀條件限制下，要求達到快速增強軍隊戰力的目標，確保三軍能夠以「聯合作戰」爲基礎的各系統能夠有機整合起來，已經成爲國軍當前最首要任務。爲此，國防部在「二法」通過之後，已經正式成立「整合評估室」的編制，顯示已經深知「系統整合」的重要性，但在運作上目前仍只限於工作階層的蒐集資料和研究分析，距離發揮實質主導作用似乎仍欠一把火。難以跨出大步的原因之一是定位層級不高，造成組織兼容不夠，主觀意願僅著眼於規畫三軍體系內部系統的整合，而無法兼容整個國家體制和社會群體中，具備國防功能的人才和資源之間的系統整合，更難論及規畫國際環境以及與外國軍隊之間的系統整合。以美國爲例，美國軍方與國防工業體系（MIC）、資訊業、學術教育界平時即保持極密切的互動關係，對美國軍隊培育人才、發展軍事理論、科技、動員、後勤、民防和國際交流的能量建設、厚植基礎著實功不可沒，此極爲美國國防部所謂的「外向型系統整合」。目前由「漢光十八號」演習觀察，國軍的「軍隊指揮一體化」建設透過新建立的資訊通信鏈路整合三軍聯合作戰系統已能初見成效。但國安系統與軍事作戰的情報體系仍然分立、未能融入國家情報體系合二爲一，造成競爭對立、力量分散的結果，無法有效統合運用，此一現象相較於美國情報系統改革已進入第五代，而國軍卻仍未達到第三代，落後甚多⑩。至於國軍與外國軍隊包括美、日軍隊間的作戰系統整合，雖然空軍已有LINK-16鏈路、海軍也有與美艦隊CEC的整合規畫、陸軍防空部隊已開始TMD系統的偵察雷達鏈路的整合建設，美軍希望至2005年國軍能夠趕上時間表，可與共軍的現代化戰力保持一段時間的平衡。總之，系統整合既是武器裝備建設的一種技術手段，也是全面建設國軍的精要，是資訊時代提高國軍作戰能力的一個有力不二法門。

註：①九大司令部包括一、空中作戰司令部、空中運輸司令部、空軍裝備司令部、空軍航太司令部、空軍特戰司令部、空軍訓練教育司令部、空軍情報司令部、駐歐美空軍司令部、駐太平洋美空軍司令部。

②美空軍透露聯合作戰戰術資訊分發主系統包括一、美國空軍空中指揮所控制中心系統。二、美國空軍各地JTIDS通信系統。三、美國空軍模組化空戰中心系統。四、美國空軍空中預警指揮機系統。五、美國空軍通信辨證與資訊處理中心系統。六、美國空軍E－3預警機系統。七、美國空軍F－15戰機系統。八、美國海軍航空母艦戰鬥群系統。九、美國海軍潛艇作戰系統。十、美國海軍E－2C預警與管制機系統。十一、美國海軍陸戰隊JTIDS系統。十二、美國海軍陸戰隊戰術空戰系統。十三、美國海軍F－14D戰機系統。十四、美國陸軍所有前沿地區防空系統。十五、美國陸軍軍直屬地對空導彈系統。十六、美國陸軍戰區高空防空系統。十七、美國陸軍「愛國者」防空防導系統。十八、美國海岸防衛系統。十九、北約戰備中心系統。二十、英國E－3預警與管制機系統。廿一、法國E－3預警與管制機系統。廿二、英國空軍「旋風」式戰鬥機系統。廿三、北約E－3預警與管制中心系統。廿四、美國空軍所有主通信系統。廿五、美國空軍所有空中指揮系統。

③「信息時代的軍隊指揮」，中共解放軍論壇，台北「尖端科技」軍事雜誌，第206期，2001年10月出刊，第45－49頁。

④錢學森，「軍事系統工程」，載於「軍事系統工程的理論與實踐」篇，中共「國防工業出版社」，1998年出版。內容說明共軍於1998年3月31日在原國防科工委爲紀念錢學森提出建立與發展軍事系統工程學科20週年而召開的「軍事系統工程學研究發展20年報告會」中，錢學森所發表之書面論文。

⑤呂昭隆，「國軍規劃台美協防計畫」、「美秘密評估國軍戰力已二年」，台北「中國時報」，2001年5月14日，第1・2版。

⑥劉屏，「布萊爾：美軍奉令隨時協助台灣」，台北「中國時報」，2002年2月28日，第二版。

⑦郭崇倫，「美台軍事合作未來走向仍在摸索」，台北「中國時報」，2002年5月19日，第11版。

⑧Michael Swaine，美國卡內基研究所中國部主任，2002年4月中旬訪台時所作口頭報告。

⑨美國蘭德公司（RAND）研究員David A.Shalapak、Barry A.Wilson、David T.Orletsky等，應用JICM作戰模型及Harpoon分析模型，設想2005年中共侵襲台灣爲基本想定，進行電腦模型模擬推演，最後總結研究報告認爲，加強對台軍售可以使美軍在介入時犧牲最少，獲益最大。報告編號MR-1217-SRF/AF，於2000年11月18日發布，題目爲"Dire Strait"，該報告第一階段中共對台空軍作戰爲主要推演項目（要點如附件）。

⑩廖文中，「由美國國家圖像測繪局（NIMA）的崛起看美國的情報革新工程」，中華民國高等政策研究協會，中共解放軍計畫研究報告，2001年10月15日發行。

空軍與島嶼國家防衛作戰

廖文中

壹、前　言

防空作戰是保護國家領空主權和國家安全而在空中或由空中至地面之空域與敵人展開的戰爭。隨著航空技術和工業的快速發展，尤其是1990年波灣戰爭揭開高技術戰爭序幕以來，各種高科技戰機和精導武器的發展與應用，使得空中來襲的「敵方」可以隨時覆蓋全境國土。防空作戰的區域特性已無法再以「島嶼型」或「大陸型」國家作爲分界。由目前以及爾後的一段時間內，相對敵國間所面臨的對來自空中的威脅都是全時段、全空城、全國界的。換言之，亦即已無前方與後方之別，一旦戰爭發起，全境隨時隨地都是戰場。空中作戰的基本形勢大致分爲空中進攻、空中封鎖以及空降作戰，可視爲空中敵襲的三個階段，也有可能在一個戰役內同時進行。因此對空中防衛作戰的理論與模式亦須根據敵人攻擊模式相應發展。海灣戰爭和科索沃戰爭使中共見識到西方現代化空軍在獨立戰役中的威力，於是開始修正空軍的作戰理論，強調由注重防空作戰向注重空中進攻作戰轉變。中共空軍司令員劉順堯在1999年11月11日共軍慶祝空軍建軍50週年紀念大會上明確指出，中共空軍在「新時期戰略任務」將由「防空型」轉向主動積極的「攻防兼備型」，突出加強空中進攻力量的建軍方向，以適應未來戰爭的需要。若干共軍的理論已開始強調「只有實施快速有效的空中進攻作戰，突擊敵方機場和壓制地面防空兵器的進攻作戰，才能轉被動爲主動，奪取並掌握制空權」①，同時檢視近六年來中共空軍的演習，自「空劍九四」、「神聖九五」、「西部九六九」、「西部九七」、「西部九九」等空軍實兵演習，以及2000年10月13日至16日的「世紀大演兵」，均可發現中共空軍在戰略上確已向探索空中合同進攻戰法邁進，各項先進裝備的快開始，共軍防空兵實兵演習超過五次以上，多爲襲奪大型機場的演練，同時空降兵部隊的擴編、現代化兵器的大批引進，近十年來的包括SU－27、SU－30、電子機、預警機以及空中加油機等，建軍實力較諸前四十年的總和快速甚多②。分析自1996年以來的演習，空軍作戰的戰略目標之一必爲奪佔台灣島上某一戰略機場。又根據1999年2月26日美國國防部發布之「台灣海峽安全情勢」的軍事評估報告，認爲台海一旦爆發戰爭，共軍可能有七種不同的軍事行動，其中有五項與空軍有關，包括制空權奪取、封鎖行動、戰略目標襲奪以及掩護奪取制海權等。

總而言之，以現代空中武器的大縱深性、快速性和高效性而言，其遠程奔襲的能力對島嶼防空作戰與區域性要地防空作戰其實並無不同，僅在戰略上進攻的一方往往獲得打擊主動權，而防禦一方經常迫於被動反擊。共軍若對台發動戰爭，除首波導彈襲擊外，空軍的進攻作戰將以多種形式貫穿全程，包括爭奪制空權、空中封鎖、對地支援攻擊，掩護空降作戰等階段，皆以消滅我空中力量爲首要任務。因此我方進行領空防衛的「空軍戰略」必須以保存「有生力量」爲最主要選項。任何一階段的防空作戰，我方空中武力若低於敵來襲武力指數的一半以上即有陷入防禦弱勢的危險。一旦空中防衛力量不存在，則其後隨之而來的海、陸作戰亦將立即面臨困境。因此與海軍的「存在艦隊」(FLEET－IN－BEING)同義，空軍亦應強調「存在機隊」（WINGS－IN－BEING）的重要性，蓋「無空防即無國防」是謂也。

貳、現代防空理論發展與演進

目前和今後相當長時期內，空軍面臨的戰爭方式主要有兩種，一是獨立的空中戰爭，二是聯合作戰式的局部戰爭。在獨立的空中戰爭中，對防禦一方而言，防空是決定戰局的關鍵因素。在聯合作戰式的局部戰爭中，防空一般以防空戰役的方式進行，空軍不僅首當其衝，而且貫穿始終。防空在戰爭初期的戰略掩護和在戰爭持續期間的對空防禦與支援陸、海軍作戰，直接關係到國家軍事力量的存亡和陸戰、海戰的勝負。

在高科技的推動下，空軍兵器的種類、型別和作戰性能都發生重大變化。第三代作戰飛機、隱形飛機、巡弋飛彈、戰術彈道飛彈、無人飛機等構成高技術空中突擊力量，在局部戰爭中被用於戰略空襲。同時，噴射式超音速攔截戰鬥機、全空域多功能地空導彈和現代雷達自動化快速高射炮構成三位一體的對空防禦力量，可以進行遠距離、全空域、精確、快速、猛烈的防空攔截打擊。

由於高新技術兵器的變化，促使戰爭方式逐漸向高技術條件下的局部戰爭轉變，高技術聯合空襲成爲最常用的作戰手段。九〇年代以來世界上九次較大的局部戰爭，均以空襲拉開序幕，並貫穿始終。某些局部戰爭空襲成爲唯一的方式。於此同時，戰略空襲方式發生新的重大變化，出現非線式聯合空襲。不僅改變以往由前沿至縱深線式推進的空襲方式，而且綜合使用各軍種的轟炸機，巡弋飛彈和戰術彈道飛彈等空襲兵器，聯合實施全縱深、有重點、高強度的群體突擊。尤其值得注意的是，在八○年代出現並在後來逐漸完善的一種特殊空襲方式，即有限規模精確突擊，又稱「外科手術式」打擊。採取這種方式，毋需動用大量突擊兵力，只動用少量精兵利器，即可給予敵方致命打擊，達成戰略目的。

在第二次世界大戰期間，保衛大型要地的區域防空方式的出現，導致產生了防空戰役。包括例如一些著名的防空戰役，如英國對德防空戰役（1940年8月－1941年5月）③，抗擊德國V－1、V－2飛彈襲擊防空戰役（1944年6月－1945年3月）；莫斯科防空戰役（1941年夏秋季），列寧格勒防空戰役（1942年4月）等。

值得注意的一種歷久彌新的新觀點認爲，實施進攻性防空作戰，把敵空襲力量消滅在地面是最有效的防空，並稱之爲「間接防空」。進入九○年代以來，局部戰爭高技術化成爲最典型的戰爭特點，以美國爲首的西方國家接連發動高技術局部戰爭，其中四次尤其引人注目。一次是海灣戰爭，進行42天④。第二次是北約對波黑塞族的「精選力量」空襲行動⑤。第三次是美、英對伊拉克實施的「沙漠之狐」空襲⑥。第四次是北約對南斯拉夫聯盟的空襲⑦。展示了資訊時代高技術局部戰爭條件的特點。這些高技術局部戰爭，充分顯示空襲在一定條件下決定戰爭的進程和結局，使空軍的戰略地位更加突出。

在高技術條件下，空襲兵器、空襲手段、空襲方式都發生質的變化。由於偵察與監視技術、精確制導技術、微電子與計算機技術、隱形與反隱形技術、光電技術、航空航天與新材料技術等一批高技術的應用，使空襲兵器的種類、型別、性能都有新的發展，構成多元一體化的空襲力量體系。包括由戰略轟炸機、戰術轟炸機（含隱形飛機）、攻擊直升機、攻擊無人機、戰術彈道飛彈、巡弋飛彈組成的空中突擊系統，由預警偵察衛星、空中預警機、地面偵察系統組成的預警偵察系統，由通信導航衛星、空中指揮機和地面、海上C^3I組成的指揮系統，由戰鬥機、電子戰飛機組成的護航、壓制編隊，由運輸機、加油機、地面（海上）保障力量組成的保障支援編隊。使空襲手段更加多樣化，使得空襲作戰方式發生重大變革，即依靠空中力量體系，實施非線式聯合空襲。尤其科索沃戰爭最突出的戰法特點就是「遠程空中奔襲、精確制導打擊」，完全依賴空中打擊力量完成一次獨立戰役，也是一場典型高科技局部戰爭的空中進攻作戰的標準範例。這場戰役的空中進擊手段所包括的新作戰理論，諸如陸軍的資訊作戰理論、全方位作戰理論、不對稱作戰理論，非線性作戰理論，不接觸作戰理論；空軍的「全球作戰」理論；海軍的前沿作戰「由海向陸」

理論等都在這一場戰爭發揮的淋漓盡致。因此格外引起中共軍方高層的重視，認爲可能是代表美國未來進攻作戰手段的發展方向。未來中共在對台作戰的空中進攻階段中，也將可以避免傳統地面決戰的最後階段，也有可能跳脫制空權爭奪階段直接進入空中對敵地面目標的進擊作戰。

共軍防空戰略理論的發展九○年代以來，海灣戰爭的進程和結局，引起中共對空軍的重視，1995年，中共空軍召開軍事理論研究工作會議，提出研究空軍戰略、防空戰略及其理論。此後，空軍戰略、防空戰略的理論研究獲得突破性進展。近五年來，歸納此一時期防空戰略理論研究的主要觀點集中在戰略任務、作戰思想、作戰方式、戰略運用等四個方面⑧。主要內容包括以下三個方面：

一、一體化的防空戰略任務。奪取制空權、保衛戰略目標和重要區域的空中安全、支援特種戰略行動中的防空作戰和日常防空等戰略任務。在高技術局部戰爭中，由於聯合作戰方式的出現，空軍所擔負的戰略任務往往是攻防一體。奪取制空權是首要的任務，失去制空權，其他戰略任務就難以完成；奪取全面制空權是困難的，奪取局部制空權不僅是必須的而且也是可能的；在高技術局部戰爭中，保持重要空域、關鍵時節的空中優勢示空軍作戰所要實現的最重要目標。保衛戰略目標和重要區域的空中安全，是防空戰略任務的核心。面對高技術聯合空襲，保衛國家戰略目標和對戰爭進程與結局有重大直接影響的「關節點」目標的空中安全，將優先於保衛其他重要目標。在支援特種戰略行動的防空作戰中，空軍力量將擔負著其他軍兵種集結、開進、交戰、會戰等戰爭全過程的空中掩護任務，其他軍兵種作戰行動能否順利實施，在很大程度上取決於防空作戰的效果。防空是一項基本的戰略任務，其主要目的是：捍衛國家的主權尊嚴；應付突發事變，保衛戰略目標和重要目標的空中安全；遏制敵人從空中入侵的企圖，具有重要的威懾作用。

二、「積極、整體、靈活」的防空作戰思想。「積極」就是實行戰略上的積極防禦與戰役戰術上的積極進攻相結合，通過組織防空戰役戰鬥、空中反擊戰役戰鬥，在大量殲滅敵空襲兵器中，實現防空作戰的目的。「整體」就是綜合採取多種防空手段、統一使用各種防空力量，充分發揮防空體系的整體威力，對付敵聯合空襲的群體突擊。「靈活」就是適應防空作戰環境及其變化，一切從戰爭的實際情況出發，靈活的組織實施防空作戰。

三、「動態式區域防空」的作戰方式。既具有區域防空優點，又增強區域防空佈局的彈性和防空體系的靈活性。實行的是全方位、全縱深、有重點、靈活機動、區域一體的防空整體戰。包括對付全縱深突擊的機動閉鎖戰、對付群體突擊的結構破壞戰、遠距離伏擊戰、近距離「封穴戰」、反空中壓制戰、電子戰、反擊戰等。

參、島嶼型防空作戰特點與戰略環境

島嶼型國家的地理特性爲四面環海或三面環海。防衛作戰基本上以守勢作戰爲主，空域縱深不足，易攻難守，極易陷於被動，有可能同時面對四面受敵的態勢。二次大戰英國英倫三島面對德國自法國三面圍攻，初期陷於戰略被動之戰例最足以說明島嶼型國家防空作戰之不易，再以太平洋美軍越島作戰，日本被迫以「神風」作戰，以飛行員血肉之軀力拼進攻之敵爲最鮮明之戰例。

在島嶼型國家中，在東亞地區與台灣情形相若者，莫過於新加坡。新加坡位於麻六甲海峽和南中國海交界處，正是印度洋進入太平洋的咽喉，是全東南亞最好的港口，但也是最缺乏自然資源的一個城市國家。然而因爲國民教育水準高，在整個東南亞首屈一指，因此人力資源的開發加上戰略地位的重要性，使得新加坡成爲東南亞最小但最富有的國家。新加坡武裝部隊現役軍力總共五萬五千人，空軍約六千人左右，但擁有東南亞最精良的作戰機種，包括作戰與訓練機型F－16系列戰鬥機25架，明年將再增20架；對地攻擊超級天鷹戰鬥機62架以及F－5型系列戰鬥機147架。後勤作戰保障機型包括運輸機、預警機、加油機、行政用機27架。此外，陸軍快速反應部隊的各型作戰直昇機約100餘架。新加坡屬島嶼城市型國家，幅員小，缺乏戰略縱深，因此新加坡空軍在保衛領空的使命下，全力負起預警遠方來襲的重責大任，所以空軍擁有所有東南亞國家最強的E－2C鷹眼偵察機和空中雷達偵察系統，同時也具備空中加油的作戰中繼後勤補給系統的裝備。此外空軍也必須扮演支援海軍和陸軍作戰的支援和掩護角色。至於地面防空也有美式改良的中程鷹式防空飛彈、瑞士RBS－70以及英、法等國製造的短程飛彈，陸軍也配備160枚自俄羅斯進口的SA－18型肩射型地對空戰鬥型飛彈，如此可多元的獲取技術和武器來源。新加坡和台灣一樣是個典型的島嶼型城市國家，既缺乏縱深，更缺乏戰略制高點的依託，四邊環海，戰略地位雖然重要，但一屆戰爭狀態，將立即面臨敵人「兵臨城下」的局面，因此新加坡必須建立區域內最強的空中軍事力量，以優勢的空防增強先期威懾武力，迫使對手不敢輕舉妄動。

至於台灣的戰略地位更是美、中、日在下一世紀角力的支力點。台灣島的地理位置正面對中國大陸東南沿海，在戰略上對中國主要沿海防禦起著絕對性的作用。台灣海峽長約220海浬，平均寬度約90海浬，正扼大陸沿海海上交通的咽喉要道。同時也是西太平洋地區一條最重要的國際航道（SLOC），通過的商船數量平均每日可達百艘之多，大陸四大外貿航線中就有三條需經過台灣海峽南下。可見，台灣海峽的航行順暢對中共而言，對其國民經濟的發展和海外貿易的進行均具決定性的影響。

中國大陸沿岸有18400公里的海岸線，是世界上主要濱海大國，但是中國地處太平洋西岸，只與一個太平洋相連，海洋發展方向只有一個。由於沿岸諸海被其他國家包圍在第一島鏈之內，實際處於半封閉狀態。未來如果要跨入太平洋，就必須衝出第一島鏈，能不能夠跨出這一步邁向太平洋，台灣島具有絕對關鍵性的地位。換句話說，台灣是下一世紀中國走向遠洋的必經之門。

在軍事價值上，台灣島正居中國沿海中部，北距鴨綠江口約900海浬，南至北崙河口與南沙群島均約800海浬，自然地理位置極富戰略價值。同時，台灣在西太平洋正是位於第一島鏈「中央位置」的戰略要點，自台灣向北順序排列著琉球群島、日本列島、千島群島，蜿蜒2000多海浬，是亞太地區經濟與科技最發達的地區。由台灣島向南則是東南亞數千島嶼，縱深達1800餘海浬，此一地區亦是世界上重要戰略物資，如橡膠、錫及石油等的主要產地；同時也控制著中東石油輸往東亞日本、韓國的「油路生命線」。台灣島正位於此二個重要戰略地區的連接處，形同樞紐。此外，如果再從台灣向東跨越1200海浬，則可以進擊西太平洋第二島鏈，影響所及不僅可直逼美國夏威夷的最後防線，其影響更可及於南太平洋的紐、澳等國，這正是美國地緣戰略對台灣是西太平洋「中央戰略位置」樞紐作用的解釋⑨。

台灣本島長約390公里，寬約140公里，面積爲35780平方公里。其中，山地和丘陵佔69%，平原佔31%。島上山區林密山高，坡陡谷深，不利於現代化大兵團機動作戰；平原地帶河網交錯，水田魚塘遍布，地幅有限，也不便於大兵團回旋展開，而面向太平洋一側的海岸，均爲峭壁聳立，又無法進行大規模登陸，具有極爲有利的陸上防禦自然條件。良好的天然港灣和雄厚的物質條件使台灣擁有一支現代化海、空軍的實力，一旦外敵入侵，整個台灣海峽地區都可闢爲戰場，該地區一萬五千多平方公里的空域和水域均可成爲海、空軍兩面夾擊作戰提供最佳條件。

台灣島具備優越的綜合條件，使它具有攻防兼備的優點：

一、在防禦上，戰役縱深雖然不足，但有極大的軍事潛力，又可得到西太平洋戰略後方的支援，成爲堅強的第一線和戰略支撐點。

二、在進攻上，台灣地處海運樞紐，是重要的中央位置；港灣多、容量大、機場網絡和廣闊的迴旋水域，加上南北兩端均爲開放的海口，本身又具備充實可以再生的生存資源能力，其強大的後盾力量，遠非其他珊瑚島群所能比擬的。

無論從亞太區域戰略來看或是從地緣政治而論；台灣幅員在亞太區域上屬於邊陲，在美國西太平洋前沿戰略屬於前線，是圍堵政策中的一隅，均屬於邊緣地帶而非心臟地帶，但是就軍事而言，台灣在西太平洋的位置即正是中共廿一世紀能否走向海洋世界的最大關鍵位置。因此，純粹從軍事觀點而論，一旦台灣與中國大陸形成敵對態勢，僅用島上岸基反艦飛彈即可封鎖整個海峽；再加上空軍、水面艦艇和水下武器的配合，中共在台灣海峽地區的海上交通線勢必將被切斷、動彈不得。中國大陸海防線也被迫將一分爲二，迫使中共海軍失去整體作戰之利，必須南北分兵兩海作戰。反之，中國大陸要對台灣進行封鎖，無論是全面的戰略封鎖或局部的戰術性封鎖，都將得不償失。由於台灣四周環海，位於大陸外緣，又是亞東國家海、空運輻輳之地，不論使用海、空聯合封鎖，或單方面的海面或水下封鎖行動，均極爲困難。中共所須動用的海、空軍力量均將大大超過台灣應敵的時間和數量，適足以說明兵法上所言：十則圍之。因此中共不僅要付出極大代價才能全面圍困台灣的海空交通，一旦發生衝突，無論是軍事性衝突或是造成海空航運上的民事糾紛，均極易觸發與美、日產生直接衝突的危機。而台灣本島糧食自給有餘，水電供應不缺，能源方面僅須調節有度，四至六個月內不會陷入困境⑩。因此，台灣一旦面臨中共的軍事威脅，而被迫進行反封鎖行動時，在國際上不僅可以引美、日爲奧援，東協國家和東南亞國家亦隨時可在南海、南沙問題上因中共傾注台海危機之時，迫使中共作出更多讓步，更甚者，若因此而引發台灣內部對中共強權行爲的反感而促成民意歸一、共同抗敵的意志而被迫走向獨立的局面，將使中共更進一步陷入進退兩難的境地，足見台灣的戰略地位將牽動下一世紀美、日、中共，甚至整個亞洲區域安全戰略的生態均衡。

肆、中共空軍對台作戰模式的探討

未來共軍對台灣的作戰模式，可以先從敵我雙方各種武器裝備的優劣進行分析與對比。共軍在一九五0年代開始，爲了防禦美、蘇兩霸侵略，在中共中央「兩彈爲主、導彈第一」的方針指導下，基本形成飛彈工業的優勢。各型飛彈的科研生產能力經過四十多年的發展，不僅在中共各軍工企業中具備高度科技基礎的優勢，即使與周邊國家包括日本和台灣相比也處於領先地位。

台灣三軍所需的武器裝備最初幾乎完全依賴美國供給，這種高度依賴關係也抑制台灣軍事科研和工業的發展。美國縮減軍援，以及中共一九六四年第一顆原子彈試爆成功後，台灣遂於一九六五年決定籌建中山科學院和核能研究所，承擔台灣軍事科研工作。一九七九年中共與美建交，美國一方面承諾按「上海公報」精神逐步減少對台武器銷售，不向台出售最先進武器，另一方面又通過「台灣關係法」繼續向台灣出售防禦性武器，並明顯增加先進海空武器、軍用電子先進技術的轉讓。台灣於一九八〇年制定以防空、制海和反登陸爲重點的軍事發展計畫。多年來，台灣軍事科研生產以中共爲作戰對象，優先順序按制空、制海、反登陸安排，軍事工業實力形成了按軍用飛機、艦艇、坦克、戰術飛彈、軍用電子的排序。台灣雖然軍工科研生產能力不及中共，但具備充足的外匯儲備及與西方大國的特殊關係，可以買到大量先進武器，彌補其工業能力的不足。

預測2005年至2010年雙方武器裝備水平與實力的比較，在軍事方面，根據美國1992年9月批准售台150架F-

16戰機的合同規定，自批准之日起40個月開始交貨，也就是1996年初完成交貨。法國售台的60架幻象2000-5及附帶的雲母（MICA）空對空飛彈已在1997年交貨。台灣生產的IDF飛機已於1999年開始全面服役。已在按照台灣軍方的建軍計畫，到2005年左右台灣的武器裝備又將可以完成一次新的換代，空中優勢IDF飛機將由第二代飛機可隱形的ADF取而代之，IDF完全代替F-5E/F承擔對地攻擊和反艦作戰任務；海軍的新艦隊已完成各項作戰熟訓；反潛新系統和C^3I、電子戰能力及制空制海能力將登上一個新台階。因此共軍爲了「保衛主權和領土統一」，最終無法排除在軍事上採取攻台措施的可能性，戰爭形勢除了炮戰、空襲反空襲、封鎖反封鎖的空戰之外，還可能包括登陸作戰。

至於對2000年前後雙方空軍武器裝備優劣與實力的預測與比較，基本上分四點來分析：

一、共軍的軍用飛機與台灣飛機相比處於劣勢

中共向俄羅斯進口SU-27，其性能相當於F-16的戰鬥機僅有幾十架。中共自行研製出目前最先進的殲8-Ⅱ也只相當於MIG-23的水平，其機載PD雷達的攻關久攻不下，且美、英已對其性能瞭如指掌，中共航空工業差距很大，不可能在三至五年中根本扭轉落後局面。大量進口先進飛機耗資太大，亦無可能。如果至2000年中共

和以色列合製的「新殲」（XJ，即「十號工程計畫」）能研製完成並裝備部隊，中共空軍作戰能力將有所增強，但還不足以在實力上完全扭轉劣勢，何況至目前「新殲」試飛僅兩次，各種技術均未過關，到2005年是否能夠裝備部隊尚言之過早。而台灣到目前已有先進戰鬥機340架（F-16A/B改進型150架，幻象2000-5型60架，IDF型130架）。此外，1991年台灣從美國購買的4架E-2B空中預警機機體，現已交付台灣，將其換裝新的T56-A425渦噴發動機，改成E-2T空中預警機。其機載雷達爲先進的AN/APS-138預警雷達，對飛機的最大探測距離達460公里，對巡弋飛彈的探測距離爲280公里，同時可跟蹤600個目標，並引導攔截其中的40個目標，機上有無源探測系統（ALR-59系列）和戰術數據鏈（ADIL-C），將使台灣空中優勢更趨明顯。

二、共軍防空C^3I系統比台灣落後

共軍防空C^3I系統是從海灣戰爭之後才引起重視的，目前正處在起步發展階段。台灣於七十年代在美國休斯公司協助下，投資3500萬美元建成「天網」半自動化防空預警和指揮系統。「天網」的空中管制中心是防空作戰的指揮中樞，位於台北附近蟾蜍山的空軍作戰指揮中心内，下轄三個管制報告中心（即分區作戰中心），分別位於基隆附近的竹子山、樂山和澎湖馬公。管制報告中心下轄13個管報站、報告站（雷達站）和二個機動雷達站，總計三十多部雷達。空中管制中心負責直接指揮空軍戰鬥機部隊，間接指揮陸軍防空飛彈部隊和空軍高炮部隊作戰。防空飛彈部隊和高炮部隊作戰則由防空飛彈司令部和防空砲兵司令部直接指揮。管制報告中心除具有管制、報告功能，還能指揮待命戰鬥機升空作戰。管報站無指揮作戰權力，僅有管制和報告功能。報告站是僅有監視功能的雷達站。1998年國軍投資一億二千萬美元，委託美國洛克希德（LOCKEED）公司將「天網」系統改成全自動的「強網」防空C^3I系統。該系統的建成，使台灣在該島上空和台灣海峽上空飛機作戰的能力倍增，也增強台灣指揮管制戰鬥機在福建上空與中共飛機空戰的能力。但這種高度集中的自動化防空指揮系統，也給中共用巡弋飛彈、戰術地地彈道飛彈和遠程反輻射飛彈提供毀傷對台防空體系的C^3I系統，達到癱瘓台灣反擊作戰能力的機會。

三、台灣防空飛彈對付中共戰機在海峽上空具有優勢

台灣裝備的地對空飛彈除了從美國購置的愛國者、改良鷹式（HAWK）、小檞樹、RBS-70、海小檞樹、標準Ⅰ、標準Ⅱ以外，由中山科學院採用愛國者和改進鷹式技術及部件的天弓-1型飛彈早於1988年定型生產，

並裝備使用。這是一種中低空中程飛彈，射程60公里，採用指令加半主動雷達尋的複合制導，火控系統採用「長白」多功能相陣雷達和連續波照射雷達。天弓-2是中高空中遠程地空（艦空）飛彈，射程80公里，於1988年12月試射成功，現已投產。該彈採用中段慣導加末段主動雷達尋的制導及垂直發射技術，提高了對付多目標和全方位飽和攻擊的能力。天弓-3正處在研製階段，於1992年進行首次飛行試驗，1999年宣稱試驗成功。該飛彈是一種中高空遠程地對空飛彈，採用衝壓噴氣（RAMJET）發動機，射程增至100公里。天弓系列飛彈不論是用在地面防空，還是艦載防空，都會對中共空軍和海軍航空兵戰機執行封鎖反封鎖任務或對台實施攻擊性空襲造成較大威脅。

四、台灣的電子戰設備優於中共

目前台灣IDF飛機裝備美國目前最先進的ALR-85雷達警戒接收機和ALQ-165機載先進自衛是干擾機，其性能優於蘇愷-27和米格-29、以及F-16C和幻象2000-5電子戰設備的性能。台艦載干擾設備有長風Ⅲ（相當於美國的SLQ-32）和ULQ-6干擾系統、拖曳式雷達角反射器、16管CR-201型干擾火箭發射裝置，後者能發射干擾箔條或紅外干擾彈。台灣暫時還沒有採購電子戰飛機的計畫，但已完成了對自製教練機AT-3和C－130型改裝成電子戰飛機的工作，不過其作戰能力有限。

公元2000年至2005年間，台灣已經陸續完成第三代的海、空軍和陸上防空電子戰系統現代化的目標，台灣第三代陸、海、空三軍防空作戰系統現代化目標包括軍事指揮控制自動化系統，即「衡山系統」⑪，陸軍管理資訊系統，即「陸資系統」⑫，海軍大型綜合性指揮控制系統，即「大成系統」⑬，以及空軍作戰指揮管制和防空預警系統，即「強網系統」⑭。其制空、制海能力可以涵蓋300海浬的海空範圍。空軍將裝備500架左右的先進戰鬥機、8架E-2T空中預警機、4至8架EB-1900或AT-3G電子戰飛機、36架反潛飛機（P-3C,4架、S-2反潛機32架）、40架S-70C（M）-1艦載反潛直升機，基本上可以保持台灣ADIZ的制空權。海軍建成海上艦隊的防空網，其防空能力配合空軍的作戰能力，可以保持一定程度的海上制空權。

台灣的空情預警以「強網」爲主的C^3I系統爲核心，配合美、日方面的軍情合作將空中預警系統、陸上電子戰系統及海上防空偵察系統的情報資訊統合，形成全台灣空中作戰指揮網絡。此一網絡將由五個部分組成，即海上艦隊防情指揮中心、衛星通信系統、空中預警系統、陸上電子戰系統和地面防空飛彈系統。

對中共爭奪制空權作戰模式的探討可以分兩種模式

分析，第一種模式是以飛機拼飛機來奪取制空權的戰法。根據中共國防科工委情報所針對此種模式，運用相關空戰模型對台灣海峽兩岸2000年初的空軍裝備進行的定量分析，計算結果顯示，在台灣有預警機而共軍沒有的情況下，爲對付台灣現有部署的700架左右的先進戰機，共軍若要奪取空中優勢，就必須研製和購買外國先進戰鬥機至少1200架以上，所需費用至少700億美元。若全部購買蘇愷-27飛機，總費用將達2000億美元以上。此一方案從經濟上看，中共是絕對無法承受的。即使中共全力投入資金，依中共現有的航空工業看來，在十年內自行研製生產1200架與F-16相當的先進戰機也是不可能的，只有依靠購買外國飛機。面對台灣佔優勢的「強網」防空C^3I系統指揮控制的天弓、愛國者、鷹式改良型防空飛彈的防禦網，和1999年建立的先進電子戰系統的對抗，中共空軍仍然無法獲得優勢，同時勢必在國防預算上排擠其他殺手？武器的研製，和現代化軍隊建設的費用。

第二種模式是共軍依靠第二代地對地戰術飛彈首波轟擊，再配合空軍戰機第二波出擊奪取空中優勢。按這種模式作戰，在2005年前後，中共向台灣發動空襲時，共軍戰鬥機暫不出戰，先用第二代戰術地地彈道飛彈先期轟擊台灣的八個軍用機場，打擊停機坪上或機庫中的飛機，並破壞機場跑道，使我方戰機不能起降，主要目的在於利用飛彈戰的突然性，殲滅台灣東部「佳山計劃」山洞內200架戰機以外的約400架戰機。公元2005年共軍基本上已研成地對地巡弋飛彈⑮，可以精確打擊台北蟾蜍山的防空指揮中心、位於竹子山、樂山、馬公的防空管制報告中心和雷達站，重傷台灣防空C^3I神經中樞系統，以及打擊位於台中附近的IDF飛機總裝廠和北部山區的飛彈製造廠。此種進攻性防空可以將我機大量阻滯或擊毀於地面，並破壞台灣反空襲和防空的結構體系，可以大大降低我方戰機的出擊率。中共空軍才有機會將劣勢轉變成優勢，最後奪取台海制空權。

一架蘇愷-27飛機平均價格每架3200萬美元，比一枚愛國者飛彈貴30至32倍，比一枚天弓防空飛彈要貴38至43倍，説明用先進的防空飛彈打敵機比用飛機打飛機在經濟上是合算的。如果共軍用常規戰術地地彈道飛彈或巡弋飛彈打擊台灣機場上的先進戰機，即使一枚飛彈擊毀一架飛機，效費比也是很高的。中共的人力成本比美國低廉，共軍飛彈價格比美國同類飛彈便宜甚多，而且共軍若用子母彈、雲母彈等彈頭轟擊台灣軍用機場，將可能同時毀傷數架飛機，此一模式的進攻性防空效費比將會十倍於第一種模式。

伍、對敵空軍實施進攻、封鎖戰役之因應

無論形式爲何，進攻與封鎖戰役皆屬空軍戰機空中交戰或空中打擊作戰的表現。因此基本形式包括「只封不打」、「只打不封」、「先封後打」、「先打後封」及「封打結合」等多種情況。至於空中進攻作戰和空中封鎖作戰進程中，兩軍「空中對？」情況勢所難免。固然現代化武器裝備的發展已經使得空中交戰都是「視距外空空飛彈」和地面或空中戰管指引，雙方已鮮少再有空中纏鬥的機會，但也不可忽略共軍在不對稱作戰思維和劣勢裝備下發展出來的一套「下駟對上駟」的空中戰術，亦即由首波誘敵出戰，二、三波輪戰，第四或第五波伏擊敵機於回航路線。其首波攻擊主要爲「引蛇出動」，多屬殲七、殲八老舊戰機，以多批次於沿海向中線或台灣東北、東部空域跨線挑釁，待我機有所反應時即紛紛走避，代之以第二、第三波戰機與我機分別進行視距外空中接戰，第四波甚至第五波戰機則對我油耗將盡或飛彈射盡之戰機在歸航航線上進行伏擊。

因此有必要加強地對空，特別是高、遠空域的防空飛彈部署，台灣在1997年1月15日接收四套美國PAC-2型愛國者防空飛彈，未來還有可能計畫裝備美國AEGIS船載反飛彈系統，甚至與美國聯合開發THAAD防空反

飛彈系統，但相對於目前共軍積極建軍準備攻台作戰的部署而言，台灣依靠外援的防空作戰準備似乎顯得緩不濟急，尤其台灣在亞太區域安全的份量取決於政經因素大於軍事因素，因此五年內購買先進的防空武器系統前景似乎越來越難。1998年7至9月兩次實彈發射成功的「天弓二型」防空飛彈系統似乎可以成爲未來五至十五年台灣在中、高空層防空武器的主要選項。「天弓二型」是中山科學研究院在「天弓一型」基礎精進發展而成的，射程涵蓋100公里，攔截高度達到25公里，適當搭配已成軍部署「天弓一型」，射程60公里的中、低空中程防空飛彈系統，可以形成台灣高、中、低空對空防禦系統的基礎。若以軍事戰略眼光觀之，台灣島內只有七個要害區⑯，每一至二個要害區形成一個防空飛彈網，配置一組「天弓二型」防空飛彈系統，依托於其背後之中央山脈，沿海地區再搭配一組中、低空「天弓一型」防空飛彈，即可形成一個要害區防空網，如此全台灣僅需三組「天弓二型」防空網即可基本上組建完成一個價廉物美的防空網絡系統。

此外，東部花蓮「佳山工程」基地的外圍空層防衛圈亦應加強防護敵人自東部海域向花蓮、台東空軍基地的攻擊，應在蘭嶼或綠島上部署防空飛彈基地，以「天弓一型」飛彈爲主的中、低空域防空武力，可對由東方或東南方來襲的第一、二波空中攻擊構成防空縱深空域。至於北部的宜蘭龜山島亦應部署防禦中、高空層的「天弓二型」防空飛彈基地，以威脅中共空軍在台灣東北海域進行空中加油和負責空中戰管預警飛機的集結運作，以加大、加寬台灣空中防衛圈的範圍。

陸軍航空特戰部隊所配備的戰鬥直昇機在每個要害區的重疊區亦應建立多點部署，尤其利用直昇機可在隱蔽地形如山區、叢林中起降的特性，在台灣中央山脈所依托的支山脈區建立預備基地，一待戰時可以疏散至該等預設備用基地，在戰略上達到隱蔽和突然性相結合的謀略作用，在支援防衛空軍機場及相關戰管、雷達、後勤等基地亦可以起一定程度的嚇阻作用，同時對緊接其後的敵空降立體垂直作戰階段，對敵空降部隊空運基本編隊實施低空攻擊，對正在實施空降的敵軍部隊實施對地攻擊，延遲敵軍集結，以利我反空降兵力的反攻（COUNTER ATTACT）。

陸、對敵空軍實施空降戰役之因應

至於中共空軍空降兵部隊，眾所週知者爲空軍空降兵第15軍，下轄43、44、45三個師。至1999年10月以後中共開始進行第三階段裁軍和整編，若干甲類集團軍中已受過空降及特種地形作戰訓練的精銳師已被編成快速反應部隊的一部份，目前已發現46、47、48三個新編空降師番號，但是否即爲外傳之新編第16空降軍或是否滿員編裝，尚須待進一步證實，如果屬實，中共空軍即有六個師的空降兵軍力，配合三年內共軍可能繼續向俄羅斯和烏茲別克斯坦再獲得約20架IL-76MD大型軍用運輸機，加上原有的運輸能量，其一次空運量至2005年以前，極有可能達到「師」級空投的戰鬥能量。一旦戰爭發起，共軍爲配合全面登陸作戰，大型空降兵作戰極有可能實施於台灣北部或中部某戰略性機場，配合由海上登陸部隊在北部或中部海港的奪港作戰，以利後續軍力的持續登陸。惟大型空降行動必須於局部制空權完全獲得後始能遂行，否則以大型運輸機在既定航線上低速低空實施空投作業時是最爲脆弱而最易被擊毀的。大型空降作戰能否得逞，取決於兩個因素，一是我空軍機隊在此一階段是否仍能維持一定程度的制空作戰能力？二是地面防空飛彈和防空炮火是否仍能發揮防空作戰能力？爲避免此一階段共軍海、空登陸作戰同時發生，我空軍機隊的存在乃是必要之條件，即所謂「存在機隊」（WINGS-IN-BEING）的要義。

在空降戰役發起前，爲了保證空中運輸和空降兵力的安全，空軍一般都會組織遠戰兵力，先期對敵防空系統、空軍兵力和預定空降場區域內的威脅兵力進行火力壓制，以奪取輸運航線和空降區內的局部制空權。此時亦正是空降部隊集結與運輸機隊進入待運機場實施乘載之時機，一般在起飛前二小時先裝載重武器裝備和作戰物資，例如BMD-3型傘兵突擊車等，起飛半小時左右前開始傘兵登機，隨後即進入空中輸送階段。運輸機起飛後，首先進行編隊，然後進入計劃之預定航線飛行，大規模空降在一般情況下將裝載一個空降「團」兵力的運輸機編爲一個縱隊，使用一條航線，一個空降「師」使用二至三條航線。在一個縱隊內將裝載一個空降「營」兵力的運輸機編爲一個梯隊。因此在中國大陸沿海60個第一線、第二線作戰機場和軍民兩用機場中⑰，如果發現由湖北或華中地區轉來大批運輸機群時，即可判定共軍空軍有實施空降作戰之企圖，再由第一、二線機場起飛之運輸機群編隊中計算出空降規模之大小和方向，繼而迅速研判出在台灣地區的降落場。

航線編隊中，依任務分工編組，「基本編隊」即由裝載空降部隊的運輸機群編成，體積大、速度慢、高度低，飛行高度一般不超過3000公尺，進入空降區域前高度會降至500至1000公尺，速度亦會低於每小時250公里。「保障編隊」即由偵察、引導機和電子戰飛機編成，主要爲對基本編隊提供作戰保障。「掩護編隊」主要爲護航之殲擊機，在基本編隊上方、側方實施直接護航飛行，以維護基本編隊之安全。因此我方雷情單位一旦發現敵空降機群編隊進入我方雷達範圍，基本上我方負責實施反空降作戰的部門至多只有一個小時至一個半小時可以反應並進行作戰區域軍事動員。此時我空軍機群應待防空飛彈進行擾襲，打亂敵機既定編隊後，再行出動，可以逸待勞，以收奇襲之效。

共軍空降兵部隊至2005年左右至少有六個空降師可以進行對台實施空降作戰。但運輸機隊以目前至2004年間概略可計算出一次運輸編組之最大作戰單位爲「師」級，故我空軍防空部隊在敵空降兵基本編組進入海峽上空即可進行由地面火炮與低、中空防空飛彈聯網的防衛作戰，第二波再由戰機出動擾襲其基本作戰飛行編組，迫其高飛，或打亂編組，無法在預定降落場地實施空降，後在其空機返航時在其歸航航線上伏擊，擊落一架則其後續運輸能量即減少一架，若在首次接觸戰中能夠擊落過半，則共軍立即喪失後續組織再次空降作戰之能力。空降兵作戰力最薄弱的時機有二，一是編組飛行進入我方防空區域之時；二是實施空降過程中尚未恢復戰鬥編制之時。兩者皆是我實施反空降作戰最有利時機。但此時亦爲敵空軍掩護部隊對我地面反空降軍力實施最強力掩護火力之時，我空軍亦必須把握敵人越海而來最脆弱之時，組織第二波、第三波機隊設伏於敵機上方，待其彈盡油乾時對敵機隊編組進行擾襲或伏擊，使其無力返航，將可收功倍之效。通常一個「營」級的空降兵部隊著陸後恢復作戰建制發揮戰力約需30分鐘，一個「團」需要90分鐘，一個「師」約需兩個半小時。共軍空降兵首波作戰的任務依據近五年來的實兵演習統計分析，基本任務是佔領一個「戰略性機場」。因此我方地面防空炮火及地面近程防空飛彈之作戰配置應延伸至敵運輸機群編隊之前、後方縱深各一至五公里處，在敵運輸機群低空（500至1200公尺）、低速（低於時速250公里）飛行情況下給予最大威脅。除此之外，國軍若能在位於海峽中線的澎湖列島和靠近大陸沿海的金門、馬祖、烏坵等島嶼適量部署中、低空防空飛彈和高炮陣地，構成防空戰役縱深，對來自大陸第三線機場的空降兵運輸機群編隊，在進入空降航線集結點（約距目標30至50公里）之前進行防空攻擊，當可迫使敵空降兵機群編隊偏高或偏航線飛行。配合我空中武力的福及與擾襲，上下夾擊，當可有效阻敵於本島之「境外」。

共軍空降兵部隊於1998年開始配備俄羅斯製造的個人便攜式「油氣彈」（FAE），俄文名「SHMEL」，最大射程800公尺左右，同時具備爆、轟效應，威力強大，在1998年、1999年中共軍事演習中曾示範射擊，主要針對目標爲機場指揮所、通信中心和機棚內、外的戰機⑱。2000年五月共軍宣稱某次空軍演習中，空降兵首次空投突擊戰車成功，此一輕型戰車即爲俄羅斯製造之BMD－3型空投傘兵戰車，重13.2噸，著陸即可投入戰鬥，其上之武器包括重型機槍、火箭和反坦克飛彈⑲，此型戰車以IL－76型大型運輸機一架次可空投三輛，每批次三架即可空投九輛，配合首波至少一個「團」級空降兵兵力，其武力如順利降下，對我之機場防衛將構成極大威脅。

敵第二梯隊、第三梯隊的空降編組除了戰鬥部隊繼續擴張戰果，固守陣地，防阻逆襲反攻外，尚可能配屬防空飛彈專業分隊佔領機場防空陣地，建立對空火力，以掩護次一階段的機降作戰。首批機降人員除部分戰鬥部隊外，尚有機場工程修護專業分隊人員、雷達電子和機電修護專業人員以及若干吊掛工程機械，包括空壓機、發電機、滾路機等搶修跑道必要的器械，以快速清理修補機場跑道和導航雷達等，爲爾後實施的大型空運機著陸做好準備工作⑳。此一階段我方防禦武力即應迅速組織反擊武力以陸、空聯合形式進行逆襲，必要時實施跑道佈雷，甚至以大口徑火箭對跑道實施再破壞，務必使敵軍大型運輸機無法實施後續機降爲止，否則機場一旦爲敵所完全佔領，敵大批陸軍武力即可經由此一管道源源不絕進入台灣。

柒、結　語

島嶼型國家的地理特點為四面或三面環海，防衛作戰基本上空域縱深不足，易攻難守，極易陷入被動，同時有可能面對四面同時受敵的環境。以當前國際互動的密切和航空兵器的發達，類似二次大戰經年累月的長期戰爭已難再現，觀察近十年來以高科技武器為主的戰

爭，每場短不盈周，長甫過月，以科索沃戰爭為例，是完全由空軍在不足一周時間內獨立完成的一個戰役，堪稱為現代空襲戰爭的經典之作。

空軍的特性之一是其機動性為三軍中的首強，我空軍在防衛思想上多年來引以色列空軍強襲炸燬伊拉克核能設施為例，在戰術上強調「先制攻擊」，越境強襲敵戰略目標，先下手為強，毀敵空中武力於地面。事實上此一西方「間接防空」概念甚難符合我軍當前面臨的戰略環境，其難點之一為國際法規定戰爭發動首擊者屬侵略戰爭性質，其定義屬「兩國論」範圍，難獲國際同情與奧援；其二是挑動中共民族意識與愛國主義，坐實台灣發動台獨戰爭，中共反擊屬內戰範圍，國際袖手，戰禍難消。我方若先發起首擊，其目標之擇定亦極為不易，中共空軍對台作戰的「三線」機場配置，「一線」為航空兵部隊殲擊機（J系列）與強擊機（Q系列）機種的

駐地，「二線」爲多機種（加油機、預警機）、新機種（SU－27）戰機的駐地，「三線」爲轟炸機、空降兵運輸機的駐地㉑，粗略估計超過60個，目標選定固屬困難，面對共軍在大陸沿海所設高、中、低空防空飛彈走廊所配置的各型現代化防空飛彈對我進行襲擊的作戰機群所構成的威脅遠大於三十年前的U－2高空偵察機。我方空軍進襲大陸進行壓制性先制作戰，其結果固然可以先聲奪人，但若缺乏強大的保障和後續作戰能量，終將難以爲繼。且對隨之而來的敵軍空中進攻、空中封鎖、空降戰將面臨無可用之兵，只有任敵蹂躪，聽憑宰割，因此我空軍戰略現階段應可適當考量「存在機隊」對島嶼防衛的新意義，如何保存在敵首波飛彈襲擊後，仍能有效持續發揮空軍戰力，爲其後海軍、陸軍對決作戰做好保障，是當前我空軍最重要的課題之一。

其次，台海防衛作戰中，維護局部性海空優勢攸關台灣存亡甚鉅，海、空軍扮演重要角色自不待言，然而海、空軍作戰必須仰賴地面場、站、港作爲後勤整補維護的基地，類此固定的永久性設施，無論港灣碼頭、機場跑道、油站彈藥庫、偵蒐通訊設施和交通能源輸配管道，在面臨敵人首擊癱瘓性攻擊時是非常脆弱的，軍艦在港灣泊靠、飛機在棚廠或機堡內進行保修補給作業時更是無戰力可言。因此，防空作戰除了空中交戰之外的另一項重要環節就是加強地面各重要機場、C^3I、廠站、機庫等的安全防護能力。尤其近年來共軍大肆擴充快速反應部隊，強調「先發制人」、「首戰先勝」、「決戰速勝」的戰法，發展精確打擊能力，雙方戰爭可能一夕之間發生，一週之內結束，因此加強地面防空戰力，包括組建機動適量的反空降反應兵力是件刻不容緩的任務。

註：①張昌治，「空中的優劣在進攻」，中共「解放軍報」，1999年10月14日，第三版。

②廖文中，「中共空軍戰略及武器裝備現代化概況」，CAPS，刊載於「2005年國軍聯合防空作戰願景論文集」，三軍大學空軍指揮學院，2000年元月，第四篇。

③ JOHN BRADLEY, “THE ILLUSTRATED HISTORY OF THE THIRD REICH”,EXETER BOOKS,N.Y.C,NY.U.S.A;1984,P.P.116-150。

第二次世界大戰中1940年8月至1941年5月期間，英國抗擊德國空軍的空中進攻，奪取海峽制空權，爲實施預定的「海獅」登陸戰役創造條件；給英國的軍事經濟潛力造成嚴重損害；恫嚇英國居民和破壞其國家管理體系。1940年8月1日，希特勒簽署關於對英國進行空戰和海戰的第十七號訓令。德國動用約2400百架作戰飛機，其中有1480架轟炸機。主要突擊力量爲駐法國東北部和西北部各機場的第二航空隊和第三航空隊所屬的航空兵。駐荷蘭、挪威各機場上的第五航空隊，有時也以少量兵力參加作戰。此時英國防空配備約有700架攔截機，近2000門高射炮和約1500個攔阻汽球。沿東海岸一帶設有雷達站和觀察哨。由於建立雷達網和破解敵人軍事密碼，英國統帥部得以預先發現敵人空襲並即時組織抗擊空襲。

英國會戰的進程可分三個階段。第一階段（8月12日至9月6日），希特勒空軍的主要目的是奪取制空權，其特點是高強度的空襲（一晝夜出動飛機1000至1800架次）和激烈的空戰。德國空軍的主要打擊目標是英國空軍的機場。第二階段（9月7日至11月13日），航空兵的基本力量主要用於轟炸倫敦，以達到恫嚇居民和動搖民心的目的。第三階段（1940年11月至1941年5月），預定以轟炸英國的主要工業城市，以破壞工業生產。

在英國會戰的過程中，德國空軍共出動飛機四萬六千多架次，投擲在英國的炸彈約六萬噸，德軍損失約1500架飛機。英國空軍損失915架飛機和500餘名飛行員。英國居民被炸死傷八萬六千餘人（其中約四萬人被炸死），100多萬棟建築物遭到破壞，許多城市被嚴重摧毀。但是，希特勒德國欲使英國退出戰爭的主要目的未能達到。轟炸對英國工業生產也沒有產生預期影響。

④1991年1月17日至2月27日，以美國爲首的多國部隊對伊拉克實施的戰略、戰役空襲就單獨持續進行38天，出動各型飛機達十一萬二千架次，總投彈量達八萬八千五百餘噸，地面部隊、空降部隊和海軍陸戰隊僅用四天就完成進攻和佔領。

⑤1995年8月30日至9月14日，出動飛機340架次，發射巡弋飛彈13枚。

⑥1998年12月17日，空中打擊持續七十小時，出動飛機650架次，發射巡弋飛彈420餘枚。

⑦1999年3月24日至6月9日，出動各型飛機三萬五千架次，投彈一萬三千餘噸，發射巡弋飛彈、空地飛彈3000餘枚，空襲規模大、時間長、強度高，動用各種先進的空襲兵器。

⑧陳鴻猷，「防空戰略學」，中共解放軍出版社，1999年11月出版，第54－58頁。

⑨美國的遠東戰略早於1950年1月，由當時之國務卿艾奇遜宣布：北起阿留申群島、經日本、琉球、台灣、菲律賓以迄印尼的龍目海峽，即所謂對中共形成海上包圍圈之太平洋「第一島鏈」。此爲美國遠東西太平洋的第一線防衛圈。如被突破，美國的防衛圈勢必退居「第二島鏈」，即東經150度沿白令海峽經小笠原群島、馬里亞納群島、關島以迄澳洲東岸，以北迴歸線爲準，

兩島鏈相距1200海浬。兩島鏈之間的海域即爲中共宣稱廿一世紀中國走向海洋大國、而須與美、日相爭鋒的海域。自七〇年代以來，中國大陸周邊海域的國際環境已大有改變，但基本問題仍然存在，至今中國仍處於半封閉狀態，其最主要原因在於台灣島的位置恰恰位於第一島鏈的中央戰略樞紐地位。換言之，台灣是中共能否走向海洋大國的關鍵所在，也正是美、日匆促建構廿一新世紀安保合作範圍的真正目的。

⑩國防部長伍世文於2000年10月8日在高雄衛武營接受電視媒體訪問時透露。

⑪衡山系衡統是國軍軍事指揮中心對各部隊實施指揮控制的自動化系統。指揮控制中心設在台北士林指揮所地下室。該系統由作戰、人事、後勤和通信四個分系統組成。通過連接各軍兵種、金門、馬祖防衛部等單位的專用通信網絡傳輸信息，實施指揮控制。衡山系統中沒有知識和態勢數據兩個信息庫，知識庫中存有台、澎、金、馬地區的作戰預案、武器裝備、兵力部署、通信網絡、後勤保障和各種圖表、圖形及共軍的基本情況等資料；態勢數據庫中存有海情、空情和三軍的實時動態，與各軍兵種的C^3I系統連接，能實時紀錄狀態數據、信息報告和部隊動態等。

該系統主要任務是輔助參謀本部進行決策指揮。平時蒐集更新各種信息，隊諸軍兵種部隊進行日常的指揮管理；暫時根據作戰態勢擬定最佳作戰方案，對三軍聯合作戰及「總體戰」實施指揮控制。該系統還組建指揮船隊，作爲海上備用指揮中心，並納入衡山系統。海上指揮船隊機動性強，可部署在遠離大陸的台灣東部海區。船上有雷達、通信系統、指揮控制設備和直升機平台，具有與陸地、空中、海上和衛星進行通信的能力。一旦戰爭爆發，陸上指揮中心被摧毀，海上指揮船隊可代行作戰指揮。

⑫陸資系統是陸軍以大型數據庫爲基礎的管理信息系統，又稱陸軍戰情信息自動化系統。1990年10月開始建設，1992年6月建成投入使用。陸資系統是一個大型數據資料庫，存有編制實力、駐地部署、武器裝備、作戰預案、後勤保障和戰場設施等信息。

並擁有具體到每一門火炮和班哨據點的詳細數據，以及各單位每日情報報告和基本數據的變動，還存有敵情資料。陸軍總部已統一計算機報文格式和規程，以實現統一標準和系統互通。今後將向「決策支援全自動化」方向發展，成爲傳遞情報信息、擬定預案、進行協調控制、實施決策指揮的自動化系統，具有存儲、更新、調用各項數據的功能。

⑬大成系統是海軍大型綜合性指揮控制系統，八〇年代初開始籌建，1990年5月投入使用。系統中心設在台北海軍總部作戰中心，主要由海情偵蒐、指揮控制、通信傳輸三部份組成。該系統目前已建成一體化網絡，連接海軍總部作戰中心、戰區作戰中心、海軍聯絡組、中程雷達站、技偵系統、岸基飛彈和主要戰艦的指揮控制系統，並與國防部的衡山系統、陸軍的陸資系統、空軍的強網系統、各戰區、防衛部聯網，能及時獲取情報資料，全面監視台、澎、金、馬、海域目標動態，迅速下達作戰命令，管制引導海上艦船，統一指揮與協調對海作戰。該系統目前只連接十個中程雷達站（中心站），今後將逐步連接近程雷達站，實現整個觀通雷達系統作業自動化。

⑭強網系統是空軍新一代自動化防空預警與指揮控制系統。於1986年6月開始分三個階段研製，以取代半自動的天網系統。1994年6月完成第一階段研製並投入使用。強網系統的預警雷達站由原天網的13個增加到16個，後來又把從美國購買的4架E-2T預警機納入其中。原天網系統的中遠程警戒引導雷達、遠程警戒雷達、測高雷達和機動三座標雷達大都是美國六〇至七〇年代產品，爲提高預警能力，強網系統加裝具有八〇年代先進水平的三座標雷達。這些雷達多數採用脈衝多普勒體制和多種抗干擾措施，並具有探測隱形目標、抗反輻射飛彈能力和低空搜索能力。

強網系統的作戰指揮中心設在台北南方山區的地下工事中，並在澎湖、花蓮、屏東、高雄等地設有分指揮中心。與天網比較，強網的作戰指揮中心計算機系統的存儲量擴大500倍，處理速度提高60倍，空情處理能力提高1.5倍，不僅可以引導數百架飛機作戰，還可以協調組織全區的防空飛彈、高砲及海軍的艦載防空兵器進行聯合防空作戰。強網二、三期工程仍在進行，重點是更新防空雷達網，配備現代化的數據鏈，進一步提高預警能力，並能指揮F-16、幻象2000-5等新式防空兵器。

⑮共軍自1992年在上海「新新基地」開始決定研發巡弋飛彈，十年來其地對地巡弋飛彈技術上已在俄羅斯援助下突破並已有四型陸續試射成功。共軍巡弋飛彈首型定名爲「紅鳥一號」，其A型爲地對地攻擊武器，射程600公里，技術基礎脫胎於俄羅斯SSC－X－14(SLINGSHOT)和SS－N－21型(SAMSON，即RK－55)。另一B型爲空射型，定名爲「紅鳥一號B」，其技術基礎源於俄製AS－15型巡弋飛彈，在高度三萬尺高空發射，其射程可達650公里。兩者皆可攜帶九萬噸級核彈頭或400公斤傳統或子母彈彈頭。次型定名爲「紅鳥二號」，紅鳥二號A」和「紅鳥二號B」射程可達1800公里，「紅鳥二型C」爲潛艇發射（「宋」級潛艇垂直發射）射程爲1400公里。「紅鳥三型」爲速程巡戈飛彈，射程可速2000－3000公里，每枚重量1800公斤，在高度10－20公里時，其速度爲0.9馬赫次音速。3A型爲地面發射，3B爲艦射或潛艇發射。另有第四型亦見報導，爲超音速的「紅鳥2000」，射程可達4000公里。四種型別均有慣性導引和地形匹配導引和衛星導航等導引控制裝置，部分並有TV終端影像導引，可供光線不足時之夜間攻擊。上述攻擊武器對台灣「穴點」如「強網」、「大成」、「衡山」或任一軍用機場之重要要害部位可進行精密的攻擊。DUNCAN LENNOX,"MORE DETAILS ON CHINESE CRUISE MISSILE PROGRAMME",ASIA PACIFIC,JDW,6 SEP,2000,P.19.

⑯即基隆台北區、桃園區、新竹區、台中區、嘉義區、台南區、高屏區。平均每個要害區正面與縱深各25公里。范里，「台灣制空兵力結構之探討」，台北「國家政策發展中心」，1995年舉辦之「國軍兵力結構與台海安全研討會論文集」，1995年1月18日，第三篇，第七頁。

⑰鍾堅，「共軍制空兵力現代化對我防空作戰之影響」，台北「中共研究雜誌社」發行之「中共軍事研究論文集」，2000年12月，第353頁。

⑱俄羅斯KPB局設計製造之SHMEL(熊蜂)單兵油氣彈火箭發射筒，該型武器藉彈頭內裝高溫燃料混合彈藥之油氣包裝，命中目標

時發火機構引爆中心裝藥，炸裂殼體並使混合藥劑散開，產生之爆轟效果，以高溫、震波及超高壓殺傷人員、摧毀裝甲車輛、野戰工事與建築，並可攻擊飛機、汽車、油彈庫等。

SHMEL爆炸威力介於一枚105至152公釐砲彈之間，故有「單人砲兵武器」之稱號，使用人員無須經過特殊訓練，可於60立方公尺之最小必要空間中採立、跪、臥多種姿勢進行射擊，困砲口初速小，後座力低，故精確度高。中共於1995年向俄羅斯購買一萬具SHMEL單兵油氣彈火箭發射筒供空降兵及特種部隊使用，後在大陸授權生產，惟不包含發火裝置。此項軍購合約己於1996年底完成 目前己進入生產階段，己列入空軍空降兵部隊之戰鬥制式裝備，並在1995、1996年之空降兵實兵演習中公開亮相 此一武器對攻擊軍事基地、機場海港、通訊中心及城市巷戰，尤其對台灣西部密集城鎮威脅極大。

⑲BMD－3型傘兵戰鬥車作戰全重13.2噸，乘員二人，載員五人，每架IL－76型運輸機可載運三輛，機降載運時可裝載四輛。戰鬥車配備30毫米自動炮，砲彈500發。反坦克導彈4枚，射程4000公尺。762毫米機槍一挺，配彈2000發，5.45機槍一挺，配彈2160發。此外還有榴彈發射器一部，配彈541發，射程1700公尺。該車最大特色爲可載滿員空投，著陸後可立即投入戰鬥。共軍餘1999年5月空降兵實兵演習時在大別山某機場演習時首次空投成功。詳情請閱「2005年國軍聯合防空作戰願景」研討會論文集，第四篇，第22頁。2000年元月編印。

⑳范青軍，「中國雄鷹自天而降」，中共「中國國防報」，1999年12月3日，第一版。

㉑廖汝耕，「空中封鎖戰役後勤保障當議」，中共解放軍「軍事經濟研究」，2000年第8期，第45頁。

中國海洋與台灣島戰略地位

王曾惠

前　言

中華民族源於亞洲東岸，濱臨太平洋西岸，歷史悠久，建立之中國①不僅有遼闊的陸地國土，並且有浩瀚、富饒、美麗的海疆，它既是一個陸地大國，又是一個海洋大國。渤海是中國的內海，東、南兩面瀕臨黃海、東海、南海，都是北太平洋西部的邊緣海；四個海區的總面積達470多萬平方公里。由北往南縱跨溫帶、亞熱帶、熱帶三大氣候帶，有廣闊的海洋空間和豐富的海洋資源。根據1982年「聯合國海洋法公約」，應劃歸中國管轄的海域，包括大陸架和專屬經濟區等，增至300萬平方公里，約等於三分之一的國土，是非常可觀的新增海洋資源。而中華民國②所在地的台灣島正扼西太平洋中心，是中國未來發展海洋事業的樞紐之地。對中共③而言，台灣的戰略位置正是中國未來能否有效開發利用海洋，結合沿海資源，發展海洋事業，對於中華民族的繁榮昌盛，開創21世紀的生存條件，具有極重要的戰略意義。

壹、中國瀕臨太平洋及其邊緣海

一、中國瀕臨的太平洋

太平洋是世界第一大洋，連接亞洲、大洋洲、南極洲和美洲，周圍有中國、日本、俄羅斯、加拿大、美國、墨西哥、秘魯、智利、紐西蘭、澳洲、菲律賓、印尼、泰國、新加坡、馬來西亞、越南等國。總面積約爲1.79億平方公里，幾乎占全球海洋之半，比世界陸地總面積還多出五分之一。平均深度爲4028公尺，全世界六個深海溝全在太平洋，其中馬里亞納海溝深達11034公尺，爲已知世界海洋的最深處。以麻六甲、白令、麥哲倫海峽和巴拿馬運河構成的水道網，與印度洋、大西洋、北冰洋相通，形成許多重要國際航線，海運貨量與大西洋不相上下，且有超過之勢。島嶼數目亦爲大洋之最，尤其是太平洋中部和西部，島嶼星羅棋布，島岸多有優良港灣，島嶼和沿岸的大陸架及海洋中蘊藏著豐富資源。淺海陸架區含石油、天然氣、煤和濱海沙礦等，深海更有眾多礦產，其中錳結核④爲世界儲量之冠，近年又在中部洋底發現重要的鈷沉積物。漁業生產居世界大洋首位，1986年總產量即達5103萬噸，約占海洋總漁獲產量的63％，太平洋的漁業發展對世界海洋水產業起著極爲重要的作用。

太平洋在和平時期，是各國貿易的紐帶，在戰時則又成爲軍事活動的前哨。尤其是現代海戰都是空中、海面、水下、海底並行的立體戰爭，這就不僅使一些海峽、海口、海灣和島嶼的戰略地位顯得更爲重要，且由於聯合國1982年「海洋法公約」通過之後，島嶼、大陸架等俱成爲領海、海洋專屬經濟區等區域的劃定指標，使一些原來不被人們重視的遠洋島嶼也具有重要的戰略價值。

二、中國大陸瀕臨的太平洋邊緣海

渤海。

古名爲滄海，是中國大陸的內海。由遼東灣、渤海灣、萊州灣構成，遼東半島與山東半島對它形成鉗形包圍，面積約八萬平方公里。由於有黃河、海河、灤河和遼河帶來大量泥沙，整個深度較淺，平均深度18公尺，最大深度70公尺。渤海東部以渤海海峽與黃海相通。渤海海峽介於老鐵山角與蓬萊角之間，寬度爲四五海浬，南北向排列著廟島列島，是著名的戰略要地。廟島列島中較大的島嶼有15個，長島最大，它們把海峽分爲6個水道。北面的老鐵山水道較寬，但仍小於20海浬，深度爲50至65公尺，最深處爲78公尺，是黃海水進入渤海的重要通道，南面幾個水道較狹較淺，是渤海進入黃海的主要通道。渤海沿岸的重要港口有營口、葫蘆島、秦皇島、天津新港等。渤海西岸的天津市是中國的第三大城市，也是大陸北方最大貿易商埠。

黃海。

在渤海海峽的外側，北至遼東半島與朝鮮半島北部，南至長江口北岸的啓東角與濟洲島的聯線，面積爲38萬平方公里。黃海是一個半封閉的大陸架淺海，平均深度44公尺。沿岸有大連灣、膠州灣、海州灣、西朝鮮灣、江華灣等。島嶼有玉山群島、海洋島等。黃海沿岸的重要港口有大連、旅順、煙台、威海、青島、連雲港等。

東海。

亦稱東中國海。位於中國大陸東面，面積爲80萬平方公尺，海域比較開闊，平均水深370公尺。海區北面爲黃海，東北有朝鮮海峽與日本海相通，東面有琉球群島的許多海峽與太平洋溝通，南面則有台灣海峽與南海相接。在台灣與五島列島連線的西北部分，基本上屬大陸架，面積寬廣，占整個海區面積的三分之二多。沖繩海槽大致從台灣東北沿伸到日本九州以南，呈略向東南突出的弧形，水深由北向南逐漸加大，東北部約爲600至800公尺。西南部則爲1000至2500公尺，最深達2719

公尺，沿岸海灣主要有杭州灣等。在東海海域有台灣、澎湖列島、舟山群島和釣魚島群島等島嶼。東海海岸線曲折，沿岸主要港口有上海、寧波、溫州、福州、泉州、廈門、基隆、高雄等。

南海。

亦稱南中國海。是一個比較完整的深海盆地，四周幾乎被大陸、半島和群島包圍，北面是中國大陸，東面是菲律賓群島，西面是中南半島，南面是加里曼丹與蘇門答臘群島等。海區與太平洋、印度洋等均有水道相通，東北部有台灣海峽與東海相接；東部有巴士海峽、巴林塘海峽、巴布延海峽、民都洛海峽及巴拉巴克海峽與太平洋及蘇祿海相通；南部有麻六甲海峽及卡里馬塔海峽與安達曼海和爪哇海相連。南海面積約爲350萬平方公里，平均水深爲1112公尺，深海盆地水深在3000公尺至4000公尺之間。局部海域可達1400公尺以上，最大深度爲5559公尺。南海是世界第二大海，主要爲熱帶海洋，重要的海港有北部灣、泰國灣等。南海大陸架基本上沿四周大陸，島脈呈環狀分布，以北面南面最爲寬廣。南海北部與西北部的大陸架，大致在台港島南端至海南島南聯線，内側平均水深55公尺，大陸架最大寬度爲285公里。北部灣水深均在100公尺以内，北部和西部較淺，約20至40公尺，中部和東南部（灣口）較深，約50至60

公尺，最深處達80公尺。南海海域島嶼眾多，除面積僅次於台灣的海南島和次於舟山群島的萬山群島外，還有由二百多個島、礁、灘組成的東沙群島、西沙群島、中沙群島和南沙群島，星羅棋布在南海之中。南沙群島的曾母暗沙爲中國的南界。南海北岸的汕頭、廣州、湛江、北海、深圳和蛇口是中國南方重要對外貿易口岸，香港於1997年將成爲東方世界最大的自由貿易港。

三、中國瀕臨海域的自然環境條件

中國近海海域由北到南縱跨溫帶、亞熱帶與熱帶幾個不同的氣候帶，自然條件相當複雜。

㈠海流：

中國近海基本上爲兩大海流系統所控制，一是來自北太平洋的黑潮暖流系統，一是就地生成的海流系統。後者包括沿岸流、上升流、季風漂流。渤海、黃海和東海，主要由黑潮暖流和沿岸流構成的氣旋式的海流系統所控制，南海則主要由季風漂流系統所控制。

黑潮暖流及其分支，均具有高溫高鹽性質，進入中國近海後，對各海區的海水物理化學性質以及海洋生物衍生，均有深刻影響。

上升流是因表層流的水面幅散，使表層以下的海水垂直上升地流動，可以把深水區大量的海水營養鹽帶到表層，提供豐富的飼料。因此，上升流顯著的海區，多是著名的漁場，如浙江近海上升流的速度每月爲87.6公尺，這是該地區漁產豐富的重要原因之一。

南海因海域遼闊，水體較厚，又是一個深受熱帶季風影響的海盆地，夏季盛行西南風，冬季盛行東北風，風向與海盆長軸方向一致。因此，海流的路徑、方向、強度，均隨季風交替而改變，表現出季風漂流性質。

㈡海水溫度：

水溫的地理分布，除太陽輻射這一決定性的因素外，與海流系統也有密切的關係。南海南部和黑潮流域是水溫高的區域。南黃海和東海溫度分布基本一致，尤其冬季表現更爲明顯。外海區域的水溫分布與黑潮暖流分布相適應，大致呈北東走向。夏季各海區表層溫度全在24℃以上，南海在28℃以上，南北溫差僅4至8℃，冬季由於受寒、暖流影響，溫度對比性強，南北之間溫差較大。南海水溫，除粵、桂沿岸狹小的地帶外，幾乎全在24℃以上，南部超過26℃以上，南部超過26℃，東海南部在黑潮主流海域，水溫約20至22℃，中部8至12℃，到了黃海，下降到4至8℃，渤海則下降到3至1℃。渤海及黃海北部，每年都出現不同程度的冰凍現象，從12月上旬開始，直到翌年3月下旬，河口及淺水區結冰厚度，由南住北逐漸增長，通常達10至40公分。沿岸結冰寬度可達數千公尺，個別年代，如1969年，渤海曾全部封凍。

㈢海水鹽度：

其分布持點是：近岸低，外海高；表層低，下層高。鹽度值自北向南，自近岸向外海逐漸增大。近岸地區，尤其河口附近漁區，鹽度變化水平梯度大。渤海近河口區，尤其黃河口附近，鹽度低達2.6%；而東海南部黑潮暖流流經的海域，鹽度普遍達3.4%以上，最高達3.5%；南海鹽度平均約爲3.4%。

㈣潮汐：

東海、黃海和渤海，以半日潮爲主，大連、青島、連雲港、上海、杭州灣、廈門等處均屬正規半日潮型，而基隆、高雄等地則非正規半日潮型。南海以全日潮爲主，海口、北海等均屬正規全日潮型，汕頭、湛江等地則屬非正規全日潮型。東海沿岸潮差最大，閩浙沿海大部分地區的潮差可達6至8公尺，三都澳爲7.6公尺，廈門爲6.4公尺，杭州淺的澉浦達8.4公尺（最高紀錄爲8.91公尺），是中國沿岸潮差最大的地區。據估算，一次高潮進入杭州灣的海水，即達30億立方公尺，蘊藏著巨大的動力資源。潮差大小，對入海河流下游的水文性質影響很大，長江枯水季節潮波可上溯至安徽大通（距河口624公里），洪水季節亦可抵蕪湖附近（距河口540公里）。珠江在枯水季節潮波可上溯至德慶（距河口279公里），最遠可達梧州（距河口350公里）。黃河屬弱潮河口，潮波一般上溯3000公尺。潮汐對港口的航運，濱海平原的農田灌溉，海鹽的晒製，海鹽的墾殖等事業的發展，關係十分密切。

㈤颱風：

颱風是發生在熱帶海洋上的一種強大的大氣渦漩，它不僅會帶來狂風暴雨，有時還會引起海水倒灌，對海上航行、石油開採都會造成極其嚴重的災害。颱風多發生在7至10月的熱帶洋面。這4個月的颱風，占全年颱風的三分之二以上，僅8、9兩個月，就佔40%，所以通常把7、8、9三個月稱爲颱風季節。中國東部的廣大地區均有受颱風影響的可能。登陸中國的颱風，一般平均每年8個左右，最早的在5月初，最晚的在12月初。從統計中發現，颱風在汕頭到溫州沿海登陸的機會最多，佔50%；在汕頭以南地區登陸的機會次之，佔35%；在溫州以北登陸機會最少，僅佔15%。從時間上講，5月份颱風多在汕頭以南登陸，以後颱風登陸點不斷向北擴展；8月份，颱風在中國登陸的範圍最廣，南起廣西、廣東，北到遼東半島都有可能；9月份以後，颱風在海上轉向的機會較多，少數西行颱風多在廣東沿海或海南島登陸。

貳、中國海洋國土的條件與特徵

一、中國沿海的島嶼礁灘

在遼闊的中國大陸沿海，分布著大大小小7100多個④海洋島嶼，還有很多的礁灘和沙洲。從渤海的廟島群島，到黃海的長山群島、東海的舟山群島、台港島以及南海諸島，構成一個環圍大陸的弧形，形成一條海上的天然屏障。

㈠島嶼及礁灘、沙洲

中國的海洋島嶼（指大陸海岸線以外海面上的島嶼），除台灣、海南和南海諸島外，大都為近岸島嶼。此外，還有很多的礁、灘、沙等。較大的島嶼有台灣、海南、崇明、舟山、東海等；群島有長山、廟島、嵊泗、漁山、舟山、澎湖、釣魚、萬山以及南海諸島等。其中有人居住的島嶼約為400多個，總計人口270多萬。

按行政區劃分類，有兩個海島省，即台灣與海南，目前台灣省現由中華民國管轄；14個海島縣，即遼寧的長海，山東的長島，上海的崇明，浙江的嵊泗、岱山、定海、普陀、玉環、洞頭，福建的平潭、東山，廣東的南澳，台灣的金門、澎湖等。

按成因分類，基本上可將中國島嶼劃分為岩石島、沖積島和珊瑚島三大類。

1.岩石島。

主要沿大陸基岩海岸分布。位於遼東半島東南側的長山群島，由50多個島嶼組成。山東半島北岸有廟島列島和崆峒島、劉公島等。還由於山東半島沿岸粗粒花崗岩的風化作用強，入海河流又多，大量風化物質被帶到海中，使一些島嶼與大陸相連成爲陸連島，如芝罘島、屺姆島及龍鬚島等。

長江與閩江口之間露出的基岩，主要是中生代火山岩和花崗岩。杭州灣的舟山群島是最大的群島，大小島嶼600多個，比較主要的有嵊泗列島、崎嶇群島、大衢山、岱山島、舟山島、普陀島、桃花島、六橫島以及韭山列島等。其中舟山島最大，面積624平方公里，爲中國第4大島。

閩江口以南閩粵沿海島嶼，是我國第二大島嶼分布區。較大的島嶼有平潭島、南日島、金門島、東山島、南澳島、上川島、下川島和萬山群島等。

雷州半島和北部灣沿岸島嶼的形成，與第四紀火山噴發有關，多是以玄武岩爲骨架的基岩島，如東海島、新寮島、協陽島等。其中東海島面積達317公里，爲中國第五大島。

中國最大的島嶼是台灣，南北長394公里，東西寬144公里，總面積約3.6萬平方公里。海南島是我國的第二大島，東西長240公里，南北寬111公里，面積約爲3.22萬平方公里。

台灣沿岸有許多火山島，有的聚集威爲群島，如西面的澎湖列島，東北面的釣魚群島，北面的花瓶嶼、棉花嶼、彭佳嶼等；有的星散在東面的大陸波上，如火山島、蘭嶼、小蘭嶼，以及南部的七星岩等。

2.沖積島。

沖積島上主要由大陸河流帶來的泥沙沖積而成，故多分布於淤積旺盛的河口近岸海域。其中以蘇北沿岸及長江河口段的沙島最多，最大的沙洲是崇明島，面積約1080公里，爲中國第三大島。

珠江口也有沖積島，有的是由河口心灘發展起來的，有的是因岩石島的橫阻，在島嶼背風側緩流區沉積的泥沙擴大而成的。

台灣西海岸的沙島，則是由河口沙嘴發展而成，其中以濁水溪、曾文溪三角洲外的一系列沙洲最爲典型。

3.珊瑚島。

珊瑚島是由珊瑚蟲的骨骸所構成，主要分布於熱帶海域，在中國則主要發育於南海。南海在中生代還是一片陸地，屬南海地台。第三紀時，東亞島弧形成，位於島弧内側的南海地台發生張裂斷陷成爲海盆。沿斷裂帶火山噴發，出現一系列火山錐，造礁珊瑚在其周圍大量繁殖，形成爲海礁。第四紀以來，海盆繼續緩緩下降，海面上升，裙礁發展成爲堡礁，後來演化成爲環礁。珊瑚遺骸和其他海生物的貝殼被海浪拋積於礁盆之上，逐漸堆積成爲出露海面的島嶼，尚未露出水面的稱爲暗礁。

東沙群島是中國南海諸島中最北的群島。其中東沙島，東西長2.8公里，南北寬6000公尺，面積約1.8平方公里。

西沙群島，古名七洲洋、千里沙、萬里塘等。位於海南島東南約150海浬的海面上，共有32個島嶼，總面積約8平方公里，其中永興島最大。

東沙群島，位於南海中部，是一略呈橢圓形潛伏在海水下的暗沙群。黄岩島，又名民主礁，位於中沙群島東南約180公里處，是一長約10海浬、寬8海浬的巨形環礁。礁盤上散布著數百個露出水面的礁石，最大的約4.5平方公里。

南沙群島又名團沙群島，是中國南海諸島中分布面積最廣、島礁數量最多、地理位置最南的一組群島，由230餘個島嶼、礁灘和沙洲構成。其中露出水面的島嶼有25個，分布在南北長約500海浬，東西寬約400海浬，總面積約24.4萬平方公里的海域中。曾母暗沙在其最南點，是中國邊疆的最南端。南沙群島海區的主要錨地有中業島、南鑰島、太平島、沙島、南威島、安坡沙洲等六處。太平島，是鄭和群礁的主島，也是南沙群島中的第一大島。島長約400公尺，寬約371公尺，面積約0.43平方公里。島上淡水充足。南威島，在太平島西南約185海浬處，長約500公尺，寬約200公尺，面積約0.148平方公里，高2.4公尺，熱帶灌木叢生，高大的椰子樹爲航海時的良好目標。安坡沙洲，在南威島的東南，面積約0.015平方公里，位於一珊瑚灘的西南端，西部覆蓋著鳥糞，閩粵漁民常到該沙洲架屋捕魚。永暑礁，在西沙群島的東南部，島上建有最先進的海洋觀察站。

㈡島嶼在「聯合國海洋法公約」中的重要作用

海島位置前出，無論是從海洋國土的構成，還是從海洋的開發利用與海防建設的觀點看，都具有重要的意義。

島嶼在確保海洋國土區域的範圍中起著極其重要的作用。測算領海及專屬經濟區範圍的基線，主要是採用若干緊接海岸或群島周圍的一系列島嶼爲基點的。具備一定條件的島嶼，本身也可劃大陸架和專屬經濟區。即使有的島嶼，雖不能劃專屬經濟區或大陸架，也可劃領海。有些不具備條件的島嶼，如地理位置十分有價值，也應主動積極創造條件。

島嶼及其周圍水域，在氣象、海洋觀察中，占有主要地理位置。各國沿海海洋觀察站，凡是建在島上的，所取得的數據資料可靠性就大。目前建立在南沙群島中的太平島和中共永暑礁海洋觀察站，已爲國際上提供各種海洋水文氣象資料參數56萬多個，包括12級以上強颱風經過南沙的氣象資料，爲途經南沙海域的各國船舶提供及時可靠的航海資訊，也對進一步研究南沙南部海域水文氣象變化的規律，提供可靠的數據。

在海洋資源開發活動中，島嶼具有重要地位。自古以來，海島就是漁船和航船的停泊地和避難所，更是航海的標誌，如明朝陳侃出使琉球，從福州出海後，向東南駛至台灣基隆外海，然後轉向東北方向，以彭佳澳、釣魚島爲航海標誌航行。海南島漁民的「水路簿」記載的石塘，即現在的西沙群島中的永樂群島。還有島礁本身，如中沙群島就是海洋中一大天然魚礁，有些島礁還可在其周圍水域設置大規模漂浮魚礁，建設海洋農牧場，將島嶼作爲海洋農牧場管理基地和支援基地。勘探開發海上石油天然氣時，也可利用島嶼作爲其支援、中繼基地。另外，今後隨著海洋旅遊事業的發展，一些沿岸島嶼會具有更高的旅遊價值。

海島在國防上既是海防安全的前哨和屏障，又是反擊敵人從海上入侵的逆襲基地。特別是現代海戰，多是空中、海面和海底進行的立體戰爭。海島的戰略地位顯得更爲重要，使一些原來不被人們所重視的島礁，也具有了重要的戰略價值。總之，小小的島礁，即使是暗沙暗礁灘，有的可能是一座資源寶庫，有的可能是海區劃界的基點，有的可能具有重要的戰略地位。

二、海岸線、海岸帶與三角洲

㈠海岸線：

指沿海岸灘與平均海平面的交線。中國有漫長的海岸線，大陸岸線北起鴨綠江口，南到北侖河口，長達16500多公里⑤；島嶼岸線長達14240多公里，其中台灣島線約爲1000多公里，海南島海岸線約爲1584.8公里；大陸和島嶼岸線合計爲326000多平方公里，是世界上海岸線較長的國家之一。

大陸海岸可劃分爲三大類，即平原海岸、岩石海岸和生物海岸。杭州灣以北，除遼東半島和山東半島屬岩石海岸外，絕大部分均屬平原海岸；杭州灣以南，除局部港灣和小、中型河口三角洲地區屬平原海岸外，絕大部分屬岩石海岸；生物海岸主要指珊瑚和紅樹林構成的海岸，是熱帶、亞熱帶淺海環境下的產物，僅分布於南海及東海的部分岸段。

㈡海岸帶：

指陸地與海洋的交接地帶，包括鄰接海岸線的陸線、灘塗和淺海，是海岸線向陸、海兩側擴張一定寬度的帶形區域。其寬度的界線尚無統一的標準，隨海岸地貌形態和研究開發領域不同而異。

中國全國海岸帶和海塗資源綜合調查規定，海岸帶是指從海岸線算起，向陸地延伸10公里、向海延伸至深至水深15公里等深線的區域範圍。在制定具體調查開發規劃時，也可根據地區實際情況進行適當的伸縮。中國海岸帶總面積約爲35萬平方公里，現有人口約1億多。由於中國主要入海江河每年攜帶泥沙約12億噸，在沿海地區淤積成陸，面積達40至50萬畝。據調查資料估算，到西元2000年，海岸地區還可淨增土地500萬畝左右。

中國海岸帶在國土中的比重較小。按海岸線長度與國土面積之比的海岸線系數，中國僅爲0.00188。在世界111個有海岸的國家中，居第94位。

㈢三角洲：

由於中國河流以東西流向爲主，不少河流都是源遠流長，有的輸沙量很大，泥沙在河口沉積，發育成較大的平原三角洲。中國較大的三角洲有黃河、長江、珠江河口三角洲。其他如灤河、韓江及台灣的濁水溪等也都有發育。三角洲河岸是中國平原海岸的重要組成部分。

黃河是一條著名的多泥沙河流（每年入海泥沙達12億噸），同時，其下游又常遷移，每次游移改道都在海口形成許多三角洲。現在的黃河三角洲面績約5400多平方公里，且黃河口沙嘴還以每年約2~3公里的速度向渤海深展。

長江含沙量較少，但水量豐富，每年約有5億噸泥沙向河口輸送，使歷史上曾經是三角港式的海灣，逐漸淤積成現在的三角洲平原。

珠江三角洲係由西江、北江大三角洲和東江小三角洲組成的複合三角洲，面積約10900平方公里。

中共近年開始進行四個現代化，在改革開放的政策引領下，確定沿海4個經濟特區（深圳、珠海、廈門、汕頭）、14個沿海港口城市（大連、秦皇島、天津、煙台、青島、連雲港、南通、上海、寧波、溫州、福州、廣州、湛江、北海）、1個島省（海南島），首先對外開放，並把開發利用海岸帶和沿海經濟發展戰略的重要一環，對促進海洋開發利用、發展海洋事業，對其在本世紀末的經濟發展目標具有十分重要意義。

三、中國的內海水域、領海及毗連區

㈠內海水域：

中國的內海水域是指在領海基線內側向陸的全部海水水域，也就是中國內水的海域部分。主要包括：海港、河口灣、海灣、領峽及內海等。內海水域如同陸地領土一樣，擁有國對其擁有完全排他的主權。

*1.*海港：

截至1988年，中國沿海港口已增至75個，預計到1990年末，沿海港口的大、中、小泊位將達到1200個左右，其中深水泊位將達到320個左右。

2.漁港：

1988年調查，大陸沿海已建成漁業基地、漁港480多處，在35個國營漁業基地漁港中，有17個屬大型漁業基地，此外，還有幾百個小型漁港。

3.河口灣：

中國主要的河口灣有鴨綠江口、黃河口、長江口、珠江口、杭州灣等。

4.海灣：

渤海有遼東灣、渤海灣、萊州灣，黃海有大連灣、榮成灣、嶗山灣、海州灣等，東海有三門灣、台州灣、溫州灣等，南海有廣州灣、北部灣等。

5.内海：

渤海是中國唯一的内海。

6.領峽：

遼東半島與山東半島之間的渤海海峽、廟島海峽，雷州半島與海南島之間的瓊州海峽，均屬中國領峽。同時中共認爲大陸與台灣之間的台灣海峽，則應劃歸中國的專屬經濟區範圍。

㈡領海：

是指處於中國主權之下，位於中國陸地領海及內海水鄰接的一帶海域。其主權及於領海的上空及其海床和底土。中共在1958年發表了「中華人民共和國關於領海的聲明」，宣布其領海寬度爲12海浬。該規定適用於「中華人民共和國」的一切領土，包括中國大陸及其沿海島嶼、同大陸及其沿海島嶼隔有公海的其他屬於中共的島嶼。「聲明」規定：「以連接大陸岸上和沿海岸外緣島嶼上各基點之間的各直線爲基線，從基線向外沿伸12海浬」爲領海的外部界線，中共宣稱之領海面積約爲35萬平方公里。「聲明」還嚴格規定外國船舶在中共之領海內無害通過的權利，也就是說，外國船舶僅指非軍用船舶在中共之領海內享有無害通過權，軍用船舶通過中共之領海須事先經中共政權之批准；飛機飛越中共之領海也須經批准，否則不得進入領海上空。

1996年5月中共根據「聯合國海洋法公約」規定，宣布第一批大陸領海基線，包括49處各相鄰基點之間的直線連線，和西沙群島領海基線28處各相鄰基點之間的直線連線，其餘東海、南海及南沙群島間之領海基點，因尚涉及鄰近國家之劃線問題未能解決而暫緩公布。

㈢毗連區：

根據「聯合國海洋法公約」，中共有權在領海外，設立24海裡的毗連區。在該區域內，爲了保護漁業、管理海關和財政稅收、查禁走私、保障國民衛生健康、管理移民以及安全的需要，中共已制定相應的法律規章制度，行使某些特定的管制權。在設置專屬經濟區的情況下，毗連區所在的海域，將只屬於國家管轄範圍的專屬經濟區，而不是公海；但專屬經濟區的概念，不能完全代替毗連區的概念，因爲在專屬經濟區內，國家沒有行使徵收關稅之類的權力。

1949年中共在大陸建政後，爲保護漁業資源和國防安全的需要，中共曾經劃定若干專門管制區。如1955年，中共「國務院」發布「關於渤海、黃海及東海機輪拖網漁業禁漁區的命令」，劃定渤海、黃海、東海的某些海域爲機輪拖網漁業禁漁區。1955年以後，中共又多次與日本簽訂雙邊漁業協定。在協定中，規定機輪禁漁區、機輪拖網休漁區、機輪拖網保護區等，採取了某些限制性措施。1981年4月22日中共「國務院」決定設立漁業保護區。以上設立的禁漁區、保護區，多在領海之外。爲國防安全和軍事上需要，中共曾宣佈北緯39度45分、東經124度9分12秒和北緯37度20分、東經123度之間的直線以西的海域爲軍事警戒區等。

四、中國的大陸架與專屬經濟區

㈠大陸架：

從自然條件看，中國近海大陸架是世界最寬廣的大陸架之一，面積達200多平方公里。除台灣東部大陸架段陡急外；渤海、黃海全位於大陸架上，其寬度從最狹處（成山角－長山串）到最寬處（北緯35度），變化於210~700公里之間；東海有大於三分之二海域的海底屬大陸架，長江口外大陸架寬450里；南海沿岸的大陸架亦相當寬廣。

中國近海大陸架具有豐富的堆積層，屬堆積性大陸架。其發育的有利條件是：（1）有豐富的物質來源，黃河和長江年輸入海的泥沙量達十七億噸；（2）有利於泥沙堆積的水下地型，在渤海、黃海、東海都有水下隆脊所圍限的盆地地形；（3）在台灣南端至海南島東南大陸架邊沿，亦有一水下隆脊，其南北兩側凹陷帶亦形成一系列沉積盆地，如珠江口盆地、鶯歌海盆地、西沙盆地等。

這些源自中國內陸的沉積物含有大量養分，爲海洋有機體的繁殖生產提供必要條件，因而，大陸架新生代沉積層中有機質含量很高，表層有機質含量即達1.5%，埋深越大，有機質含量也越高。在泥沙快速沉積下，廣闊的大陸架成爲中國近海最重要的油氣遠景區。還有遠離大陸架的一些屬於中國的礁灘、沙洲，也發現有油氣遠景，如禮樂灘、曾母暗沙、萬安灘等。

㈡專屬經濟區：

中國管轄的專屬經濟區海域，是中國領海以外，並從領海基線量起的二百海浬内的海域。有行使以勘探和開發、養護和管理海床上覆水域和海床及其底土的自然資源（生物或非生物資源）爲目的的主權權利，以及在該區域内從事經濟性開發勘探等其他活動的主權權利。可對在該區域内的人工島礁、設施和結構的建造和使用、海洋科學研究、海洋環境的保護和保全行使管轄權。在中國專屬經濟區内，外國除非通過協議，不得從事捕撈作業；鋪設海底電纜和管道，其路線應經中國同意；外國船舶、飛機航越中國專屬經濟區時，不得危害中國安全或妨害中國的其他各種合法活動。

㈢大陸架、專屬經濟區的劃界問題：

根據「聯合國海洋法公約」，大陸架和專屬經濟區都是國家管轄範圍内的海域。其外部界限可以有兩條，一條是200海浬專屬經濟區（包括200海浬範圍内的大陸架）；另一條是按照自然延伸原則，擴展到大陸邊外緣的大陸架外界線；但實際上，在海岸相向的國家中，可以劃兩條不同的界線，也可劃一個上覆水域或海底界線的共同邊界。隨著多數海洋國家逐漸採取專屬經濟區制度，大都傾向於劃一條單一的共同邊界；任何爲大陸架和專屬經濟區劃定兩條單獨邊界的企圖，將會導致一個重疊的大陸架管轄區。由於多方面的原因，目前中共尚未全部宣布專屬經濟區和大陸架的管轄範圍。對於大陸架的外部界限，中共根據大陸架是大陸領土自然延伸的原則，支持大陸架可以超過二百海浬的觀點，認爲「沿海國可以按照其地理特徵在其領海或經濟區以外劃定一定寬度的大陸架歸自己管轄」。根據美國國務院情報研究局地理辦公室1981年5月公布的資料，中國大陸的專屬經濟區約有96萬平方公里，排名爲全世界第28位。但中共認爲外國機構的研究報告不足爲憑，1983年以後曾責由國家海洋局陸續進行多次海洋國土調查，詳細數字尚未公布，應在300平方公里左右。

五、中共海洋國土的劃界問題

與大陸海洋相鄰相向的國家間，在專屬經濟區和大陸架劃界問題上，存有爭議。許多應屬中國管轄的海域，實際上已被外國侵佔。爲此，中共認爲必須根據長遠利益和國際法原則，具體研究劃定海域界線的方案。作法上要有政策觀念，通盤考慮。具體情況，區別處理，同時也應採取實際行動，行使其固有的權力和權利，如在這些海域進行科學考察、漁業生產、艦艇巡邏等，並力求通過談判、平等協商、合理解決。需要堅持的幾個問題是：

㈠歷史性水域問題：

早在半世紀前，1936年我中華民國中學地理課本附圖和1947年內政部方域司編繪出版的「南海諸島位置圖」在南海海區即繪有一條斷續國界線。中共於1949年在中國大陸建政以後，亦宣布繼承這個舉世公認的歷史性水域標誌的意義，在這一範圍內的一切島礁，自古以來就是中國門有的神聖領土；另一方面也表明在此海域範圍內，具有歷史性權利。在國際實務中，歷史性海灣被廣泛採用。解決歷史性水域，就有東加（TONGA）等的例子。在「聯合國海洋法公約」第15條中，就規定有「歷史性所有權」。因此，中共認定南海斷續國界線是中國歷史性水域，無論從國際慣例和海洋法公約上來講，都是有根據的。

㈡島嶼和群島問題：

島嶼對海洋區域的劃分關係極大。作爲測算領海群島水域和專屬經濟區範圍的基線，就是以具備條件的若干島嶼作爲基點的。根據估計一個小島或一塊礁石，如果具有與大陸同等劃分海洋區域的條件，以12海浬領海計算，則可得到452平方海浬（相當於1532平方公里）面積的領海；而如果以200海浬計算，則可得1.257萬平方海浬（相當於4.3萬平方公里）面積的專屬經濟區。每種島嶼的條件與情況不同，在劃界時的地位也不同。中共要求權責機關和單位要認眞分析那些在地理位置上與劃界有關的、而又被別國侵佔的、應當屬於中國的島礁，如釣魚島群島和南沙部分島礁，應採取相關的措施和對策，以維護海洋國土完整。

㈢大陸架問題：

「聯合國海洋法公約」規定，沿海國對大陸架行使主權權利是以它對其陸地領土的主權爲依據的。自然延伸原則是大陸架制度賴以存在的基礎。不應把200海浬等距離概念同自然延伸原則等量齊觀。東海大陸架位於中、日、韓三國之間，在地質構造上，以深達1000公尺以上的沖繩海槽爲明顯的分界，海槽兩側地貌截然不同，兩側爲穩定地殼深積盆地（沉積物大多來自中國江河）構成大陸架，東側爲琉球島架陸坡，同大陸構造很少聯繫。因此，沖繩海槽就成爲中國東海大陸架與日本琉球島架的自然分界線。在國際實例上有澳大利亞與印尼以深達3200公尺的帝汶（TIMOR）海槽爲界，劃分大陸架界線。中國東海大陸架以自然延伸至沖繩海槽的劃界主張是有充分的科學和法律依據的。

「等距離中間線」是劃分大陸架區域的一種簡便方法，但它不是一項強制性法律規則。1958年「大陸架公約」第6條說明，只有在無協議，也無「特殊情況」的條件下，才適用等距中間線劃法。

「岸線成比例」概念，已經成爲各國海洋法專家所公認。在國際法院的判例中，也給予成比例因素以高度評價，把它提到國際法原則的地位，甚至把比例描述爲「公平的試金石」。特別是在大陸架與島嶼的對比上，更應考慮這一重要因素。中國應當擁有與本身海岸線成適當比例的大陸架。

參、中國海域的海洋資源

海洋國土資源是國土資源的重要構成部分。從廣義上講，同樣包括有自然資源和與直接相關的某些社會資源。海洋自然資源揭示一個國家的海洋開發潛力，是海洋國土資源的主體。而社會資源，有文化、科技、勞力、經濟等類型。如海洋基礎科學與海洋工程技術、海上生產的勞動力、造船工業，以及海洋開發所需的各種重要設施等。是對海洋自然資源開發利用的基礎和條件。從狹義上講，主要包括：海洋生物、海底礦產、海洋能源、海水與化學、沿海空間、濱海旅遊與海洋水文氣候等資源。

一、近海海域的海洋生物資源

中國近海，跨越溫帶、亞熱帶和熱帶，水質肥沃，生長著茂盛的海藻利大量浮游生物，適合海洋魚類生存，是最理想的漁業環境。近海漁場面積有280萬平方公里（相當42億畝），約有魚類1500多種，其中主要經濟魚類近200種，高產經濟魚類70多種，有人黃魚、小黃魚、帶魚、墨魚、魷魚、鯧魚、鰳魚、馬面魚、馬鮫魚、鮐魚、海鰻、石斑魚、鯊魚、對蝦、毛蟹、扇貝、貽貝等。海洋魚類是重要的海洋生物資源，例如：鯨、海豚、海豹、海龜等。

中國主要的漁場有：黃渤海漁場、呂泗漁場、大沙漁場、舟山漁場、魚山漁場、溫台漁場、閩東漁場、閩南漁場、南海沿岸漁場、東沙漁場、北部灣漁場、西沙漁場、中沙漁場和南沙漁場等。

中國外海漁業資源，儲量亦較豐富。特別是南海外海魚類種類繁多，100公尺等深線以外的大陸架、大陸坡海的漁業資源，目前基本上未被開發利用。

中國有淺海、灘塗總面積2億多畝，按現有先進科學技術，可進行人工養殖的面積約2000多萬畝，到1988年已利用620萬畝。其中淺海27萬畝，港灣204萬畝，灘塗389萬畝。海水養殖品種，有海帶、紫菜、貽貝、扇貝、鮑魚、牡蠣、蛤、海參、對蝦、梭魚、尼羅羅非魚等數十種。特別是對蝦養殖，近幾年台灣兩岸科技合作發展很快，養殖技術已達世界先進水平，平均畝產81公斤，小面積最高畝產可達1000斤，經濟效益十分明顯。

中國藥用海洋生物資源也極爲豐富。舉世公認的藥學名著「本草綱目」記載的100多種藥品中，海洋生物和其他來自海洋的海洋藥物，就達90多種。在中國中草藥中，比較廣泛應用的海洋藥用生物，如：石蓴、鷓鴣菜、烏賊內殼（海螵蛸）、海龍、海馬、玳瑁、鮑殼（石決明）、泥蚶（瓦楞子）、文蛤和南珠等，至今仍爲常用中藥。黑角珊瑚（海鐵樹）、刺（雞抱膠）、海蛇、羊毛絨球蟹（甲指紅）和白丁蠣等，是比較普遍或在局部地區流行的用藥。其中有些種類，如珠貝母類的珍珠層粉，已普遍用作藥用珍珠的代用品。根據近年來中共初步調查結果，中國海域發現的藥用海洋生物達一○○○多種，其中較有價值的一四六種。例如中國海洋藥物學家宣布從一種海藻內提取的降血脂藥物－藻酸雙脂鈉，正引起中外醫藥界的廣泛注意。

二、近海海底礦產資源

中國海底礦產資源相當豐富，主要有石油天然氣、濱海砂礦、煤、鐵礦等。此外，又瀕臨太平洋，大洋錳結核和海底熱液礦床等，是「人類共同繼承財產」，中國也有分享的權利。

*1.*近海油氣資源。中國近海有16個以新生代沉積爲主的盆地，蘊藏著豐富的油氣資源。

渤海盆地：面積約爲7.3萬平方公里，是大港、勝利、遼河油田向海沿伸的部分。中國海上石油地球物理勘探工作於1959年開始，先後找到海四、埕北和石臼坨等3個油田。鑽探28個局部構造，獲11個含油氣構造，並於1966年開始海上石油生產。1979年以後，與外國合作又鑽探26個構造，其中16個構造有油，並發現日產1700噸的高產油井，儲量上億噸的油氣田有渤海遼東煙灣的綏中36-1油田與黃河入海口附近的極淺海域的埕島油田。本區平均水深18公尺，便於開採，已經投產的油田，在1988年共產原油75.2萬噸。

南黃海盆地：面積約10萬平方公里，從1968年以來進行的海洋地質綜合調查的結果看，南黃海盆地是陸上蘇北含油盆地向海的延伸部分。有19個凹陷，11個凸起，30多個次一級的構造，鑽探其中的6個構造，有兩個有含油顯示。

東海盆地：面積約46萬平方公里，是中國近海有希望找到大型油氣田的海區。從1974年開始石油地質綜合調查，已發現8個含油氣構造帶，這些構造帶規模大，成排成帶，有的長度大於100公里，浙東長垣長達400公里。在鑽探的「龍井一號」井，3217公尺以下發現四層天然氣，其中3268－3275.4公尺層段爲高壓天然氣層，壓力高達465個大氣壓，鑽井中還遇到4層油斑砂岩。

台灣淺海盆地：面積約3~4萬平方公里，是1981年以來中國地質礦產部又發現的一個油氣沉積盆地。通過調查發現，該盆地具有較好生儲油條件，而且盆地東部又和台灣油氣田相連，它是中國海域又一個新生代沉積盆地，是尋找油氣資源的又一個遠景區。

珠江口盆地：面積約14.7萬平方公里，是目前南海海域油氣遠景最好的盆地。調查發現，該區是以新生代沉積爲主的大型沉積盆地，厚度在7500~11000公尺之間，油岩層爲漸新帶地層，有15個構造帶，190多個局部構造。在鑽探的49個局部構造中，有9個含油構造，已發現日產1832噸的高產油井。

北部灣盆地：面積約3.8萬平方公里，在與外國合作前，經勘探研究即發現6個含油構造。合作後，又鑽探16個構造，發現5個構造含油，均具有工業油流。該盆地中石油的生、儲、蓋條件均好，發現有日產1100多噸的高產油井。水淺、離岸近，是一個油氣資源豐富，投資少、開發容易的地區。1986年，北部灣10-3油田投產，除一座固定式平台外，還建設了一座單點繫泊裝置，一條儲油輪和海底管線，形成一套小型海上生產系統。

鶯歌海盆地：面積約7萬平方公里，中共石油部早在1960年就在該地區發現油氣，後來經過證實，鶯歌海是一個巨大的中新生代凹陷帶，沉積最大深度爲一萬公尺。中新統、漸新統的生油層，有9個一級構造和2個礁帶塊，在180個構造圈閉中，鑽探出7個構造，發現1個較大的含氣構造，在該區域發現日產183萬平方公尺的高產天然油井。

此外，南海周邊國家都在勘探和開發油氣資源，其中有些開發活動侵入中國南沙群島海域。在禮樂灘附近海域，即獲得油氣流，在中國曾母暗沙周圍和萬安灘海域，也發現有較好油氣田。

總之，中國近海石油和天然氣資源的前景很好，不包括南沙，截至1988年底，已發現各種類型構造圈閉1063個。從1979年起，中國在海上油氣勘探開發的對外合作中，鑽探了148個構造，發現含油構造47個，打探井211口，其中92口井發現油氣，探明和控制石油地質儲量7億多噸，發現有開採價值的油氣田15個，儲量上億噸的有3個。有人估計，中國海洋石油的地質儲量爲50至330億噸之間，被譽爲「世界第二個北海」（英國）。

*2.*海濱砂礦。中國海濱砂礦的種類達60種以上。幾乎世界上海濱礦沙中各種礦物在中國海濱均可找到。類型以海積砂爲主，其次爲海沙混合堆積砂礦，多類礦床以共生形式存在。主要有鈦鐵礦、鋯石、金紅石、獨居石、磷釔礦、磁鐵礦、錫石、鉻鐵砂、鈮鉭鐵礦和非金屬礦的石英砂、石榴石等。一些礦產的含礦量都在中國工業品位線以上，在每平方公尺砂礦中，中國海濱砂礦的儲量約15.25億噸，其中海濱金屬礦產爲0.25億噸，非金屬礦產爲15億噸。僅鋯石、鈦鐵礦就佔金屬砂礦儲量的90%。現已探明有工業價值礦床133處，（其中大

型礦20處，中型礦39處，小型礦74處）和礦點約160個。淺海區圈定重砂礦物I級異常區21個，II級異常區28個和高含量區19個。中國海濱金屬砂礦產主要分布在南方沿海地區，廣東、福建和海南三省的儲量佔中國海濱砂礦儲量的80%以上，是中國海灣砂礦的主要開發區。其次是山東、遼寧，也有鋯石、鈦鐵礦、獨居石、砂金和金剛石等。此外台灣海濱砂礦，主要有鈦鐵礦、磁鐵礦、鋯石和獨居石等4種，儲量約22萬噸。至於沿岸岸邊和水下堆積著大量的砂、礫以及沿海的儲量豐富的花崗石等各種石材，都是良好的建築材料。此外，在渤海萊州灣畔的山東省龍口市的近岸淺海海底，最近發現一個儲量約14億噸的大煤田。龍口市地處膠東半島，水陸交通較爲發達。在靠近市區的渤海岸邊，已擁有樂、北皂、里和程家潼等小型地方煤礦。中共地質專家根據龍口、威海一帶地質構造的特點，認爲在龍口淺海海底有與陸地相同的可採煤層，實地勘測的結果證實了這一分析。

三、海洋能資源

中國海域蘊藏著相當豐富的海洋能資源。主要分布在東南沿海。這些廉價能有利於中國大陸的四化建設。據初步估算，中國海洋能源的理論蘊藏量約爲4.3億千瓦，其中潮汐能約1.9億千瓦，可利用的裝機容量爲2157萬千瓦；大陸沿岸波能源約爲1.5億千瓦，可被利用的約3000－3500萬千瓦，海洋熱能（溫差能），按海洋能垂直溫差在18℃以上估算，可開發面積約3000萬平方公尺，可利用的熱能資源1.5億千瓦；中國入海江河淡水逕流量年約2~3萬億立方公尺，在河口區域的海水鹽度差能資源，估計達1.1億千瓦。另外，還有潮流海流能量，據粗略估計，潮流能有0.1億千瓦；海流能，僅流經東海的黑潮部分，估計有0.2億千瓦。

四、海水與其化學資源

㈠食鹽：

海水中溶解的食鹽是非常豐富的。中國海鹽生產具有優越的自然條件：（1）海水鹽度，除河口海區外，大部分海區在3%左右；（2）沿岸有廣闊平坦的沙泥質海塗，適宜於開灘曬鹽；（3）氣候條件良好，尤其是北方蒸發量大，降水量少，有利於大面積曬鹽。據統計，到1980年，中國沿海鹽田面積已達478萬畝，年產海鹽1356萬噸，居世界首位。

㈡鎂鹽：

鎂在海水中的含量，僅次於氯化鈉，居第三位。中國各種菱鎂礦，品位高，儲量大，但分布不平衡。因此，沿海地區進行提鎂的研究，仍然是很必要的。由於氯化鈉銷路不穩定，鹽業系統根據需要每年可利用製鹽後的鹵水生產一定量的氯化鎂比鎂，以適應市場需求。

㈢溴素：

溴在海水中的含量，可列爲第九位，總含量約有95萬億噸，佔整個地球溴儲量的99%以上。溴是一種基本化工原料，用處越來越多，廣泛用於醫藥、農藥、染料、攝影材料、合成纖維的阻燃劑、鑽井採油以及特效氧化劑等。中國目前溴素生產主要用蒸汽蒸餾法從海鹽苦鹵水生產。同時也在研究空氣吹出法由海水直接提溴的工序，並於1968年開始進行，此後，青島、連雲港、廣西北海等地相繼建立海水提溴工廠進行生產。樹脂吸附法海水提溴研究，1972試驗成功，其特點是不受季節性海水溫度變化的影響。

㈣鉀鹽：

海水中鉀的濃度低，每公斤僅爲280毫克。但鉀鹽不僅是肥料三要素之一，而且是重要的化工原料，是製作鉀玻璃和肥皂的主要原料，亦用於醫學等方面。中國目前鉀的生產，一是來自海鹽苦鹵，另是從陸地其他資源中生產一定量的鉀肥。直接從海水中提鉀的研究，中國主要採用天然沸石等海水提鉀的方法，目前還開展海水提取硫酸鉀的研究。

㈤海水直接利用：

直接利用海水和苦鹼水也是解決淡水資源不足的一個重要途徑。世界許多濱海國家，如美、日、英、意大利等國，主要用來代替淡水作某些工業的冷卻水。近幾年中國青島、大連、上海、天津等許多沿海城市的一些發電、石油、化工等部門，依靠科技進步開發利用海水資源，取得一系列重要成就。如利用海水作爲工業冷卻水和工藝用水，年用量已達四十億立方公尺。有的國家也直接用苦鹼水來灌漑農田和牲畜使用。

五、沿海空間資源

海洋空閒利用是最廣泛的沿海利用領域之一。中國除了進行海上運輸以外，已開始設置海洋調查觀測基地；佈設海洋水文氣象遙測浮標網；海洋石油天然氣開發平台；進行塡海造地造田，建設海洋牧場、海上機場、海上油庫、海底管道和海底電纜，以及處理廢棄物場所等。

六、海洋水文氣候資源

海洋水文氣候資源是海洋水文與海洋氣候的各種因素的綜合。它包括太陽輻射與海底地球物理活動和海洋水體與海洋人氣的各種運動。太陽輻射是海洋水體和海洋大氣增溫的主要能源，是其許多物理過程的根本動力；而海底地球物理活動也是海洋水體中一些物理過程的能源之一，其影響很大。具體地說，海洋水體與海洋大氣的各種運動，主要指海洋水文與海洋氣候的各種要素及其相互作用而產生的各種海洋大氣現象。海洋水文要素包括海水溫度、鹽度、水壓，海流、潮汐、海浪、海波、透明度、水色、海發光、海冰等，其相互作用而產生各種海洋氣象，如聲道、液體海底、風暴潮、海嘯、埃爾尼諾現象等。海洋氣候（氣象）要素包括能見度、雲、風、氣溫、濕度、降水、氣壓等，其相互作用而產生的各種大氣現象如颱風、龍捲風、海市蜃樓等。海洋水文氣候資源是人類進行和促進海洋開發與防止、減少海上災害的重要自然貨源。航海、海上生產和軍事活動等，都直接或間接地受海洋水文氣候條件的影響。掌握海洋水文氣候規律，發掘利用這些自然貨源，不僅是海上安全活動重要保證，更可利用其能量進行生產和提高生產效率。隨著航海事業和其他海洋事業的發展，海洋水文氣候的研究日趨深入，陸續編寫出各種海洋水文氣候圖集和海洋水文氣候誌，可爲航海、海洋開發利用和氣候預測服務等。

肆、中國海洋權益所面臨的複雜形勢

中國西部爲世界屋脊，東向太平洋，瀕臨渤海、黃海、東中國海和南中國海，四個海區的總面積476萬平方公里。除渤海爲中國內海外，其他三個海區分別與南北韓、日本、菲律賓、印度尼西亞、泰國、馬來西亞、越南、文萊等國相鄰，其中有島嶼歸屬的爭端，有海域劃界的爭議。有些島嶼現在實際上已被鄰國非法侵占。此類紛爭，既涉及到國家主權問題，也涉及到海洋資源問題。此外，還有歷史遺留的恢復中國圖們江出海口通海航行權問題。因此，在維護海洋權益方面，面臨著十分複雜的形勢。

一、南海權益

南海海域具有十分重要的戰略地位和經濟價值。20世紀30年代，先後被法國和日本所侵占。抗日戰爭勝利後，中華民國政府依據1945年開羅宣言和波茨坦公告以及日本簽署的「無條件投降書」的條款，於1946年底派艦隊收復西沙群島和南沙群島，並建立「南沙守備區」，在主島太平島駐軍守備。1974年三月，共軍又趕走入侵西沙的南越軍隊，收復了西沙群島。1988年，中共海軍已先後進駐永暑礁、華陽礁、南薰礁、赤瓜礁、東門礁和渚碧礁等六個島礁，同時還在五方礁、美濟礁、仁愛礁、仙娥礁、信義礁等樹立主權碑和繫泊浮具等，加強了中共政府對南沙群島行使主權的行動。

南海諸島自古以來就是中國的固有領土，原本是無可爭辯的歷史事實。從在南沙群島中諸多島礁的命名多以中國歷史上與南洋有關的軍事將領名姓有關，即可看出與中國歷史的淵源。例如南沙的「伏波礁」和「馬援礁」，是爲紀念漢朝時期征安南、下南洋的伏波將軍馬援的。「康泰礁」是紀念三國時期經南沙下高棉的吳國將軍康泰的。「鄭和群礁」和「尹慶群礁」是爲紀念明朝成祖時代三寶太監鄭和及其隨行副將尹慶的。「道明群礁」是爲紀念明朝楊信奉命南下拓撫南洋的功績。「景宏島」是紀念明使王景宏出使南洋的。「費信島」、「馬歡島」也是後世紀念鄭和七下南洋時，最得力的翻譯費信和馬歡的。「李准灘」和「人俊灘」是紀念清末時期廣東水師提督李准和兩廣總督李人俊等巡視南沙時命名的。「太平島」和「中業島」則是紀念一九四六年接收南沙的中華民國政府「太平」、「中業」兩艘軍艦。聞名的「敦謙沙洲」和「鴻庥島」則是以當時「中業」軍艦艦長李敦謙和副艦長楊鴻庥的名字分別命名的。以上的島嶼命名沿用至今，部分已成爲國際通用的島嶼名稱，其他的亦有沿用海南島方言語音而成爲國際沿用的地名，例如渚碧礁，海南土語音爲「丑未」（SOUBI），而現用國際名爲SUBI，即爲明顯之一例。

1956年6月15日，越南外交部副部長雍文謙接見中國駐越臨時代辦李志民，鄭重表示：「根據越南方面的資料，從歷史上看，西沙群島和南沙群島應當屬於中國領上」。當時在座的越南外交部亞洲司代司長黎祿進一步具體介紹了越南方面的材料，並說：「從歷史上看，西沙群島和南沙群島早在宋朝時就已屬於中國了。」1958

年9月4日中共政府發表聲明，宣布中國領海寬度爲12海浬，並明確指出：「這項規定適用於中華人民共和國的一切領土，包括...東沙群島、西沙群島、中沙群島、南沙群島以及其他屬於中國的島嶼。」9月6日，越南勞動黨中央機關報『人民報』在第一版顯著位置報導中國政府這一聲明的詳細內容。9月14日，越南政府總理范文同照會中共國務院總理周恩來，鄭重表示：「越南民主共和國政府承認和贊同中華人民共和國政府1958年9月4日關於領海決定的聲明」，「越南民主共和國政府尊重這項決定」。1960年，越南人民軍總參謀部地圖處編繪的『世界地圖』，按中國名稱標註西沙群島和南沙群島，並括註屬中國；1972年5月，越南總理府測量和繪圖局印刷的『世界地圖集』，也仍用中國名稱標註西沙群島和南沙群島。1974年，越南教育出版社出版的普通學校九年級『地理』教科書，在『中華人民共和國』一課中寫道：「從南沙、西沙各島到海南島、台灣島、澎湖列島、舟山群島，...這些島呈弓形狀，構成了保衛中國大陸的一座『長城』」。但是1974年以後，越南政府出於對外擴張的需要，竟然出爾反爾，自食其言，無理出兵強占南海諸島。

目前南海海區島嶼被侵占、海域被分割、資源被掠奪的形勢越來越嚴重：

島嶼被侵占：

南沙群島由230多個島礁、沙灘構成。露出水面的島礁爲25個，面積約2平方公里；明暗礁128個，明暗灘77個，分布面積約24.4平方公里。現在除主島太平島仍由中華民國高雄市所轄，並由「南沙守備區」率一個海軍陸戰隊加強連駐守、中共海軍保有永暑礁、華陽礁等6個礁島和五個礁灘外，其他露出水面的島礁已被越、菲、馬侵占殆盡。菲律賓率先於1946年將南沙群島列入其「國防範圍」，南越政府及馬來西亞於50年代也提出對南沙群島的領土要求。經過試探、準備，菲、越、馬分別於1970年9月、1973年7月、1977年10月開始侵占南沙群島。其中南越侵占的島嶼後爲越南繼續侵占。到1990年，南沙群島已有35個島礁被侵占。其中越占西部的24個（都有駐軍），總兵力約1900人，在南威島設駐軍指揮部；菲占東部八個（都有駐軍），在中業島設南沙地面防禦大隊，共兵力約80多人；馬來西亞占南部的3個（駐軍的3個，另樹主權碑的4個），兵力約80多人。菲律賓更公布海洋法規，發布總統命令，詭稱南沙群島是「無主地」，誰占歸誰，妄圖製造合乎國際法上的「法律依據」。

海域被分割：

按中國傳統海疆計算，其中南沙海域面積約爲210

萬平方公里。越、菲、馬等國在非法侵占上述島礁的同時，非法分割南沙群島附近海域面積達80萬平方公里，約占中國傳統海疆面積的38%，其中菲占41萬多平方公里，馬占27萬多平方公里，越占7萬多平方公里。印尼、文萊也分割部分海域。

資源被掠奪：

南沙蘊藏著豐富的海底石油資源，外國地質學家普遍認爲，南海是一個「極有希望的石油潛在區」的地區，它與東海等構成的亞洲大陸架與波斯灣、墨西哥灣、北海爲世界四大海底儲油區。東南亞大陸架的石油蘊藏量「必然比陸地要多上數10倍」，估計可達數百億噸，其中僅南海的可開採石油蘊藏量估計多達20~40億噸。據大陸地質部門分析，在南海邊緣一些沈積盆地，如北部灣東北、台灣西南海域、曾母暗沙、巴拉望西北海域、泰國灣和南沙群島附近海底，都具有豐富的油氣遠景。特別是曾母暗沙盆地，面積大（約30多萬平方公里），沈積巨厚（達4000~8000公尺，比渤海、北部灣和廣東大陸架的含油氣地層都厚），具備多層生油、多層儲油的特點，是南海油氣遠景最好的地區之一。

20世紀60年代中期，南海石油資源引起國際石油企業組織的重視。美、日、英等國石油公司在南海海域以公開或隱蔽方式頻繁地進行地球物理勘探和海洋地質調查活動。70年代中期，由於世界能源危機的加重，在南海興起一股「探油熱」，成爲國際石油企業組織相互角逐的重要場所。1974年，外國石油公司在南海打了150多口探井。1975年，越南全國統一後，蘇聯借援助越南開發海底石油資源之名插足南海，與美、日、英等國爭奪南海海底資源。1981年，美、日、英等國在南海勘探油氣資源達到「歷史最高峰」。參加南海及其毗鄰國家陸上和海上勘探、開採石油的外國公司的66家，其中在印尼40家，菲律賓15家，馬來西亞5家，大都爲美資石油公司。美國計畫以東南亞爲重點的太平洋地區建成美全球石油供應基地之一，總投資額爲350億美元；美國在印尼的技資已超過五10億美元，美、英在馬來西亞的投資超過25億美元。日本爲減少對中東石油的依賴，把大量資金轉投東南亞。1973年以來，日本以貸款方式對印尼的油氣投資達34億美元。日本和英、荷「殼牌」（SHELL）石油公司等在馬來西亞、文萊合股投資約15.6億美元，興建兩座大型液化天然氣廠，自1983年起計畫年產液化天然氣約1100萬噸。中共方面則由中國國營海洋石油總公司（CNOOC）與美國克里斯東能源公司於1992年5月8日於北京天安門人民大會堂正式簽訂共同探勘南沙「望安北－21」油區之合約⑥。

美、日、英，蘇等國爭奪南海石油資源的基本方式是通過毗鄰國家逐步向中國傳統海疆線內蠶食，重點爲南沙群島，逐步瓜分，據爲己有，並使之「合法化」。在美、蘇一些大國的慫恿下，南海毗鄰國家也競相掠奪南沙海域的石油資源。菲律賓政府於1968年3月宣布其大陸架主權範圍時規定：「鄰接菲律賓而在其鄰海範圍以外，深度容許開發的大陸架海底和底土的一切礦床和其他自然資源歸屬菲律賓所有」。1970年7月又宣布成立「礦物勘探調查委員會」，並將菲陸上和近海劃分成數百塊大小不等的「礦區」向外國公司開放。1971年7月，菲總統馬可仕批准在南沙海域開採石油。1976年1月，菲政府擅自將其在南沙禮樂灘非法制定的「礦區」（面積約1400平方公里）租給美國、瑞典等外國石油企業組織。1979年5月，菲又單方面宣布建立200海浬專屬經濟區，企圖使其霸占的南海資源合法化。迄今菲在禮樂灘及周圍所劃「礦區」總面積約2600平方公里。日前在菲海上勘探、開採石油的外國公司共約15家，勘採面積約11萬平方公里。自1971年起，菲國與美國、加拿大、瑞典等外國公司在巴拉望以西的南海海區鑽井，至1981年底共打了約40口井，發現了尼多、卡特勞、馬丁洛克、加洛克等4個小油田。其中在中國傳統海疆線內打了7口井，內有一個油田（加洛克油田）和一口油井（「桑帕吉塔－一號」井，位於禮樂灘附近）。爲進一步查明石油、天然氣的儲量和分布，1976年3月底，菲與美國、瑞典石油公司開始在南沙海區進行磁性震波探測，涉及地帶長達1408公里。翌年2月，菲又伴同瑞典、加拿大石油公司繼續在鄭和群礁和安渡礁進行地震勘察。爲保護其石油鑽探活動，自1976年3月12日起，菲海軍艦艇不定期地在巴拉望島以西的南海海區（包括禮樂灣附近）進行警戒巡邏。

馬來西亞政府於1966年7月28日宣布其大陸架主權範圍時規定：鄰接馬海岸水深不到200公尺或在容許開發的深度以内的大陸架及其資源屬於馬來西亞。1969年10月與印尼劃定在馬六甲海峽和南海的大陸架分界線。馬在南海劃定的大陸架「礦區」（部分租給英、荷「殼牌」（SHELL）公司的沙撈越外海「礦區」）已侵入曾母暗沙附近海域，面積達8萬多平方公里。目前在馬近海開採石油的有美、英等五家外國公司，勘採面積約6.1平方公里，主要集中在沙撈越、沙巴和馬來半島東海岸一帶海域。1956年至1982年，英、荷「殼牌」和美資「埃索」（ESSO）石油公司在沙撈越、沙巴和文萊一帶南海海區共打了300多口井，相繼發現10多個較大的油氣田。其中在中國傳統海疆線内（南沙曾母暗沙附近海區）打了約90口井，發現2個天然氣田和3個油田(「巴羅尼亞」油田、「貝蒂」油田和J四油田）。兩個天然氣中較大的一個位於賓士盧以北約13公里處，稱「中央盧科尼亞」氣田，估計儲量達8500億立方公尺，1989年4月投產，年產可達100億立方公尺；1988年10月底，還發現爲馬方伴同英國石油公司（BP）在中國南沙南薇灘附近（北緯7度31分2秒，東經110度44分35秒）鑽探石油。印度尼西亞政府於1969年10月與馬來西亞簽訂大陸架協定，印尼劃定的南海大陸架、「礦區」範圍，侵入中國固有海疆線內達5萬多平方公里。自70年代初起，印尼開放以美資爲主的外國石油公司加緊在南海的鑽探活動，據不完全統計，先後打了90多口探井，發現了一個定名爲「烏當」的油田和37口油氣井。其中在中國傳統海疆線內打了17口井，內有一口氣井（L－2X號井，位於納土納島東北），估計儲氣量約5.66~11.32億立方公尺，可能是世界上最大的天然氣田之一，其餘均爲乾井，無開採價值。

原南越政府於1970年12月1日公布所謂「石油法」，准許外國石油公司在南越近海勘探和開採石油。1971年6月，宣布將西貢東南約40萬平方公里的海域劃分成40個「礦區」，其中約6個「礦區」侵入中國傳統海疆線。1974年底，美、英、日等國的13家公司在南越海域獲得石油勘探權，「礦區」租借面積約6萬平方公里，至1975年3月先後打了3口油井，其中「椰子」9號油井（日產天然氣50萬立方公尺，原油300多噸），位於中國傳統海疆線內，侵占海域面積約7萬多平方公里。越南統一後，1977年5月，越南當局擅自宣布在南海實行200海浬專屬經濟區，並沿續原南越政權的大陸架主張和「礦區」範圍；同時，還宣稱對南沙和西沙群島擁有主權。越南爲積極拉攏西方石油公司開發南海石油資源，1978年以來先後批准西德、意大利、加拿大、法國等國的六家公司在前南越劃定的南海「礦區」勘探石油，共打12口探井，其中四口井侵入中國傳統海疆線內。由於屬鑽乾井，無利可圖，1981年底6家外國公司全部撤離該地。1981年6月，越南同蘇聯簽訂關於成立「越蘇勘探和開發越南南方大陸架油氣田合資企業」的協定在原美資「飛馬」（MOBIL）公司1975年打的「白虎」一號井位上興建一生產平台，進行海上採油，已在1983年投產。1989年8月，越又宣布新占領的礁區－蓬勃堡礁、廣雅灘和萬安灘爲「科技開發區」。

由於美、日、英、蘇等國對南海油源的爭奪和越南極力拉攏東協各國與中共抗衡，積極瓜分南沙群島及其海域，使得這一海區的各種矛盾錯綜複雜。同時，南海毗鄰各國間對大陸架範圍、島嶼歸屬及海域面積等均有爭議。越南沿襲前南越大陸架「礦區」範圍，內有11.1萬平方公里的面積與鄰國發生爭議，其中越南與印尼在納土納群島附近海域的爭議面積約2.8平方公里。越南與馬來西亞、泰國和柬埔寨在泰國灣一帶的爭議面積則分別爲2000平方公里、1.9萬平方公里和6.2萬平方公里。泰、馬和泰、柬之間在暹羅灣也各有3200平方公里和1.56萬平方公里的爭議區。戰略資源和領土之爭，歷來是各國問發生矛盾、衝突的重要根源。隨著世界能源危機的加深，南海油氣資源大量地被開採，美、日、英、蘇等國及毗鄰國家對這一海區石油資源的爭奪必更加劇烈。特別是在南海中部和南部，越在蘇支持下同以美、日爲後盾的印、菲、馬等國圍繞著海底油源和島礁的爭奪將日趨激烈。

越南侵佔南沙島礁概況：

編號	侵占島礁名稱	侵占時間	駐島兵力			主要設施
			人員	火炮	坦克	
1	南子島	一九七五、四、一四	二○○	一○	一○	起降場一、碉堡十、碼頭一、房烏二二
2	敦謙沙州	一九七五、四、二五	一五○	一○	四	起降場一、碉堡十一、房烏十六
3	鴻庥島	一九七五、四、一四	二○○	九	一○	起降場一、碉堡十五、碼頭一、房烏二六、雷達一
4	景宏島	一九七五、四、二七	一五○	一九	六	起降場一、碉堡二、碼頭一、房烏二○
5	南威島	一九七五、四、二九	五○○	四三	一一	起降場一、碉堡十、碼頭一、房烏四五、雷達二
6	安波沙洲	一九七五、四、二九	六○	八	四	碉堡六、房烏八
7	染青沙洲	一九七八、三、二三	五○	五	四	碉堡六、房烏六
8	中礁	一九七八、四、二	五○	五	四	碉堡三、房烏八
9	畢生礁	一九七八、四、一○	一○○	一○	四	碉堡三、房烏七
10	柏礁	一九八八、七、二	四○	二		炮樓二、碉堡三、高腳屋五

11	西礁	一九八八、一、一五	二四			高腳屋三
12	無礁	一九八八、二、七	八	二		炮樓一、碉堡二、高腳屋一
13	日積礁	一九八八、二、五	一六			炮樓一、碉堡四、高腳屋四、雷達一
14	大現礁	一九八八、二、六	二四	三		炮樓二、碉堡六、高腳屋三、雷達一
15	東礁	一九八八、二、一九	二四	一		炮樓二、碉堡四、高腳屋三
16	六門礁	一九八八、三、二○	三二	二		炮樓一、碉堡二、高腳屋四
17	南華礁	一九八八、三、二○	八	一		炮樓一、碉堡一、高腳屋一
18	舶南礁	一九八八、四、二	八	三		炮樓一、碉堡二、高腳屋一
19	奈羅礁	一九八八、四、二	八	三		炮樓一、碉堡二、高腳屋一
20	鬼喊礁	一九八八、四、二八	八	一		炮樓一、高腳屋一
21	瓊礁	一九八八、六、二八	八	一		炮樓一、高腳屋一
22	蓬勃堡礁	一九八九、六、三○	六			高腳屋一
23	廣雅灘	一九八九、六、三○	六			高腳屋一
24	萬安灘	一九八九、七、五	六			高腳屋一

菲律賓侵占南沙島礁概況：

編號	侵占島礁名稱	侵占時間	駐島兵力			主要設施
			人員	火炮	坦克	
1	馬歡島	一九七○、九、一一	五	四		房屋六
2	費信島	一九七○、九	五			房屋三
3	中業島	一九七一、五、九	五○餘	一二	五	房屋三○、機場一、雷達一
4	南鑰島	一九七一、七、一四	五	五		房屋六
5	北子島	一九七一、三、三〇	七	七		房屋一二
6	西月島	一九七一、七、三〇	五			房屋八
7	雙黃沙洲	一九七八、三	四			房屋四
8	司令礁	一九八〇、七、二八	五			房屋二

馬來西亞侵占南沙島礁概況：

編號	侵占島礁名稱	侵占時間	駐島兵力			主要設施
			人員	火炮	坦克	
1	彈丸島	一九八三、八、二〇	五四	六		房屋五、雷達一、停機坪一
2	光星仔礁	一九八六、一〇	一七			房屋五、雷達一、停機坪一
3	南海礁	一九八六、一〇	一七			房屋一、雷達一、停機坪一

北部灣（即東京灣，TONKIN GULF）海域與越南的劃界問題。北部灣爲一天然半封閉淺海海域，面積爲12.93平方公里。北部灣蘊藏豐富的汽油資源和水產資源，海域劃界問題具有十分重要的意義。中共與越南兩方圍繞北部灣海城劃界曾舉行過兩次談判：第一次是1974年，第二次是1977年。在談判中，越方堅持以1887年中法不平等條約的『「中法續議界務專條」和1895年「中法續議界務專條附章」』所劃的邊界線（即巴黎子午線東經105度43分，相當於格林威治子午線東經108度1分13秒）爲中越北部灣的海域邊界線。實際上中法界約只是劃定中越兩國陸地邊界和近海岸海域中島嶼的歸屬，並不存在劃定北部灣海域界線的條款。如按越方主張劃界，則北部灣的三分之二的海域將歸屬越南。北部灣海域劃界還涉及一個重要因素，就是白龍尾島（DAO BACH LONG VI）問題。白龍尾島位於北部灣中部，東西長3000公尺，南北寬1.6公里，面積爲4平方公里。該島自古原屬中國，稱爲浮水洲或海寶玲，中華民國政府改稱夜鶯島。1955年中共始獲得該島並建立政權。1957年3月中共因共黨主席毛澤東應當時北越胡志明政權之要求「秘密移交」給當時的北越政局，越改稱爲白龍尾島。中共認爲如果越南在堅持東經108度3分13秒海域邊界無法合乎「聯合國海洋法公約」劃界規定以後，有可能堅持以白龍尾島爲基線劃界。根據1996年6月11日越南官方的越南通訊社發出的消息，越南和中共已同意根據聯合國海洋法公約的條款來作爲解決雙方在南沙群島歸屬問題上的爭議，兩方專家在7月2日至7日在北京舉行會議，爲求雙方可以根本和長期的解決方案，雙方下一輪談判訂於一九九七年初在河内舉辦，並將定期舉辦會議以討論雙方邊界和北部灣海域的疆界問題⑦。

二、東海權益

東海南北長660海浬，東西寬150-240海里，面積約77萬平方公里，其地形分成兩部分：西部大陸架，面積54萬多平方公里，外緣水深170公尺，釣魚群島等島嶼在此區域内；東部沖繩海槽區，面積21萬平方公里，一般深度超過1000公尺，最大水深2717公尺，南北長630海浬，東西寬70-100海浬。東海的海洋權益問題涉及到中共、日本和南韓，主要問題有以下幾方面：

㈠海域劃界爭議：

東海大陸架地質構造複雜，特別是關於大陸架的外部邊緣問題，在自然科學上還有爭議。島嶼歸屬問題在一定程度上加劇了劃界的複雜性。專屬經濟區和大陸架劃界交織在一起，而這兩個區域的範圍又分別適用不同的標準和原則。該海區周邊國家政治關係複雜，存在著三國四方，各有各的堅持很難坐在一起解決問題。

東海的大陸架和專屬經濟區劃問題，中、日、南韓主張的劃界原則分歧很大。據中外學者考察，沖繩海槽兩側地質構造不同，東側在地質上稱爲琉球弧島，地殼運動異常活躍；而西側則是穩定的大型沉降盆地，來自中國大陸的大量堆噴物形成巨厚的堆積層，沖繩海槽是中日大陸架之間的自然分界。因北中共堅持大陸架自然延伸原則，沖繩海槽中心線以西的均應歸劃中方是合理的，台灣海峽兩岸雙方在此問題上的主張完全一致。日本提出以大陸地殼和大陸地殼分界作爲劃界基礎，主張按中間線劃界，其理由是東海大陸架邊界不在沖繩海槽，而在琉球以東的海溝，中國和日本琉球群島共處一個大陸架上，並堅持以釣魚島爲基點與中共平分東海大陸架，而且專屬經濟區是以距離標準確定的。南韓對日本一側主張按大陸架自然延伸原則劃界，並且要一直向南延伸到沖繩海槽深水區（北緯28度36分），在對中國一側主張按中間線劃界。因此，大陸架在東海的中部和南部由中、日兩方提出要求，重疊區約16萬平方公里；北部由中、日、南緯三方提出要求，重疊區也在10萬平方公里以上。

㈡釣魚島群島問題懸而未決：

釣魚島群島是由釣魚島、黃尾嶼、赤尾嶼、南小島、北小島5個小島和3個岩礁構成，位於台灣東北120海浬，沖繩以西200海浬，陸地總面積爲5.14~6.3平方公里。其中釣魚島最大，面積3.64平方公里。釣魚島群島歷來是中國的領土，15世紀中國史書典籍就已有明確記載。但是，1895年，在甲午戰爭中清朝戰敗，簽訂『馬關條約』。中國割讓台灣及附屬島嶼，釣魚島群島才被日本侵占。抗日戰爭爭結束後，日本歸還台灣時本應將釣魚島群島一起歸還中華民國；但在1971年美國處理沖繩問題時卻非法將釣魚島群島移交給日本。

釣魚島群島等島的主權歸屬問題，是中日間的一個大懸案，也是中共和日本之間的一個潛在的不穩定因素。在1972年中日建交和1978年中日簽訂和平友好條約時，中共被迫委屈求全，同意將這一問題擱置起來，留待以後解決。此後，中共停止在釣魚島群島的一切活動，甚至勸阻大陸漁民不到附近海域捕魚；但是，日本政府堅持釣魚島群島是「日本固有領土」，對釣魚島群島主權不斷採取加固行爲，主要有：

1.將釣魚島納入日本軍事控制範圍內。日本早已將釣魚島及其周圍海域劃入日本海上保安廳第11管區的控制範圍。日本海空軍對釣魚島實行「定期巡邏」和「特別監視作業」，對釣魚島及其周圍海域內的過往船舶和其他目標實施跟蹤監視。日本自衛隊飛機還不斷地以釣魚島群島附近的島礁爲目標，實施射擊轟炸訓練。

2.對在釣魚島群島作業的中國大陸漁船和調查船實行監視和驅趕，日本對到釣魚島群島周圍海域作業的中國和台灣漁船和科學調查船採取嚴格監控措施，一旦發現接近或進入其控制範圍，即派艦、機前往監視，並採取阻擋和驅趕措施。1984年釣魚島捕魚事件發生以後，中國漁船已完全不能進入釣魚島周圍海域作業。

3.對釣魚島群島及其周圍海域進行地質、資源調查。據不完全統計，自1978年以來，日本已對釣魚島進行6次大規模調查。調查內容包括自然地理、氣象、水深、海流、海浪以及漁業和油氣資源等。

4.在釣魚島上進行建設。爲造成實際占有局面，日本不斷加強島上設施和建設。據調查，日本已在島上建有房屋、石碑、水槽、直升機場、氣象站和測量用金屬標誌物，加速釣魚島群島「日本國土化」的步伐。釣魚島問題拖得越久，日本爲侵吞釣魚島製造的「理由」和根據就會越多，從而增加在外交上交涉的難度，對解決釣魚島群島問題和東海大陸架的劃界談判帶來不利影響。

㈢東海漁區分配問題：

東海漁業資源問題不符國際海洋法之分配原則，東海是中國的主要漁區，在東海從事漁業生產的除中國大陸和台灣的漁民外，還有日本和南韓的漁民。在歷史上，東海的漁業關係比較複雜，主要是日本進入中國大陸沿海水域不斷製造侵漁事件。1975年中共與日本兩方政府在以前民間漁業協定的基礎上正式達成協議，重新規定雙方在東海的漁業關係；但是，這種漁業關係是不平等的。因爲中日漁業協定作業的區域完全位於中間線以西緊靠中國大陸領海外部界線的一帶海域。按照「聯合國海洋法公約」的規定，這一帶海域應屬中國的專屬經濟區，中共對該區域内的資源認爲應享有排他性的主權權利。因此，中共内部呼籲，應當盡早宣布中國的專屬經濟區制度，以儘早結束該區域不平等的漁業關係。

三、黃海權益

黃海東西最寬處約300海浬，最窄處只有104海浬，南北長約470海浬，面積約38平方公里，平均水深44公尺，最大水深103公尺。由於寬度不能滿足中韓各劃200海浬經濟區的要求，圍繞海洋權益和海域劃界方面產生了諸多問題。主要有以下幾個問題：

㈠海域劃界問題：

北韓和南韓當局在黃海都宣布各自的海洋法制度，已經形成一些矛盾。北韓在宣布12海里領海制度之後，1977年宣布200海浬專屬經濟區，1978年又宣布建立50海浬軍事警戒區。南韓當局1997年宣布將其領海寬度擴大到12海浬，採用直線基線法劃定西南海域領海，較正常基線劃界擴大約5000平方公里海面。

黃海劃界的困難問題。因韓國南北方目前不統一，中共難以同其中一方解決海域劃界問題。中韓兩國三方在劃界原則上有分歧，北韓主張「緯度半分線」劃界，南韓當局主張以海域中間線劃界，如按中共內部研究的方案，與韓國北、南方都有重疊區。

㈡油氣資源問題：

油氣資源爭端與大陸架劃界問題緊密相關，問題主要集中在黃海南部中國同北韓之間的大陸架爭議區上。1970年，南韓頒布「海底礦產資源開發法」時，在黃海劃了四個礦區，並租讓給美國等西方石油公司。其西側邊界是未與中共談判而單方面劃定的，爲此，中共曾提出抗議。

㈢漁業資源問題：

黃海的漁業資源按營養動態法計算有174萬噸，最大可捕量約80萬噸。在黃海捕漁的有中國、日本、南北韓三國四方的漁船，漁業關係比較複雜。中共與日本建交前，時常引起漁業衝突。南韓漁船時常進入中國海域捕魚，也引起衝突。近年來，雖較平穩，但潛在矛盾仍然存在：

1.由於缺乏一個三國四方都參加的漁業協定，無法約束各方開發和保護漁業資源，「搶魚」的現象難以完全避免。

2.在將來中國和北韓都建立200海浬專屬經濟區之後，黃海將成爲一個無公海漁場的水域，日本在黃海沒有經濟區，其漁民一是退出黃海漁場，二是通過協商並交納稅金等措施獲得一部分捕魚權。總之還會有新的問題產生。

四、圖們江出海口通海航行權利和中國在日本海的利益

中國原爲日本海沿岸國。1860年，俄帝以武力威脅，迫使清政府簽訂「中俄北京條約」，強割中國在日本海沿岸全部領土。1861年，中俄勘界談判，中國爭得出入圖們江航行權利。第二世界大戰期間，日蘇在這一地區武裝對峙。1983年爆發「張鼓峰戰役」，封鎖江口，設立堵江工程，中國從圖們江通海航行權利被迫中斷。日本海是東北亞交會輻輳之地，恢復圖們江出海權，打開中國進入日本海的門户，不僅在政治上、軍事上形成對中國有利的態勢，也是東北地區經濟發展的迫切需要。1988年中共與蘇聯談判和隨後的中共和北韓交涉，都已確認中國圖們江的通海航行權利。1990年5月中共已實際出海進行探查，但還有許多問題亟待解決。

關於中國與鄰國的海域劃界是一個重大而又複雜的問題，從國家和民族的長遠利益出發，中共內部權責部

門的呼籲是「兩利相權取其大」，必須堅持寸海必爭、寸土不讓，爭取實現最佳方案。中共內部所擇取的最佳方案是：

1.南海海域以中華民國所公開出版地圖上所標繪的斷續國界線劃界。

2.東海按大陸架自然延伸原則以沖繩海槽中心線與日本劃界。

3.黃海按中間線原則與南、北韓劃界。

按照以上三個最佳方案，中國可以保有300萬平方公里海域的管轄範圍。

註：①在台灣海峽兩岸均承認「一個中國」的理念爲前提，本文內所稱之「中國」，其意義包含一九一一年在中國大陸建立政權而目前在台灣的中華民國，和一九四九年在中國大陸建政後由中國共產黨政權所代表的中華人民共和國之泛稱。

②中華民國指公元一九一一年在中國大陸所建立之亞洲第一個民主共和國政體，並接續至一九四九年因內戰而退守台灣島上的中華民國政權。

③中共指公元一九四九年在中國大陸建政之後由中國共產黨執政之中華人民共和國。

④錳結核，又稱礦瘤。據海洋地質學家解釋，爲海洋中的塊狀膠質，隨海流滾動在海底不斷吸附銅、鈷、鎳、鉬等卅多種元素而形成馬鈴薯大小不等的黑褐色物質。大者直徑超過一公尺，重量可達一噸。每年以一千萬噸的速度增長，全世界現有一百餘家公司進行海底錳結核的探勘和開發工程。

⑤中共於六〇年代國土調查時勘採海岸線長爲一萬八千四百多萬里，島嶼六千五百個，但一九八三年開始，中共爲因應「聯合國海洋法公約」之需，開始籌組一萬三千名專家進行歷時八年

的實地調查和研究，證實海岸線已因沖刷淤積等自然因素和開發墾植等人爲因素消失一千五百多公里，目前僅有一萬六千五百多公里長度。但島、嶼、礁等較前增加五百個達七千一百多個。此項調查發表於中共「中國國情國力」一九九三年第二期第七四頁，轉載於「現代戰略思考」第八三頁。

⑥Randall C. Thompson, “Wan-An Bei, WAB21”, TECHNICAL Exploration Report, Summary Edition, Crestone Energy Corporation, Aug. 1994.

⑦越南通訊社一九九六年七月十一日，河內新聞發布。

主要參考資料目錄：

一、游譯鋒，「大陸能源開發與利用現狀」，中共研究雜誌社印行，1996年4月，p52-64。

二、Wen-Chung Liao, “China’s Blue Waters In The 21st Century”, Occasional Paper Chinese Council of Advanced Policy Studies, Taipei, Taiwan, R.O.C., Sep. 1999.

三、華府ACUS資料：中共解放軍國防大學「教學研究資料」「關於建立我軍海軍戰略理論的討論情況概述」p24。

四、潘石英，「現代戰略思考」，北京世界知識出版社，1993年7月出版。

五、戚桐欣，「談中國的南沙」，「共同發開南海水產資源」、中國海南省海口市舉辦「南沙諸島學術討論會論文集」，1991年9月18日。

六、劉達材，「迎向21世紀新的海權時代」，中華民國海軍學術月刊，第30卷第4期，p.04-p.10。

七、David G. Muller Jr., “China As A Maritime Power”, Westview Special Studies On East Asia 1983.

八、中共「中國國情國力」，1993年第2期，p.74。

九、「國際海域劃界條約集」，中共國家海洋局政策辨公室，北京海洋出版社，1984年8月。

十、趙國材，「台灣在亞太安全體系之角色與地位」，中共研究，第30卷第5期（1996年5月），pp.59-78。

十一、廖文中，「從中共觀點看南海與南沙群島問題」，中共研究，第30卷第5期（1996年5月），pp.79-114。

十二、郭明，「越南與中國的西沙與南沙群島」，台北，海南與南海學術研討會研究報告，國立政治大學歷史系主辦，1995年10月16至18日。

十三、趙恩波，「南沙的現狀與前景分析」，海南與南海學術研討會研究報告，國立政治大學歷史系主辦，1995年10月16。

附件：中共《中華人民共和國海域使用管理法》

2002年1月1日起施行

經中共第九屆全國人大常委會第二十四次會議審議通過、由江澤民主席簽發頒布的《中華人民共和國海域使用管理法》已於2002年1月1日起施行。

中華人民共和國主席令

第六十一號

《中華人民共和國海域使用管理法》已由中華人民共和國第九屆全國人民代表大會常務委員會第二十四次會議於2001年10月27日通過，現予公布，自2002年1月1日起施行。

中華人民共和國主席　江澤民

2001年10月27日

中華人民共和國海域使用管理法

2001年10月27日第九屆全國人民代表大會常務委員會第二十四次會議通過

目錄

第五章　海域使用金
第六章　監督檢查
第七章　法律責任
第八章　附則

第一章　總則

第一條　爲了加強海域使用管理，維護國家海域所有權和海域使用權人的合法權益，促進海域的合理開發和可持續利用，制定本法。

第二條　本法所稱海域，是指中華人民共和國内水、領海的水面、水體、海床和底土。

本法所稱内水，是指中華人民共合國領海基線向陸地一側至海岸線的海域。

本法所稱内水，是指中華人民共合國領海基線向陸地一側至海岸線的海域。

在中華人民共和國内水、領海持續使用特定海域三個月以上的排他性用海活動，適用本法。

第三條　海域屬於國家所有，國務院代表國家行使海域所有權。任何單位或者個人不得侵占、買賣或者以其他形式非法轉讓海域。

單位和個人使用海域，必須依法取得海域使用權。

第四條　國家實行海洋功能區劃制度。海域使用必須符合海洋功能區劃。

國家嚴格管理填海、圍海等改變海域自然屬性的用海活動。

第五條　國家建立海域使用管理信息系統，對海域使用狀況實施監視、監測。

第六條　國家建立海域使用權登記制度，依法登記的海域使用權受法律保障。

國家建立海域使用統計制度，定期發布海域使用統計資料。

第七條　國務院海洋行政主管部門負責全國海域使用的監督管理。沿海縣級以上地方人民政海洋行政主管部門根據授權，負責本行政區毗鄰海域使用的監督管理。

漁業行政主管部門依照《中華人民共和國漁業法》，對海洋漁業實施監督管理。

海事管理機構依照《中華人民共和國海上交通安全法》，對海上交通安全實施監督管理。

第八條　任何單位和個人都有遵守海域使用管理法律、法規的義務，並有權對違反海域使用管理法律、法規的行爲提出檢舉和控告。

第九條　在保護和合理利用海域以及進行有關的科學研究等方面成績顯著的單位和個人，由人民政府給予獎勵。

第二章　海洋功能區劃

第十條　國務院海洋行政主管部門會同國務院有關部門和沿海省、自治區、直轄市人民政府，編制全國海洋功能區劃。

沿海縣級以上地方人民政府海洋行政主管部門會同本及人民政府有關部門，依據上一級海洋功能區劃，編制地方海洋功能區劃。

第十一條　海洋功能區劃按照下列原則編制：

㈠按照海域的區位、自然資源和自然環境等自然屬性，科學確定海域功能；

㈡根據經濟和社會發展的需要，統籌安排各有關行業用海；

㈢保護和改善生態環境，保障海域可持續利用，促進海洋經濟的發展；

㈢保障海上交通安全；

㈣保障國防安全，保證軍事用海需要。

第十二條　海洋功能區劃實行分級審批。

全國海洋功能區劃，報國務院批准。

沿海省、自治區、直轄市海洋功能區劃，經該省、自治區、直轄市人民政府審核同意後，報國務院批准。沿海市、具海洋功能區劃，經該市、縣人民政府審核同意後，報所在的省、自治區、直轄市人民政府批准，報國務院海洋行政主管部門備案。

第十三條　海洋功能區劃的修改，由原編制機關會同同級有關部門提出修改方案，報原批准機關批准；未經批准，不得改變海洋功能區劃確定的海域功能。經國務院批准，因公共利益、國防安全或者進行大型能源、交通等基礎設施建設，需要改變海洋功能區劃的，根據國務院的批准文件修改海洋功能區劃。

第十四條　海洋功能區劃經批准後，應當向社會公佈；但是，涉及國家秘密的部分除外。

第十五條　養殖、鹽業、交通、旅遊等行業規劃涉及海域使用的，應當符合海洋功能區劃。沿海土地利用總體規劃、城市規劃、港口規劃涉及海域使用的，應當與海洋功能區劃相銜接。

第十六條　單位和個人可以向縣級以上人民政府海洋行政主管部門申請使用海域。

申請使用海域的，申請人應當提交下列書面材料：

㈠海域使用申請書；

㈡海域使用論證材料；

㈢相關的資信證明材料；

㈣法律、法規規定的其他書面材料。

第十七條　縣級以上人民政府海洋行政主管部門依據海洋功能區劃，對海域使用申請進行審核，並依照本法和省、自治區、直轄市人民政府的規定，報有批准權的人民政府批准。

海洋行政主管部門審核海域使用申請，應當徵求同級有關部門的意見。

第十八條　下列項目用海，應當報國務院審批：

㈠填海五十公頃以上的項目用海；

㈡圍海一百公頃以上的項目用海；

㈢不改變海域自然屬性的用海七百公頃以上的項目用海；

㈣國家重大建設項目用海；

㈤國務院規定的其他項目用海。

前款規定以外的項目用海的審批權限，由國務院授權省、自治區、直轄市人民政府規定。

第四章　海域使用權

第十九條　海域使用申請經依法批准後，國務院批准用海的，國務院海洋行政主管部門登記造冊，向海域使用申請人頒發海域使用權證書；地方人民政府批准用海的，由地方人民政府登記造冊，向海域使用申請人頒發海域使用權證書。

海域使用申請人自領取海域使用權證書之日起，取得海域使用權。

第二十條　海域使用權除依照本法第十九條規定的方式取得外，也可以通過招標或者拍賣的方式取得。招標或者拍賣方案由海洋行政主管部門制訂，報有審批權的人民政府批准後實施。海洋行政主管部門制訂招標或者拍賣方案，應當徵求同級有關部門的意見。招標或者拍賣工作完成後，依法向中標人或者買受人頒發海域使用權證書。中標人或者買受人自領取海域使用權證書之日起，取得海域使用權。

第二十一條　頒發海域使用權證書，應當向社會公告。

頒發海域使用權證書，除依法收取海域使用金外，不得收取其他費用。

海域使用權證書的發放和管理方法，由國務院規定。

第二十二條　本法施行前，已經由農村集體經濟組織或者村民委員會經營、管理的養殖用海，符合海洋功能區劃的，經當地縣級人民政府核准，可以將海域使用權確定給該農村集體經濟組織或者村民委員會，由本集體經營組織的成員承包，用於養殖生產。

第二十三條　海域使用權人依法使用海域並獲得收益的權利受法律保護，任何單位和個人不得侵犯。

海域使用權人有依法保護和合理使用海域的義務；海域使用權人對不妨害其依法使用海域的非排他性用海活動，不得阻撓。

第二十四條　海域使用權人在使用海域期間，未經依法批准，不得從事海洋基礎測驗。

海域使用權人發現所使用海域的自然資源和自然條件發生重大變化時，應當及時報告海洋行政主管部門。

第二十五條　海域使用權最高期限，按照下列用途確定：

㈠養殖用海十五年；

㈡拆船用海二十年；

㈢旅遊、娛樂用海二十五年；

㈣鹽業、礦業用海三十年；

㈤公益事業用海四十年；

㈥港口、修造船廠等建設工程用海五十年。

第二十六條　海域使用權期限屆滿，海域使用權人需要繼續使用海域的，應當至遲於期限屆滿前二個月向原批准用海的人民政府申請續期。除根據公共利益或者國家安全需要收回海域使用權的外，原批准用海的人民政府應當批准續期。准予續期的，海域使用人權應依法繳納續期的海域使用金。

第二十七條　因企業合併、分立或者與他人合資、合作經營，變更海域使用權人的，需經原批准海的人民政府批准。

海域使用權可以依法轉讓。海域使用權轉讓的具體辦法，由國務院規定。

海域使用權可以依法繼承。

第二十八條　海域使用權人不得擅自改變經批准的海域用途；確需改變的，應當在符合海洋功能區劃的前提下，據原批准用海的人民政府批准。

第二十九條　海域使用權期滿，未申請續期或者申請續期未獲批准的，海域使用權終止。

海域使用權終止後，原海域使用權人應當拆除可能造成海洋環境污染或者影響其他用海項目的用海設施和構築物。

第三十條　因公共利益或者國家安全的需要，原批准用海的人民政府可以依法收回海域使用權。

依照前款規定在海域使用權期滿前提前收回海域使用權的，對海域使用權人應當給予相應的補償。

第三十一條　因海域使用權發生爭議，當事人協商解決不成的，由縣級以上人民政府海洋行政主管部門調解；當事人也可以直接向人民法院提起訴訟。

在海域使用權爭議解決前，任何一方不得改變海域使用現狀。

第三十二條　填海項目竣工後形成的土地，屬於國家所有。

海域使用權人應當自填海項目竣工之日起三個月內，憑海域使用權證書，向縣級以上人民政府土地行政主管部門提出土地登記申請，由縣級以上人民政府登記造冊，換發國有土地使用權證書，確認土地使用權。

第五章　海域使用金

第三十三條　國家實行海域有償使用制度。

單位和個人使用海域，應當按照國務院的規定繳納海域使用金。海域使用金應當按照國務院的上繳財政。

對漁民使用海域從事養殖活動收取海域使用金

的具體實施步驟和辦法，由國務院另行規定。

第三十四條　根據不同的用海性質或者情形，海域使用金可以按照規定一次繳納或者按年度逐年繳納。

第三十五條　下列用海，免繳海域使用金：

㈠軍事用海；

㈡公務船舶專用碼頭用海；

㈢非經營性的航道、錨地等交通基礎設施用海；

㈣教學、科研、防災減災、海難搜救打撈等非經營性公益事業用海。

第三十六條　下列用海，按照國務院財政部門和國務院海洋行政主管部門的規定，經有批准的人民政府財政部門和海洋行政主管部門審查批准，可以減繳或者免繳海域使用金：

㈠公用設施用海；

㈡國家重大建設項目用海；

㈢養殖用海。

第六章　監督檢查

第三十七條　縣級以上人民政府海洋行政主管部門應當加強對海域使用的監督檢查。

縣級以上人民政府財政部門應當加強對海域使

用金繳納情況的監督檢查。

第三十八條　海洋行政主管部門應當加強隊伍建設，提高海域使用管理監督檢查人員的政治、業務素質。海域使用管理監督檢查人員必須秉公執法、忠於職守、清正廉潔、文明服務，並依法接受監督。

海洋行政主管部門及其工作人員不得參加和從事與海域使用有關的生產經營活動。

第三十九條　縣級以上人民政府海洋行政主管部門履行監督檢查職責時，有權採取下列措施：

㈠要求被檢查單位或者個人提供海域使用的有關文件和資料；

㈡要求被檢查單位或者個人就海域使用的有關問題作出說明；

㈢進入被檢查單位或者個人占用的海域現場進行勘查；

㈣責令當事人停止正在進行的違法行爲。

第四十條　海域使用管理監督檢查人員履行監督檢查職責時，應當出示有效有效執行證件。

有關單位和個人對海洋行政主管部門的監督檢查應當予以配合，不得拒絕、妨礙監督檢查人員依法執行公務。

第四十一條　依照法律規定行使海洋監督管理權的有關部門在海上執法時應當密切配合，互相支持，共同維護國家海域所有權和海域使用權人的合法權益。

第四十二條　未經批准或者騙取批准，非法占用海域的，責令退還非法占用的海域，恢復海域原狀，沒收違法所得，並處非法占用海域期間內該海域面積應繳納的海域使用金五倍以上十五倍以下的罰款；對未經批准或者騙取批准，進行圍海、填海活動的，並處非法占用海域期間內該海域面積應繳納的海域使用金十倍以上二十倍以下的罰款。

第四十三條　無權批准使用海域的單位非法批准使用海域的，超越批准權限非法批准使用海域的，或者不按海洋功能區劃批准使用海域的，批准文件無效，收回非法使用的海域；對非法批准使用海域的直接負責的主管人員和其他直接責任人員，依法給予行政處分。

第四十四條　違反本法第二十三條規定，阻撓、妨害海域使用權人依法使用海域的，海域使用權人可以請求海洋行政主管部門排除妨害，也可以依法向人民法院提起訴訟；造成損失的，可以依法請求損害賠償。

第四十五條　違反本法第二十六條規定，海域使用權期滿，未辦理有關手續仍繼續使用海域的，責令期限辦理，可以並處一萬元以下的罰款；拒不辦理的，以非法占用海域論處。

第四十六條　違反本法第二十八條規定，擅自改變海域用途的，責令限期改正，沒收違法所得，並處非法改變海域用途的期間內該海域面積應繳納的海域使用金五倍以上十五倍以下的罰款；對拒不改正的，由頒發海域使用權證書的人民政府註銷海域使用權證書，收回海域使用權。

第四十七條　違反本法第二十九條第二款規定，海域使用權終止，原海域使用權人不按規定拆除用海設施和構築物的，責令限期拆除；逾期拒不拆除的，處五萬元以下的罰款，並由縣級以上人民政府海洋行政主管部門委託有關單位代爲拆除，所需費用由原海域使用權人承擔。

第四十八條　違反本法規定，按年度逐年繳納海域使用金的海域使用權人不按期繳納海域使用金的，限期繳納；在期限內仍拒不繳納的，由頒發海域使用權證書的人註銷海域使用權證書，收回海域使用權。

第四十九條　違反本法規定，拒不接受海洋行政主管部門監督檢查、不如實反映情況或者不提供有關資料的，責令限期改正，給予警告，可以並處二萬元以下的罰款。

第五十條　本法規定的行政處罰，由縣級以上人民政府海洋行政主管部門依據職權決定。但是，本法已對處罰機關作出規定的除外。

第五十一條　國務院海洋行政主管部門和縣級以上地方人民政府違反本法規定頒發海域使用權證書，或者頒發海域使用權證書後不進行監督管理，或者發現違法行爲不予查處的，對直接負責的主管人員和其他直接責任人員，依法給予行政處分；循私舞弊、濫用職權或者玩忽職守構成犯罪的，依法追究刑事責任。

第八章　附則

第五十二條　在中華人民共和國內水、領海使用特定海域不足三個月，可能對國防安全、海上交通安全和其他用海活動造成重大影響的排他性用海活動，參照本法有關規定辦理臨時海域使用證。

第五十三　條軍事用海的管理辦法，由國務院、中央軍事委員會依據本法制定。

第五十四條　本法自2002年1月1日施行。

《附錄一》中華人民共和國「領海及毗連區法」

（一九九二年二月二十五日七屆全國人大常委會第二十四次會議通過）

第一條　爲行使中華人民共和國對領海的主權和對毗連區的管制權，維護國家安全和海洋權益，制定本法。

第二條　中華人民共和國領海爲鄰接中華人民共和國陸地領土和內水的一帶海域。

中華人民共和國的陸地領土包括中華人民共和國大陸及其沿海島嶼、台灣及其包括釣魚台島在內的附屬各島、澎湖列島、東沙群島、西沙群島、中沙群島、南沙群島以及其他一切屬於中華人民共和國的其它島嶼。

中華人民共和國的領海基線向陸地一例的水域爲中華人民共和國的內水。

第三條　中華人民共和國領海的寬度從領海基線量起爲十二海里。

中華人民共和國領海基線用直線法劃定，由各相鄰基點之間的直線連線組成。

中華人民共和國領海的外部界限爲一條其每一點與領海基線的最近點距離等於十二海里的

線。

第四條　中華人民共和國毗連區爲領海以外鄰接領海的一帶海域。毗連區的寬度爲十二海里。

中華人民共和國毗連區的外部界限爲一條其每一點與領海基線的最近距離等於二十四海里的線。

第五條　中華人民共和國對領海的主權及於領海上空、領海的海床及底土。

第六條　外國非軍用船舶，享有依法無害通過中華人民共和國領海的權利。

外國軍用船舶進入中華人民共和國領海，須經中華人民共和國政府批准。

第七條　外國潛水艇和其它他潛水器通過中華民共和國領海，必須在海面航行，並展示其旗幟。

第八條　外國船舶通過中華人民共和國領海，必須遵守中華人民共和國法律、法規，不得損害中華人民共和國的和平、安全和良好秩序。

外國核動力船舶和載運核物質、有毒物質或者其他危險物質的船舶通過中華人民共和國領海，必須持有有關證書，並採取特別預防措施。

中華人民共和國政府有權採取一切必要措施，

以防止和制止對領海的非無害通過。

外國船舶違反中華人民共和國法律、法規的，由中華人民共和國有關機關依法處理。

第九條　爲維護航行安全和其他特殊需要，中華人民共和國政府可以要求通過中華人民共和國領海的外國船舶使用指定的航道或者依照規定的分道通航制航行，具體辦法由中華人民共和國政府或者有關主管部門公布。

第十條　外國軍用船舶或者用非商業目的的外國政府船舶在通過中華人民共和國領海時，違反中華人民共和國法律規定的，中華人民共和國有關主管機關有權令其立即離開領海，對所造成的損失或者損害，船旗國應當負國際責任。

第十一條　任何國際組織、外國組織或者個人在中華人民共和國領海內進行科學研究、海洋作業等活動，須經中華人民共和國政府或者其有關主管部門批准，遵守中華人民共和國法律、法規。

違反前款規定，非法進入中華人民共和國領海進行科學研究、海洋作業等活動的，由中華人民共和國有關機關依法處理。

第十二條　外國航空器只有根據該國政府與中華人民共和國政府簽訂的協定、協議，或者經中華人民共和國政府或者其授權的機關批准或者接受，方可進入中華人民共和國領空上空。

第十三條　中華人民共和國有權在毗連區内、爲防止和懲處在其陸地領土、内水或者領海内違反有關安全、海關、財政、衛生或者入境出境管理的法律規定時的行爲行使管制權。

第十四條　中華人民共和國有關主管機關有充分理由認爲外國船舶違反中華人民共和國法律、法規時，可以對該外國船舶行使緊追權。

追逐須在外國船舶或者其他小艇之一或者以被追逐的船舶爲母船進行活動的其他船艇在中華人民共和國的内水、領海或者毗連區内時開始。

如果外國船舶是在中華人民共和國的毗連區内，追逐只有在本法第十三條所列有關法律、法規規定的權利受到侵犯時方可進行。

追逐只要沒有中斷，可以在中華人民共和國領海或者毗連區外繼續進行。在被追逐的船舶進入其本國領海或者第三國領海時，追逐終止。

本條規定的緊追權由中華人民共和國軍用船舶軍用航空器或者中華人民共和國政府授權的執行政府公務的船舶、航空器行使。

第十五條　中華人民共和國領海基線由中華人民共和國政府公布。

第十六條　中華人民共和國政府依據本法制定有關規定。

第十七條　本法自公布之日起施行。

《附錄二》聯合國海洋法公約

（一九八二年四月三十日通過，一九八二年十二月十日開放簽署）

本公約締約各國，本著以互相諒解和合作的精神解決與海洋法有關的一切問題的願望，並且認識到本公約對於維護和平、正義和全世界人民的進步作出重要貢獻的歷史意義。

注意到自從一九五八年到一九六〇年在日內瓦舉行了聯合國海洋法會議以來的種種發展，著重指出了需要有一項新的可獲一般接受的海洋法公約。

意識到各海洋區域的種種問題都是彼此密切相關的，有必要作爲一個整體來加以考慮。

認識到有需要通過本公約，在妥爲顧及所有國家主權的情形下，爲海洋建立一種法律秩序，以便利國際交通和促進海洋的和平用途，海洋資源的公平而有效的利用，海洋生物資源的養護以及研究、保護和保全海洋環境。

考慮到達成這些目標將有助於實現公正公平的國際經濟秩序，這種秩序將照顧到全人類的利益和需要，特別是發展中國家的特殊利益和需要，不論其爲沿海國或內陸國。

希望以本公約發展一九七〇年十二月十七日第二七四九（XXV）號決議所載各項原則，聯合國大會在該決議中莊嚴宣布，除其他外，國家管轄範圍以外的海床和洋底區域及其底土以及該區域的資源爲人類的共同繼承財產，其勘探與開發應爲全人類的利益而進行，不論各國的地理位置如何。

相信在本公約中所達成的海洋法的編纂和逐漸發展，將有助於按照「聯合國憲章」所載的聯合國的宗旨和原則鞏固各國間符合正義和權利平等原則的和平、安全、合作和友好關係，並將促進全世界人民的經濟和社會方面的進展。

確認本公約未予規定的事項，應繼續以一般國際法的規則和原則爲準據。

經協議如下：

第一部分　（略）

第二部分　領海和毗連區

第一節　一般規定

第二條　領海及其上空、海床和底土的法律地位沿海國的主權及於其陸地領土及其內水以外鄰接的一帶海域，在群島國的情形下則及於群島水域以外鄰接的一帶海域，稱爲領海。

此項主權及於領海的上空及其海床和底土。

對於領海的主權的行使受本公約和其他國際法規則的限制。

第二節　領海的界限

第三條　領海的寬度

每一國家有權定其領海的寬度，直至從按照本公約確定的基線量起不超過十二海里的界限爲止。

第四條　領海的外部界限

領海的外部界限是一條其每一點同基線最近點的距離等於領海寬度的線。

第五條　正常基線

除本公約另有規定外，測算領海寬度的正常基線是沿海國官方承認的大比例尺海圖所標明的沿岸低潮線。

第六條　礁石

在位於環礁上的島嶼或有岸礁環列的島嶼的情形下，測算領海寬度的基線是沿海國官方承認的海圖上以適當標記顯示的礁石的向海低潮線。

第七條　直線基線

一、在海岸線極爲曲折的地方，或者如果緊接海岸有一系列島嶼，測算領海寬度的基線的劃定可採用連接各適當點的直線基線法。

二、在因有三角洲和其他自然條件以致海岸線非常不穩定之處，可沿低潮線向海最遠處選擇各適當點，而且，儘管以後低潮線發生後退現象，該直線基線在沿海國按照本公約加以改變以前仍然有效。

三、直線基線的劃定不應在任何明顯的程度上偏離海岸的一般方向，而且基線內的海域必須充分接近陸地領土，使其受內水制度的支配。

四、除在低潮高地上築有永久高於海平面的燈塔或類似設施，或以這種高地作爲劃定基線的起訖點已獲得國際一般承認者外，直線基線的劃定不應以低潮高地爲起訖點。

五、在依據第一款可以採用直線基線法之處，確定特定基線時，對於有關地區所特有的並經長期慣例清楚地證明其爲實在而重要的經濟利益，可予以考慮。

六、一國不得採用直線基線制度，致使另一國的領海同公海或專屬經濟區隔斷。

第八條　內水

一、除第四部分另有規定外，領海基線向陸一面的水域構成國家內水的一部分。

二、如果按照第七條所規定的方法確定直線基線的效果使原來並未認為是內水的區域被包圍在內成為內水，則在此種水域內應有本公約所規定的無害通過權。

第九條　河口

如果河流直接流入海洋，基線應是一條在兩岸低潮線上兩點之間橫越河口的直線。

第十條　海灣

一、本條僅涉及海岸屬於一國的海灣。

二、為本公約的目的，海灣是明顯的水曲，其凹入程度和曲口寬度的比例，使其有被陸地環抱的水域，而不僅為海岸的彎曲。但水曲除其面積等於或大於橫越曲口所劃的直線作為直徑的半圓形面積外，不應視為海灣。

三、為測算的目的，水曲的面積是位於水曲陸岸周圍的低潮標和一條連接水曲天然入口兩端低潮標的線之間的面積。如果因有島嶼而水曲有一個以上的曲口，該半圓形應劃在與橫越各曲口的各線總長度相等的一條線上。水曲內的島嶼應視爲水曲水域的一部分而包括在內。

四、如果海灣天然入口兩端的低潮標之間的距離不超過二十四海里，則可在兩個低潮標之間劃出一條封口線，該線所包圍的水域應視爲內水。

五、如果海灣天然入口兩端的低潮標之間的距離超過二十四海里，二十四海里的直線基線應劃在海灣內，以劃入該長度的線所可能劃入的最大水域。

六、上述規定不適用於所謂「歷史性」海灣，也不適用於採用第七條所規定的直線基線法的任何情形。

第十一條　港口

爲了劃定領海的目的，構成海港體系組成部分的最外部永久海港工程視爲海岸的一部分。近岸設施和人工島嶼不應視爲永久海港工程。

第十二條　泊船處

通常用於船舶裝卸和下錨的泊船處，即使全部或一部位於領海的外部界限以外，都包括在領海範圍之內。

第十三條　低潮高地

一、低潮高地是在低潮時四面環水並高於水面但在高潮時沒入水中的自然形成的陸地。如果低潮高地全部或一部與大陸或島嶼的距離不超過領海的寬度，該高地的低潮線可作爲測算領海寬度的基線。

二、如果低潮高地全部與大陸或島嶼的距離超過領海的寬度，則該高地沒有其自己的領海。

第十四條　確定基線的混合辦法

沿海國爲適應不同情況，可交替使用以上各條規定的任何方法以確定基線。

第十五條　海岸相向或相鄰國家間領海界限的劃定

如果兩國海岸彼此相向或相鄰，兩國中任何一國在彼此沒有相反協議的情形下，均無權將其領海伸延至一條其每一點都同測算兩國中每一國領海寬度的基線上最近各點距離相等的中間線以外。但如因歷史性所有權或其他特殊情況而有必要按照與上述規定不同的方法劃定兩國領海的界限，則不適用上述規定。

第十六條　海圖和地理坐標表

一、按照第七、第九和第十條確定的測算領海寬度的基線，或根據基線劃定的界限，和按照第十二和第十五條劃定的分界線，應在足以確定這些線的位置的一種或幾種比例尺的海圖上標出。或者，可以用列出各點的地理坐標並註明大地基準點的表來代替。

二、海國應將這種海圖或地理坐標表妥爲公布，並應將該海圖和坐標表的一份副本交存存於聯合國秘書長。

第三節　領海的無害通過

A分節　適用於所有船舶的規則

第十七條　無害通過權

在本公約的限制下，所有國家，不論爲沿海國或內陸國，其船舶均享有無害通過領海的權利。

第十八條　通過的意義

一、通過是指爲了下列目的，通過領海的航行：

㈠穿過領海但不進入內水或停靠內水以外的泊船處或港口設施；

㈡駛往或駛出內水或停靠這種泊船處或港口設施。

二、通過應繼續不停和迅速進行。通過包括停船和下錨在內，但以通常航行所附帶發生的或由於不可抗力或遇難所必要的或爲救助遇險或遭難的人員、船舶或飛機的目的爲限。

第十九條　無害通過的意義

一、通過只要不損害沿海國的和平、良好秩序或安全，就是無害的。這種通過的進行應符合本公約和其他國際法規則。

二、如果外國船舶在領海內進行下列任何一種活動，其通過即應視爲損害沿海國的和平、良好秩序或安全。

㈠對沿海國的主權、領土完整或政治獨立進行任何武力威脅或使用武力，或以任何其他違反「聯合國憲章」所體現的國際法原則的方式進行武力威脅或使用武力；

㈡以任何種類的武器進行任何操練或演習；

㈢任何目的在於搜集情報使沿海國的防務或安全受損害的行爲；

㈣任何目的在於影響沿海國防務或安全的

宣傳行爲；

㈤在船上起落或接載任何飛機；

㈥在船上發射、降落或接載任何軍事裝置；

㈦違反沿海國海關、財政、移民或衛生的法律和規章，上下任何商品、貨幣或人員；

㈧違反本公約規定的任何故意和嚴重的污染行爲；

㈨任何捕魚活動；

㈩進行研究或測量活動；

⑪任何目的在於干擾沿海國任何通訊系統或任何其他設施或設備的行爲；

⑫與通過沒有直接關係的任何其他活動。

第二十條　潛水艇和其他潛水器

在領海內，潛水艇和其他潛水器，須在海面上航行並展示其旗幟。

第二十一條　沿海國關於無害通過的法律和規章

一、沿海國可依本公約規定和其他國際法規則，對下列各項或任何一項制定關於無害通過領海的法律和規章：

㈠航行安全及海上交通管理；

㈡保護助航設備和設施以及其他設施或設備；

(三)保護電纜和管道；

(四)養護海洋生物資源；

(五)防止違犯沿海國的漁業法律和規章；

(六)保全沿海國的環境，並防止、減少和控制該環境受污染；

(七)海洋科學研究和水文測量；

(八)防止違犯沿海國的海關、財政、移民或衛生的法律和規章。

二、這種法律和規章除使一般接受的國際規則或標準有效外，不應適用於外國船舶的設計、構造、人員配備或裝備。

三、沿海國應將所有這種法律和規章妥爲公布。

四、行使無害通過領海權利的外國船舶應遵守所有這種法律和規章，以及關於防止海上碰撞的一切一般接受的國際規章。

第二十二條　領海內的海道和分道通航制

一、沿海國考慮到航行安全認爲必要時，可要求行使無害通過其領海權利的外國船舶使用其爲管制船舶通過而指定或規定的海道和分道通航制。

二、特別是沿海國可要求油輪、核動力船舶和載運核物質或材料或其他本質上危險或有毒物質或材料的船舶只在上述海道通過。

三、沿海國根據本條指定海道和規定分道通航制時，應考慮到：

㈠主管國際組織的建議；

㈡習慣上用於國際航行的水道；

㈢特定船舶和水道的特殊性質；

㈣船舶來往的頻繁程度。

四、沿海國應在海圖上清楚地標出這種海道和分道通航制，並應將該海圖妥為公布。

第二十三條　外國核動力船舶和載運核物質或其他本質上危險或有毒物質的船舶

外國核動力船舶和載運核物質或其他本質上危險或有毒物質的船舶，在行使無害通過領海的權利時，應持有國際協定為這種船舶所規定的證書並遵守國際協定所規定的特別預防措施。

第二十四條　沿海國的義務

一、除按照本公約規定外，沿海國不應妨礙外國船舶無害通過領海。尤其在適用本公約或依本公約制定的任何法律或規章時，沿海國不應：

㈠對外國船舶強加要求，其實際後果等於

否定或損害無害通過的權利；或

㈡對任何國家的船舶、或對載運貨物來往任何國家的船舶或對替任何國家載運貨物的船舶，有形式上或事實上的歧視。

二、沿海國應將其所知的在其領海內對航行有危險的任何情況妥爲公布。

第二十五條　沿海國的保護權

一、沿海國可在其領海內採取必要的步驟以防止非無害的通過

二、在船舶駛往內水或停靠內水外的港口設備的情形下，沿海國也有權採取必要的步驟，以防止對准許這種船舶駛往內水或停靠港口的條件的任何破壞。

三、如爲保護國家安全包括武器演習在內而有必要，沿海國可在對外國船舶之間在形式上或事實上不加歧視的條件下，在其領海的特定區域內暫時停止外國船舶的無害通過。這種停止僅應在正式公布後發生效力。

第二十六條　可向外國船舶徵收的費用

一、對外國船舶不得僅以其通過領海爲理由徵收任何費用。

二、對通過領海的外國船舶，僅可作爲對該船舶提供特定服務的報酬而徵收費用。徵收上述費用不應有任何歧視。

B分節　適用於商船和用於商業目的的政府船舶的規則

第二十七條　外國船舶上的刑事管轄權

一、沿海國不應在通過領海的外國船舶上行使刑事管轄權，以逮捕與在該船舶通過期間船上所犯任何罪行有關的任何人或進行與該罪行有關的任何調查，但下列情形除外：

㈠罪行的後果及於沿海國；

㈡罪行屬於擾亂當地安寧或領海的良好秩序的性質；

㈢經船長或船旗國外交代表或領事官員請求地方當局予以協助；或

㈣這些措施是取締違法販運麻醉藥品或精神調理物質所必要的。

二、上述規定不影響沿海國爲在駛離內水後通過領海的外國船舶上進行逮捕或調查的目的而採取其法律所授權的任何步驟的權利。

三、在第一和第二兩款規定的情形下，如經船長請求，沿海國在採取任何步驟前應通知船旗國的外交代表或領事官員，並應便利外交代表或領事官員和船上乘務人員之間的接觸。遇有緊急情況，發出此項通知可與採取措施同時進行。

四、地方當局在考慮是否逮捕或如何逮捕時，應適當顧及航行的利益。

五、除第十二部分有所規定外或有違犯按照第五部分制定的法律和規章的情形，如果來自外國港口的外國船舶僅通過領海而不駛入內水，沿海國不得在通過領海的該船舶上採取任何步驟，以逮捕與該船舶駛進領海前所犯任何罪行有關的任何人或進行與該罪行有關的調查。

第二十八條　對外國船舶的民事管轄權

一、沿海國不應爲對通過領海的外財船舶上某人行使民事管轄權的目的而停止其航行或改變其航向。

二、沿海國不得爲任何民事訴訟的目的而對船舶從事執行或加以逮捕，但涉及該船舶本身在通過沿海國水域的航行中或爲該航行的目的而承擔的義務或因而負擔的責任，則不在此限。

三、第二款不妨害沿海國按照其法律爲任何民事訴訟的目的而對在領海內停泊或駛離內水後通過領海的外國船舶從事執行或加以逮捕的權利。

C分節　適用於軍艦和其他用於非商業目的的政府船舶的規則

第二十九條　軍艦的定義

爲本公約的目的，「軍艦」是指屬於一國武裝部隊、具備辨別軍艦國籍的外部標誌、由該國政府正式委任並名列相應的現役名冊或類似名冊的軍官指揮和配備有服從正規武裝部隊紀律的船員的船舶。

第三十條　軍艦隊沿海國法律和規章的不遵守

如果任何軍艦不遵守沿海國關於通過領海的法律和規章，而且不顧沿海國向其提出遵守法律和規章的任何要求，沿海國可要求該軍艦立即離開領海。

第三十一條　船旗國對軍艦或其他用於非商業目的的政府船舶所造成的損害的責任

對於軍艦或其他用於非商業目的的政府船舶不

遵守沿海國有關通過領海的法律和規章或不遵守本公約的規定或其他國際法規則，而使沿海國遭受的任何損失或損害，船旗國應負國際責任。

第三十二條　軍艦和其他用於非商業目的的政府船舶的豁免權

A分節和第三十及第三十一條所規定的情形除外，本公約規定不影響軍艦和其他用於非商業目的的政府船舶的豁免權。

第四節　毗連區

第三十三條　毗連區

一、沿海國可在毗連其領海稱爲毗連區的區域內，行使爲下列事項所必要的管制：

㈠防止在其領土或領海內違犯其海關、財政、移民或衛生的法律和規章；

㈡懲治在其領土或領海內違犯上述法律和規章的行爲。

二、毗連區從測算領海寬度的基線量起，不得超過二十四海里。

第三部分　用於國際航行的海峽

第一節　一般規定

第三十四條　構成用於國際航行海峽的法律地位

一、本部分所規定的用於國際航行的海峽的通過制度，不應在其他方面影響構成這種海峽的水域法律地位。或影響海峽沿岸國對這種水域及其上空、海床和底土行使其主權或管轄權。

二、海峽沿岸國的主權或管轄權的行使受本部分和其他國際法規則的限制。

第三十五條　本部分的範圍

本部分任何規定不影響：

一、海峽內任何內水區域，但按照第七條所規定的方法確定直線基線的效果使原來並未認爲是內水的區域被包圍在內成爲內水的情況除外；

二、海峽沿岸國領海以外的水域作爲專屬經濟區或公海的法律地位；或

三、某些海峽的法律制度，這種海峽的通過已全部或部分地規定在長期存在、現行有效的專門關於這種海挾的國際公約中。

第三十六條　穿過用於國際航行的海峽的公海航道或穿過專屬經濟區的航道

如果穿過某一用於國際航行的海峽有在航行和水文特徵方面同樣方便的一條穿過公海或穿過

專屬經濟區的航道，本部分不適用於該海峽；在這種航道中，適用本公約其他有關部分其中包括關於航行和飛越自由的規定。

第二節　過境通行

第三十七條　本節的範圍

本節適用於在公海或專屬經濟區的一個部分和公海或專屬經濟區的另一部分之間的用於國際航行的海峽。

第三十八條　過境通行權

一、在第三十七條所指的海峽中，所有船舶和飛機均享有過境通行的權利，過境通行不應受阻礙；但如果海峽是由海峽沿岸國的一個島嶼和該國大陸形成，而且該島向海一面有在航行和水文特徵方面同樣方便的一條穿過公海，或穿過專屬經濟區的航道，過境通行就不應適用。

二、過境通行是指按照本部分規定，專爲在公海或專屬經濟區的一個部分和公海或專屬經濟區的另一部分之間的海峽繼續不停和迅速過境的目的而行使航行和飛越自由。但是，對繼續不停和迅速過境的要求，並不排除在一個海峽沿岸國入境條件的限制下，爲駛入、駛離該國或自該國返回的目的而通過海峽。

三、任何非行使海峽過境通行權的活動，仍受本公約其他適用的規定的限制。

第三十九條　船舶和飛機在過境通行時的義務

一、船舶和飛機在行使過境通行權時應：

㈠毫不遲延地通過或飛越海峽；

㈡不對海峽沿岸的主權、領土完整或政治獨立進行任何武力威脅或使用武力，或以任何其他違反「聯合國憲章」所體現的國際法原則的方式進行武力威脅或使用武力；

㈢除因不可抗力或遇難而有必要外，不從事其繼續不停和迅速過境的通常方式所附帶發生的活動以外的任何活動；

㈣遵守本部分的其他有關規定。

二、過境通行的船舶應：

㈠遵守一般接受的關於海上安全的國際規章、程序和慣例，包括「國際海上避碰規則」；

㈡遵守一般接受的關於防止、減少和控制來自船舶的污染的國際規章、程序和慣例。

三、過境通行的飛機應：

㈠遵守國際民用航空組織制定的適用於民用飛機的「航空規則」；國有飛機通常應遵守這種安全措施，並在操作時隨時適當，顧及航行安全；

㈡隨時監聽國際上指定的空中交通管制主管機構所分配的無線電頻率或有關的國際呼救無線電頻率。

第四十條　研究和測量活動

外國船舶，包括海洋科學研究和水文測量的船舶在內，在過境通行時，非經海峽沿岸國事前准許，不得進行任何研究或測量活動。

第四十一條　用於國際航行的海峽內的海道和分道通航制

一、按照本部分，海峽沿岸國可於必要時為海峽航行指定海道和規定分道通航制，以促進船舶的安全通過。

二、這種國家可於情況須要時，經妥爲公佈後，以其他海道或分道通航制替換任何其原先指定或規定的海道或分道通航制。

三、這種海道和分道通航制應符合一般接受的國際規章。

四、海峽沿岸國在指定或替換海道或在規定或替換分道通航制以前，應將提議提交主管國際組織，以期得到採納。該組織僅可採納同海峽沿岸國議定的海道和分道通航制，在此以後，海峽沿岸國可對這些海道和分道通航制予以指定、規定或替換。

五、對於某一海峽，如所提議的海道或分道通航制穿過該海峽兩個或兩個以上沿岸國的水域，有關各國應同主管國際組織協商，合作擬訂提議。

六、海峽沿岸國應在海圖上清楚地標出其所指定或規定的一切海道和分道通航制，並應將該海圖妥為公布。

七、過境通行的船舶應尊重按照本條制定的適用的海道和分道通航制。

第四十二條　海峽沿岸國關於過境通行的法律和規章

一、在本節規定的限制下，海峽沿岸國可對下列各項或任何一項制定關於通過海峽的過境通行的法律和規章：

㈠第四十一條所規定的航行安全和海上交通管理；

㈡使有關在海峽內排放油類、油污廢物和其他有毒物質的適用的國際規章有效，以防止、減少和控制污染；

㈢對於漁船，防止捕魚，包括漁具的裝載；

㈣違反海峽沿岸國海關、財政、移民或衛生的法律和規章，上下任何商品、貨幣或人員。

二、這種法律和規章不應在形式上或事實上在外國船舶間有所歧視，或在其適用上有否定、妨礙或損害本節規定的過境通行權的實際後果。

三、海峽沿岸國應將所有這種法律和規章妥爲公佈。

四、行使過境通行權的外國船舶應遵守這種法律和規章。

五、享有主權豁免的船舶的船旗國或飛機的登記國，在該船舶或飛機不遵守這種法律和規章或本部分的其他規定時，應對海峽沿岸國遭受的任何損失和損害負國際責任。

第四十三條　助航和安全設備及其他改進辦法以及污染的防止、減少和控制

海峽使用國和海峽沿岸國應對下列各項通過協

議進行合作：

一、在海峽内建立並維持必要的助航和安全設備或幫助國際航行的其他改進辦法；和

二、防止、減少和控制來自船舶的污染。

第四十四條　海峽沿岸國的義務

海峽沿岸國不應妨礙過境通行，並應將其所知的海峽内或海峽上空對航行或飛越有危險的任何情況妥爲公布。過境通行不應予以停止。

第三節　無害通過

第四十五條　無害通過

一、按照第二部分第三節，無害通過制度應適用於下列用於國際航行的海峽：

㈠第三十八條第一款不適用過境通行制度的海峽；或

㈡在公海或專屬經濟區的一個部分和外國領海之間的海峽。

二、在這種海峽中的無害通過不應予以停止。

第四部分　群島國

第四十六條　用語

爲本公約的目的：

一、「群島國」是指全部由一個或多個群島構成的國家。並可包括其他島嶼；

二、「群島」是指一群島嶼，包括若干島嶼的若干部分、相連的水域和其他自然地形，彼此密切相關，以致這種島嶼、水域和其他自然地形在本質上構成一個地理、經濟和政治的實體，或在歷史上已被視爲這種實體。

第四十七條　群島基線

一、群島國可劃定連接群島最外緣各島和各乾礁的最外緣各點的直線群島基線，但這種基線應包括主要的島嶼和一個區域，在該區域內，水域面積和包括環礁在內的陸地面積的比例應在一比一到九比一之間。

二、這種基線的長度不應超過一百海里。但圍繞任何群島的基線總數中至多百分之三可超過該長度，最長以一百二十五海里爲限。

三、這種基線的劃定不應在任何明顯的程度上偏離群島的一般輪廓。

四、除在低潮高地上築有永久高於海平面的燈塔或類似設施，或者低潮高地全部或一部與最近的島嶼的距離不超過領海的寬度外，這種基線的劃定不應以低潮高地爲起訖點。

五、群島國不應採用一種基線制度，致使另一國的領海同公海或專屬經濟區隔斷。

六、如果群島國的群島水域的一部分位於一個直接相鄰國家的兩個部分之間，該鄰國傳統上在該水域内行使的現有權利和一切其他合法利益以及兩國間協定所規定的一切權利，均應繼續，並予以尊重。

七、爲計算第一款規定的水域與陸地的比例的目的，陸地面積可包括位於島嶼和環礁的岸礁以内的水域，其中包括位於陡側海台周圍的一系列灰岩島和乾礁所包圍或幾乎包圍的海台的那一部分。

八、按照本條劃定的基線，應在足以確定這些線的位置的一種或幾種比例尺的海圖上標出。或者，可以用列出各點的地理座標並註明大地基準點的表來代替。

九、群島國應將這種海圖地理坐標表妥爲公布，並應將各該海圖或坐標表的一份副本交存於聯合國秘書長。

第四十八條　領海、毗連區、專屬經濟區和大陸架寬度的測算

領海、毗連區、專屬經濟區和大陸架的寬度，

應從按照第四十七條劃定的群島基線量起。

第四十九條　群島水域、群島水域的上空、海床和底土的法律地位

一、群島國的主權及於按照第四十七條劃定的群島基線所包圍的水域，稱爲群島水域，不論其深度或距離海岸的遠近如何。

二、此項主權及於群島水域的上空、海床和底土，以及其中所包含的資源。

三、此項主權的行使受本部分規定的限制。

四、本部分所規定的群島海道通過制度，不應在其他方面影響包括海道在內的群島水域的地位，或影響群島國對這種水域及其上空、海床和底土以及其中所含資源行使其主權。

第五十條　內水界限的劃定

群島國可按照第九、第十和第十一條，在其群島水域內用封閉線劃定內水的界限。

第五十一條　現有協定、傳統捕魚權利和現有海底電纜

一、在不妨害第四十九條的情形下，群島國應尊重與其他國家間的現有協定，並應承認直接相鄰國家在群島水域範圍內的某些區域內的傳統捕魚權利和其他合法活動。行使這種權利和進行這種活動的條款和條件，包括這

種權利和活動的性質、範圍和適用的區域，經任何有關國家要求，應由有關國家之間的雙邊協定予以規定。這種權利不應轉讓給第三國或其國民，或與第三國或其國民分享。

二、群島國應尊重其他國家所鋪設的通過其水域而不靠岸的現有海底電纜。群島國於接到關於這種電纜的位置和修理或更換這種電纜的意圖的適當通知後，應准許對其進行維修和更換。

第五十二條　無害通過權

一、在第五十三條的限制下並在不妨害第五十條的情形下，按照第二部分第三節的規定，所有國家的船舶均享有通過群島水域的無害通過權。

二、如爲保護國家安全所必要，群島國可在對外國船舶之間在形式上或事實上不加歧視的條件下，暫時停止外國船舶在其群島水域特定區域内的無害通過。這種停止僅應在正式公布後發生效力。

第五十三條　群島海道通過權

一、群島國可指定適當的海道和其上的空中航道，以便外國船舶和飛機繼續不停和迅速通過或飛越其群島水域和鄰接的領海。

二、所有船舶和飛機均享有在這種海道和空中航道內的群島海道通過權。

三、群島海道通過是指按照本公約規定，專為在公海或專屬經濟區的一部分和公海或專屬經濟區的另一部分之間繼續不停、迅速和無障地過境的目的，行使正常方式的航行和飛越的權利。

四、這種海道和空中航道應穿過群島水域和鄰接的領海，並應包括用作通過群島水域或其上空的國際航行或飛越的航道的所有正常通道，並且在這種航道內，就船舶而言，包括所有正常航行水道，但無須在相同的進出點之間另設同樣方便的與他航道。

五、這種海道和空中航道應以通道進出點之間的一系列連續不斷的中心線劃定，通過群島海道和空中航道的船舶和飛機在通過時不應偏離這種中心線二十五海里以外，但這種船舶和飛機在航行時與海岸的距離不應小於海道邊緣各島最近各點之間的距離的百分之十。

六、群島國根據本條指定海道時，為了使船舶安全通過這種海道內的狹窄水道，也可規定分道通航制。

七、群島國可於情況需要時，經妥爲公布後，以其他的海道或分道通航制替換任何其原先指定或規定的海道或分道通航制。

八、這種海道或分道通航制應符合一般接受的國際規章。

九、群島國在指定或替換海道或在規定或替換分道通航制時，應向主管國際組織提出建議，以期得到採納。該組織僅可採納同群島國議定的海道和分道通航制；在此以後，群島國可對這些海道和分道通航制予以指定、規定或替換。

十、群島國應在海圖上清楚地標出其指定或規定的海道中心線和分道通航制，並應將該海圖妥爲公布。

十一、通過群島海道的船舶應尊重按照本條制定的適用的海道和分道通航制。

十二、如果群島國沒有指定海道或空中航道，可通過正常用於國際航行的航道，行使群島海道通過權。

第五十四條　船舶和飛機在通過時的義務，研究和測量

活動，群島國的義務以及群島國關於海道通過的法律和規章

第三十九、第四十、第四十二和第四十四各條比照適用於群島海道通過。

第五部分　專屬經濟區

第五十五條　專屬經濟區的特定法律制度

專屬經濟區是領海以外並鄰接領海的一個區域，受本部分規定的特定法律制度的限制，在這個制度下，沿海國的權利和管轄權以及其他國家的權利和自由均受本公約有關規定的支配。

第五十六條　沿海國在專屬經濟區內的權利、管轄權和義務

一、沿海國在專屬經濟區內有：

(一)以勘探和開發、養護和管理海床上覆水域和海床及其底土的自然資源（不論爲生物或非生物資源）爲目的的主權權利，以及關於在該區內從事經濟性開發和勘探，如利用海水、海流和風力生產能等其他活動的主權權利；

(二)本公約有關條款規定的對下列事項的管轄權；

1.人工島嶼、設施和結構的建造和使用；

2.海洋科學研究；

3.海洋環境的保護和保全；

㈢本公約規定的其他權利和義務。

二、沿海國在專屬經濟區内根據本公約履行其義務時，應適當顧及其他國家的權利和義務，並應以符合本公約規定的方式行事。

三、本條所載的關於海底和底土的權利，應按照第六部分的規定行使。

第五十七條　專屬經濟區的寬度

專屬經濟區從測算領海寬度的基線量起，不應超過二百海里。

第五十八條　其他國家在專屬經濟區内的權利和義務

一、在專屬經濟區内，所有國家，不論爲沿海國或内陸國，在本公約有關規定的限制下，享有第八十七條所指的航行和飛越的自由，舖設海底電纜和管道的自由，以及與這些自由有關的海洋其他國際合法用途，諸如同船舶和飛機的操作及海底電纜和管道的使用有關的並符合本公約其他規定的那些用途。

二、第八十八至第一一五條以及其他國際法只要與本部分不相抵觸，均適用於專屬經濟區。

三、各國在專屬經濟區內根據本公約行使其權利和履行其義務時，應適當顧及沿海國的權利和義務，並應遵守沿海國按照本公約的規定和其他國際法規則所制定的與本部分不相牴觸的法律和規章。

第五十九條　解決關於專屬經濟區內權利和管轄權的歸屬的衝突的基礎

在本公約未將在專屬經濟區的權利或管轄權歸屬於沿海國或其他國家而沿海國和任何其他一國或數國之間的利益發生衝突的情形下，這種衝突應在公平的基礎上參照一切有關情況，考慮到所涉利益分別對有關各方和整個國際社會的重要性，加以解決。

第六十條　專屬經濟區內的人工島嶼、設施和結構

一、沿海國在專屬經濟區內應有專屬權利建造並授權和管理建造、操作和使用；

二、沿海國對這種人工島嶼、設施和結構應有專屬管轄權，包括有關海關、財政、衛生、安全和移民的法律和規章方面的管轄權。

三、這種人工島嶼、設施或結構的建造，必須妥爲通知，並對其存在必須維持永久性的警

告方法。已被放棄或不再使用的任何設施或結構，應予以撤除，以確保航行安全，同時考慮到主管國際組織在這方面制訂的任何爲一般所接受的國際標準。這種撤除也應適當地考慮到捕魚、海洋環境的保護和其他國家的權利和義務。尚未全部撤除的任何設施或結構的深度、位置和大小應妥爲公布。

四、沿海國可於必要時在這種人工島嶼、設施和結構的周圍設置合理的安全地帶，並可在該地帶中採取適當措施以確保航行以及人工島嶼、設施和結構的安全。

五、以安全地帶的寬度應由沿海國參照可適用的國際標準加以確定。這種地帶的設置應確保其與人工島嶼、設施或結構的性質和功能有合理的關聯；這種地帶從人工島嶼、設施或結構的外緣各點量起，不應超過這些人工島嶼、設施或結構周圍五百公尺的距離，但爲一般接受的國際標準所許可或主管國際組織所建議者除外。安全地帶的範圍應妥爲通知。

六、一切船舶都必須尊重這些安全地帶，並應遵守關於在人工島嶼、設施、結構和安全地帶附近航行的一般接受的國際標準。

七、人工島嶼、設施和結構及其周圍的安全地帶，不得設在對使用國際航行必經的公認海道可能有干擾的地方。

八、人工島嶼、設施或結構不具有島嶼地位。它們沒有自己的領海，其存在也不影響領海、專屬經濟區或大陸架界限的劃定。

（第六十一至七十五條略）

第六部分　大陸架

第七十六條　大陸架的定義

一、沿海國的大陸架包括其領海以外依其陸地領土的全部自然延伸，擴展到大陸邊外緣的海底區域的海床和底土，如果從測算領海寬度的基線量起到大陸邊的外緣的距離不到二百海里，則擴展到二百海里的距離。

二、沿海國的大陸架不應擴展到第四至第六款所規定的界限以外。

三、大陸邊包括沿海國陸塊沒入水中的延伸部分、由陸架、陸坡和陸基的海床和底土構成，它不包括深洋洋底及其洋脊，也不包括其底土。

四、㈠為本公約的目的，在大陸邊從測算領海寬度的基線量起超過二百海里的任何情形下，沿海國應以下列兩種方式之一，劃定大陸邊的外緣：

1.按照第七款，以最外各定點為準劃定界線，每一定點上沉積岩厚度至少為從該點至大陸坡腳最短距離的百分之一；或

2.例按照第七款，以離大陸坡腳的距離不超過六十海里的各定點為準劃定界線。

㈡在沒有相反證明的情形下，大陸坡腳應為大陸坡坡底坡度變動最大之點。

五、組成按照第四款第一項（1）和（2）目劃定的大陸架在海床上的外部界線的各定點，不應超過從測算領海寬度的基線量起三百五十海里，或不應超過連接二千五百公尺深度各點約二千五百公尺等深線一百海里。

六、雖有第五款的規定，在海底洋脊上的大陸架外部界限不應超過從測算領海寬度的基線量起三百五十海里。本款規定不適用於作為大陸邊自然構成部分的海台、海隆、海峰、暗灘和坡尖等海底高地。

七、沿海國的大陸架如從測算領海寬度的基線量起超過二百海里，應連接以經緯度座標標出的各定點劃出長度各不超過六十海里的若干直線，劃定其大陸架的外部界限。

八、從測算領海寬度的基線量起二百海里以外大陸架界限的情報應由沿海國提交根據附件二在公平地區代表制基礎上成立的大陸架界限委員會。委員會應就有關劃定大陸架外部界限的事項向沿海國提出建議，沿海國在這些建議的基礎上劃定的大陸架界限應有確定性和拘束力。

九、沿海國應將永久標明其大陸架外部界限的海圖和有關情報，包括大地基準點，交存於聯合國秘書長。秘書長應將這些情報妥爲公布。

十、本條的規定不妨害海岸相向或相鄰國家間大陸架界劃定的問題。

第七十七條　沿海國對大陸架的權利

一、沿海國爲勘探大陸架和開發其自然資源的目的，對大陸架行使主權權利。

二、第一款所指的權利是專屬性的，即：如果沿海國不勘探大陸架或開發其自然資源，任何人未經沿海國明示同意，均不得從事這種活動。

三、沿海國對大陸架的權利並不取決於有效或象徵的占領或任何明文公告。

四、本部分所指的自然資源包括海床和底土的礦物和與其他非生物資源，以及屬於定居種的生物，即在可捕撈階段在海床上成海床下不能移動或其驅體須與海床或底土保持接觸才能移動的生物。

第七十八條　上覆水域和上空的法律地位以及其他國家的權利和自由

一、沿海國對大陸架的權利不影響上覆水域或水域上空的法律地位。

二、沿海國對大陸架權利的行使，絕不得對航行和本公約規定的其他國家的其他權利和自由有所侵害，或造成不當的干擾。

第七十九條　大陸架上的海底電纜和管道

一、所有國家按照本條的規定都有在大陸架上鋪設海底電纜和管道的權利。

二、沿海國除爲了勘探大陸架，開發其自然資源和防止、減少和控制管道造成的污染有權採取合理措施外，對於鋪設或維持這種海底電纜或管道不得加以阻礙。

三、在大陸架上鋪設這種管道，其路線的劃定須經沿海國同意。

四、本部分在任何規定不影響沿海國對進入其領土或領海的電纜或管道訂立條件的權利，也不影響沿海國對因勘探其大陸架或開發其資源或經營在其管轄下的人工島嶼、設施和結構而建造或使用的電纜和管道的管轄權。

五、鋪設海底電纜和管道時，各國應適當顧及已經鋪設的電纜和管道。特別是，修理現有電纜或管道的可能性不應受妨害。

第八十條　大陸架上的人工島嶼、設施和結構

第六十條比照適用於大陸架上的人工島嶼、設施和結構。

第八十一條　大陸架上的鑽探

沿海國有授權和管理爲一切目的在大陸架上進行鑽探的專屬權利。

第八十二條　對二百海里以外的大陸架上的開發應繳的費用和實物

一、沿海國對從測算領海寬度的基線量起二百海里以外的大陸上的非生物資源的開發，

應繳付費用或實物。

二、在某一礦址進行第一個五年生產以後，對該礦址的全部生產應每年繳付費用和實物。第六年繳付費用或實物的比率應爲礦址產值或產量的百分之一。此後該比率每年增加百分之一，至第二年爲止，其後此率應保持爲百分之七。產品不包括供開發用途的資源。

三、某一發展中國家如果是其大陸架上所生產的某種礦物資源的純輸入者，對該種礦物資源免繳這種費用或實物。

四、費用或實物應通過管理局繳納。管理局應根據公平分享的標準將其分配給本公約各締約國，同時考慮到發展中國家的利益和需要，特別是其中最不發達的國家和內陸國的利益和需要。

第八十三條　海岸相向或相鄰國家間大陸架界線的劃定

一、海岸相向或相鄰國家間大陸架的界限，應在國際法院規約第三十八條所指國際法的基礎上以協議劃定，以便得到公平解決。

二、有關國家如在合理其間內未能達成任何協議，應訴諸第十五部分所規定的程序。

三、在達成第一款規定的協議以前，有關各國應基於諒解和合作的精神，盡一切努力作出實際性的臨時安排，並在此過渡期間內，不危害或阻礙最後協議的達成。這種安排應不妨害最後界限的劃定。

四、如果有關國家間存在現行有效的協定，關於劃定大陸架界限的問題，應按照該協定的規定加以決走。

第八十四條　海圖和地理坐標表

一、在本部分的限制下，大陸架外部界線和按照第八十三條判定的分界線，應在足以確定這些線的位置的一種或幾種比例尺的海圖上標出。在適當情形下，可以用列出各點的地理坐標並註明大地基準點的表來代替這種外部界線或分界線。

二、沿海國應將這種海圖或地理坐標表妥爲公布，並應將各該海圖或坐標表的一份副本交存於聯合國秘書長，如爲標明大陸架外部界線的海圖或坐標，也交存於管理局秘書長。

第八十五條　開鑿隧道

本部分不妨害沿海國開鑿隧道以開發底土的權

利，不論底土上水域的深度如何。

第七部分　公海

第一節　一般規定

第八十六條　本部分規定的適用

本部分的規定適用於不包括在國家的專屬經濟區、領海或內水或群島國的群島水城內的全部海域。本條規定並不使各國按照第五十八條規定在專屬經濟區內所享有的自由受到任何減損。

第八十七條　公海自由

一、公海對所有國家開放，不論其爲沿海國或內陸國。公海自由是在本公約和其他國際法規則所規定的條件下行使的。公海自由對沿海國和內陸國而言，除其他外，包括：

㈠航行自由；

㈡飛越自由；

㈢舖設海底電纜和管道的自由，但受第六部分的限制；

㈣建造國際法所容許的人工島嶼和其他設施的自由，但受第六部分的限制；

㈤捕魚自由，但受第二節規定條件的限制；

㈥科學研究的自由，但受第六和第十三部

分的限制。

二、這些自由應由所有國家行使，但須適當顧及其他國家行使公海自由的利益，並適當顧及本公約所規定的同「區域」內活動有關的權利。

第八十八條　公海只用於和平目的

公海應只用於和平目的。

第八十九條　對公海主權主張的無效

任何國家不得有效地聲稱將公海的任何部分置於其主權之下。

第九十條　航行權

每個國家，不論是沿海國或內陸國，均有權在公海上行駛懸掛其旗幟的船舶。

第九十一條　船舶的國籍

一、每個國家應確定對船舶給予國籍、船舶在其領土內登記及船舶懸掛該國旗幟的權利的條件。船舶具有其有權懸掛的旗幟所屬國家的國籍。國家和船舶之間必須有眞正聯繫。

二、每個國家應向其給予懸掛該國旗幟權利的船舶頒發給予該權利的文件。

第九十二條　船舶的地位

一、船舶航行應僅懸掛一國的旗幟，而且除國際條約或本公約明文規定的例外情形外，在公海上應受該國的專屬管轄。除所有權確實轉移或變更登記的情形外，船舶在航程中或往停泊港内不得更換其旗幟。

二、懸掛兩國或兩國以上旗幟航行並視方便而換用旗幟的船舶，對任何其他國家不得主張其中的任一國籍，並可視同無國籍的船舶。

第九十三條　懸掛聯合國、其專門機構和國際原子能機構旗幟的船舶

以上各條不影響用於為聯合國、其專門機構或國際原子能機構正式服務並懸掛聯合國旗幟的船舶的問題。

第九十四條　船旗國的義務

一、每個國家應對懸掛該國旗幟的船舶有效地行使行政技術及社會事項上的管轄和控制。

二、每個國家特別應：

㈠保持一本船舶登記冊，載列懸掛該國旗幟的船舶的名稱和詳細情況，但因體積過小而不在一般接受的國際規章規定範圍内

的船舶除外；

㈡根據其國內法，就有關每艘懸掛該國旗幟的船舶的行政、技術和社會事項，對該船及其船長、高級船員和船員行使管轄權。

三、每個國家對懸掛該國旗幟的船舶，除其他外，應就下列各項採取爲保證海上安全所必要的措施：

㈠船舶的構造、裝備和適航條件；

㈡船舶的人員配備、船員的勞動條件和訓練，同時考慮到適用的國際文件；

㈢信號的使用、通信的維持和碰撞的防止。

四、這種措施應包括爲確保下列事項所必要的措施：

㈠每艘船舶，在登記前及其後適當的間隔期間，受合格的船舶檢驗人的檢查，並在船上備有船舶安全航行所需要的海圖、航海出版物以及航行裝備和儀器；

㈡每艘船舶都由具備適當資格，特別是具備航海術、航行、通信和海洋工程方面資格的船長和高級船員負責，而且船員的資格和人數與船舶種類、大小、機械和裝備都是相稱的；

㈢船長、高級船員和在適當範圍内的船員，充分熟悉並須遵守關於海上生命安全，防止碰撞，防止、減少和控制海洋污染和維持無線電通信所適用的國際規章。

五、每一國家採取第三和第四款要求的措施時，須遵守一般接受的國際規章、程序和慣例，並採取爲保證這些規章、程序和慣例得到遵行所必要的任何步驟。

六、一個國家如有明確理由相信對某一船舶未行使適當的管轄和管制，可將這項事實通知船旗國。船旗國接到通知後，應對這一事項進行調查，並於適當時採取任何必要行動，以補救這種情況。

七、每一國家對於涉及懸掛該國旗幟的船舶在公海上因海難或航行事故對另一國國民造成死亡或嚴重傷害，或對另一國的船舶或設施、或海洋環境造成嚴重損害的每一事件，都應由適當的合格人士一人或數人或在有這種人士在場的情況下進行調查。對於該另一國就任何這種海難或航行事故進行的任何調查，船旗國應與該另一國合作。

第九十五條　公海上軍艦的豁免權

軍艦在公海上有不受船旗國以外任何其國家管轄的完全豁免權。

第九十六條　專用於政府非商業性服務的船舶的豁免權

由一國所有或經營並專用於政府非商業性服務的船舶，在公海上應有不受船旗國以外任何其他國家管轄的完全豁免權。

第九十七條　關於碰撞事項或任何其他航行事故的刑事管轄權

一、遇有船舶在公海上碰撞或任何其他航行事故涉及船長或任何其他爲船舶服務的人員的刑事或紀律責任時，對此種人員的任何刑事訴訟或紀律程序，僅可向船旗國或此種人員所屬國的司法或行政當局提出。

二、在紀律事項上，只有發給船長證書或駕駛資格證書或執照的國家，才有權在經過適當的法律程序後宣告撤銷該證書，即使證書持有人不是發給證書的國家的國民也不例外。

三、船旗國當局以外的任何當局，即使作爲一種調查措施，不應命令逮捕或扣留船舶。

第九十八條　救助的義務

一、每個國家應責成懸掛該國旗幟航行的船舶的船長，在不嚴重危及其船舶、船員或乘客的情況下：

㈠救助在海上遇到的任何有生命危險的人；

㈡如果得悉有遇難者需要救助的情形，在可以合理地期待其採取救助行動時，儘速前往拯救；

㈢在碰撞後，對另一船舶、其船員和乘客給予救助，並在可能情況下，將自己船舶的名稱、船籍港和將停泊的最近港口通知另一船舶。

二、每個沿海國應促進有關海上和上空安全的足敷應用和有效的搜尋和救助服務的建立、經營和維持，並應在情況需要時爲此目的通過相互的區域性安排與鄰國合作。

第九十九條　販運奴隸的禁止

每個國家應採取有效措施，防止和懲罰准予懸掛該國旗幟的船舶販運奴隸，並防止爲此目的而非法使用其旗幟。在任何船舶上避難的任何奴隸，不論該船懸掛何國旗幟，均當然獲得自由。

第一〇〇條　合作制止海盜行爲的義務

所有國家盡最大可能進行合作，以制止在公海上或在任何國家管轄範圍以外的任何其他地方的海盜行爲。

第一〇一條　海盜行爲的定義

下列行爲中的任何行爲構成海盜行爲：

一、私人船舶或私人飛機的船員、機組成員或乘客爲私人目的，對下列對象所從事的任何非法的暴力或扣留行爲，或任何掠奪行爲：

㈠在公海上對另一船舶或飛機，或對另一船舶或飛機上的人或財物。

㈡在任何國家管轄範圍以外的地方對船舶、飛機、人或財物。

二、明知船舶或飛機成爲海盜船舶或飛機的事實，而自願參加其活動的任何行爲；

三、教唆或故意便利第一項或第二項所述行爲的任何行爲。

第一〇二條　軍艦、政府船舶或政府飛機由於其船員或機組成員發生叛變而從事的海盜行爲

軍艦、政府船舶或政府飛機由於其船員或機組

成員發生叛變並控制該船舶或飛機而從事第一〇一條所規定的海盜行爲，視同私人船舶或飛機所從事的行爲。

第一〇三條　海盜船舶或飛機的定義

如果處於主要控制地位的人員意圖利用船舶或飛機從事第一〇一條所指的各項行爲之一，該船舶或飛機視爲海盜船舶或飛機。如果該船舶或飛機曾被用以從事任何這種行爲，在該船舶或飛機仍在犯有該行爲的人員的控制之下時，上述規定同樣適用。

第一〇四條　海盜船舶或飛機國籍的保留或喪失

如果處於主要控制地位的人員意圖利用船舶或飛機從事第一〇一條所指的各項行爲之一，該船舶或飛機視爲海盜船舶或飛機。如果該船舶或飛機曾被用以從事任何這種行爲，在該船舶或飛機仍在犯有該行爲的人員的控制之下時，上述規定同樣適用。

第一〇五條　海盜船舶或飛機的扣押

在公海上，或在任何國家管轄範圍以外的任何其他地方，每個國家均可扣押海盜船舶或飛機或爲海盜所奪取並在海盜控制下的船舶或飛機，和逮捕船上或機上人員非扣押船或機上財物。扣押國的法院可判定應處的刑罰，並可決定對船舶、飛機或財產所應採取的行動，但受善意第三者的權利的限制。

第一〇六條　無足夠理由扣押的賠償責任

如果扣押涉有海盜行爲嫌疑的船舶或飛機外並無足夠的理由，扣押國應向船舶或飛機所屬的國家負擔因扣押而造成的任何損失或損害的賠償責任。

第一〇七條　由於發生海盜行爲而有權進行扣押的船舶和飛機

由於發生海盜行爲而進行的扣押，只可由軍艦、軍用飛機或其他有清楚標誌可以識別的爲政府服務並經授權扣押的船舶或飛機實施。

第一〇八條　麻醉藥品或精神調理物質的非法販運

一、所有國家應進行合作，以制止船舶違反國際公約在海上從事非法販運麻醉藥品和精神調理物質。

二、任何國家如有合理根據認爲一艘懸掛其旗幟的船舶從事非法販運麻醉藥品或精神調理物質，可要求其他國家合作，制止這種販運。

第一〇九條　從公海從事未經許可的廣播

一、所有國家應進行合作，以制止從公海從事未經許可的廣播。

二、爲本公約的目的，「未經許可的廣播」是指船舶或設施違反國際規章在公海上播送旨在使公眾收聽或收看的無線電傳音或電視廣播，但遇難呼號的播送除外。

三、對於從公海從事未經許可的廣播的任何人，均可向下列國家的法院起訴：

㈠船旗國；

㈡設施登記國；

㈢廣播人所屬國；

㈣可以收到這種廣播的任何國家；或

㈤得到許可的無線電信受到干擾的任何國家。

四、在公海上按照第三款有管轄權的國家，可依照第一一〇條逮捕從事未經許可的廣播的任何人或船舶，並扣押廣播器材。

第一一〇條　登臨權

一、除條約授權的干涉行爲外，軍艦在公海上遇到按照第九十五和第九十六條享有完全豁免權的船舶以外的外國船舶，非有合理根據認爲有下列嫌疑，不得登臨該船：

㈠該船從事海盜行為；

㈡該船從事奴隸販賣；

㈢該船從事未經許可的廣播而且軍艦的船旗國依據第一〇九條有管轄權；

㈣該船沒有國籍；或

㈤該船雖懸掛外國旗幟或拒不展示其旗幟，而事實上卻與該軍艦屬同一國籍。

二、在第一款規定的情形下，軍艦可查核該船懸掛其旗幟的權利。為此目的，軍艦可派一艘由一名軍官指揮的小艇到該嫌疑船舶。如果檢驗船舶文件後仍有嫌疑，軍艦可進一步在該船上進行檢查，但檢查須盡量審慎進行。

三、如果嫌疑經證明為無根據，而且被登臨的船舶並未從事嫌疑的任何行為，對該船舶可能遭受的任何損失或損害應予賠償。

四、這些規定比照適用於軍用飛機。

五、這些規定也適用於經正式授權並有清楚標誌可以識別的為政府服務的任何其他船舶或飛機。

第一一一條　緊追權

一、沿海國主管當局有充分理由認為外國船舶違反該國法律和規章時，可對該外國船舶進行緊追。此項追逐須在外國船舶或其小艇之一在追逐國的內水、群島水域、領海或毗連區內時開始，而且只有追逐未曾中斷才可在領海或毗連區外繼續進行。當外國船舶在領海或毗連區內接獲停駛命令時，發出命令的船舶並無必要也在領海或毗連區內。如果外國船舶是第三十三條所規定的毗連區內，追逐只有在設立該區所保護的權利遭到侵犯的情形下才可進行。

二、對於在專屬經濟區內或大陸架上，包括大陸架上設施周圍的安全地帶內，違反沿海國按照本公約適用於專屬經濟區或大陸架包括這種安全地帶的法律和規章的行爲，應比照適用緊追權。

三、緊追權在被追逐的船舶進入其本國領海或第三國領海時立即終止。

四、除非追逐的船舶以可用的實際方法認定被追逐的船舶或其小艇之一或作爲一隊進行活動而以被追逐的船舶爲母船的其他船艇是在領海範圍內，或者，根據情況，在毗連區或專屬經濟區內或在大陸架上，緊追不得認爲已經開始。追逐只有在外國船舶視聽所及的距離內發出視覺或聽覺的停駛信號後，才可開始。

五、緊追權只可由軍艦、軍用飛機或其他有清楚標誌可以識別的爲政府服務並經授權緊追的船舶或飛機行使。

六、在飛機進行緊追時：

㈠應比照適用第一至第四款的規定；

㈡發出停駛命令的飛機，除非其本身能逮捕該船舶，否則須其本身積極追逐船舶直至其所召喚的沿海國船舶或另一飛機前來接替追逐爲止。飛機僅發現船舶犯法或有犯法嫌疑，如果該飛機本身或接著無間斷地進行追逐的其他飛機或船舶既未命令該船停駛也未進行追逐，則不足以構成在領海以外逮捕的理由。

七、在一國管轄範圍內被逮捕並被押解到該國港口以便主管當局審問的船舶，不得僅以其在航行中由於情況需要而曾被押解通過專屬經濟區的或公海的一部分爲理由而要求釋放。

八、在無正當理由行使緊追權的情況下，在領海以外被命令停駛或被逮捕的船舶，對於可能因此遭受的任何損失或損害應獲賠償。

第一一二條　舖設海底電纜和管道的權利

一、所有國家均有權在大陸架以外的公海海底上舖設海底電纜和管道。

二、第七十九條第五款適用於這種電纜和管道。

第一一三條　海底電纜或管道的破壞或損害

每個國家均應制定必要的法律和規章，規定懸掛該國旗幟的船舶或受其管轄的人故意或因重大疏忽而破壞或損害公海海底電纜，致使電報或電話通電停頓或受阻的行爲，以及，類似的破壞或損害海底管道或高壓電纜的行爲，均爲應予處罰的罪行。此項規定也應適用於故意或可能造成這種破壞或損害的行爲。但對於僅爲了保全自己的生命或船舶的正當目的而行事的人，在採取避免破壞或損害的一切必要預防措施後，仍然發生的任何破壞或損害，此項規定不應適用。

第一一四條　海底電纜或管道的所有人對另一海底電纜或管道的破害或損害

每個國家應制定必要的法律和規章，規定受其管轄的公海海底電纜或管道的所有人如果在鋪設或修理該項電纜或管道時使另一電纜或管道遭受破壞或損害，應負擔修理的費用。

第一一五條　因避免損害海底電纜或管道而遭受的損失的賠償

每個國家應制定必要法律和規章，確保船舶所有人在其能證明因避免損害海底電纜或管道而犧牲錨、網或其他漁具時，應由電纜或管道所有人予以賠償，但須船舶所有人事先曾採取一切合理的預防措施。

（第一百一十六至一百二十條略）

第八部分　島嶼制度

第一二一條　島嶼制度

一、島嶼是四面環水並在高潮時高於水面的自然形成的陸地區域。

二、除第三款另有規定外，島嶼的領海、毗連區、專屬經濟區和大陸架應按照本公約適用於其他陸地領土上的規定加以確定。

三、不能維持人類居住或其本身的經濟生活的岩礁，不應有專屬經濟區或大陸架。

（以下略）

美日安保合作對西太平洋安全之影響

楊念祖

壹、前　言

二次大戰之後，日本首次策訂的防衛計畫大綱於1976年10月制定，當時的國際環境正值東西方冷戰高潮時期，美、蘇兩大陣營各以強大軍事力互相對抗，因此，世界各國都在謀求建立區域間較穩定的國際關係以維持局部住的和平。就日本和周邊國家而言，以美國、中共、蘇聯爲重心，努力保持三方勢力均衡，盡可能不致發生大規模衝突。因此，初始的日本防衛計劃大綱是以朝鮮半島和蘇聯爲對象，將安全線建立於北海道的防衛策略，而以「極東」作爲此一區域的代名詞，以美、日共同戰略利益的防衛力量來建立本身防衛的功能，同時建立兼具區域安全平衡的軍事力量。80年代末期開始，東西方軍事對立已告消失，發生世界大戰的可能性變小，但另一方面潛在的區域性衝突仍隨時可能發生，傳統性戰爭的危險性反有增大的趨勢，以亞太地區而言，南北韓危機、台海安全以及南中國海主權之爭均有可能造成爭端的危機。因此1992年開始，日本結合波灣現代化戰爭的經驗，開始策訂新的「防衛計畫大綱」，其目標與戰略由「極東防衛」轉變爲「周邊防禦」，以構築20世紀「亞太安全環境」，此一新的防衛思想由防衛廳1994年2月提出原案，交請「防衛問題懇談會」研議①，送呈「安全保障會議」至95年4月修訂完成，並於1995年11月公布其戰備綱領，是爲日本第二次「防衛計畫大綱」。修定的重點明確將自衛隊任務由「保衛國土」擴展爲「保衛國土」和「參加聯合國維和行動」兩項任務；作戰區域由「國土防衛」推展到「周邊地區」；作戰時機由「遭敵入侵」改爲「受到威脅」時。1996年日本「防衛指導方針」又陸續增加自衛隊裝備、海上殲敵力量，擴大防區至菲律賓以北、保衛1000海浬運輸線，以及加強亞太事務之介入等。1996年美國與日本簽訂「美日安全保障共同宣言」，正式擴大日本在亞太區域的軍事地位。因此，原有「日美防衛協力指導方針」對美日雙方相互承擔的責任與義務亦相應作出修正，1997年6月8日日本防衛廳發表「中間報告」，並於9月24日在紐約由美、日兩國外長和國防部首長達成協議發表「最終報告」②。本文僅就當前日本自衛隊建軍思想、海上防衛隊未來建軍方向、情報作戰軍力建設及沖繩、關島以及台灣地位未來影響擇其重點作一介紹，僅供參考。

貳、內　容

一、美、共同發表安保防衛合作指導方針

日本防衛廳長官久間章生於1997年7月15日舉行的內閣會議席上，提出1997年版「國防白皮書」。白皮書中說，日本對中共軍事發展感到擔心，將密切注意中共提升軍力的種種努力。「國防白皮書」是由第一章國際軍事情勢，第二章對安全保障環境的貢獻，第三章日本防衛政策，第四章防衛現狀與課題，第五章日本國民與防衛等構成。其中在第一章既談到俄國遠東地區的軍事狀況，更強調中共陸、海空軍的現代化，強調中共近年來時常越過「東支那海」日本所設的中間線，進行海洋科學調查，由於活動範圍擴大，今後對中共在海洋活動方面的狀況，要予以密切注意。尤其台灣海峽在1996年3月間因中共人民解放軍一連舉行導彈演習、海空軍聯合演習以及東山島兩棲登陸演習，導致美軍航母艦隊介入，引起美、日安保協防問題的高度敏感，促使日本須將防衛指針加以修訂，使「日本周邊有事」成爲合法化，以便在緊急時期可以依法行事。文中特對中共的軍事擴張列表說明，說明共軍有220萬人，軍艦970艘、戰機5700架，因此日本重視和美國的軍事同盟關係，更強調沖繩

美軍基地在亞洲的重要性，無論在戰略戰術美、日雙方是攻守一體，互不可缺的。1997年「國防白皮書」具備三大特點，一是要對「周邊有事」立法；其次是將防衛指針具體化，說明日本自衛隊的配備和整編目標；第三是強調日本所謂的周邊明指菲律賓以北和南沙群島附近包括1000海浬防衛線，台灣島周邊的安全亦包含於此安全線之內③。

關於日本的安保政策，一是表現於「防衛大綱」中，二是表現在策定中的「防衛指針」裡。所謂「防衛大綱」是日本自己本身根據安全態勢所自行策訂的國防方案，從其中的各種預案和構想可以瞭解日本軍事政策的未來走向；而「日美防衛協力指導方針」（簡稱「防衛指針」）則須符合日美「安保條約」第四條規定－爲雙方進行條約之履行，雙方隨時由常設之「美日防衛協力委員會」（SDC）進行協議。爲此，日本國會議員曾組團訪美與各有關機關溝通，7月15日自民黨曾派幹事長加藤紘一到北京，探聽對方反應。但爲中共嚴詞詰問難以爲對，返日後受到自民黨嚴厲批判，一度日本對「日本周邊有事」一詞採用含糊解釋，未將台海區域正面列入「指針」之內。但因此反而激起日本國內輿情對「中共威脅論」的高漲，終而迫使日本內閣官房長官梶山靜六宣示日本政府立場：「日本防衛圈包含台灣在內」④。美日安保防衛指導方針的改訂，已於日本時間24日凌晨，在紐約由美日兩國外長和國防首長經過檢討，達成協議。美日安保防衛合作新指導方針，其中較受注目的是第四章「日本遭受武力攻擊時的反應」及第五章「日本周邊有事的美日合作」，其條文內容原則重點如下：

第四章：日本遭受武力攻擊時美日兩國的回應行動，仍爲雙方防衛合作的核心部分。當日本預期將遭受武力攻擊時，兩國政府將採取必要措施防止情況惡化，並採取防衛日本的必要行動。當日本已遭受武力攻擊，兩國政府將及早採取適當的聯合行動加以反擊。

1.當日本預期將遭攻擊

兩國政府將立即加強情報交換及會商策略，建立美軍增援的基本設施，雙方政府並將採取一切方式，包括外交手段，防止情況惡化。

基於日本周邊地區可能對日本發動武裝攻擊，雙方政府將基於以下兩個需要，加強雙邊關係：預備進行防衛日本的行動，以及日本周邊地區有事時的準備及回應。

2.當日本已經遭受攻擊

日本將擔負儘快採取反擊行動的初期任務，美國則將提供適當支援。此種雙邊合作將視遭受攻擊的規模、型式、階段與其他因素而定，雙方合作包括協調雙邊合作的準備與執行，與防止狀況惡化的步驟。

在進行聯合行動時，日本自衛隊將在日本領土及周邊海域進行初期防衛行動，美軍提供防衛援助。

第五章：日本周邊地區有事，對日本和平與安全構成重大影響下的合作。

日本周邊有事，將對日本和平與安全產生重大影響。周邊有事，並非地理上的，而是事態上的概念。兩國政府將盡一切努力，包括外交手段，來防止日本周邊有事。一旦兩國政府對每一情況共同完成評估，將有效地協調其行動。因應周邊有事而採取的行動，可依狀況而異。

1.當預期日本周邊有事時

當預期日本周邊有事時，兩國政府將加強資訊情報交換和政策諮商，其間將設法對情勢達成共同評估。

同時，兩國政府將盡外交手段在內的一切努力，以防止情勢進一步惡化，並早期開啓雙邊協調機制的運作，包括使用雙邊協調中心。合作爲宜時，雙方將依據協定選擇的待命狀態，完成必要準備，以確保協調的反應。一旦情勢生變，雙方將增加情報蒐集，並提升應變待命狀態。

2.日本周邊有事時之反應

兩國政府將採取適當措施，以防止情勢進一步惡化，來因應日本周邊情勢。此將根據上述第二部分列舉的基本前提和原則和兩國政府各自的決定來做。兩國將根據適當安排，必要時彼此支援⑤。

白皮書中提及中共問題：「中共目前以發展經濟爲第一優先，又面臨預算裁減，因此其軍事現代化預料只能以漸進方式進行。但日本仍需持續觀察中共的核武與海、空軍現代化情況，以及共軍在公海與台灣海峽的活動。」雖然中共國防預算不高，但白皮書仍強調中共軍費支出從1989年以來，每年的成長幅度都超過百分之十，共軍已一改其早期在毛澤東領導下的「人民戰爭」教條，在1980年代末期實施一連串現代化計畫，以「準備應付區域戰爭、邊界糾紛與海域糾紛」。

報告中亦呼籲北京的國防政策要進一步透明化，並抨擊中共隱瞞其軍事裝備的數量。報告中同時指出亞太地區情勢仍相當不穩定，因爲「區域中存在軍事強權，並包含核子武器；許多國家在經濟擴張之餘，同時增強及更新國防軍力」。日本國內對國防的考量須以科技爲導向，因爲高科技的武器和裝備向高精尖端化發展之後，整個社會人口和人口結構對未來進行區域性高技術戰爭將起結構性變化，因此日本人民在經過九五年的地震及地鐵毒氣事件之後，深切體認自衛隊擔負國家安全具有舉足輕重的地位，也對提升自衛隊能力獲具共識。

因此「安保條約」對確保日本未來的安全和維持周邊地區的穩定有一定程度的貢獻。但爲適應國際情勢的變化及社會對自衛隊期望的提高，日本的防衛力量必須有所改變，（1）要對軍隊「結構合理化」、「武器裝備高效化」、「人員訓練精練化」。（2）充實必要的功能和提高質量，有效的應付緊急事件、（3）確保適當的靈活性、機動性，以能應付各種緊急狀況。

在未來國際形勢愈來愈重視亞洲的情況之下，與美締結保障安全體制，不僅對確保日本的安全是必要的，而且在兩國的政治、經濟等各方面均可獲得良好的發展，所以「安保條約」必須繼續發揮重要作用。在意義上來說，「安保條約」的作用爲：（1）確保日本安全，（2）維持日本周邊國家地區的和平與穩定，（3）創造更加穩定的安全保障環境。而在加強「安保條約」措施方面：（1）加強信息的互相交換與政策的協議等，（2）建立政策互相協調方面的有效體系，（3）加強裝備與技術方面的互相合作，（4）制定使駐日美軍的駐留更加順利、有效的政策⑥。

自衛隊未來結構改變及革新問題：日本陸、海空自衛隊將擁有各自的防衛力量，防衛力量的規模將從總體上進行精簡，使戰鬥部隊「在量上裁減，在質上提高」。從另一方面來說，通過裝備的高技術化與警戒、情報蒐集系統的加強，將可提高防衛力量的速度、質量和水平，以高效率的方式來應付各種緊急狀況，同時還要加強人員的教育訓練，期使自衛隊皆能符合未來防衛趨勢。

日本自衛隊軍官目前有18萬人，未來將精減至16萬人⑦，在面臨緊急情況下，可立即動員的常備現役部隊人員約14萬5000人及15000名快速部隊將組成混合體制編隊派往第一線。陸軍方面將由13個師、2個混成團裁減爲9個師、6個旅；在基本部隊分布在全日本的13個師、2個混成旅進行一次重新的整編，根據地區特點，對師、旅進行均衡的組合配備，現編制的4個師及2個混成團將變爲旅級，以加強其機動性，減少命令的層次⑧。在精簡部隊的同時將通過現代化的裝備和充實各種新的功能來提高部隊的質量以保證陸上自衛隊能在未來保衛日本的和平和安全上能及時對國內救災、國際和平事業上能有履行職責的充分能力。

對於海上自衛隊方面：爲了能夠應付周邊海域的警戒、監視、救災等情況，將對過去以反潛爲主和反雷爲主的海軍部隊體系重新整編，以形成一個將來功能比較均衡的體制，同時使有限的資源能發揮最大限度的力量，將對前方部隊和後方部隊的平衡性進行重新審定，因此地方部隊的護衛艦部隊將從10個隊減到7個隊，掃雷部隊將由2個掃雷隊群減少到一個掃雷隊群；反潛飛機部隊將從16個隊減到13個隊，爲把握未來形勢變化，海軍有必要加強部隊在情報蒐集部門、指揮通信部門及各類裝備現代化建設。爲建立更強大精簡的海上自衛隊，主要從人員訓練和充實現代化裝備著手，除了加強教育體系之外，亦應加強對P-3C預警機的巡邏和巡邏直升機的購置，同時海軍還要組一個專門擔負訓練以上兩型飛機人員的部隊⑨。

關於航空自衛隊方面：目前日本有28個地面固定航空警戒雷達管制群及一個飛行隊，今後將精簡其編組，其中20個將被縮編爲航空警戒管制隊，防空區域規模減小，但機動性由配置空中預警機E-2C、P-3C等，可提高早期預警效率，同時充實其功能，戰鬥機部隊原有13個飛行隊，精簡爲12個飛行隊，包括9個攻擊戰鬥機部隊和3個支援戰鬥機部隊，此外還維持一個偵察機部隊和3個航空運輸部隊。以形成一個比較高效但其有靈活性的兵力運用調動體系。至於原有的地對空防空導彈部隊仍維持全國六個區域：道央、東函、關東、京阪神、北九州和沖繩等地之導彈部隊不變⑩。

二、日本21世紀防衛戰略目標與建軍思想

1991年日本海上自衛隊派出掃雷艦編隊前往中東波斯灣掃雷，打破「禁止向海外派兵」的建軍原則，1992年日本政府又在國會通過「聯合國維持和平行動合作法」，藉聯合國的旗號，正式通過向海外派兵的法案，放棄了戰後40餘年的「非軍事」外交路線，實現日本在建軍禁區內又一重大突破，之後，日本軍人先後出現在柬埔寨、莫桑比克、盧旺達和戈蘭高地，一步步向日本戰後制定的「和平憲法」發起挑戰。

80年代末，日本海上自衛隊戰，戰略由過去的「專守防衛」轉變爲「遠海防禦」，即由過去的防守日本本土擴大爲保護200-300海浬近海和1000海浬海上航線。今天，日本海上自衛隊已不滿足於「遠海防禦」和保護1000海浬海上航線，正在向「遠洋進攻作戰」型戰略轉變。日本政府於1996年所發表的新版「防衛白皮書」即已明確指出日軍要爲「構築安全環境作貢獻」，爲「亞太地區」的「和平與安全」作貢獻，即說明日軍已不滿足於「對抗外來侵略」、保衛日本本土，公然要插手亞太地區的「安全」，特別是1997年新簽訂的「日美安全保障聯合宣言」更是擴大了日本的軍事作用，使日美兩國的軍事關係由過去的「主從關係」變爲「平等夥伴」關係，給日本自衛隊的對外活動提供合法的空間⑪。

日本海上自衛隊現有兵力爲5萬人，各型艦艇219艘、40萬噸，各型飛機350架，其中作戰艦艇118艘、26萬噸，作戰飛機210架，看上去數量並不太大，但在質量上卻是世界一流⑫。日本海上自衛隊擁有世界上獨一無二的4個「八·八艦隊」、100架P-3C反潛巡邏機、18艘攻擊型潛艇。根據日本「1996-2000年度防衛力量整備計劃」，日本將在今後5年內撥款550億美元用於海軍建設，新建各型艦艇31艘、10萬餘噸，目的是要在21世紀建立一支更加現代化的「遠洋作戰」型海軍力量，以確立日本軍事大國和政治大國的地位。日本是一個島國，明治維新以來即非常重視海軍建設。從歷史上看，日本軍國主義對外侵略擴張總是海軍打頭陣。1895年，日本通過甲午戰爭打敗清朝北洋水師，開始侵略中國；1905年日本又通過海戰打敗俄國遠東艦隊，正式確立其世界海軍大國地位；1941年，由山本五十六率領的日本聯合艦隊偷襲珍珠港、幾乎全殲美國太平洋艦隊，挑起太平洋戰爭。未來，日本要對外「構築安全環境」，也必須首先通過海軍來實現。1996年，日本對軍事力量結構作出部分調整，裁減15%的陸軍兵力，但海軍和空軍兵力卻沒有削減。而且，日本根據海灣戰爭的經驗教訓，依據未來作戰的特點，提出「高技術建軍」的方針，確定未來海上力量的建設指導思想是「精幹」與「高效」。

所謂「精幹」，主要表現在兩個方面：

一是裝備精良，日本海上自衛隊竭力謀求在裝備性能方面居於世界前列，在研製新型武器裝備方面敢於大量投入，目前，日本海上自衛隊年軍費增長率爲一%左右，其中裝備研製費增長率達13%以上，現擁有世界上最先進的「金剛級」導彈驅逐艦和「村雨級」導彈驅逐艦，即將裝備具有越洋登陸作戰能力的「大隅級」大型登陸艦，而且還在積極研製新式隱形艦艇，竭力謀求裝備核潛艇和航空母艦。到21世紀初，日本海上自衛隊主力艦艇將進一步走向大型化、遠洋化、導彈化、電子化、隱形化和多用途化。

二是提高人員素質。高技術的武備必須要有高素質的人員來操作，才能發揮應有的作用。爲此，日本海上自衛隊相當重視「人」的因素，採取系列措施來提高官兵待遇，保留精英，吸引人才。並且，日軍實行全志願兵役制，官兵服役時間長，人人具備「一專多能」的條件，官兵的適應能力強，文化素質高，能夠迅速掌握新技術裝備的操作方法。目前，日軍中軍官和士官的人數佔總數的70%以上，這說明日軍中極大多數人員是技術幹部，能熟練操作精密武器，而且一旦需要，可以迅速將軍事能量擴充3倍以上。

所謂「高效」，則是以精良的裝備和高素質的兵員爲基礎，快速、靈活、有效地應付各種危機和戰爭，包括發生在空中、水面、水下以及近海和海外的各種危機和戰爭。「高效」兩字不僅要求部隊面臨戰時和危機時，得以快速、靈活地即時作出有效反應，獲取勝利。很顯然，「高效」兩字體現出未來日本海上自衛隊所具有的攻擊性。

依據日本海上自衛隊的建軍思想，今後直至21世紀，日本海上自衛隊建設的重點是：潛艇部隊、大中型水面戰艦和海航部隊三者並進⑬。

（一）潛艇部隊

潛艇部隊是現代海軍中威力最大的兵種，既可作爲戰略部隊，也可充當戰術部隊。日本海上自衛隊由於受憲法規定的「無核三原則」限制，至今沒有裝備核潛艇，但它卻擁有目前世界上強大的常規潛艇作戰部隊。而日本軍方最高研究機構最近提出一份研究報告，聲稱日本海上自衛隊今後建設重點是提高遠距離兵力投送能力，亦即遠洋作戰能力，建議20年內裝備核潛艇。

日本海上自衛隊現有常規潛艇18艘，包括7艘2405噸的「春潮級」和10艘2250噸的「夕潮級」作戰潛艇以及一艘1900噸的「渦潮」號訓練潛艇。日本海上自衛隊現有作戰潛艇全部是80年代以後服役的新式潛艇（「春潮級」爲90年代後服役），平均艇齡只有七年，平均噸位近2300噸，全部採用先進的水滴型艇體和高強度合金鋼，最大下潛深度可達350公尺，水下航速20節以上，除裝備魚雷外，還可發射「魚叉」反艦導彈，可以實施近距離反潛、反艦作戰，也可以進行遠距離反艦作戰。

目前，日本海上自衛隊正在建造3艘2700噸的「春潮級」改進型潛艇，其中1艘已經於1996年底建成下水，將於1998年初正式服役，其餘二艘也將於2000年之前服役：與7艘「春潮級」潛艇一起成爲21世紀初的主力作戰潛艇。「春潮級」改進型潛艇標準排水量爲2700噸，水下排水量達3000噸，是目前世界上最大的常規潛艇，編制艇員69名，該型艇除保留「春潮級」潛艇下潛深、航速快、作戰靈活的優點外，還具有以下兩個顯著特點：一是艇身裝備先進的消聲瓦和新式安靜型發動機，噪音下降50%以上，水下作戰可以變得更加有效；二是戰力強大，擁有6個533毫米魚雷發射管，攜帶20枚「魚叉」反艦導彈和八九式魚雷，一次出航可打擊10個以上的目標⑭。

日本海上自衛隊現正在研究將瑞典的「斯特林」（sterlin）發動機裝備在「春潮級」改型潛艇上，其水下一次潛航時間將由目前的4天左右增加到15天左右，其效能可以遠航20海浬以上，足敷保衛1000海浬的海上航線。

此外，日本海上自衛隊一直在竭力爭取裝備核潛艇，由於日本擁有世界上最先進的核電技術和最龐大的核燃料貯備，將來日本一旦突破憲法規定的「無核三原則」，即可迅速建造核潛艇和核武器。

（二）水面戰艦

日本海上自衛隊現有水面作戰艦艇100艘，包括42艘驅逐艦、20艘護衛艦、6艘快速攻擊艇和32艘掃雷艦艇，其驅逐艦數量雖僅次於美國海軍，名列世界第二，比排名第三的俄羅斯海軍（26艘）要多16艘，掃雷作戰兵力則位居全球第一。42艘驅逐艦是日本海上自衛隊的主力作戰艦隻，平均噸位達4000噸，其中33艘舊日本海上自衛隊的機動作戰部隊－聯合艦隊指揮，除一艘充當聯合艦隊旗艦外，其餘32艘編成四個「八．八艦隊」（8艘驅逐艦和8架艦截直升機）。

日本海上自衛隊於1993年開始服役的「金剛級」導彈驅逐艦是目前世界上噸位最大、技術最先進的同類型艦隻之一，標準排水量7250頓、滿載排水量9845噸，比美國最新型的伯克級導彈驅逐艦大400噸，甚至比美國的提康德羅加級導彈巡洋艦還要大200噸。該艦配備有「宙斯盾」（AGIS）艦隊防禦系統和2座MK－41型垂直導彈發射系統，裝備90枚「標準」防空導彈和「阿斯洛克」（ASROC）反潛導彈，還能發射「戰斧」（TOMHAWK）巡航導彈，並且具有一定的隱形能力，既可爲艦隊提供區域防空，也可以協助空軍擔負本土防空任務。目前，日本海上自衛隊已有三艘金剛級導彈驅逐艦服役，第四艘也已於一九九六年八月下水，將於1998

年正式服役，屆時每個「八・八艦隊」將各編配一艘金剛級導彈驅逐艦充當「八・八艦隊」的防空指揮艦⑮。

由於「金剛級」導彈驅逐艦太過昂貴，不可能大量建造，因此日本海上自衛隊從1993年開始建造以反潛爲主的4400噸的「村雨級」多用途導彈驅逐艦，首艘「村雨號」已於1996年3月正式服役，另有5艘正在建造之中，將於2000年之前服役。到下個世紀初，日本海上自衛隊將總共裝備十六艘該級艦，以取代所有3000噸級以下的現役驅逐艦，與「金剛級」導彈驅逐艦一起成爲21世紀「八・八艦隊」的主力戰艦。「村雨級」導彈驅逐艦是日本海上自衛隊繼初雪、朝霧級後的第三代多用途驅逐艦，設計過程中擷取「金剛級」導彈驅逐艦的優點，採用世界最新造艦技術，外型很像「金鋼級」導彈驅逐艦，上層建築呈倒V字形，具有較好的反雷達能力，配備一座MK-41垂直導彈發射系統（裝16枚「海麻雀」防空導彈）、一座MK48垂直導彈發射系統（裝16枚「阿斯洛克」反潛導彈）、2座4聯裝「魚叉」導彈發射架（八枚導彈）、2座「密集陣」20釐米砲、一門76釐米砲和一架SH-60J「海鷹」反潛直升機，具有很強的防空、反潛、反艦綜合作戰能力；而且艦載C3I系統相當先進，自動化程度高，編制艦員僅170人，比一般的驅逐艦少50人左右。繼「村雨級」導彈驅逐艦之後，日本海上自衛隊又在開始研製更新型的隱形作戰艦隻⑯。

另外，日本海上自衛隊爲了進一步增強遠洋作戰能力，而爲每個「八·八艦隊」配備一艘8000噸級的遠洋艦隊支援艦之後，於1995年底開始建造8900噸的「大隅級」大型多用途輸送艦，讓級艦的首艘「大隅」號已於1996年底下水，將於1998年正式服役，日本海上自衛隊計劃到21世紀初裝備3艘「大隅級」艦，屆時，日海軍越洋兵力輸送能力將由目前的一次運送一個加強營，提高到一個整編加強團，使其在21世紀初具備團以上規模的越洋渡海登陸作戰能力。同時，若該艦裝備式戰鬥機，可以和「八·八艦隊」一起組成航母戰鬥群，實施較大規模的遠洋進攻作戰⑰。

（三）海航部隊

日本海上自衛隊海航部隊現有210架作戰飛機，包括一百架P-3C大型岸基反潛巡邏機、53架SH-3A「海王」反潛直升機和47架SH-60J「海鷹」反潛直升機，其航空反潛作戰能力僅次於美國，名列世界第二。日本海上自衛隊還計劃到21世紀初，在所有反潛飛機上加裝「魚叉」反艦導彈，使其具有反潛及反艦作戰能力，以大大增強海航部隊的攻擊力。

日本海上自衛隊海航部隊最想獲得的是航空母艦和諸如式之類的艦載戰鬥機。日本海上自衛隊對航母的渴望由來已久。80年代初曾公開宣布要建造航母，但是由於遭到國際強烈反對而作罷，其後又以建造「載機巡洋艦」之類的名義，行建「航空母艦」之實。目前正在試航、即將服役的「大隅級」大型登陸艦，其結構與功能實際上已具備航空母艦的雛形⑱。

三、日本組建空中機動師爲快速反應部隊

隨著冷戰的結束，應付地區性衝突已成爲各國調整軍事戰略的核心內容，許多國家開始將組建本國的快速反應部隊列爲重點，日本便是其中之一。日本快速反應部隊的編制與任務，裝備情況和主要特點如下：

日本組建的快速反應部隊爲空中機動師。空中機動師既可作爲戰略部隊使用，也可作爲戰術部隊使用。作爲戰略部隊，主要用於戰略要地、戰略要點作戰，增援地面部隊，阻止和限制入侵者行動，早期擊破敵人的進攻；作爲戰術部隊，主要用於對付離島發生的危機，限制和阻止敵人入侵部隊。

該師以原有的第一空降旅、第一直升機旅、武裝直升機隊爲部隊骨幹進行適當的擴編。其規模爲師級單位，以營爲基本作戰單位，每個營均具有獨立作戰能力。空中機動師總兵力爲6000人，由五個空中機動團、一個空中機動步兵團、一個空中機動支援隊以及武裝直升機隊、航空隊、工兵營、反坦克排等組成。

空中機動師的直升機旅編有直升機200餘架，其中AH-1S型反坦克直升機80架（以後逐步由AH-64A攻擊直升機替代）、OH-6D型觀察直升機40架、AU-60A型多用途直升機40架、EH-60型電子戰直升機3架以及CH-47D型（日本命名爲CH-47J）中型運輸直升機40架。該直升機旅實施機降作戰時，一次可空運一個師級規模的地面部隊。空中機動師的機動步兵旅編有各種火炮110門，其中120毫米重迫擊炮24門、81毫米迫擊炮32門、155毫米牽引榴彈炮54門。另外中型和重型反坦克導彈發射架64部（各佔一半）以及反坦克戰鬥車輛20餘輛⑲。

日本快速反應部隊除具有反應速度快、攻擊火力強、機動距離較遠三大特點外，還具有以下明顯特點：

（1）組織體制現代化。該快速反應部隊既不同於美國空降師，也不同於法國空中機動師，而是結合日本國土特點、作戰要求而獨立創建的一種新型的快速反應部隊。該部隊其有應付多種突發事件能力，在組織體制上實現編成現代化。在國內它既可應付地區突發事件、恐怖活動，達到早期防災搶險的目的：國防上也可增援地面部隊，阻止、牽制、消滅進攻之敵，達到殲敵於第一線的目的；和平時期還可以參加聯合國組織的維持和平行動，擴大日本在國際上的政治影響。

（2）武器裝備現代化。該快速反應部隊的建軍原則是「質重於量」，從三個方面加強武器裝備的現代化。一是提高空中機動能力。該部隊將裝備更多的CH-47型運輸直升機、C-130型中型運輸機，取代YS-II型運輸直升機，以便能在幾小時內由基地機動到數百公里以外地區。二是提高遠距離反坦克能力。該部隊將裝備新型制導炮彈，新型反坦克直升機、機載、車載反坦克導彈。三是提高近戰擊敵能力。該部隊將裝備地面反坦克導彈、空中反坦克導彈以及無人近戰武器等。

（3）戰法現代化。日本陸上自衛隊以往以「內陸持久作戰」爲其作戰指導思想，主張在內陸遲滯、阻擊、殲滅敵人。由於武器裝備不斷發展，日本在醞釀組建快速反應部隊時強調要採取新的戰法，做到重視「前方處置，早期擊敵」。要求快速反應部隊必須抓住敵人著陸前和登陸後的弱點，利用強大的機動力量，將敵人一舉殲滅。爲了適應這種戰法，日軍加強對快速反應部隊的訓練包括增加專業訓練、空降訓練、夜間訓練、野戰生存訓練等，並從1995年起每年舉行1至2次有各種兵種相配合的快速反應訓練，使各分隊與兵種之間能熟練地掌握各項作戰準則及戰法。

四、美日安保體制加強電子情報戰

1996年由於中共在東海海域及台灣海峽一連舉行數次軍事演習，引起區域性緊張，日本防衛廳處理所偵收的機密情報達1714000餘件，原有的情報組織無論編組、人員與預算皆難以有效控管，因此於1997年1月20日，防衛廳仿照美國CIA體制成立「情報本部」將陸海空三軍各自所屬的情報單位予以精簡合併，強化功能，以減少通信及命令層級，發揮以「時效」爲主的情報蒐集效率。新的「情報本部」編成共有人員1600人，下分「電波部」、「影像部」、「分析部」、「計劃部」、「總務部」⑳。而1996年情報經費9357500000日元，較1995年增加比率達13.7%㉑，而1997年8月間爲加強「人文情報」（HUMAN INTELLIGENCE）的效率，日本防衛廳亦向內閣提出報告，向國會爭取額外預算，加強在中國大陸周邊國及東南亞國家加設30個情報蒐集點，包括以軍事武官及情報組織的派遣㉒。在航空自衛隊方面，於日本全國各地設有28個雷達基地，這些雷達在方向、距離、高度上有「三次元」（THREE DIMENSION）的功能；因此，北自北海道，南至石垣島，皆有雷達站的設置，可以發揮高度的警戒作用㉓。

日本空軍雷達站的涵蓋範圍，可偵控俄國與中國大陸領空的動態，例如俄國偵察機時常飛臨日本沿海，有時繞日本沿海一周，有時由對馬海峽南下沖繩，1996年達192次。凡此皆可立即由防空管制群，順序向空軍航空隊司令部→航空總隊→航空幕僚監部防衛部→航空幕僚長→防衛廳長官→內閣總理大臣，以電子通訊方式，以最速件上報層峰。另一方面，這些雷達站都是和各地空軍迎擊部隊連動，隨時可以通知戰機起飛攔截。

除了空軍的28處雷達網外，在陸上自衛隊另有九處「通信所」，分別設在北海道東千歲、東根室、稚內、新瀉縣的小船渡、琦玉縣的大井、鳥取縣的美保、福岡縣的大刀洗，以及鹿兒島的鬼界島，在這各通信所都有情報分遣隊，日語稱「幻之部隊」，其中設在鬼界島的雷達站，主要是針對中國大陸動向；因此，派駐此地的情報員，皆爲通曉華語的專家，專司偵聽中國大陸各地的無線電波，並進行破密解譯。1996年3月在台海危機前後，由鬼界島通信所蒐集的電信、電子情報，可謂質量俱佳，對美、日偵查大陸共軍動向，其功能不可抹滅。

日本自衛隊在東京郊外的小平市，設有調查學校，除了情報科學以外，另有英語、俄語、華語、韓語等特別召訓班次，學員畢業後，按需要編入各地情報先遣隊，目前總數約有20餘人，均服務於第一線。

日本軍方情報組織在統一成立情報本部前，其結構十分特殊，表面上總指揮是各軍總部的幕僚長（參謀長），而實際是由防衛廳情報調查部負責，屬陸軍的計有「沿岸監視隊」、「中央調查隊」、「中央資料隊」。除了屬於陸軍的「調查部」各課以外，尚有「調查部別班」，通稱「調別」的人馬數十人，並非軍職，而是日本警視廳由警察高級幹部中挑選而來，其所獲情報不透過軍方管道而直接分發至內閣調查室以達官房長官和首相。由此可知，警方配屬在軍方的情報單位，是獨立而平行的進行情報評估和分析，但警方在「調別」中情報分析的類別較偏重於社會安全情報。目前，日本防衛廳的情報本部組織，由中央到地方站、組，共有八千多人，其中設於各幕僚監部的第二課，是負責對內調查和防諜工作。有關文書情報之處理與分析，則是將日本國內外各種公開刊物加以翻譯研整而成，由「中央資料隊」負責，對內發行「情報資料月刊」和「技術資料月報」，以及各對象國之政、經、軍方之領導人物誌等，其內容都極具權威。此一機構與美軍情報部門合作友好，自衛隊情報部門和美軍的「參二」（G2）關係密切，經常互通有無，彼此合作並定期舉行情報交換與人員互訪㉔。

駐日美軍的情報作業規模龐大，第一、設在青森三澤基地的空軍第6920電子保安群工作員，有950人；海軍通信保安群工作員，有950人；海軍通信保安群有460人。美軍設在青森三澤的雷達基地，爲超地平線遠程早期預警雷達，是由直徑300公尺，高37公尺的巨大圓形構造物（ELEPHANT PEN）組成的，整個基地內裝置138

具垂直天線和46架碟形天線，可全方位360度偵收各種周波數的電波，是全世界最大的情報站設施之一㉕，其有效之涵蓋面可及於半個地球。

此外，加上美國陸軍第750軍事情報大隊和負責安全之海軍陸戰隊成員210人，僅在三澤基地一處，美軍建制人員就有1620人。

第二、在東京橫田基地，有空軍第五航空情報隊40人，空軍第692情報航空團30人，以及空軍六九六情報航空群的一個分遣隊30人，負責蒐集各地相關軍情。

第三、設在神奈川縣上谷和座問的海軍通信保安隊和陸軍第500軍事情報大隊，共有420人，這些位於東京附近的情報單位，既與日本當局連繫，也指揮駐日美軍的情報工作。

第四、在沖繩南部台灣以北的沖繩縣楚邊，亦設有強大的超地平線（OTH-B）雷達接收網群，駐有美國西太平洋第七艦隊通信保安部隊和海軍情報偵察群，總共情報工作人員達1370人之多㉖。

此外，美國中情局（CIA）以各種名義駐在日本的有400餘人，彼等任務比較複雜，包含蒐集日本以及日本周邊區域國之經濟、技術及安全情報，也是重要蒐集要項（EEI）之一。美國國家安全局（NSA）也有兩百人駐在日本，其工作目標主要是朝鮮半島和中國大陸的通信情報（SIGINT）、電子情報（ELINT）等之蒐集、分析與反制作戰（ECM）計劃之制訂等㉗。

五、美日安保條約中沖繩美軍基地戰略地位水漲船高

沖繩島是琉球群島的主島，地理位置向東距美國本土10000公里，夏威夷7500公里，同北距東京與平壤1500百公里，海參崴1900公里，北京20公里，向西距上海860公里，向南距河內2300公里，呂宋島1480公里，距台北僅約700公里㉘。行政上爲日本的一個縣，自1945年以來，美軍一直在島上駐紮重兵，使該島成爲美國在東亞地區最重要的軍事基地。但在1994年下半年開始因美軍士兵輪暴當地女童事件，在沖繩島乃至全日本出現大規模的抗議浪潮，反對美軍繼續駐紮在沖繩，使沖繩美軍基地問題一時成爲國際焦點。1997年4月中旬，在日美首腦會晤前，美國爲了緩解日本國內壓力，決定同意將沖繩基地約20%交還給日本，其中包括一個備用機場和沖繩北部訓練場的一部分等11處設施，面積達4700公頃。

沖繩島在日本本島的西南方，是琉球群島中的第一大島。琉球群島蜿蜒1000餘公里，把中國東海與太平洋隔開，是東亞大陸沿海的一條自然屏障，同時也是第一島鏈中較長、而又單薄的一段鏈條，它既是日本本土的

南部屏障，又是日本南下謀取發展的重要前進基地。沖繩島南北長108公里，最寬處約29公里，最窄處的石川地峽僅3.2公里，總面積1220平方公里，其長度佔整個琉球群島的十分之一，是群島的基幹和最有力的支撐點。沖繩島上有一小山脈，主峰高500公尺；島的西南有良港那霸，稍遠還有多個島嶼拱衛，形成眾多港灣，可供萬噸級艦船錨泊；另有多個機場，可容海、空軍及陸戰隊多種機型的起降；上述條件卒使沖繩島成爲西太平洋區域防堵敵對力量東進的軍事基地。

二次大戰結束後，在西太平洋區域，美軍特別重視沖繩島基地的建設工作。目前沖繩島上共有美軍基地41處，面積佔沖繩全島總面積約20%，駐日美軍75%的軍事設施和60%以上的軍事人員，總兵力近30000人，駐屯於此。日本本土之橫須賀、佐世保等重要基地相呼應，構成了美國最完整的海外軍事基地群㉙。

沖繩美軍基地對於美國具有十分重要的戰略意義。在冷戰時期，美國爲了遏制蘇聯，採取「前沿存在」的軍事戰略，美軍的海外基地是實現這種軍事戰略的必要條件。在韓戰期間，駐日美軍基地是美軍支援第一線作戰的前進基地，仁川登陸的美軍主要就是從沖繩乘船出發的，大批從美國本土運來的軍火也是從這些基地源源不斷地轉送到韓戰戰場，而日本所生產的戰時物資也由這些基地運往南韓戰爭前線。多年來，沖繩還是美軍重要的前沿偵察基地，美軍的RC-135、遠程電子偵察機SR-71、U-2以及P-3C反潛巡邏機等多從沖繩的嘉手納基地升空，飛往東亞各國沿海執行偵察監視任務。對於美國海軍，沖繩等海外基地尤爲重要，美國海軍信奉馬漢的「海權」論，馬漢認爲，構成海權的組成要素是強大的艦隊、龐大的運輸輔助船隊和眾多的海外基地。當一支強大的艦隊離開本土赴它國周邊海域活動時，爲了盡量減少損耗，增加滯留活動時間，提高艦隊快速出擊和持續作戰的能力，就近駐泊、就近補給、就近整修、就近保障是必不可少的條件。而要保障一支龐大的艦隊在遠洋長期駐留、持續作戰，無法長期依靠它國、即或盟國提供的港口臨時停靠補給所能滿足的，必須要有自己設備完善的海軍基地㉚。在冷戰時期，美國海軍執行「在海上」（ON SEA）的軍事戰略，準備在蘇聯附近海域與其海軍交戰，需要大批前進基地。而冷戰結束後，美國海軍改行「從海上」（FROM SEA）的軍事戰略，準備隨時向世界各地投送軍事力量，就更需要這些海外基地。在西太平洋地區，由於美國海軍先後失去越南金蘭灣、菲國蘇比克灣等海軍基地，駐日美軍基地就成爲美軍在西太平洋地區僅存設施齊備的大型海外基地群。如果美海軍要在西太平洋海域作戰，甚至在印度洋和中東地區作戰，也需要該等基地作爲後援，其重要性是難以取代的。

以遼東地區作爲主要防衛區域的美國海軍第七艦隊，將大幅更換其主力戰艦，雖然美國主張的「維持在亞洲兵力十萬」並未改變，但是在戰力上卻走向「質量最先進化」，主要目地在於監視朝鮮半島與台海的動態。美軍第七艦隊的這項戰力更新，說明是「預定戰力更新計畫的一環」，不過由於最主要目的在於監視北韓與中共的動向，因此可以推測中共與北韓將因爲駐防此地區美軍裝備的高科技化而緊張。

1998年春天，以日本佐世堡爲母港的美軍第七艦隊突擊登陸艦「北羅伍德號」（滿載排水量爲39967噸），將由載有最新銳裝備的「愛塞克斯號」（排水量40532噸）取代。而以橫須賀爲母港的航空母艦「獨立號」，也將在同年夏天由「小魔號」代替，第七艦隊的主力戰艦因而一舉更新。「愛塞克斯號」登陸艦裝備時速四十節高速氣墊型登陸艇3艘，可以運送戰車登上陸地；並且還配備可以垂直起降的獵犬式戰鬥機，以及攻擊型直升機。可以直接支援駐沖繩陸戰隊地31遠征隊（31 MEU）執行任務。

1997年8月時，「神盾級」巡洋艦「賓森號」（排水量爲9407噸），也進駐橫須賀。以橫須賀爲母港的11

艘美軍戰艦，數目上雖然沒有改變，不過有了「神盾級」巡洋艦的加入，除了可以同時捕捉不同的目標之外，還可以同時從垂直發射裝置發射不同種類的飛彈，其中包含極具摧毀力的戰斧飛彈（TOMHAWK）。

而94年才服役的最新型「神盾級」驅逐艦「卡其斯韋伯號」與「強森馬金號」（排水量皆爲8422噸），已經取代過去的老舊戰艦，於1996年9月與1997年6月分別加入第七艦隊的行列。8月間「賓森號」巡洋艦加盟後，橫須賀的「神盾級」艦隻將一舉增加到5艘。

沖繩和日本本土的美軍基地對於美國還有另一層戰略意義。按照馬漢的理論，進攻是海軍的基本作戰任務，爲了保衛國家安全，防止敵國從海上方向進襲，艦隊要盡可能向遠洋開進，在敵人艦隊還無法危及本土時，就將其消滅。因此，美國海軍要盡可能將戰略防線前伸，盡量將作戰區域設置在敵國海域，在西太平洋方向，美海軍首要的戰略支撐點是夏威夷；次一防線是以關島爲主的第二島鏈；最前沿的戰線即爲日本本島、琉球群島、台灣和菲律賓等第一島鏈。1898年，在美西戰爭獲勝後，美國在菲律賓開始建設海、空軍事基地，基本上達成美國的戰略構想，而使整個太平洋成爲美國的戰略防禦縱深，但在美軍從菲律賓完全撤出後，在第一島鏈進行防堵作戰的重任，就由沖繩和日本本土的美軍基地擔綱。

如果美軍再被迫從沖繩或整個日本撤出，美軍力量勢將後撤千餘公里，而將防線設於第二島鏈，不但戰略防禦縱深減少，還將喪失在東亞大陸沿海作戰約有利條件，失去南下中國南海支援印度洋和中東地區作戰的重要戰略中繼站。

不僅如此，駐日美軍基地還可作爲對日本的「勒馬韁」。自美國獨立戰爭後，沒有任何國家曾經攻擊過美國本土，只有在第二次世界大戰中，日本直接攻擊夏威夷珍珠港領土，儘管太平洋戰爭美軍最後獲得大勝，畢竟還是代價慘重。因此，美國人始終把防止第二次珍珠港事件銘記在心。當年簽署美日安保條約既是美國對防堵前蘇聯擴張的需要，也是制約日本軍力發展的需要。通過這個條約，美國可以束縛日本的進攻作戰能力，防止日本在軍事上成爲美國的隱患，而把日本作爲美日攻守一體的同盟。美日安保條約中沖繩和日本本土上的其它軍事基地就是美國在西太平洋前沿戰略的重要棋子。一旦棋目不保，美國將難著先機，更不易駕馭日本。因此，沖繩等基地對美國的重要意義不言而喻。

由於沖繩美軍基地的存留具有十分重大的政治和戰略意義，美國爲奪取沖繩、戰勝日本也曾付出過巨大代價，同時，基於骨牌效應，一旦沖繩美軍基地交還日本，其它美軍基地也將難保。如果美軍不能駐紮日本，美日安保條約就成爲是一紙空文。因此，美國對沖繩美軍基地的態度十分明確，絕不曾輕言撤離。在美軍士兵強暴當地女童案發生不久，美國立即道歉，和日本政府達成諒解，沖繩美軍基地的地位只會進行調整，絕不曾撤出，效能也不曾縮減，基本問題就此解決。日本政府對美軍基地地位保持的曖昧態度，原因也是「如果沖繩沒有美軍基地，將是對日美安保體制的否定」，此仍爲日本政府不敢跨越的雷池，因爲，基於現實利益，日本目前還沒有與美國公開決裂的必要。同時面對21世紀「中國威脅」在西太平洋的首衝就是日本，更需要美國的相濡以沫，爲此，就連一貫堅決反對美軍駐紮日本的社會黨，一旦掌握政權也被迫承認現實，當沖繩縣長拒絕續簽美軍基地有關合約時，正是由社會黨前委員長、當時的日本首相村山富士代爲簽訂。

目前美國已決定將沖繩基地約20%歸還日本，並在「美日安保聯合宣言」中對日本軍事力量的使用提出一些有利於日本的承諾。由此可見，面對日本上下歸還駐日美軍基地的壓力，美國爲了維護本國戰略利益不得不採取的一種策略性運作。從目前亞洲國家對日本軍事擴張的擔心和美國在東亞的長遠戰略利益上看，沖繩美軍基地在短時間內不曾消失㉛。

六、美國西太平洋前沿戰略中關島的戰略地位日形

重要

關島的軍事價值，取決於所需的地理位置和良好的自然駐泊條件。它位於太平洋西部馬里亞納群島的南端，是美國對部署在印度洋海軍兵力進行支援的綜合補給站和西太平洋地區的防衛中心，島上有阿普拉海軍基地、阿格納海軍航空站和安德森戰略空軍基地。

關島是1521年由麥哲倫在第一次環球航行中發現，1576年被西班牙占領，1898年被割讓給美國，1950年美國國會通過法案正式宣布關島爲美國「未合併領土」，給予關島自治地方權力，劃歸美國內政部管轄。二次大戰期間，關島成爲兵家必爭之地，於1941年12月被日本占領，1944年8月又被美國收回。在韓戰和越南戰爭期間，關島也是美軍的前進基地，曾由關島派出大批空中和海上兵力前往各地作戰。

關島地形狹長，南部多山，北部地勢較低，東側是峭壁，西側有許多被石岸分割的小沙灣。較好的錨地有：位於島南半部東側中部的塔洛福福灣（TALOFOFO BAY），進口處一年四季可避風，水深14.6公尺；位於法皮角北方約四海浬的阿加特灣（AGAT BAY），是避東北風的良好錨地。島上最主要的港口是阿普拉港，其它還有位於島南端的梅里佐港（MERIZO BAY）和南半部東側的帕戈港（PAGO BAY）等。

在太平洋的馬尼拉海灣和珍珠港之間，關島是最好的港口。船隻從此啓航，四天之內可以航抵日本、菲律賓、澳大利亞北部和麻六甲海峽，19天可到達美國西部海岸基地。同時，關島是美國領土，在島上擴建設施、增加人員和艦隻都不必與其它國家協商訂約。雖然在日本的基地設施對美軍西太平洋的軍事活動是十分重要的，如橫須賀，是個良港，具備艦船修理廠和深水碼頭，但橫須賀也是個國際口岸，沒有擴建餘地。在日本南部的佐世保港，雖是個良港，但附近沒有海軍航空站，也缺乏後勤補給設施，要擴建它，對美國、日本都要付出很高的代價。

關島上的阿普拉港基地是美海軍在西太平洋的主要基地之一，既是美軍在西太平洋的前進指揮司令部，也是艦艇維修補給、停泊修整基地和唯一的核潛艇基地，以及能保障一個航母編隊所需裝備的後勤基地。該港位於關島西側，南依奧羅特半島，北靠卡布臘斯島，入口在奧羅特和防波堤西端之間，是島上最大的天然良港。奧羅特半島是一高約65公尺的懸崖，在奧羅特半島的西端。奧羅特半島是從關島海岸向西北延伸的一個狹窄崖岬。整個港口水域面積的18平方公里，呈T字型，分爲內、外兩部分，共有碼頭39座（外港十座、內港廿九座）。外港水深12-14公尺，主要爲商用，共分3個錨泊區，北部是普通錨泊區、南部是海軍A錨地、東南靠近內港進口是海軍B錨地。內港水深10公尺左右，爲海軍基地，有水深10.4公尺的寬闊岸壁碼頭15座，多分布在西岸，東南岸以前爲戰略導彈潛艇基地，現在是攻擊潛艇基地。港內還設有艦船修造廠，有乾船塢2座，21艘浮船塢，其中一艘起浮能力達1800噸的浮船塢，能容納長202.7公尺、寬26.2公尺、吃水10.7公尺的船隻，可修航母以下艦隻。原來在菲律賓蘇比克灣部署約3艘起浮能力分別爲4萬、3萬90和18000噸的浮船塢，也已全部拖至此港。修船能力現在雖不及越南戰爭頂峰時期的一半，但具有立即發揮全部能力的優越條件。港內擁有大批軍火庫和儲量爲16萬噸的油庫，並且還有發展計劃，儲油能力擴大爲目前5倍的發展計畫。島上還有海軍人員住房，可接待來島停泊的4至5艘大型艦船的全體船員，並設有食品供應站、合作商店、醫院、學校及現代化休閒設施。但由於當地的資源有限，後勤供應大部分依賴夏威夷和美國本土支援。此外，基地內還有水上飛機場一個，呈東西走向，長250公尺左右，寬約400公尺。島的中南部還建有一個地下彈藥庫，占地約36平方公里，庫房230餘座。

阿格納（AGANA）海軍航空站，位於阿普拉港南岸的奧羅特半島，具備兩條混凝土跑道，最大容量爲180

架飛機，是美國海軍航空兵在西太平洋的主要偵察和反潛基地，駐有兩個偵察機中隊和一個反潛巡邏機中隊。同時，又是西太平洋地區美海軍航空兵的主要後勤和臨時保養點，爲進駐關島的航空母艦載機和途經太平洋的大部分海軍飛機提供後勤修護支援。

安德森（ANDERSEN）戰略空軍基地，位於關島北端，也設有兩條混凝土跑道，最大容量可供150架B-52戰略轟炸機起降，是美國戰略空軍在西太平洋的指揮中樞和重要前進基地，平時駐紮15架B-52飛機和一支配有WC-130氣象偵察機的偵察部隊、一支加油機部隊。基地附近還設有核武器庫，負責爲太平洋地區戰略空軍提供核武器。在歷次戰爭中，美國都以此作爲戰略空軍基地。

另外，關島既是遠東、東南亞和澳大利亞的海空跨洋交通必經之地和西太平洋的交通樞紐，又是太平洋海底電纜的聯結處，美國海軍在全球的四個地面控制站，其中之一即位於關島。透過海底電纜和衛星通信，與在西太平洋和印度洋活動的艦艇聯繫，以保障美國國防部、太平洋艦隊司令部對在太平洋及印度洋活動的兵力實施指揮、通信及情報之傳送作業。

七、台灣地位牽動美、日、中共、亞洲區域安全戰略台灣島的地理位置正面對中國大陸東南沿海，是中國沿海的天然屏障，在戰略上對中國主要沿海防禦起著絕對性的作用。台灣島南與海南島相映，形成棋局上的「雙目」；北和舟山群島呼應，又構成「犄角」的關係；以台灣島爲中心連接海南島和舟山群島南北兩要點，就構成一條天然而有力的海上戰略防線，形成中國大陸東南沿海六爸的戰略縱深，此一區域，居住著中國約五分之一人口，分布諸多工商重鎮、長江流域及南方各農業基地以及一連串沿海經濟開發區。這一帶正是當前中國經濟與科技最發達的地區。台灣島的地位對讓地區所能起到的戰略作用和影響是其他任何地區所無法比擬的。

在台灣與大陸之間是著名約台灣海峽。台灣海峽長約220海浬，平均寬度約90海浬，正扼中國沿海海上交通的咽喉要道，同時也是西太平洋地區一條重要的國際航道，終年巨輪穿梭往來，十分繁忙，通過的商船數量平均每日可達百艘之多。大陸的港口分布以台灣海峽中部的泉州港爲界，16個主要港口即有10個位於北部。但是與港口分布相反，中國四大外貿航線中卻有3條需經過台灣海峽南下。另外，中國南部地區能源匱乏，煤炭、石油等，都是大宗南運物資，無法依賴鐵路、公路運輸完全承擔，必須要由海運分擔，可見，台灣海峽的航行順暢對中共而言，其國民經濟的發展和海外貿易的進行均具決定性的影響。

中國大陸沿岸有18400公里的海岸線，是世界上主要瀕海大國，但是中國地處太平洋西岸，其與一個太平洋相連，海洋發展方向只有一個。由於沿岸諸海被其他國家包圍在第一島鏈㉜之內，實際處於半封閉狀態。中共建政初期20餘年間，西方民主國家就利用這樣的地理形勢成功的對中共實行海上封鎖，迫使中共經濟建設和科技發展產生長年停滯的影響。自70年代以來，中國大陸周邊海域的國際環境雖然有了較大的改變，但基本問題依然存在，中共目前仍然處在半封閉狀態。主要原因是如果要跨入太平洋，就必須衝出第一島鏈，能不能夠跨出這一步邁向太平洋，台灣島具有絕對關鍵性的地位㉝。

1982年開始，「聯合國海洋法公約」完成制定並開始生效，全世界湧現劃分海上專屬經濟區的浪潮，各沿海國家紛紛劃定專屬海域。屬於中國的海域依國際海洋法規定約有300多萬平方公里，從此正式邁入一個海洋大國。但從人均佔有海域面積和專屬海域面積與陸地國土面積的對比來看，中國仍算是一個海洋資源有限的國家。特別是台灣直接面向太平洋的東方沿岸，仍有很長的海岸線。按照現行海疆線劃分海域歸屬時，台灣島東側每一公里長的岸線外都有數百平方公里的專屬經濟區。不僅如此，根據聯合國海洋法，中國在西太平洋上還擁有近十萬平方公里的海底資源開採區域。台灣島是中國未來開發太平洋海底資源的主要前進基地，換句話說，台灣是中國走向遠洋的必經之門。

在軍事價值上，台灣島正居中國沿海中部，北距鴨綠江口約900海浬，南至北崙河口與南沙群島均約800海浬，自然地理位置十分優越，極富戰略價值。如果一支現代化的艦隊由台灣出擊，可在不需任何補給之下，在二天之內，機動範圍可達整個中國沿海；向北可跨東海抵黃海作戰，同南可直接進入南海進行防禦；可以充分發揮海、空軍機動作戰的優點。如果將台灣島作爲在中國沿海實施對大陸進攻作戰的中途站，則盡佔地利之便。

台灣在西太平洋正是位於第一島鏈「中央位置」的戰略要點，自台灣向北順序排列著琉球群島、日本列島、千島群島，蜿蜒2000多海浬，是亞太地區經濟與科技最發達的地區。由台灣島向南則是東南亞數千島嶼，縱深達1800餘海浬，這一地區卻是世界上重要戰略物資（橡膠、錫及石油等）的主要產地；同時還扼守著太平洋至印度洋的必經通道一麻六甲、龍目、巽它等重要海峽，也控制著中東石油輸往東亞日本、韓國的「油路生命線」。台灣島正位於這兩個重要戰略地區的連接處，形同樞紐。此外，如果再從台灣向東跨越1200海浬，則可以進擊西太平洋第二島鏈㉞，影響所及不僅可直逼美國夏威夷的最後防線，其影響更可及於南太平洋的紐、澳等國，這正是「中央戰略位置」在海、空軍作戰中的樞紐作用。

從軍事地理的角度上分析，台灣是個自給自足的獨立島嶼，不屬於南北群島範圍；距離中國大陸最近，東側直接面向太平洋，是走向遠洋最便捷之處。從政治地理分析，台灣是中國歷史上固有的領土，但目前屬於分裂分治狀態，也迫使中共當前的海域仍然處於半封閉狀態，無法邁出太平洋的大門。中共軍方內部即作過以下的研析：「如果台灣被國際上敵視國的勢力所控制，不僅東出太平洋的大門被關閉，台灣海峽交通也將受阻，而且台灣以北中國沿海被琉球群島所阻隔，從北部海域進入太平洋最寬的水道爲那壩與先島群島之間的宮古海峽，其寬度僅一四五海浬，一支現代化海軍可以輕而易舉的加以封鎖，特別是進行大規模的戰略封鎖，將迫使中國的海軍和航運動彈不得，因此，失去台灣不僅將使中國重要的南北海運航線被阻斷，未來海洋事業將更難以開展。」

台灣本島長約390公里，寬約140公里，面積爲35780平方公里。其中，山地和丘陵佔69%，平原佔31%。島上山區林密山高，坡陡谷深，雨多霧濃，不利於現代化大兵團機動作戰；平原地帶河網交錯，水流湍急，水田魚塘遍布，地幅有限，也不便於大兵團回旋展開，而面向太平洋一例的海岸，均爲峭壁聳立，難以進行大規模登陸，具有極爲有利的自然防禦條件。同時，台灣擁有2160萬人口，人口密度爲每平方公里565人，島上工農商業發達，造船、電子工業水準很高，堪爲海、空軍高技術重兵種之後備軍；交通便利，擁有鐵路4500公里，公路18000公里，並有多條貫通全島的高速公路，水源豐富，電力充足；台灣石油工業基礎良好，本島的石油產量雖然不多，但從已探明的地質構造分析，海峽中部的澎湖盆地具有良好的儲油結構，可望形成有價值的油田。良好的天然港灣和雄厚的物質條件使台灣擁有一支現代化海軍的實力。不僅如此，台灣島上機場密布，設施完善；港灣眾多，有高雄、基隆、台中、花蓮、蘇澳、左營、馬公等港口；由於台灣與大陸近在咫尺，面向大陸一例地勢平緩，整個海峽內幾乎無任何航行障礙，極易得到岸上支援和保障，一旦抵禦外敵入侵，整個台灣海峽地區都可闢爲戰場，讓地區15000多平方公里的水域均可成爲誘敵深入的大口袋，爲海、空軍兩面夾擊作戰提供最佳條件。

台灣島具備優越的綜合條件，使它其有攻防兼備的優點：

（一）在防禦上，它有較大的戰役縱深和極大的軍事潛力，又便於得到戰略後方的支援，可成爲堅強的第一線和戰略支撐點。

（二）在進攻上，台灣地處海運樞紐，是重要的中央位置；港灣多、容量大、機場網絡和廣闊的迴旋水域，加上南北兩端均爲開放的海口，本身又具備充實可以再生的生存資源能力，其強大的後盾力量，遠非其他珊瑚島群所能比擬的。綜合整個情勢，台灣及其周圍地區是中國，也是整個東亞不可多得的軍事戰略要地，其價值遠超麥克阿瑟將軍在韓戰時所宣稱「不沉的航空母艦」所能形容的。

無論從全球或亞太區域戰略來看或是從地緣政治來論：台灣幅員小，人口亦不算多，在亞太區域上屬於邊陲，在美國西太平洋前沿戰略屬於前線，是圍堵政策中的一隅，均屬於邊緣地帶而非心臟地帶，但是就軍事而言，台灣在西太平洋的位置卻正是中共21世紀能否走向海洋世界的最大關鍵位置。因此，純粹從軍事觀點而論，一旦台灣與中國大陸形成敵對態勢，僅用島上岸基反艦導彈即可封鎖整個海峽；再加上空軍、水面艦艇和水下武器的配合，中共往台灣海峽地區的海上交通線勢必將被切斷、動彈不得。中國大陸海防線也將被迫一分爲二，迫使中共海軍失去整體作戰之利，必須南北分兵兩海作戰。反之，中國大陸要對台灣進行封鎖，無論是全面的戰略封鎖或局部的戰術性封鎖，都將得不償失。由於台灣四周環海，位於大陸外緣，又是亞東國家海、空運輻之地，不論使用海、空聯合封鎖，或單方面的海面或水下封鎖行動，均極爲困難。中共所須動用的海、空軍力量均將大大超過台灣應敵的時間和數量，適足以說明兵法上所言：十則圍之。因此中共不僅要付出極大代價才能全面圍困台灣的海空交通，一旦發生衝突，無論是軍事性衝突或是造成海空航運上的民事糾紛，均極易觸發與美、日產生直接衝突的危機。而台灣本島糧食自給有餘，水電供應不缺，能源方面僅須調節有度，六至十個月内亦不曾陷入困境。因此，台灣一旦面臨中共的軍事威脅，而被迫進行反封鎖行動時，在國際上不僅再次引發美、日的干涉，東協國家和東南亞國家亦隨時可在南海、南沙問題上因中共傾注台海危機之時，迫使中共作出更多讓步，更甚者，若因此而引發台灣内部對中共強權行爲的反感而再度促成民意歸一、共同抗敵的意志而被迫走向獨立的局面，將使中共更進一步陷入進退兩難的境地，足見台灣問題的戰略地位將牽動下一世紀美、日、中共，甚至整個亞洲區域安全戰略的生態均衡。

參、研析意見

一、「美日防衛合作指導方針」在經過美國與日本一年多的討論後，於今年9月23日正式簽署，其中最引人關切的就是美日防衛合作範圍擴大，將有利於台灣海峽及南沙群島情勢，同時提升中華民國的戰略地位。美方在簽署防衛合作指導方針後，已就有關問題向我方提出初步簡報，在這份15頁的綱領之中，規範了美日雙邊防衛合作的3種主要狀況。新防衛合作指針與美日安保條約舊版本相較，最大的不同在於舊版本主要是針對日本群島遭受攻擊時的情況，新版本則涵蓋日本周圍地區發生緊急狀況的因應對策。在這份新出爐的美日防衛合作指針中，所謂「周邊有事」，並非對防衛範圍做明確的地理界定，而是一種「視情況而定」的事實陳述。不過，台海地區成爲美日防衛範圍卻隱然可見，尤其在去年3月台海危機，更已超越理論層次。面對這些存在於亞太地區的不安定的因素，美日防衛合作指針的簽署，就益加凸顯台灣海峽在東亞戰略地緣的重要性。

二、新的美日防衛合作範圍主要包括三種狀況，一是平時的狀況；二是日本本土遭受攻擊；三是日本周邊地區發生狀況，將對日本的和平與安全產生重大影響時，美日兩國將盡一切努力防止情況惡化，此種努力也包括外交努力在內，同時，美日兩國將作資訊交換，並共同判定事情發生的狀況，如果事情狀況經判定後認爲極爲嚴重，兩國就必須採取行動，此時雙方設立的「協調中心」就要開始準備及運作。

三、美日兩國共同採取的合作項目包括：第一、救濟和難民事宜；第二、搜救行動：在日本領土或環繞日本海域作搜救；第三、非戰鬥性的撤僑行動，如果有其他第三國要求，美日也可以協助；第四、若有國際性的經濟制裁，美日也可合作，以有效執行。美日防衛合作指針也規範，萬一日本周邊有事，日本對美軍的支援將分爲兩方面，一是使用日本額外的設施，包括民間的飛機場等；二是後勤的支援，也就是日本政府和民間的支援。日本也可對公海、國際領空非戰鬥區域提供後方地區支援，在行動的合作方面，日本可以作蒐集情報、情況監視、掃雷，以確保航道安全，美國則要以適當的軍事行動來維護「周邊有事」地區的和平與安全。

四、對美日而言，中共在台海兩岸、朝鮮半島及南海諸島問題的立場與作爲，都足以影響美日在此一地區的安全利益。近年來，中共對東亞鄰國，尤其是對北韓、柬埔寨及緬甸諸國的影響力，甚至有超越美國的趨勢；而在其他地區，諸如巴基斯坦及伊朗的飛彈科技等問題，中共影響力的提升也直接衝擊了美國的利益。此外，去年3月中共在台海的飛彈演習，更促使美國下定決心加強與日本之間的軍事同盟關係，遂有四月柯林頓訪日時的「美日安保宣言」。可以說，美國與日本強化安保條約的功能，正因爲他們將中共視爲可能的敵人；實際上，美國官方也承認在戰略部署上，的確把中共列爲長程的安全威脅。由於美日要全面圍堵中共勢不可行，只能儘量設法將中共納入國際體系的遊戲規則當中，使其受到更多規範的牽制，如此一來，中國大陸的民主化及人權問題、軍事透明化、武器輸出及對區域安全的威脅等問題，都可逐步因受互動的制約而獲得改善。

五、對中共而言，美軍在東亞地區的動向及美日對「台灣問題」的態度，是最可能干擾「中」美日交往的因素。因此，相對於美日加強安保功能，中共的因應策略是不斷拉攏「夥伴」。今年四月江澤民訪俄時，中共與俄羅斯結爲「戰略協作夥伴關係」；五月法國總統席哈克訪問中國大陸時也與中共結爲「全面夥伴關係」；九月初李鵬訪問馬來西亞時也有拉攏東協的意圖。顯然當面對美日強化安保功能的壓力時，北京當局有意製造一個「多極化」世界秩序的圖象，以抗衡美國獨強的局面。而此次江澤民訪美的主調，已定位爲「確立面向21世紀的『中』美建設性夥伴關係」，如果進行順利，在形式上是對「中國威脅論」的一記回馬槍，也可藉此打擊我方，同時還能進一步平衡美日安保的壓力。

六、美國的遠東戰略早於1950年1月由當時之國務卿艾奇遜宣布：北起阿留申群島、經日本、琉球、台灣、菲律賓以迄印尼的龍目海峽。即所謂對中共形成海上包圍圈之太平洋「第一島鏈」。此爲美國遠東西太平洋的第一線防衛圈。如被突破，美國的防衛圈勢必退居「第二島鏈」，即東經150度沿白令海峽經小笠原群島、馬里亞納群島、關島以迄澳洲東岸，以北迴歸線爲準，兩島鏈相距1200海浬。兩島鏈之間的海域即爲中共宣稱21世紀中國走向海洋大國、而需與美、日相爭鋒的海域。自70年代以來，中國大陸周邊海域的國際環境已大有改變，但基本問題仍然存在，至今中國仍處於半封閉狀態，其最主要原因在於台灣島的位置恰恰位於第一島鏈的中央戰略樞紐地位。換言之，台灣是中共能否走向海洋大國的關鍵所在，也正是美日匆促建構大新世紀安保合作範圍的眞正目的。

七、位居西太平洋「第一島鏈」的日本、琉球群島及「第二島鏈」的關島在美日加強安保合作的共識下，自1992年開始，已大幅度增強軍事情報蒐集與前沿快速機動作戰能力。92年美軍完成海灣戰爭後的裁減行動，世界各地美國海軍前沿基地多遭削減，惟獨太平洋第七艦隊及第3艦隊轄區內的人員、預算、艦隊編制不減反增。尤其是針對中共戰術導彈及海洋活動方面有關的電子戰偵收能力的改進與增強更是不遺餘力。主要原因起自92年9月，時任美國海軍第七艦隊司令的拉森上將強調本世紀末的10年是中共海軍未來邁向遠洋海軍的關鍵10年。至1994年10月下旬在黃海海域發生美國小鷹號航母艦載機逐回中共潛艇事件，以迄1996年3月共軍在東海及台灣海峽進行3次軍事演習，企圖以武力恫嚇干預台灣總統大選，卒使美、日間醞釀已久的擴大安保合作範圍的策劃付諸行動。雙方由主從關係蛻變爲夥伴關係，迅速在西太平洋上構建出一道新的安全防衛網。此乃中共解放軍在台灣海峽興風作浪之初所始料未及的。由於如此的結果與當前以江澤民爲首的中共領導所揭櫫於世，以發展經濟爲首要原則的「大政方針」相持，是爲造成此次「十五大」中軍人完全退出政治局常委行列的原因。

八、美、日公布之新安保條約防衛指導方針中有關「周邊有事」之解釋未明確註記地理範圍與應變方案，也未言明針對某國或特定危機。此一結果顯示美、日兩國對台灣局勢的政策與運作將保持相當程度的彈性與模糊，一旦局勢有變，既可在危機時依法有據採取主動；亦可在平時保持模糊的嚇阻性。而另一方面柯林頓與江澤民11月舉行高峰會，將討論美、中雙方建立「戰略夥伴關係」的議題，此一關係正是美國亟欲將中共導入冷戰後以美國爲主導的國際安全體系。對中共給予相對的制約，使中共在發展經濟之餘，政治與軍事的發展亦能受到一定程度的規範。此一關係的建立對亞太安全將具有正面意義，因爲美、中建立政、經、軍三合一的戰略關係後，中共如果仍然一意孤行在台灣海峽或南中國海進行軍事行動，則不啻宣告中共與美日雙方關係的破裂，亞太區域穩定的和平局面亦將面臨崩潰的危機，中共必需審慎行事，以免成爲眾矢之的。

肆、結 語

1995年9月至1996年3月，中共海軍分別在東海及台灣海峽進行多次海軍大操演、導彈封鎖、海空協同及陸海空兩棲登陸演習，使得台灣海峽緊張情勢一再升高，迫使美國急調兩支航母戰鬥群至東亞海域警戒。中共盲動躁進的發動軍事演習造成以下三個結果：一是台灣島內民心歸一，由統獨紛歧走向團結，使李總統高票當選；二是美日擴大安全保衛合作的擬議得以堂而皇之的付諸行動；三是使東協國家加速擴大團結的共識，越南等中南半島國家加入東協組織。美日擴大安保的範圍至菲律賓以北的1000海浬運輸線，加上兩國在第一島鏈的日本、琉球，和第二島鏈的關島加強了軍備和情報蒐集能力，使菲律賓以北包括台灣在內形成一個新的防衛圈。而東南亞國協加入軍力最強的越南，由海而陸也形成一個新的安全體系，對於南中國海未來的主權爭議對中共形成更大的壓力。而中華民國台灣正處於東南亞與東北亞的中央戰略樞紐位置，在地緣政治上是最具戰略性的關鍵性地位，只要運籌得宜，即可在未來亞太均勢的建構中扮演日益重要的平衡者角色。

註：①參閱「THE MODALITY OF THE SECURITY AND DEFENSE CAPABILITY OF JAPAN」，THE OUTLOOK FOR THE 21ST CENTURY，30.sep.1994，ADVISORY GROUP ON DEFENSE ISSUSE，JAPAN。

②「美日防衛指南，美日意在穩定東亞」，一九九七年九月二十四日，台北聯合報一、二版。

③參閱「DEFENSE OF JAPAN 1997」，AUG.1997，THE JAPAN TIMES。

④「日本防衛圈包含台灣在內」，一九九七年七月十六日，台北中央日報頭、二版。

⑤「美日安保防衛指導方針通過」，一九九七年九月二十四日，日本讀賣新聞一版。

⑥參閱「DEFENSE OF JAPAN 1997」，AUG.1997，THE JAPAN TIMES。

⑦日本「防衛白皮書」，平成八年版，日本防衛廳編，第一一一頁。

⑧同註七，第一〇八頁至一一一頁。

⑨同註七，第一一四頁至一一八頁。

⑩同註七，第一一八頁至一二四頁。

⑪同註七，第十九頁至三十八頁。

⑫同註七，第一一四到一一八頁。

⑬（一）同註七，第一一四頁至一一八頁。

（二）日本軍事情報研究會：「海上自衛隊大型支援艦大增強」，日本「軍事研究」，一九九五年十一月號，第四十二頁至第五十一頁。

⑭野木惠一，「淚滴型潛艇取代原傳統型潛艇」，日本「軍事研究」，一九九六年八月份刊載，第五十八至七十一頁。

⑮日本軍事情報研究會：「發展多用途護衛艦－村雨級的看法」，日本「軍事研究」，一九九六年八月號，第二十八頁至四十五頁。

⑯日本「防衛白書」，平成八年版，日本防衛廳編印，第三八四頁。

⑰石橋孝夫，「海上自衛隊補助艦發展趨勢」，日本「軍事研究」，一九九六年八月號第八十八頁至第一〇一頁。

⑱八田十四夫，「日本自衛艦的特殊任務艦種」，日本「軍事研究」，一九九六年八月號，第八十五頁說明及圖示。

⑲日本「防衛白書」，平成八年版，日本防衛廳編，第三八五頁。

⑳同註七，第一五七頁。

㉑同註七，第三三一頁。

㉒「台海緊張，日將加強情報工作」，一九九七年八月十三日，台灣聯合報十版轉載，八月十二日日本「讀賣新聞晚報」。

㉓日本「防衛白書」，平成八年版，日本防衛廳編，第一一九頁（第二－七圖）。

㉔DESMOND BALL，「SIGNALS INTELLIGENCE IN THE POST-GOLD WAR ERA」，BY ISEAS（INSTITUTE OF SOUTHEAST ASIAN STUDIES），AUSTRALIAN NATIONAL UNIVERSITY，1993，PP.42-48。

㉕JEFFREY T.RICHELSON，「THE U.S. INTELLIGENCE COMMUNITY」，SIGNAL INTELLIGENCE，P.188。

㉖鈴木治行，「沖繩美軍基地與縣民」，日本「軍事研究」，一九九六年十月號，第六十五頁。

㉗JEFFREY T.RICHELSON，「THE U.S. INTELLIGENCE COMMUNITY」，EXCHANGE AND LIAISON ARRANGEMENTS，P 291。

㉘藤井野夫，「沖繩基地之機能與移設」，日本「軍事研究」，一九九六年十月，第五十一頁。

㉙日本「防衛白書」，平成八年版，日本防衛廳，第三〇一頁（表

十四)。

㉚馬漢(A. T. MAHAN,1840-1914),美國海軍戰略理論家,一九一一年完成「海軍戰略」一書,其理論成爲美國歷藉政府對外政策、海洋政策之依據,影響至今。對美國及世界海軍及英、法、德、日等國海軍形成重大影響。

㉛鈴木治行,「沖繩美軍基地與縣民」,日本「軍事研究」,一九九六年十月號,第六十六頁。

㉜西太平洋第一島鏈,爲地理名詞,指西太平洋自白令海峽、日本列島、琉球群島、台灣、菲律賓、婆羅洲以迄印尼的龍目海峽。爲美國、日本在冷戰時期圍堵中共勢力的第一線。

㉝廖文中,「中國海洋與台灣島戰略地位」,「中共研究」,三十卷八期(一九九六年八月號),第一二〇－一二二頁。

㉞西太平洋第二島鏈,爲西太平洋自白令海峽南下延伸,經馬里亞納群島、塞班、關島、沿巴布亞新幾內亞東岸以迄澳大利亞東岸的島鏈。爲美國西太平洋前沿戰略上的第二線戰略防禦縱深,同時亦爲二十一世紀中共遠洋海軍戰略東出西太平洋的前線。

中共海軍新世紀建設與發展戰略

施子中

一、前　言

1999年4月27日爲中共海軍成立50周年，作爲共軍的一支新生力量和年輕軍種；中共海軍在毛、鄧、江三代領導人的努力下，從無到有，從弱到強，逐步發展成爲一支多兵種合成、初具現代化規模的近海防禦力量。1959年，毛澤東在莫斯科與赫魯雪夫當面交鋒，拒絕前蘇聯提出建立「共同艦隊」的要求，揚言「我們的海軍交給你們吧！我們上山打游擊」。於是發出了「核潛艇一萬年也要造出來」的誓言。①自鄧小平於1979年8月2日登上中共自製的第一艘導彈驅逐艦105號艦②的那天起，中共海軍戰略已從沿海（近岸）防禦逐漸轉爲近海防禦，並進一步走向大洋。鄧小平當日在與艦上官兵交談時表示，「海軍不是護城河，必須面向世界，走向大洋」，曾題詞：「建立一支強大的具有現代戰鬥能力的海軍」。1995年10月14日，江澤民登上中共自製最新型導彈驅逐艦112號艦③，指出要從戰略高度認識海洋，強調把海軍建設擺在重要地位。

二、海軍戰略之演進

㈠國防戰略的演變

海軍戰略係整體國防戰略的一環，必須根據該國國防戰略的調整而演進，從50年代起到現在，中共的國防戰略方針曾有過四次大的調整。④

1. 50年代中期(1956-1964年)的「積極防禦，防敵突襲」：中共中央軍委在1956年3月召開擴大會議，對「國家」的軍事戰略進行專門的研討。會上「國防部長」彭德懷作了「關於保衛祖國的戰略方針和國防建設問題」的報告，首次明確了中共的國防戰略方針，指出：爲了有效地防止帝國主義的突然襲擊，保衛人民革命和國家建設的成果，保衛國家的主權、領土完整和安全，在未來的反侵略戰爭中，應該採取「積極防禦」的戰略方針。

2. 60年代中期到80年代中期(1964-1985年)的「立足于早打、大打、打核戰爭」：由於60年代中期中、蘇共反目成仇，中共的國家安全形勢變得嚴峻起來；但是

70年代起，中共與美國關係則漸次解凍，特別是共黨「十一屆三中全會」之後得出結論，在較長時間內不發生大規模的世界戰爭是有可能的，維護世界和平是有希望的。根據對世界大勢的這些分析以及對周圍環境的分析，中共改變了原來認爲戰爭危險很迫近的看法。確立鄧小平「圍繞著以經濟建設爲中心的黨的基本路線」，確認了新時期的軍事戰略，即和平時期以應付和打贏局部戰爭爲主的方針。

3. 1993年以來的應付和打贏「現代技術特別是高技術條件下的局部戰爭」：1993年初召開的「軍委擴大會議」決定將共軍的戰略方針基點放在打贏現代技術特別是高技術條件下局部戰爭，加速共軍的質量建設，提高應急機動作戰能力。爲貫徹新的戰略方針，「中央軍委」還提出了以「科技強軍」爲中心思想的「兩個根本性轉變」，即由應付一般條件下的局部戰爭向打贏現代技術特別是高技術條件下局部戰爭轉變，在軍隊建設上，由數量規模型向質量效能型、人力密集型向科技密集型轉變。

㈡海軍戰略之演進

中共海軍自1950年建軍以來，歷經「近岸防禦」、「近海防禦」兩個階段，現正漸次朝向「遠海作戰」階段發展；⑤換言之，中共海軍已由肇建初期的「沿岸海軍（brown navy）」蛻變成「近海海軍（green navy）」，進而朝向「遠洋海軍（blue navy）」發展。⑥在三個不同階段中，因戰略之不同，其作戰任務及裝備訓練亦有明顯之差異，茲概述如下。

1. 近岸防禦：中共於1950年召開海軍建軍會議，即根據當時形式、任務和發展前景，參照前蘇聯經驗，把陸、海軍作統一運用，亦即海軍是配合陸軍來行動，在此前提下，海軍的任務是「近岸（四十浬）防禦」，裝備係以「飛、潛、快」（海航戰機、潛艇、魚雷快艇）爲主，以執行打擊敵人的海上騷擾活動、破壞或封鎖敵港口、阻截敵海上交通線。

2. 近海防禦：80年代以後，中共海軍爲維護近三百萬平方公里近海之海洋權益，策定「近海（200浬）防禦」之戰略方針，海軍的建軍發展重點爲籌購及自力研發新一代的導彈驅逐艦、多功能護衛艦、新型核潛艇和傳統柴油動力潛艇、偵察用海軍直昇機以及相關武器如導彈、魚雷、及電戰裝備。90年代中期受波灣戰爭影響，及考量現階段或未來之國際及台海情勢發展，在其尚無能力全方位發展軍備之情況下，「打贏高技術條件下海上局部戰爭」之武力建設，是目前中共海軍建軍發展之主軸，並全力發展「應急機動作戰部隊」，以便因應來自國內外局部地區緊急突發狀況之處理需要。

3. 遠海作戰：中共海軍認爲公元二千年以前，係執行「近海防禦」任務，公元二千年後將由「近海防禦」漸次向「遠海作戰」發展，除保衛二百浬專屬經濟區及離岸較遠的大陸架外，尚須擔負保護海上貿易和航道安全，及延伸一千多浬的南海水域，甚至使其海上安全屏障能向外擴展至二千浬的太平洋「第二島鍊」。

三、當前形勢之評估

中共高層在制定決策之過程中，均會先對當前之國際形勢進行評估，就其本身所據有之優劣形勢，預判該項決策實施後對其所可能造成之影響，衡量利弊得失，是否合算。因此，形勢評估即成爲中共行爲準則之必要條件。

㈠對當前國際形勢之評估

1999年8月19日，「中共中央宣傳部、中直機關工委、中央國家機關工委、解放軍總政治部、中共北京市委」等五部門黨政軍機關幹部一千二百多人，在北京聯合舉行形勢報告會，由「外交部長」唐家璇作「關於當前國際形勢和中國對外工作的報告」⑦；其內容重點如次。

1. 國際形勢總是一種曲線的發展，時起時伏，但總的發展趨勢是好的，大的趨勢並未改變，仍是朝緩和的方向發展。新的世界大戰打不起來，現在也不存在外敵要大舉侵入「中國」的態勢和跡象。

2. 現在仍存著一極（單極世界，美國一家說了算數）和多極（美國與其盟國、俄羅斯、中共、廣大發展中國家間的矛盾）鬥爭，而多極化的趨勢仍會發展，這個過程會相當漫長且會有起伏、曲折，不會一帆風順地直線發展。

3. 美國現在的戰略重點仍在歐洲，仍把俄羅斯作爲主要防範對象，把我們（指中共）作爲一個潛在的主要對手；因此，美國現在對我們執行接觸加遏制的政策，在科索沃事件後，美對我不斷示好。但和美國人打交道不是一味鬥，要如鄧小平同志生前所講，鬥爭要做到「鬥而不破」。

4. 「中國」現在所處的國際環境，總體上看，還是中央講過的兩句話「機遇大於挑戰、希望多於困難」。國家的強盛是外交的堅強後盾，保持社會政治穩定，保持經濟持續、快速、健康發展，保持綜合國力不斷提高，是搞好外交工作的根本保証。以經濟建設爲中心的基本路線及獨立自主的外交政策不能改變，否則會把中共的外交部署與外交陣線搞亂。

㈡美國推行新霸權（北約的新戰略）

中共認爲，1998年12月美國制定的「新世紀國家安全戰略」明確宣稱，要建立「領導整個世界」的新霸權。1999年三月發動的科索沃戰爭，就是美國推行新霸權的重要標誌。⑧至於新霸權之主要作為，可以從北約的新戰略作出註解。

1. 新目標：北約不僅是保衛西方文明免受共產主義威脅，而且在其成員國的安全沒有受到威脅的情況下，也可以用軍事手段來推行西方的「民主、人權和法治的價值觀」。北約的性質已變成兼具防禦性和進攻性的集團。

2. 新使命：北約的職能不僅是維護成員國的「自由和安全」，而且還要「對可能威脅到聯盟共同利益的事件」（如地區性衝突、大規模殺傷性武器擴散和恐怖主義等）作出反應。⑨

㈢中共的戰略布局（恢復兩極體系與三角關係以對付單極霸權）

1. 中共認為，由於在單極至上，涵蓋多極化的混合模式下，美國用單極扼殺多極化，所以對付單極世界的方法是兩極體制，只有恢復兩極體制，才能保持國際關係結構的均衡和穩定；而恢復兩極體制的重心在於恢復大三角關係。⑩戰後歷史曾經表明，大三角關係是多極化歷程中的催化因素。

2. 目前「中」美俄大三角關係，是「中」俄兩個較弱的強國對付超級強國美國的三角。只有恢復了大三角關係，中共外交才能具有較好的迴旋餘地，正如七十年代那樣。科索沃戰後俄「中」逐漸靠攏，但都不願太明顯地刺激美國。1999年八月「中」俄在「上海五國高峰會」之討論主軸，落在如何削弱美國在亞洲的影響力。

3. 美國對中共施展「胡蘿蔔加大棒」（carrots and sticks）之大戰略，新名詞爲「圍和」congagement即「交往」與「圍堵」⑪（按：目前仍以「限制、防制、遏制」較爲妥切）並用之政策；同時，在軍事戰略上採取「北約東擴」及「美日安保西推」的「兩洋戰略」。因此，江澤民在今年九月中旬「十五屆四中全會」上指出，由於美國爲台灣撐腰，中共對美要以「兩手對兩手」，鬥而不破，以鬥爭促進合作。⑫

㈣不放棄武力統一（寧爲玉碎不爲瓦全）

1. 綜觀歷史，可見美國對外政策中，台灣是時常被當作美國國際戰略中的一張牌來擺佈的。因爲美國將台灣實際上當成一個實現自己利益的「卒子」，那麼它就決不可能對海峽兩岸任何一方的利益予以充分的考慮。⑬

2. 台灣問題的由來是因爲中國內戰的爆發，「中國」爲維護主權和領土完整而戰，是合情合理的正義之舉，別國無權干涉。中華民族在攸關民族利益的大是大

非面前歷來就不含糊，甚至不惜獻出自己的鮮血和生命。⑭

3. 我們希望能和平統一，但決不放棄武力統一的方式和權利。武力統一會使中國現代化進程受阻，我們「寧爲玉碎不爲瓦全」；我們爲統一打完了再搞現代化建設，損失也一定能補回來，而且一定能搞得更快、更好。⑮

4. 歷史證明，「中國」的軍事行動，決不會因美國的介入而退卻。美國是否會介入，還要考慮「中國」將如何對付介入。我們不怕大仗，也不怕惡仗，在戰略上已經贏定了。「中國」向來不打無準備之仗，不打無把握之仗。⑯

5. 據報導，江澤民於1999年8月初舉行之北戴河「中央工作會議」聲稱：「台灣問題是民族歷史問題，因此，不能在我們這一代留下惡名；因爲我們沒有承諾不對台灣動武，有必要的話，可以打一仗再建設。」⑰

6. 1999年4月27日爲中共海軍成立50周年，中共認爲未來發生敵國入侵本土的可能性甚微，故而從事大幅度的國家戰略及武力結構調整。該調整植基於前進兵力部署概念，以「小而精」的戰鬥群從事遠離本土的境外作戰。

四、海軍攻勢作為戰略

1999年10月1日，中共舉行僭政五十周年國慶大閱兵，共展示了四百多種武器裝備（含四十七項重要新式武器），我方將領和軍事專家都指出，中共此次閱兵重點在強調武器自製能力，而從中共武器裝備的發展也可看出，中共的國防戰略觀，已明顯轉守爲攻，並完成軍事戰略轉移，開始向追求海上強權的方向發展。⑱其攻勢作爲戰略之內涵與目標概述如次。

㈠以「積極防禦」戰略爲基礎

中共以往奉行「積極防禦」的軍事戰略，亦非純粹守勢、防禦性的；毛澤東所謂「積極防禦戰略思想在性質上是防禦性的，而在要求上是積極性的，積極防禦是進攻防禦，是決戰防禦。就是把防禦與進攻辯証地統一起來，把保存自己與消滅敵人統一起來，把戰略上的防禦與戰役戰鬥的進攻、戰略上的持久與戰役戰鬥上的速決、戰略上的內線作戰與戰役戰鬥上的外線作戰巧妙地結合起來，做到防中有攻，寓攻于防，攻防結合，交替使用，從而以小的代價換取大的勝利。」⑲顯示中共積極防禦戰略並非純粹防禦性作戰，而是屬於攻防結合、以積極的攻勢行動達成防禦的戰略。但是因爲受到前蘇聯解體之影響，國防戰略重心得以從北方向東南地區轉移，進而邁向大洋，更直接的因素是來自美國從波斯灣、伊拉克到科索沃戰爭，展現遠距作戰優勢的刺激；中共乃謀加重戰略上的進攻成分，甚至於在戰略與戰役戰鬥上全面性轉守爲攻，並以海軍攻勢作爲戰略爲主軸，拉大戰略縱深，強化武器的作戰半徑，使兵力投射能力擴及領海外的一、二千浬處，以追求海上強權之地位。根據中共海軍戰略計畫，就是要在下一個世紀前二十年，把作戰海區從「第一島鍊」（從日本海峽、琉球群島、台灣、菲律賓到巽他群島等弧形海線）擴及「第二島鍊」（從小笠原、馬裏亞納群島、關島到加羅林群島），並能有效控制南海。

㈡攻勢作爲戰略之目標

對中共而言，「積極防禦」海域包括南起南沙群島，穿越整個南海到台灣海峽、釣魚台列嶼，向北一直延伸到朝鮮半島的廣大海疆。開拓中共在東海及南海的政治、經濟利益，並增進對東北亞及東南亞的影響力，已成爲一項戰略性任務。⑳根據相關情報資料指出，中共海軍戰略目標不再只是近海防禦，而是要發展成爲區域型海軍強權，㉑其具體目標應該包括：

1. 掌握南中國海主要戰略方向的相對制海權；
2. 擁有到鄰近海區作戰的能力；
3. 建立南中國海防禦爲主的縱深體系；

4. 在下世紀適當時期進一步將防禦範圍擴大到西太平洋，並要與美國抗衡。㉒

㈢新世紀跨越「近海防禦」戰略

一九八五年初，在反覆論證的基礎上，劉華清首次明確提出「中國」海軍的發展戰略是「近海防禦」，這個發展戰略是「中國」的社會主義性質和奉行獨立自主的和平外交政策所決定的。近海，是一個戰略上的概念；不搞遠洋進攻型海軍。㉓然而，基於下述主、客觀環境之需要，中共在新的21世紀初期，可能即將跨越「近海防禦」戰略，展開跨海雄圖。

1. 隨著經濟的高速成長，中共之能源需求孔急，爲確保其大多數重要能源的供應，特別是該等能源有賴經由國際航道運送，中共必須具有足夠的海軍力量以確保航道安全。㉔

2. 1982年聯合國海洋法公約締結以來，國際上海洋國土概念發生了重大變化，200海里專屬經濟區的建立使海洋國土範圍超出了近海海域範圍；在歸中共管轄的300多萬平方公里的海洋國土上，有150萬平方公里被外國提出主權要求而處於爭議之中，其中相當部分已經被外國實際控制或蠶食分割。㉕

3. 中共指稱「台獨」勢力羽翼漸豐，海洋方向出現國家統一或分裂的嚴峻局面。制止分裂，維護國家統

一，「近海防禦」已力所不逮，而需要進攻性兩棲作戰能力和中遠程制海、制空能力。㉖

4. 美國航母戰鬥群每每擺出武裝干涉台灣海峽兩岸衝突的架式，在台灣附近海域向中共展示武力、監視行動；特別是「美日安保」新指針之強化合作，及日本對「周邊事態」之解釋與配套立法，更使中共有被圍堵之感。

5. 南中國海問題包括主權主張、海底石油開採、勢力平衡等問題，中共與越南、菲律賓、馬來西亞、中華民國等國爭執不斷，其中亦糾纏有美國、日本、南韓之經濟利益；尤其是南沙群島的平行主權主張，更爲容易引發軍事衝突。雖然東南亞國家對「中國威脅論」之疑懼仍深，但是中共仍然亟需將其軍力投射至此一地區。㉗而且中共不需顧忌此刻在南中國海擴張海軍力量，將會像以往一樣刺激美國與俄羅斯的反應。㉘

這些變化所帶來的新的海洋戰略環境，在客觀上顯露出「近海防禦」戰略已經不能有效保衛其海洋國土和海洋權益；已經不能適應其海軍新的使命和作戰需要；已經失去了對海軍裝備發展的戰略牽動作用。鑑此，中共亟需進行海洋戰略審議，發展制定適應中共海洋戰略環境、有利于發展建設21世紀中共海軍的新戰略。而中共海軍近年來的發展，如水面艦艇導彈化、電子化、自動化，潛艇數量居亞洲之冠，高速機動的突擊兵力海軍航空兵，攻守兼備的陸戰隊；充分顯示中共在武器發展和軍事部署上，均是朝向爭取區域及世界海上霸權的方向發展。

五、海軍建設之目標

近期中俄、中越等陸上邊界問題原則上已大體解決定案，㉙發生大規模軍事衝突的機率不高，因而能全力投注於海上防線的固守。中共海軍的建設目標已由「近岸」防衛進展至目前的「近海」防衛，作戰部署也由「被動」防禦，推進到「積極」防禦；今後將走向「遠海」防衛及攻勢部署。

㈠兵力結構

目前，中共海軍係由水面艦艇、潛艇、海軍航空兵、岸防部隊和陸戰隊等五個兵種組成的合成軍種，形成了聯合作戰的防禦體系。

1. 水面艦艇：是中共海軍的第一大兵種，其主要任務爲消滅敵方海軍艦艇、協助反潛作戰，運輸並確保登陸部隊抵達敵岸，破壞敵方岸上目標（岸防設施），進行海上偵察、巡邏警戒、布雷掃雷、護航、救難、運輸。㉚目前在中共海軍服役的各類主要水面作戰艦艇的數量，比五十年代增加十倍。中共自行設計、建造的導

彈驅逐艦和導彈護衛艦是遂行現代海上作戰的重要艦艇。近幾年，中共海軍對中型以上水面艦艇的武器裝備進行數百項的改進，將電子技術、制導技術、隱形技術、智能技術等處于現代科技發展前沿的新技術成功運用于新型導彈驅逐艦上，使新型驅逐艦的導彈、火炮、反潛系統及聲納、雷達、通信、導航設備等裝備的性能大大提高，快速反應能力、電子對抗能力、遠航與海上生存能力等顯著增強。㉛新一代導彈驅逐艦和導彈護衛艦，顯然成爲中共海軍21世紀初期之主戰艦艇。

2. 潛艇部隊：是中共海軍第二大兵種，爲一制敵「王牌、法寶」；其主要任務爲擔負戰略核打擊任務，消滅敵方運輸船艦與中、長程攻擊船艦，破壞摧毀敵方基地、港口、岸上重要目標，進行海上偵察、巡邏警戒、布雷掃雷、護航、救難、運輸。㉜中共海軍擁有潛艇的數量和噸位比五十年代增加了幾十倍。導彈核潛艇是中共海軍的一張「王牌」，它具有續航力大、活動範圍廣、隱蔽性好、機動性強、航行速度高等特點。1988年9月27日，中共自行研製的核潛艇從水下發射運載火箭獲得成功，成爲世界上第五個擁有核潛艇水下發射戰略導彈能力的國家。㉝戰略導彈核潛艇是中共海軍的「殺手？」，1999年8月2日中共試射「東風31」洲際飛彈成功，將來即可研製「巨浪2號」潛射飛彈，使中共海軍核潛艇具

有第二擊核武反擊能力，依據「相互保證毀滅（MAD, Mutually Assured Destruction）」理論，將可迫使美國等擁有核武國家與其保持核武「恐怖平衡」，而不敢與其開戰，以免兩敗俱（巨）傷。

3. 海軍航空兵：被譽爲中共海軍的「海天驕子」，其主要任務爲擔負突擊敵海上、沿岸的重要目標，奪取海戰區制空權，協同或掩護海軍其他兵力作戰，執行海上偵察、巡邏、電子對抗及快速運輸、緊急布雷、救護、垂直登陸等多種作戰任務；既可與潛艇、水面艦艇、岸防部隊、陸戰隊進行諸兵種協同作戰，亦可單獨執行海上戰役戰鬥任務，是中共海軍五大兵種中能高速機動的突擊兵力。㉞目前，海軍航空兵已發展成由殲擊機、強擊機、轟炸機、艦載機、電子干擾機、水上飛機、偵察機、反潛飛機、運輸機等多種機型，以及雷達、高炮等地面部隊諸兵種合成的海空突擊力量。㉟其擁有的飛機數量僅次於美國和俄羅斯，海軍航空兵是中共海軍的一支重要突擊力量和保障力量，具有較強的綜合作戰能力。

4. 海軍陸戰隊：是中共海軍五大兵種中帶有濃厚神秘色彩的部隊，這支由諸兵種合成的部隊，其主要任務爲實施快速登陸和擔負海岸、島嶼防禦或支援其他方面兩棲作戰的特種部隊。這支部隊目前編有陸戰步兵、

炮兵、裝甲兵、工程兵、防化兵、通信兵、兩棲偵察兵、反坦克導彈部隊等。中共海軍陸戰隊是擁有特殊裝備的兩棲作戰部隊，集陸海空三軍裝備之大全，有五花八門的各類步兵自動武器、水陸坦克、反坦克導彈，還有供兩棲作戰使用的航渡、登陸器材，上至空中的武裝直升機，下至水面的新型登陸艦艇、氣墊船等。㊱由於陸戰隊具有遠程投射武力之能力，因此，被中共視爲海軍之「戰略兵種（Strategic Arm）」。㊲咸認中共之海軍陸戰隊訓練有素，基本戰術、技術質量很高，已具備在近海實施現代兩棲作戰的能力。

5. 海軍岸防兵：係一支由岸對艦海防導彈和大口徑岸炮部隊組成的岸防部隊（Coast Guard），其主要任務爲保衛海岸基地、港口、沿海重要地點，消滅敵方海上艦船，掩護近岸海上交通線，封鎖海域、海峽、航道，支援海軍實施近岸作戰，支援海岸島嶼守備部隊作戰等。㊳目前，中共海軍已在沿海各戰略要地，根據海岸防禦的需要，部署岸對艦導彈部隊和岸炮部隊，形成密集的岸對海警戒防禦系統。

㈡兵力部署

分區組建「北海」、「東海」、「南海」三大艦隊：

1. 北艦部署較強之水面、水下與海航攻防戰力，以防護京畿。

2. 東艦以數量多之大型水面作戰艦、快艇，保衛華東及對台灣防衛，並能支援北、南艦隊作戰任務。

3. 南艦多部署兩棲登陸艦、運補艦、陸戰旅、海航機以確保南海領土主權。

㈢兵力發展

目前中共海軍兵力發展，可由組織調整、兵力部署、研製武器與外購裝備四方面分述如下：

1. 組織調整：中共海軍爲配合中央軍委「總裝備部」之成立（1998年4月5日組建，8月21日正式運作），於1998年下半年開始將原有之「裝技部」與「裝修部」合併爲「裝備部」，「北海艦隊」之雷達部隊由原有之二個團合併成立雷達旅；另「南海艦隊」所屬海軍陸戰隊於1998年7月1日由一個旅擴增至二個旅（另「濟南軍區」可能亦有一個師整編爲陸戰旅）。

2. 兵力部署：中共海軍爲增強其對台軍事威懾能量，將其自俄羅斯購買之K級潛艇全部部署在浙江象山港，四艘自製「江衛級」導彈護衛艦部署在定海；爲維護南海主權及其海洋經濟利益，刻正積極擴充「南海艦隊」遠程作戰兵力，如部署具有空中加油設備之J8D戰機，及新建「旅海」級導彈驅逐艦和二千二百噸「明」級改良型潛艇（目前已部署三艘）。

3. 研製武器：中共自行研發「宋」級傳統動力潛

艇（一艘已服役，一艘正建造中），「〇九三」型核動力潛艇及「〇九四」型核動力戰略導彈潛艇（均尚在研發階段），六千噸之「旅海」級導彈驅逐艦（一艘正在測試以形成戰力中，㊴一艘正建造中），「江衛」級導彈護衛艦（四艘已服役，兩艘建造中）。

4. 外購裝備：自1994年起，向俄羅斯訂購四艘K級潛艇相繼運交（第四艘已於1999年1月運抵象山港），兩艘「現代」級導彈驅逐艦（預於1999、2000年各交運乙艘），及其武器配備「SS-N-22」型反艦導彈、「SA-N-7」型防空導彈，十二架卡28直昇機。

㈣發展目標

中共海軍現代化之目標，將促成其組織結構與兵力整建朝向質量並重的方向發展，強化高速艦艇、快速部署、協同作戰等戰力，以適應海軍戰略概念之演進。㊵其具體計畫目標可能包括：

1. 建造大型作戰艦艇（或可包括是武庫艦Arsenal Ship、大力艦），建立遠洋海軍兵力，維護南海等海域之主權，增強長期戰略嚇阻武力，以支持其外交政策㊶。

2. 籌建航空母艦（最起碼是輕、中型航母）㊷，延伸戰略縱深，與強國競爭海洋；可遂行東海及南海等海域之巡弋任務。

3. 提昇海航戰力，使其海航部隊由路基、定點、近距離支援方式轉變爲以艦機活動的空中兵力，可遂行遠距離支援作戰。

4. 強化教育訓練、遠航演訓，掌握C4ISR及制信息權、制電磁權，使能打贏高技術條件下之局部戰爭，經略海洋。

5. 組建快速反應部隊，致力海上後勤保障，以集中優勢兵力奪取戰爭主導權，並有效對付南海地區可能發生之局部戰爭與衝突事件。

六、海軍戰力之能量

1950年中共海軍建軍迄今已歷50年，目前，中共海軍在數量上確實相當龐大，共有將近一千一百五十艘各型艦艇，是美國海軍的三倍半有餘，然而其作戰能力卻極不平衡；以中共海軍目前之兵力結構與作戰能量觀察，仍屬近海防禦、守勢作戰之軍力，並不適合遠洋、攻勢作戰，「走不遠、打不久」。㊸故共軍近年來的戰略思想已將海軍現代化排在第一優先，準備在西元2050年以前建立起世界級的海軍力量；㊹冀圖建立一支「作戰效能遠洋化、內部結構均衡化」的現代化海軍。

㈠增添新式裝備

1999年4月19日，中共海軍司令員石雲生在海軍建軍50周年前夕表示，中共海軍近年來已有一批新一代主戰裝備交付使用。以新型驅逐艦、新型潛艇、新型戰鬥機為代表的新一代主戰裝備，以及與其相配套的新型導彈、魚雷、艦砲、電子戰裝備等武器系統，陸續交付使用。主要包括：

1. 主戰艦艇：導彈驅逐艦、導彈護衛艦、導彈護衛艇、導彈快艇、獵潛艇、常規潛艇、核潛艇等。

2. 航空裝備：轟炸機、殲擊機、強擊機、殲擊轟炸機、反潛機、偵察機、巡邏機、電子干擾機、水上飛機、運輸機等。

3. 海防導彈：岸對艦導彈、艦對艦導彈、艦對空導彈、空對艦導彈、空對空導彈等。

4. 科技突破：直昇機上艦、電子戰上艦、新型艦砲上艦、戰術軟件上艦、深水炸彈反潛武器系統化、艦艦導彈超視距、魚雷加裝智能頭、護衛艦全封閉等幾十項關鍵技術獲得突破。㊺

㈡研製新型潛艦

1999年12月7日，美國駐北京大使館海軍武官凱普蘭證實，中共海軍目前正在建造○九四型㊻級核子動力彈道飛彈潛艇，估計此型潛艇可能會在二十一世紀初服役。㊼為了建立核威懾能力，確保嚇阻的可信度，㊽中共積極進行新一代核動力彈道飛彈潛艦的研製。根據美國海軍情報署的判斷，該型潛艦具良好的靜音性能，可攜行16枚射程達4000浬具多彈頭分導攻擊能力的「巨浪二型(Julang-2,CCS-NX4)飛彈，戰略打擊能力遠甚於現役的「夏」級彈道飛彈潛艦。美國一名官員表示，中共東風三十一型導彈，及準備部署在○九四潛艇上的巨浪二型潛射導彈，是中共採用竊自美國核彈頭機密而發展出來的首套戰略武器系統。中共發展○九四潛艇的目的，在於對美國的「戰略嚇阻」。中共海軍巨浪二型導彈及○九四潛艇，預計將在2005年或2006年完成部署，一艘○九四潛艇將可攜帶十二或十六枚巨浪二型導彈。美國官員表示，屆時這些導彈將可以命中全美所有區域，而不只是西部各州。㊾在此同時，中共亦積極研製用以取代「漢」級潛艦的新型核動力攻擊潛艦，這種代號093型的新型潛艦性能與前蘇聯建造的「勝利」級三型(Victor 3)潛艦相當，除了配備先進遠程線導魚雷外，該型潛艦可望實現水下發射巡航飛彈的攻擊模式。傳統潛艦方面，1994年中共建成了首艘「宋」級(039型)潛艦，該型潛艦具有淚滴型艦身，使用高攻角車葉推進，並可於潛航狀態下發射攻船飛彈。㊿此外，中共尚於199年向俄羅斯訂購了四艘「基洛」級潛艦，(51)該型潛艦靜音效果佳、攻擊能力強，爲當世性能最佳柴電潛艦之一。中共以俄製基洛級(Kilo)和改良型宋級潛艇爲戰術打擊部隊的主力。尤其引進俄製基洛級靜音設計及技術，以及應用絕氣推進系統(AIP)的改良型基洛級潛艇(優越的隱蔽性及潛航能力)，用來取代部份造價昂貴的核子潛艇所扮演的角色。預料2010年中共將共有20艘現代先進水平的傳統動力攻擊潛艇。從而大幅提升海軍戰力。52藉由自力研製及引進國外潛艦，中共潛艦部隊戰力大爲增強。

㈢研發大、中型水面艦艇

爲因應遠洋作戰需求，1980年代以來，中共海軍即致力設計與建造新式水面艦艇，並逐漸有大型化趨勢。1990年迄今，中共海軍已完成了兩種改良型驅逐艦(旅大級二型與三型)、一種全新型驅逐艦(旅滬、旅海級)53、一種改良型巡防艦(江滬級二型)與兩種全新型巡防艦(江衛級與江滬級三型)，這些艦艇均已加入戰鬥序列。中共新造各型艦艇部份引進了西方先進科技，相較舊式艦艇，無論在防空、反潛、制海及超視距攻擊能力上均有明顯地進步。54 1996年，中共與俄羅斯簽約購買現代級驅逐艦兩艘，55中共海軍打擊力將獲得飛躍式的提升。中共海軍的最終目標，乃在擁有一支以航艦爲核心的機動打擊部隊。在對外洽購迭遭挫折後，中共有可能自行研製；1985年，中共海軍即在廣州海軍學院開設「飛行艦長班」訓練課程；1991年，第一支艦載直升機部隊編成，納入海軍航空兵序列；1992年，中共與烏克蘭洽談瓦雅哥號航艦交易事宜，這一切作爲均是計畫性爲建立航艦戰鬥群鋪路。英國詹氏情報曾評估，中共將於2010年後，具有建立一支獨立的航空母艦作戰群的能力。1996年西班牙船廠Bazan曾向中共提出兩款輕型航空母艦設計，中共並未認眞考慮，因爲發展具作戰能力航空母艦戰鬥群才是其主要發展方向。跡象顯示，中共最終目的是尋求外國技術支援自製航空母艦。季北慈(Dr. Bates Gill)認爲，2010年以後中共才可能完成建造、部署。㊻顯示中共除加速海軍現代化外，亦在爲航母戰鬥群所需配套艦隻作先期整備，以期於航母建成後能迅速形成戰力、發揮作用。

㈣建立遠洋協同作戰能力

1977年起，中共海軍即著手進行遠航訓練。近年來，中共爲了加強機動打擊能力，經常組織特遣任務支隊實施遠航訓練，艦隊航跡遍及印度洋、南中國海及西太平洋等水域。1984年，中共海軍J 121號潛艦支援艦(submarine support ship)更遠赴南極協助建立科學考察站。1987年後，遠洋訓練成爲中共海軍例行性訓練的部份，百分之八十以上的指揮官曾參與此項訓練。中共海軍遠洋訓練係以「海空立體合成，遠中近全程協同」爲目標。遠洋訓練參訓單位由過去單一艦種、單一兵種逐步發展成多艦種、多兵種的合成訓練；訓練海域由近海逐步發展至遠洋；操演課目則由戰術單一的遠航訓練發展成爲戰術背景複雜的多課題操演。㊼特別值得一提的是在1986年5月，中共「北海艦隊」以驅逐艦3艘、潛艦2艘、輔助船2艘、轟炸機2架及直昇機2架，於東海至硫磺島間的西太平洋海域進行海空聯合演習；次年5月，中共「東海艦隊」亦以多艦編隊於琉球群島東南海域至舟山沿海間進行演習。此後，中共海軍至南沙群島及其他海域的演習不斷；顯示中共海軍之實地訓練已由近岸、近海而發展至遠海、合成訓練的階段。㊽此外，1997年2月，中共「南海艦隊」以旅滬級「哈爾濱」號驅逐艦、「珠海」號驅逐艦、「南倉」號綜合補給船組成編隊，遠赴美國、墨西哥、智利、秘魯等國；次月，「東海艦隊」亦由「青島」號驅逐艦、「銅陵」號護衛艦組成編隊，出訪東南亞三國。前者爲中共海軍艦隊首度横越太平洋，象徵意義重大。

㈤致力海上靶場建設

爲檢驗自製新型武器之實戰效能，迅速形成戰力，必須建設綜合性海上試驗靶場。據「新華社」報導，1999年11月上旬，我「國」自行研製的新型反艦導彈在某(按：應係遼東灣海域）海上靶場通過考核試驗。至此，這座具有世界先進水平的我「國」最大的綜合性海上試驗靶場，已爲海軍試驗和定型二百多種新型武器裝備。這座組建於1958年的海上試驗靶場，承擔著海軍各種艦船、飛機、導彈、水中兵器、電子武器等上百種裝備的試驗、定型任務。他們先後創造了發射第一枚海防導彈、建成第一個艦炮試驗陣地、核潛艇首次發射水下運載火箭等105項第一，完成試驗任務二千多項。此次演練顯示中共擬將海軍大批新型驅逐艦、護衛艦、作戰飛機以及與之相配套的導彈、魚雷、艦炮等武器裝備從這裡形成戰鬥力。㊾據悉，上述通過考核試驗之各型機艦，係爲北海、東海、南海三大艦隊及海軍武器試驗中心所屬三十九艘艦艇及十五架海航飛機；主要包括「殲轟七」戰機發射「鷹擊八一」導彈、「旅海」級導彈驅逐艦發射「鷹擊八三」艦艦導彈、「直九」機與「旅滬」級驅逐艦進行魚雷發射活動、「漢」級核攻擊潛艇與導彈護衛艦進行武器試驗等演練項目。

㈥積極海外戰場經營

中共海軍對前進基地與作戰海域經營亦不遺餘力；1990年代初期，中共分別於西沙群島永興島(woody Island)及南沙群島永暑礁擴建碼頭及機場，可供大型艦艇與海航轟六戰機、殲八殲擊機進駐，藉此中共在南海水域逐漸地建立作戰所需的海空力量，彌補地理缺陷對其兵力投射形成的不利影響；此亦反映中共如要發展遠洋作戰，必須要將南海區域納入其領海範圍，以推動其

「經略海洋」的戰略目標。⑥⓪另爲熟悉作戰海域提供相關支援，中共不斷地派遣漁政船及測量艦於南海及台海周邊進行水文蒐集，同時更擴建上海、大連及湛江三個港口的岸勤設施。在前進基地經營上，中共在緬甸位於安達曼海的莫貴群島(Mergui Island)設有海軍基地，在可可島(coco lsland)設有雷達、導航與電偵設施，前者提供中共海軍進出印度洋所需的後勤支援，後者可用以追蹤印度海軍在該水域的各項活動，藉此中共海軍具備了在印度洋部署所需的前進基地。中共尚協助緬甸擴建伊洛瓦底江三角洲(Irrawaddy River Delta)的貝辛(Bussein)及漢基(Hainggyi)兩港口，後者可供中共核動力潛艦駐泊，有助中共於印度洋建立戰略性海權。⑥①

七、未來發展

中共認爲21世紀將是國際間新一輪競爭的開始，舉凡資源的爭奪、科技的創新、疆界的劃分、航道的安全、勢力的建立等，均與各國之國家安全、利益息息相關。⑥②同時，21世紀亦將是個海洋世紀，中共能否抓住這一歷史性機遇，能否確保中共海洋經濟利益和海上安全，將直接關係中共發展戰略目標能否實現。

(一)海軍戰略

中共的海軍發展戰略，應與跨世紀國家發展戰略及軍事發展戰略相一致，並分階段、分層次、按部就班逐步實現。就層次以分，應先瞭解中共的海洋戰略，其目標概述如次㊿：

1. 重視海洋，面向海洋，經略海洋，建立起對中國大陸沿海300萬平方浬海洋國土的有效控制和管轄；

2. 強化海權意識，維護中國海域的主權和海權，以「寸土不失、寸海不讓」的決心和意志對待島嶼及海域爭議，在力爭和平解決的同時，不排除以軍事外交手段相結合的方式收復失地，絕不允許19世紀帝國主義列強瓜分中國領土的悲劇，在中國的海洋國土上重演；

3. 捍衛國家統一，保持對台獨的軍事威懾，確保對台獨分裂國家的行爲給予毀滅性打擊、奪取台灣海峽制空、制海權和發起登陸的兩棲作戰的能力；

4. 推進海洋防禦控制線至中國專屬經濟區外沿，並逐步加大西太平洋方向海洋防禦縱深，建立藍水海洋防禦能力，在西太平洋的和平與安全中發揮決定性作用，成爲西太平洋海上強國。

要實現上述戰略目標，必須具有強有力的手段，其中最重要的手段就是發展建設強大的藍水海軍和海上空中力量；此亦是興海權、固海防的根本，是中共強盛的必由之路，是中共崛起之不可或缺的保障。

其次，中共認爲21世紀初、中期，中共欲實現上述戰略目標，其海軍力量的戰略運用功能必須涵蓋以下幾個方面：

1. 能粉碎任何危害中共領土主權完整和海洋權益的企圖；

2. 能爲中共國家改革開放和經濟建設提供一個安全與穩定的海上戰略環境㊹；

3. 能有效地維護中共的世界大國地位和保持對亞太地區足夠的影響力；

4. 能遏止來自海洋方向的侵略和打贏針對中共的戰爭；

5. 保持有效的海上核威懾與核反擊能力等等。㊺

基于上述考慮，從現在起至21世紀初、中期的中共海軍戰略運用，應當著重解決一些重大課題。

1. 在海軍戰略運用能力上，必須具有前往關係到中共戰略安全的西北太平洋海域和印度洋部分水域執行戰略任務，尤其應具備與軍事強國海軍爭奪一定海域制海權的能力。

2. 根據中共海軍擔負的戰略使命、任務和高技術條件下海上作戰的需要，未來中共海軍戰略運用的範圍不應侷限于近海的範圍，而必須從近海向前延伸至太平洋西北部。如果中共海軍不具備在這一區域同強國海軍相抗衡和爭奪制海權的能力，或擁有對其構成「殺手？」

⑯的兵力兵器，那麼在戰爭到來時，必然要失去戰略主動權；根本無法確保中共的海上安全與利益，也難以維護中共的大國地位。

3. 從在太平洋西北部存在和進行活動的海軍力量看，不僅有在中共海上正面長期軍事存在的世界一流的美國太平洋艦隊，而且有實力不凡的俄羅斯太平洋艦隊(仍然堅持在越南占有海外戰略基地)，更有已上升爲世界第四位且將海上防衛範圍擴展至台灣海峽和南海海域的日本海軍，還有不斷發展的韓國海軍、東盟國家海軍、台灣當局海軍等。因此，中共必須加速發展海軍力量，取得與其大國地位相對等的實力。

4. 制海權鬥爭的實質在於對敵方海上兵力進行某種程度的控制，阻止其使用海洋。因此，爲了同這些海軍力量爭奪制海權，中共海軍就必須吸取清朝海軍全軍覆滅的慘痛歷史教訓，不能僅囿於中國大陸近岸近海，必須離開海岸走向大海，甚至能將武力投射至攸關中共海洋權益（由「保衛領土領海」的消極防禦轉向「保衛海洋權益」⑰的積極防禦）的任何水域。⑱

5. 從地緣角度看，中共海區呈半封閉狀，外有島鏈環抱，通往大洋的通道多數爲島鏈遮斷，中共海軍兵力進出大洋在一定程度上受制於他人，在戰時很有可能被敵方攔腰堵截。⑲因此，爲實現防禦性的戰略目的，要充分利用公海的國際性和航行自由性進行戰略防禦；遇到侵略時，中共海軍在具體的戰略行動上，則可採取進攻行動。

6. 現代海軍兵力的遠距離打擊能力不斷提高，如果不能在足夠遠(1000浬以上)的距離上攔截和打擊敵方的兵力兵器，就無法保障包括國家海上方向之「戰略國境」的安全。

由于受到各種主客觀因素的制約與影響，目前中共海軍的戰略運用能力還十分有限，還無法同海洋強國海軍在廣闊的西北太平洋海域爭奪制海權，但是著眼于21世紀中葉，隨著中共國力的不斷增強和中等發達國家的發展目標的實現，中共海軍的發展戰略可能分三步走：

1. 第一步：從20世紀末到2010年，必須注重全面提高近海綜合作戰能力，及執行各種海上戰役的能力；在海軍的戰略運用上能夠有效遏制與打贏局部戰爭和軍事衝突，並加快發展海上大型作戰平台和海軍中遠程精確制導武器，爲其後之發展奠定基礎。

2. 第二步：從2010到2020年，海軍應形成以海上大、中型作戰平台爲核心的兵力結構；在海軍的戰略運用上要達到有效控制「第一島鏈」以內近海海域的戰略目標；亦即爲具備在以「第一島鏈」爲前沿的近海海域奪取制海權的實力，以及具有打贏高技術條件下海上局部戰爭的能力。在此期間應著重發展信息化艦隊及其作戰手段、方法。

3. 第三步：從2020到2050年，開始向區域性海軍全面發展，形成以海上大型作戰平台爲核心的兵力結構；在海軍的戰略運用上要具備在西太平洋的廣闊海域，與軍事強國以及一些區域性大國爭奪制海權的實力，能夠確保中共之大國地位、維護中共之海洋權益和保衛中共海上方向的安全。⑰

㈡海軍建設

海軍發展目標，要實現近海型海軍向區域型海軍的轉變。雖然，目前中共海軍已有部分兵力具有一定的遠距離作戰能力，但總體上仍然屬於近海型海軍，中共自稱要使其海軍成爲一支強大的區域型的海軍力量，需要經過相當長時間的努力，並在兵力結構與部署、發展上進行若干調整、改進。

1. 在兵力結構上：中共認爲應形成以大型海上作戰平台爲核心的海上打擊力量，在西北太平洋和南海兩個戰略方向上形成大縱深的戰略防禦體系。目前，中共海軍的兵力結構還很不合理，儘管兵種齊全和擁有核潛艇，但主要是一支以海上輕型兵力爲主體、少量中型兵力爲輔的兵力結構，特別是能夠在中、遠海擔負作戰任務的兵力兵器量少質差，戰略、戰役使用很不配套。因此，中共海軍兵力結構與未來擔負的使命與任務相差甚遠，必須抓住21世紀前20年爆發大規模戰爭的可能性較小的有利機遇，加快發展與調整，爭取在下個世紀30年代後形成結構合理、戰略戰役使用配套的海軍兵力結構，特別是要建設信息化程度很高的大型航母戰鬥群，以便在下個世紀40年代形成一支強大的區域型海軍力量。⑪

2. 在兵力部署上：根據未來中共海軍擔負的戰略使命與任務，海洋戰略環境、戰略需求等情況，中共認爲其海軍現代作戰體制和戰略防禦體系可作相應調整和改革：是收縮戰線，將北、東、南三大艦隊合組爲兩大艦隊，⑫即中共東海艦隊和南海艦隊，專司海上戰略防禦；一是組建國家海岸警備隊，擔負近岸水域和近海海域的一般性經濟生產、海洋開發利用、維護海洋權益等大量日常海上防衛任務。⑬兩支艦隊將分別擔負西北太平洋的戰略防禦和南海及馬六甲海峽的戰略防禦任務，其兵力結構建設方向以高技術的大型多用途航母戰鬥群爲核心，並進行戰略協同與配合，確保海上戰略防禦任務的完成。

3. 在兵力發展上：中共認爲其海軍應走「復合式」道路，採取建設機械化艦隊和信息化艦隊同時並舉的方針。⑭中共海軍建設的主要矛與盾是海軍現代化程度和

作戰能力與未來高技術條件下海戰的需要存在相當距離，因爲中共海軍機械化艦隊的建設尚在進程中，表現爲主要作戰平台和武器系統遠距離機動能力、遠程精確打擊能力和遠距離、大範圍的探測預警能力尚顯不足。面對即將到來的信息化艦隊潮流，隨著以「網絡中心戰」爲標誌的全新海上作戰概念的出現，中共海軍在爭奪制海權的鬥爭中，將面臨更加嚴峻挑戰。中共認識到在可預見的將來，中共不可能在所有方面都趕上和超過發達國家海軍的現代化水平，不可能全面追趕高、精、尖的東西，因此，中共海軍可選擇走「復合式」的發展道路；即一方面在今后20-30年內著重發展大型海上作戰平台和武器系統，全面提高海軍的遠距離機動能力、遠程精確打擊能力和遠距離探測預警能力，完成工業時代的海軍建設任務；另一方面要結合中共科學技術特別是信息技術的後發快速發展之特點，在關鍵的信息技術領域和項目上跟蹤乃至趕上發達國家，提高中共海軍的信息化程度，要像當年研製原子彈和衛星那樣，超越常規發展具有中共持色的信息化艦隊，並研製出對付敵信息化艦隊的「殺手？」。⑮此外，有鑒于中共海軍在今后一個較長時間裡同軍事強國海軍的差距可能進一步拉大，因而作爲一種戰略對策，中共在未來的一個較長時期內，還必須從國家安全和戰略平衡的現實出發，投入一定的人力、物力和財力，繼續發展中共海基戰略核力量，進一步提高其質量，以便對軍事強國形成強大的核反擊能力，懾止軍事強國和其他霸權主義國家對中共可能發動的侵略戰爭。

4. 在奪取制海權上：中共海區北自渤海遼東灣，南至南海曾母暗沙，海區南北縱長，四海貫通，便于海上機動作戰，但也容易被敵的攔腰截斷。中共海區外緣爲島鏈包圍，是一個典型的半封閉海區，通往鄰近海區的海峽水道，目前均不爲中共控制，戰時中共海上兵力完全可能遭到敵圍追堵截，使中共喪失戰略主動權，難以走出島鏈執行戰略防禦任務或堵截敵進入中共海區的必經之道。爲謀在未來海上軍事衝突中有效奪取制海權，中共海軍必須建立一套以太空衛星爲核心的「指管通情」系統，因應下一個世紀初現代化作戰之需求。針對海洋監控方面，中共亦準備發射一組衛星系統用於監視來自太平洋和印度洋的可能威脅。此外亦建立多層次水下偵察預警系統，密切監聽假想敵的潛艇活動，以便戰爭爆發時立即對敵水下武力進行狙擊獵殺。⑯中共海軍必須擁有能夠在必要時有效控制中國海區通往大洋水域重要海峽水道的實力，一是在東部海區應當具備在戰時爭奪朝鮮海峽和琉球群島諸海峽的控制權的能力。二是在南部海區應當擁有在戰時控制巴士海峽(Bashi

Channel)、馬六甲海峽(Malacca Strait)、龍目海峽、巽它海峽(sunda strait)和菲律賓群島間諸海峽的能力。⑺

5. 在海戰場體系上：70年代以來雖然中共形象和國際情勢均已有較大的變化，但中共在近五十年來的海洋活動上，始終與甲午戰爭之後一般，未能跨出第一島鏈之外，仍然半封閉於沿海區域。⑻經過數十年的努力，中共海戰場(海軍兵力駐屯體系、作戰指揮體系、防禦體系和後方保障體系)已形成良好體系，爲海軍兵力完成各種作戰任務提供有利的條件。中共海戰場建設必須從根本上解決點多線長的狀況，眞正做到收縮點線、突出重點。故可考慮調整海戰場布局，一在東部和南部的海戰場體系。是在東部形成以舟山爲中心、青島和三都爲兩翼的海戰場體系；二是在南部形成以榆林爲中心、湛江和西沙爲前後縱深的海戰場體系。如此不僅能收縮點線和保障重點，還能有力地支撐中共海上戰略防禦前沿前移，有效地保障中共海軍兵力在南海和西北太平洋進行活動。有在必要時控制重要海峽、水道的能力，享有進出大洋的自由權。⑼

八、可能影響

(一)增強犯台能量與威懾力度

中共中央律定共軍的任務爲，促進祖國統一、維護領土完整以及確保海洋權益，此三項任務與我中華民國在台灣皆有關係，尤其是第一項，直接關係我國的安全。⑧⓪據判，中共對台軍事行動依其作戰強度可分爲軍事威懾、封鎖作戰及登陸（攻台）作戰等三種方式，亦即是中共軍方報刊指出，共軍可選擇對台的軍事策略包括「打、封、登」三種。⑧①未來一旦軍事威懾未能收效，則將進一步採取封鎖作戰，如封鎖作戰仍未能達到目的，則可能結合封鎖作戰實施三棲登陸進犯。依中共自己評估，「我國海軍現有的兵力、裝備能夠保証水雷封鎖的實施。從雙方海軍實力看，在水面艦艇和航空兵力方面我不占絕對優勢，實行兵力封鎖難度較大。但實施水雷封鎖并輔以兵力封鎖則能保証封鎖目的的達成。從雙方艦艇比較來看，我方在潛艇兵力上占有絕對優勢。潛艇是非常有效的海上封鎖兵力，潛艇佈雷是隱蔽的，同時增強潛艇作戰的靈活性。」⑧②美國國防部1999年2月所提「台灣海峽安全情勢報告」中，即坦承中共具有「管制台灣海運路線及封鎖台灣主要海港之能力」。因此，中共海軍兵力增強、活動範圍擴大，不論對我實施軍事威懾、封鎖作戰或是登陸作戰，⑧③均將造成直接之助益；從而增加其對台動武之信心。

㈡危及亞太和平與航道安全

中共不曾放棄運用武力解決領土爭端，美國學者費根包（Evan A. Feigenbaun,）即曾作一量化統計，指出中共於1949至1992年之間，運用武力解決國內外爭端不下118次。⑭另一美國中共問題專家格佛(John Garver)在「中共的外交關係」一書中，列舉了15個例子說明中共運用武力追求外交政策的史實。1974年與1988年7月，中共與越南分別於西沙群島、南沙群島赤瓜礁(Johnson Reef)發生激戰，1995年2月與菲律賓於美濟礁(Mischief Reef)武力對峙，這兩個事件驗證了中共爲維海洋權益不惜一戰的決心。無庸置疑，只要中共能力允許，它會毫不猶豫地運用海軍武力解決海洋權益衝突，這種發展已爲亞太安全投下了不安的變數。⑮中共海軍發展戰略走向遠海，冀圖將戰略防禦縱深由半封閉的「第一島鏈」區內跨出，達至與美、日西太平洋防線的「戰略利率區」，勢必與日本在此一地區之安全與利率相衝突，並與美國西太平洋防線相重疊；⑯中共海軍建設重心指向東南亞，亦將引起東協國家之不安，東協各國紛紛增加軍費、擴充海軍，⑰但因各國彼此間之紛爭因素繁雜，無法締結軍事聯盟或集體安全機制，加上南沙群島之爭奪戰方興未艾，益發使該區域情勢陷於長期之不安。總之，中共海軍發展壯大之後，勢將對整個亞太地區的和平穩定及航道安全，形成不可預測的不利影響。

㈢嚇阻美國干預台海危機

中共鑑於1995與96年兩度舉行對台軍事演習中，均遭致美國軍事介入而草草收場；乃謀發展「抗美」與「打台」併舉之戰略作爲。中共全力研發東風31洲際飛彈，其主要目的即爲研製潛射巨浪二型飛彈，每枚巨浪二型飛彈又可攜帶六枚核彈頭。爲保持核威懾力量，中共至少會建造六艘〇九四型潛艇，由於巨浪二型飛彈的射程長達八千公里，六艘戰略潛艇共可對五百七十六個遠程目標進行核攻擊。⑱此種部署旨在保障中共「抗拒」美國等他國核攻擊、核訛詐與核威脅，進而從事排除美國介入阻撓之「打台」行動。俄羅斯已於1999年12月25日移交一艘「現代級（Sovremenny-class）」驅逐艦予中共，再加上預期將在翌年運交中共的反潛直昇機和以色列在一架俄製伊留申運輸機上安裝的空中預警系統，這艘俄製驅逐艦可能開始改變台灣海峽的戰略均勢。在1999年10月28日參議院的提名認可聽證會中，可望出任美國駐北京大使的退役海軍上將普呂厄（今年元旦已赴任），曾經規避此型驅逐艦配備的「日炙（SS-N-22）」飛彈是否將安裝核子彈頭的問題；但他坦承，中共海軍增添此一驅逐艦，美國和台灣的部隊都必須「調整他們的戰術考慮」。部分武器專家認爲，這艘驅逐艦也許會讓美國在回應中共的攻擊時有所遲疑。「赤龍崛起」一書的共同作者崔浦禮說：「這整個構想就是在台灣問題上用它來遏阻我們。」他聲稱，中共將在這艘驅逐艦上配備核子巡弋飛彈，「大幅提高美國干預的風險」。[89]足證未來中共海軍建設之戰略考量，係在塑造一個足以「抗拒」美國干預、又能利便其「打台」的海戰場環境。

㈣中共海軍戰略發展與台灣地位息息相關

依據中共海軍發展戰略之規劃，自2000年起20年之內，在海軍戰略運用上要達到有效控制「第一島鏈」內的近海海域的戰略目標；亦即爲能突穿「第一島鏈」對中共的封鎖，可自由進出「第二島鏈」，要具備在西北太平洋的廣闊海域與軍事強國及一些地區性大國爭奪制海權的能力。然而，台灣地緣戰略位置正是中共在21世紀能否跨出「第一島鏈」、能否邁向「海洋大國」之關鍵所在。[90]中共認爲，以台灣爲焦點的中國大陸邊緣海經略，是一番振興中國與東方的和平發展的海洋大業，能否成功其焦點在台灣；中國大陸的海岸線彎曲如弓，台灣正位於弓背要害之處。台灣既是大陸海岸線的重要屏障，也是進入大洋深處最近的踏腳石。在西太平洋特有的島弧上看，台灣北連日本列島與沖繩島鏈，南接菲律賓和印尼等千島之國。「在目前兩岸分裂狀態下，對台灣首先當然是內政統一問題，但同時還關係著中國海洋經略的全局。中國如果再度丟失台灣，台灣將很容易地再度變成受人操縱的航空母艦。遭受沉痛挫傷的，不祇是中國的海洋事業，還有文化社會諸多領域，整個國家民族的根本利益將受到嚴重傷害。或如明眼人所評論：如果不把台灣拿過來，中國就可能永遠難以外向，永遠困守在中國大陸」。⑪可見中共海軍戰略之發展，最終將與台灣地位誰屬？有極爲密切的關聯。

九、結　語

1995年春，美國海軍八位上將、四十位艦長，以及一大批海軍戰略分析家聚集在美國海軍學院，這次電腦模擬戰爭由美國國防部部長親自下令進行，假想的戰爭背景是在2010年春天，兩岸突然爆發戰爭，美國海軍立刻派出第七艦隊和相關的支援武力，全速逼進「中國」領海進行巡弋。孰料，趕來的美軍部隊全遭殲滅，此事震撼了美國國防部高層官員。在這次模擬演習中，中共運用先進的反衛星攻擊系統，有效地擾亂了美軍的瞄準能力，美國海軍軍艦根本接近不了「中國」領海。在美方部隊展開防衛之前，中共的巡弋飛彈早已如雪花片片般從天而降，包括航空母艦在內的整個美軍艦隊全遭擊毀。美國海軍所引用的這套電腦模擬對抗系統，在波斯灣戰爭和美軍進軍海地之前都做過類似的演練，據傳效果頗佳。雖然電腦戰爭不是實際作戰，但是這場模擬的結果顯示，在2010年中共的軍隊跨海作戰能力是不容忽視的。[92]反映中共海軍發展戰略在未來十年之內，恐將全面提高近海綜合作戰能力和執行各種海上戰役的能力，在海軍戰略運用上冀望打贏局部戰爭，在兵力建設上圖能加快發展海上大型作戰平台和海軍中、遠程確制導武器，從而有效控制「第一島鏈」內近海海域的戰略目標。此一發展之影響，我國勢必首當其衝，亦即是有助於中共增強其犯台能量與威懾力度，既有利其對我遂行「軍事威懾、封鎖作戰及登陸（攻台）作戰」；復可施展「抗美、打台」策略，嚇阻美國干預中共犯台。但是美國軍方認爲，中共海軍長久來的作戰目標，以攻擊水面艦艇爲主，以致於僅具備反艦作戰能力，對來自空中、水下及陸基中遠程導彈等立體戰爭所知有限。中共使用「現代」級驅逐艦，則可填補這個認知上的差距；惟擁有武器和如何有效使用武器，是兩碼事，需要有「系統集成」（System of Systems）的概念，即綜合運用各軍事作戰系統的能力。軍事專家認爲，中共在軍事系統的整合能力還很弱，很難想像中共即使有幾艘好戰艦，如何去面對強大的第七艦隊。至於我國防衛之道，可能仍需以建立早期預警及反導彈系統爲首要，其次應強化反潛能力，以及超視距反擊武器；秉持「積極防禦、有效嚇阻」之戰略原則，增強海空軍打擊力，掌握在台灣海峽的制海、制空權，確保國家安全與利益。

《明報》：中共年底開始建首艘航母　五年後正式服役 夏嘉玲／台北報導2000.0112

中共首艘輕型常規動力航空母艦將於今年底全面展開建造計劃，預計二○○五年正式服役。香港《明報》今天引述消息人士報導，這項計劃耗資四十八億人民幣，首期十億元已獲中共當局批准，該航空母艦可望二○○三年下水。據估計，此後每隔三年可造出一艘新航空母艦。專家認爲，中共建造航母的迫切性有二：一是對付台灣，一是解決南沙群島主權糾紛。報導指出，中共早就開辦「航母飛行艦長班」，對絕大多數擔任過飛行中隊長的學員進行爲期兩年的訓練，已培訓出百餘名「可從艦上起飛固定翼戰機」的優秀飛行員。另外，中共還在北方某一海軍機場修建一個模擬飛行甲板，參考澳洲的「墨爾本號」航母而設計。報導指出，此航母自澳洲購入，已經折毀，改善後的飛行甲板用的是中共自行設計的一套系統，這是中共「提高戰鬥力的又一重要環節」。

註：①吳純光，「太平洋上的較量：當代中國的海洋戰略問題」，「今日中國出版社」（北京），1998年10月第1版，頁356。所謂「共同艦隊」係爲：艦艇由前蘇聯出，各級指揮官由前蘇聯派，只有兩國水兵是共同的。

②導彈驅逐艦105號應是Type 051 Luda II Class Destroyers ，Jinan(濟南)號，105艦改裝直升機載艦後被外界稱爲「旅大」II級。

③導彈驅逐艦112號應是Type 052 Luhu,C1ass Destroyers ，Haerbing(哈爾濱)「旅滬」級。

④葉暉南,「建國以來我國國防戰略的四次重大調整」,「新華文摘」,1999年.10月刊，頁65。

⑤姜上洲，「中國海軍的發展戰略」,「廣角鏡月刊」(香港)，1998年12月號，頁72。另參考林宗達，「中共國慶閱兵對台軍事防衛之意含」,「共黨問題研究」第25卷第11期，中華民國88年11月刊，頁85-86。從「近岸防禦」逐漸轉變爲「近海防禦」，這一戰略的改變的目的是要將來犯的敵人在大陸沿岸海域，即予以殲滅或擊潰，使其不能進入中國大陸內地，這與過去毛澤東誘敵深入之戰略有相當大之差異。

⑥陳永康、翟文中，「中共海軍現代化對亞太安全之影響」,「中國大陸研究」第42卷第7期，中華民國88年7月刊，頁2。

⑦中共「新華社」1999年8月19日北京電(記者李詩佳)。

⑧梁守德,「國際格局多極化中的美國新霸權」,「中國評論」(香港)1999年10月號，頁12。

⑨黃宗良，「對科索沃危機後國際格局和中國內外政策的幾點想法」,「中國評論」(香港)1999年11月號，頁23。

⑩李義虎,「中國應隨國際格局變化調整」,「中國評論」(香港)1999年8月號，頁35。

⑪冉亮，「圍和-美對中共政策的第三種選擇」,「中國時報」1999年9月19日，14版。

⑫香港「鏡報」1999年11月初出版披露，江澤民要求對美要有兩手準備，本文轉引自「聯合報」，1999年10月31日，13版。

⑬蘇格,「美國對華政策與台灣問題」,世界知識出版社,北京:,1998年6月第1版1999牛1月第3次印刷，頁810。

⑭黃彬,「對台動武的可能性及作戰特點」,廣角鏡月刊,香港,1999年9月，頁64。

⑮陳先奎、辛向陽，「焦點問題：回應對鄧小平理論的挑戰」，華夏出版社，北京，1998年10月第1版，頁287。

⑯香港「中國通訊社」1999年8月13日電。

⑰「聯合報」1999年11月6日轉譯邱永漢在最新一期日本「SAPIO」

雜誌發表之專文。

⑱1999年10月11日「中央社」報導。另參閱1999年10月6日香港「明報」報導。

⑲侯樹棟、黃宏、洪保秀,「新時期軍隊和國防建設理論」,「經濟科學出版社」(北京),1998年12月第一版,頁159。

⑳龍村倪,「戰略對峙下的南海變局與因應」,三軍大學舉辦「跨世紀國家安全與軍事戰略學術研討會論文集」1999.1208,頁70。

㉑劉一建,「中國未來的海軍建設與海軍戰略」,「戰略與管理」(北京),1999.5,頁96。

㉒羅廣仁,「兩岸分治五十年後看中共軍事戰略」, 1999.10.12「海峽兩岸分治五十年」專題報導:「中央通訊社」大陸新聞部提供http://www.cna.com.tw/mnd/101/101-12.html。

㉓姜上洲,「中國海軍的發展戰略」,廣角鏡月刊1998年12月,頁70。

㉔ Evan A. Feigenbaun, China's Military Posture and the New Economic Geopolitics, The IISS Quarterly, Survival, vol.41/no.2, summer 1999, p.71.

㉕「21世紀中國海洋戰略」,http://person-zj-cninfo-net/'tzj/book/js/navy/N.30.htm

㉖Ibid.

㉗Evan A. Feigenbaun, China's Military Posture and the New Economic Geopolitics, The IISS Quarterly, Survival, vol.41/no.2, summer 1999,P.77.

㉘Impact of China's Ambitions To Be ,ASlAN DEFENCE JOURNAL 8/99, P.7.

㉙1999年12月10日「新華社」北京電:中國政府和俄羅斯政府1209在北京簽署中俄邊境協定(共簽署了三個協定),從而爲兩國之間長達三十年之久的邊境爭端劃上了句號。另12月4日「新華社」電:中共總理朱鎔基1203到訪越南期間,中國大陸與越南陸地劃界問題,已經全部解決,月底可簽協議;另雙方將爭取在2000年內解決北部灣的劃界問題。

㉚Srikanth Kondapalli, China's Naval Structure and Dynamics, Strategic Analysis, Monthly Journal of the IDSA[Institute for Defence Studies and Analyeses] New Delhi, October 1999,p.1095-1116.

㉛同註五,姜上洲同書,頁71。

㉜Ibid.（Srikanth Kondapalli,）

㉝同註五。

㉞同上註。

㉟中國海軍50年，「軍事文摘」1999年10月刊。http://www.zhanjiang-gd-cn/com/zjmike/joinnow/cnavy/focus/1ookback2.htm.

㊱同註五。

㊲Ibid.（Srikanth Kondapalli,）

㊳Ibid.

㊴該「旅海」級導彈驅逐艦曾於1999年11月上旬，在遼東灣葫蘆島一帶海域實施大規模檢驗新兵器演練，據悉測試結果良好。

㊵Ibid.（Srikanth Kondapalli,）

㊶M Ehsan Ahrari,「中共遠洋戰力之擴展」,「詹氏情報評論」1998年4月刊，轉引自「國防部史政編譯局」譯印「亞太安全譯文彙集3」，中華民國88年7月出版，頁321。

㊷中共軍方對是否建造航空母艦之爭論始終存在，主張建造者已佔上風，可能計畫於二〇二〇年前建立起以航母為核心之遠海艦隊，建立遠海作戰能量，並在二〇五〇年前發展成為世界主要海權國家；目前，中共航母計劃仍在論證階段，並先期進行配套艦隻整備。反對派則認為：如果靠航空母艦去建立海權，將永遠無法超越美國，所以需要另謀發展之道，而集中力量發展長程精密彈道飛彈、戰略核潛艇、或是武器庫艦艇，均是其替代方案之一。

㊸蕭朝琴,「中共發展海權戰略對台安全之威脅」,「共黨問題研究」第25卷第12期中華民國88年12月，頁74-75。

㊹「跨海雄圖-中共海軍現代化（Maritime ambitions-China's naval modernization）」, Jane's navy international , April 1998 ,P.11.另參閱英國「詹氏情報和評論」1997年3月刊。

㊺1999年4月20日「明報」（香港），B14,「中國要聞-海軍增添大批新裝備」。

㊻1958年6月27日，中共最高層批准「國防工業委員會」「關於研製導彈原子潛艇」的絕密報告，在聶榮臻主持下開始研製核潛艇；而其代號「09」工程，係為大陸各城市之火警的報警電話號碼，

寓意中共研製核潛艇，已然十萬火急、刻不容緩。

㊼1999年12月7日，「中央社」記者鍾行憲華盛頓專電。

㊽中共自稱其核潛艇曾在96年3月台灣海峽飛彈危機中，作爲「國家」威懾力量的象徵，充分發揮了應有的作用。參閱魏言雯，「中國核潛艇實力透視」，「廣角鏡月刊」（香港）1998年10月，頁40-43。

㊾1999年12月7日，「中國時報」報導。

㊿同註六，陳永康、翟文中同書。

51第四艘「基洛」級潛艦已於1999年1月運交中共，目前四艘均在浙江象山港。

52吳慶璋，「國防預算下限法制化對國家安全影響之研究」三軍大學舉辦「跨世紀國家安全與軍事戰略學術研討會論文集」1999年12月8日，頁216-217。

53中共於九四、九六年各建成部署「旅滬」級導彈驅逐艦一艘，該型艦排水量四千二百噸，均隸屬中共海軍「北海艦隊」。「旅海」級導彈驅逐艦乃中共迄今自製最大之作戰艦艇，首艘已於1999年初正式成軍，排水量五千八百噸，隸屬「南海艦隊」；另第二艘「旅海」級建造工作也將在首艘完成性能測試評估後著手進行。

54同註六，陳永康、翟文中同書，頁7。

55 1999年12月26日「中國時報」報導：美聯社／莫斯科1999年12月25日電，俄羅斯今天已將中共海軍訂購的兩艘「現代級」驅逐艦中的第一艘交付中共，並將由中共海軍人員直接駛回。中共訂購的第二艘現代級驅逐艦將在明年年底開始建造。俄羅斯將在明年把配備於現代級驅逐艦上的「日炙」型超音速反艦飛彈運交給中共。

56同註52，吳慶璋同書。

57同註六，陳永康、翟文中同書，頁8-9。

58同註43，蕭朝琴同書，頁76。

59 1999年11月14日「新華社」瀋陽電。

60同註43，蕭朝琴同書，頁76。

61同註六，陳永康、翟文中同書，頁9-10。

⑥②高春翔，「新軍事革命論」，「軍事科學出版社」（北京），1996年12月第1版，頁135。

⑥③羅廣仁，「兩岸分治五十年後看中共軍事戰略」，1999年10月12日，海峽兩岸分治五十年專題報導：中央通訊社大陸新聞部提供http://www.cna.com.tw/mnd/101/101-12.html）。

⑥④1988年共軍軍官許光裕發表「追求合理性之戰略國境」的「戰略國境論」，該文所指的戰略環境係「對一般領土、領海、領空等限界之地理國境作對比的意義，係指國家軍事力量實際統治之空間範圍；亦指與國家利益有關聯擴大地理、空間範圍而言。隨著綜合國力之變化，戰略國境範圍變動；因此，相對的不安定、混沌應運而生。」轉引自「國防部史政編譯局」編譯之「中共軍事論」，中華民國84年2月出版，頁195。

⑥⑤同註21，劉一建同書，頁96。

⑥⑥中共所謂「殺手？武器」包括M九、M十一型導彈、基洛級（KILO）潛艇、蘇愷（SU）27、30戰機等武器，凡是敵人所最害怕的武器皆屬之；其中常規導彈「殺手？」武器裝備的編裝及部署，尤爲「重中之重」的工作。此外，巡弋飛彈更爲常規導彈中之「極品」，可造成政、經、心、軍各層面之震撼效果。

⑥⑦1992年10月，江澤民在共黨「十四大」所作「政治報告」中，即曾明確指出，今後軍隊的使命將是「維護祖國統一、領土完整及海洋權益」。1999年10月6日香港「明報」報導，北京訊：「中國」一位軍方人士表示，此次國慶閱兵顯示，「中國」已完成重要的軍事戰略轉移，開始向追求海上強權方向發展，「保衛領土領海」的消極防禦已讓位於「保衛海洋權益」的積極防禦。

⑥⑧同註六，陳永康、翟文中同書，頁4-5。

⑥⑨同註21，劉一建同書，頁97。

⑦⓪同註21，劉一建同書，頁100。

⑦①同上註，頁99。

⑦②鍾堅博士亦有類似重組三大艦隊之看法：中共跨世紀制海兵力結構，旨在建立一支機動性強、任務目標明確的集團軍級「聯合機動艦隊」，故打破三大艦隊建制，將航空母艦、核攻擊潛艇、常規潛艇、導彈驅逐艦、大型登陸艦、遠洋綜合補給艦和艦載

陸戰隊編成，以陸基精銳的海軍航空兵及航母艦載機的殲擊機、遠程轟炸機、電子對抗機、預警機、加油機等航空兵力支援，使機動艦隊具備反艦、攻潛、防空、岸轟、兩棲攻擊和電子對抗等多種作戰能力，使之成爲跨世紀能應付低強度海上武裝衝突的制海骨幹力量。(詳閱鍾堅，「未來十年中共國防現代化及軍力評估報告書」，中華民國87年6月，P79-P82。)

(73)同註21，劉一建同書，頁99。

(74)中共認爲，世紀之交，一場有史以來最爲深刻的世界軍事革命正在深入發展。在以信息技術爲核心的一大批高新技術群的推動下，一個信息化艦隊時代已初露端倪，並將主導21世紀初、中期世界海軍的發展方向。信息化艦隊的出現必將對各國海軍的建設和運用產生巨大影響，使海戰面貌發生重大變革。以美國爲首的西方軍事強國充分利用世界軍事革命的機遇，將率先進入信息化艦隊時代。一般認爲，比較完善的信息化艦隊將在下個世紀20-30年代建成，屆時，世界海軍力量將會出現嚴重分化，發達國家海軍與發展中國家海軍之間的差距將進一步拉大。

(75)同註21，劉一建同書，頁100。

(76)同註52，吳慶璋同書。

(77)同註21，劉一建同書，頁98。

(78)廖文中，「中共軍隊建設對區域安全的影響」，「中共建政與兩岸分治五十年」學術研討會，中華民國1999年9月22-23日，頁17。

(79)同註21，劉一建同書，頁98。

(80)同註43，蕭朝琴同書，頁76。

(81)1999年7月23日中共「中國國防報」報導。

(82)胡文龍主編，「聯合封鎖作戰研究」，「國防大學出版社」(北京)，1999年3月第1版第1次，頁14。

(83)以往國內外的軍事專家咸認爲，中共海軍在正規登陸作戰中，第一舟波攻擊只能運送1至2個師的武裝部隊；但是中共新造的各式氣墊船及「大登級」戰車登陸艦，無論酬載、性能及機動力均較舊式同級艦艇爲優，故中共海軍的兵力投射能力應較昔日爲強。預估未來中共有能力運用氣墊船實施師級規模的兩棲突擊作戰。此外，地面效應船(Ground effect vehicles WIGs)的引進，使得中共能以「高速」與「隱匿」方式遂行兵力投射。

⑧④ Evan A. Feigenbaun, China's Military Posture and the New Economic Geopolitics, The IISS Quarterly, Survival, vol.41/no.2, summer 1999,P.75.

⑧⑤同註六，陳永康、翟文中同書，頁5-6。

⑧⑥同註77，廖文中同書，頁13。

⑧⑦美國國防大學國家戰略研究所的「一九九九年戰略評估」指出，到了公元二零一零年，中共的海、空軍可能可以在南海勝過東南亞國家協會成員國，甚至可能超越台灣。1999年11月10日「中國時報」轉載。

⑧⑧1999年12月9日香港「明報」報導。

⑧⑨1999年11月19日「中央社」記者鍾行憲華盛頓專電。

⑨⓪同註77，廖文中同書，頁13。

⑨①吳國光、劉靖華「圍堵中國：神話與現實」，1996年第4期「戰略與管理」。

⑨②新新聞郵報「『租借台灣』連載系列之六十四」。

中共台海戰爭兩棲登陸軍力

林長盛

壹、前　言

1996年3月台海危機過之後，中共軍方連續召開數個大型軍事研討會，集中研討高技術條件下局部戰爭的戰法。中共國防大學副校長胡長發中將在一次研討會上明確地指出：「當前我軍最緊迫的任務是做好以主要戰略方向爲重點的軍事鬥爭準備」;「在主要戰略方向上，我諸軍兵種聯合實施的登陸作戰是實現軍事鬥爭基本任務的主要作戰樣式。」①胡的講話顯露出兩點重要信息：一當前中共軍隊主要任務是作好主要戰略方向的軍事鬥爭準備；二登陸作戰是主要戰略方向上的主要作戰樣式。從中共軍事戰略環境看，這個主要戰略方向就是指面向大陸東南約台灣，而登陸作戰就是渡海攻台作戰。中共海軍指揮學院院長李鼎文中將亦表示：「根據我國的安全環境和軍事鬥爭形勢，聯合渡海進攻戰役將成爲我軍未來的重要戰役樣式。」②從近來中共軍隊訓練實踐看，渡海登陸作戰確實占據著極爲重要地位。可以說，當前中共軍隊戰力建設和作戰準備的核心，均是圍繞著渡海登陸攻台作戰而進行。渡海登陸作戰，儘管在中共新時期軍事戰略中占據著如此重要的地位，但中共軍方也清楚認識登陸戰的複雜性與艱難性。中共廣州軍區司令部孫曉和大校、陳孟強少校坦率指出：登陸作戰是現代戰爭中參加軍兵種最多、組織最爲複雜，實施最爲艱難的聯合戰役樣式③。更爲嚴重的是，中共軍隊不僅嚴重缺乏登陸作戰經驗，而且嚴重缺乏登陸作戰軍力。所以，中共軍隊登陸作戰準備的一個重要起點，是渡海登陸軍力的建設。

總而言之，登陸軍力建設首先是指可使登陸部隊跨越海洋到達敵岸作戰的運載裝備。傳統上，登陸運載裝備主要爲兩棲登陸艦艇以及兩棲坦克與裝甲車等武器。然而現代科技的發展，已使渡海登陸運載裝備走向立體化，出現了氣墊船、地效飛行器、直升機等立體登陸裝備。本文對中共軍隊登陸軍力建設的探討，主要包括傳統的水面兩棲登陸載具和可飛躍海面的掠海登陸載具兩方面。

要瞭解中共軍隊登陸作戰軍力的建設，先要瞭解中共軍方策劃的渡海登陸作戰樣式，因作戰樣式決定著登陸運載工具的發展與部署。同樣，從登陸運載工具發展的特點，方可判斷出中共軍隊策劃的渡海登陸作戰樣式。本文首先探討中共軍方對登陸作戰樣式的認識，然後研究登陸載具的建設情況，最後評估中共軍隊渡海登陸作戰的軍力情況。

貳、中共軍隊對登陸作戰的認識

渡海登陸作戰，與海軍密切相關。中共海軍對登陸作戰的認識，在中共軍隊中也最深刻，最具權威性。中共海軍軍事學術研究所研究員胡利明中校，以及中共海軍指揮學院教官李堂杰上校，對渡海登陸作戰作了大量研究，在中共軍內甚具影響力。以下以二人研究爲基礎，探討中共軍隊對渡海登陸作戰的認識。

通過對登陸工具和登陸作戰的研究，胡利明中校認爲：隨著高技術的飛速發展及其在軍事上的廣泛應用，現代渡海登陸作戰已發生許多重大變化，這些變化主要表現在輸送工具、上陸方式、作戰重心等方面。

在輸送工具方面，胡利明中校認爲，科技發展已使登陸工具發生了質變，先進的新一代輸送工具如兩棲攻擊艦、船塢登陸艦、直升機母艦、氣墊船和地效飛機等已批量裝備一些國家軍隊。與傳統輸送工具相比，新型輸送工具性能提高極大。其中，兩棲攻擊艦、船塢登陸艦、直升機母艦等大型輸送工具通用化強，具有均衡裝載和綜合作戰能力，單一艦船即可攜帶一個作單位的全部兵力、裝備及支援兵器，能夠實施獨立登陸作戰，從而克服了以往輸送艦船用途單一，單艦單船無法完成登陸任務的侷限。直升機、氣墊船和地效飛機等輸送工具速度快，通常比登陸艇快四至六倍，能縮短登陸兵海上航渡和上陸的時間，對登陸突然性，減少傷亡，具有重要意義。而且，這些運載工具具有超越水面的能力，可大大減少自然條件和人工障礙的限制，能直接超越各種障礙，可在灘頭條件差的地段登陸。排水型登陸工具對自然條件則要求較高。據統計，使用排水型登陸工具，全世界海岸線可登陸地段只有百分之十七，而使用氣墊船登陸則可達百分之七十。

在上陸方式方面，胡利明中校認為，由於新型登陸輸送工具的使用，現代登陸作戰的上陸方式已發生很大變化，主要表現在三方面：一是實施寬正面機動登陸，即根據先期火力打擊效果和敵海岸防禦部署情況，在寬大正面隨機確定登陸地區，實施快速突然登陸。實施機動登陸的目的，是為破壞敵方抗登陸作戰指揮週期的內部聯繫，使其無法適應因機動而造成的經常變動的新情況，始終陷於被動局面。二是實施超視距登陸。由於有了氣墊船、直升機等快速登陸工具，登陸兵突擊上陸時已不需再抵近對方海岸，運載母艦可在敵方海岸雷達視距之外展開、換乘，實施超視距登陸。當對方發現時，已來不及作出有效反應。三是實施超越性登陸。具有超越海面能力的直升機、氣墊船、地效飛機等登陸輸送工具，可載運登陸兵越過敵障礙區和灘頭，直接到達敵方海岸或縱深實施立體登陸。該中校斷定，隨著超越登陸工具的大量裝備，未來超越性登陸將會成爲現代登陸作戰的主要突擊上陸方式。

在作戰重心方面，胡利明中校認爲，現代登陸作戰的一個顯著變化，是作戰重心向縱深推移。他指出：過去因登陸工具爲排水型，登陸作戰只能採取線式作戰方式，進攻程序是由前沿向縱深層層推進。在登陸過程中，首先要強行突破敵抗登陸體系，奪佔登陸點，建立、鞏固和擴大登陸場，然後向縱深推進。而抗登陸一方則以堅固設防的預設陣地爲依托，利用水際灘頭和各種人爲障礙，實施陣地堅守防禦。因此，水際灘頭是雙方爭奪焦點，也是登陸戰的重心。但先進登陸工具的運用，這種傳統的登陸作戰模式已被突破，作戰重心也由水際灘頭爭奪變爲對縱深要害目標的首先摧毀。他認爲，現代登陸作戰將是非線性作戰，作戰一開始就對敵方縱深重要目標實施火力突擊，同時使用直升機、氣墊船等超越型登陸工具在敵方縱深地帶實施超越登陸，直接攻擊敵方要害，以迅速達成登陸作戰企圖④。

曾被中共軍方派往歐美及俄國學習的李堂杰上校，通過對各國兩棲戰史和理論的研究，認爲目前世界上最有代表性的兩棲作戰理論有四種，即傳統的登陸戰理論、兩棲機動戰理論、超視距兩棲突擊理論和海空一體兩棲戰理論。

其中，傳統登陸戰理論是一種平面渡海登陸作戰樣式，要點是預先確定登陸的時間和地點；然後集結登陸艦船，裝載登陸作戰編隊，在海空兵力掩護下，航渡到目標海區；再把登陸人員、裝備換乘到小型水面輸送工具上，在海空火力掩護下，在抵達距岸數海浬外，編成波次，強行突擊上陸；在換乘與上陸前，要以優勢火力摧毀敵岸上工事、重要軍事設施和水際灘頭障礙，爲登陸工具開闢通道。李堂杰上校指出：傳統登陸戰的指導思想，雖是力爭隱蔽突然，但立足強行登陸；特點一是以水面艦船實施平面登陸，二是以預定計劃指導作戰全過程，三是以優勢兵力火力消耗敵人。可以說，傳統登陸作戰是一種立足平面強行登陸的消耗戰，即以優勢的火力和技術，通過對敵抗登陸能力的破壞尋求勝利。針對世界軍界對傳統登陸作戰重消耗、輕機動的批評，該中校認爲：傳統登陸樣式儘管有不足之處，但在下世紀初仍具指導意義，原因是現代偵測技術的發展，兩棲作戰尤其是兩棲戰役很難不被發現蹤跡，而軍隊機動力的提高，也使抗登陸一方調整部署週期大爲縮短，防禦的弱點與強點可迅速轉換，因此如不耗掉敵人一些實力，不立足攻堅，把希望全寄託在避實擊虛上，將非常危險。該上校還認爲，儘管超越登陸工具已有很大發展，但到下世紀初小規模登陸可不使用平面登陸工具，中等以上規模兩棲作戰仍無法擺脫以平面登陸爲主的模式⑤。

對兩棲機動戰，李堂杰上校指出，這是機動戰與登陸戰結合的作戰理論，核心是在機動中找戰機，以獲得最大突然性，即不預先確定登陸的方向、地點和時間，而是通過在寬大正面的兵力機動，找出最佳登陸方向、地點和時間。該上校認爲，兩棲機動戰要成功，一需先進的偵察情報系統，以隨時掌握戰場動態發展；二需先進的輔助決策系統，以提高指揮官的判斷與決策速度；三需先進的登陸輸送工具，以實施快速突然登陸。在作戰實施上，兩棲機動戰要達成目的，一需破壞干擾敵偵測系統，以造成其判斷失誤，至少要延長其偵測的時間和效果；二需破壞干擾敵指控通情系統，並在廣闊空間實施佯動和佯攻以及欺騙僞裝措施，降低敵判斷與決策的速度和質量；三需破壞敵岸上交通樞紐，削弱其地面與空中機動能力；四需避實擊虛，從敵疏於防禦的翼側上陸。可以說，兩棲機動戰對裝備和戰術要求很高。該上校指出，兩棲機動戰重突然、輕數量；重機動、輕消耗，但無數量優勢，僅靠突然性作戰，不僅取勝困難，速戰速決也難，一旦失去突然性，更面臨失敗的危險；而不用火力對敵加以實質性的打擊和摧毀，僅靠機動造成的有利態勢，也無法取得登陸作戰的成功。此外，對兩棲機動戰否定強攻上陸，力求避實擊虛，從弱處開刀的作法，該上校認爲這本無可非議，但立足避實擊虛，放棄強攻準備，含有很大風險，一旦避實擊虛落空，必將要麼放棄登陸，要麼被迫進行沒有把握的背水一戰⑥。

超視距登陸作戰，又稱爲超地平線登陸作戰，即登陸工具在敵岸上探測設備距離之外的海區換乘、編波，然後高速衝擊上陸。李堂杰上校認爲，超視距登陸是一種超前作戰理論，它適應新一代登陸載運工具的發展，突破了傳統的兩棲作戰樣式，將會引發登陸作戰的一系列深刻變革。不過，他指出，超視距登陸作戰源於反艦導彈的超視距作戰，但超視距登陸給兩棲戰艦帶來的安全還不如反艦導彈給發射平台帶來的安全爲高，因爲登陸工具的任務是在岸上建立力量，而不是像反艦導彈那樣與敵同歸於盡。而且，載艦還要回收放出的登陸工具，不能「放了就跑」，因此載艦位置可能很快就會暴露，並面臨敵人的攻擊。該上校還認爲，超視距登陸的成功率也不會比反艦導彈攻擊爲高，因爲兩棲輸送工具目標大、速度慢，從衝擊線到上岸一般需三十分鐘至一小時。而在這段時間，敵岸上探測器材不難發現它們，也會有充裕的攻擊時間。超視距登陸還面臨著火力支援、火力掩護和火力護送的難題。該上校認爲，即便到下世紀，絕大多數艦炮仍不具備超視距對岸射擊能力，如進入視距內陣位上開火，一會降低超視距突擊的突然性，暴露作戰企圖；二會降低登陸工具對登陸地段和灘頭進行臨機選擇的靈活性；三會給炮艦自身安全帶來嚴重問題。最後，該上校認爲，超視距登陸沒有主張不用排水型工具，且到下世紀初，中等規模以上的超視距登陸，任何國家都不可能不用排水型工具。因此，同樣面臨一個掃雷和破障的問題⑦。

對空海一體登陸作戰，讓上校認爲，它的核心是採用立體登陸作戰樣式，即「多層雙超」的上陸方式。「多層」是指由若干水平層次構成的立體登陸方式，最低層是登陸艇和兩棲輸送車等平面登陸工具；第二層是飛躍海面的氣墊船、地效飛機等掠海登陸工具；第三層是由運輸直升機載運的登陸部隊；最上面是由運輸機載運的空降部隊。「雙超」是指超視距換乘編波衝擊以及超越灘頭的登陸和著陸。該上校指出，空海一體登陸最大優越性，是將空降作戰與登陸作戰結爲一體，也就是將空降納入登陸作戰布勢，這對大規模登陸作戰尤爲有利。

作戰中，空降方式輸送登陸兵第一梯隊，或突然迅速攻佔登陸場，掩護和保障後繼梯隊上陸；或占領敵防禦縱深內的有利地形，從側後發起進攻，阻敵戰役預備隊前出，配合海上登陸。該上校還指出，空海一體登陸把很多空降作戰的要求用於登陸作戰，如強調空中火力對登陸作戰的保障和支援，強調武裝直升機在登陸戰中的火力運用。空海一體登陸還將作戰領域延伸到無形的電子戰場，強調電子戰要貫穿登陸作戰全過程。爲達成空海一體登陸能力，還需在編制和裝備上進行改革，如把武裝直升機列入海軍戰鬥序列，以及爲登陸作戰的陸軍部隊配備直升機，使其具有實施立體作戰的能力。此外，還需大力發展和裝備具有掠海登陸能力的運載突擊裝備，如氣墊登陸艇和地效飛機等。比較而言，讓上校對空海一體登陸很欣賞，認爲它層次很高⑧。

從對以上四種登陸作戰理論的描述來看，李堂杰上校顯然對空海一體登陸作戰更爲注重。胡利明中校對超越登陸和縱深登陸的讚賞，事實上也與空海一體登陸作戰十分合拍。兩位中共軍官的偏好，自然有其原因。就背景來看，傳統兩棲登陸樣式歷史上多有實踐，但需有較強的排水型登陸輸送力量方可採用；而兩棲機動戰與超視距登陸戰，可以說是美國海軍的專利品，其先決條件是需有兩棲攻擊艦、船塢登陸艦、直升機母艦等大型兩棲艦船；空海一體登陸樣式則是前蘇軍的發明，其要點一是強調多層立體式登陸，將空降部隊納入登陸作戰體系，二是登陸作戰地域離本土較近，對大型兩棲艦船需求並非很大。對以實施遠洋登陸作戰爲主的美軍來説，這也許並不特別合適。但對中共軍隊而言，卻是很合適。

就中共軍隊約兩棲艦船實力及海峽兩岸距離來看，前蘇軍的空海一體登陸作戰理論，顯然對中共軍隊的攻台作戰更爲適用。空海一體登陸作戰，強調使用空降兵，強調使用直升機、氣墊船和地效飛行器等飛越型登陸工具，對兩棲艦船的要求較小。而兩棲艦船力量正是中共軍力的一大弱點，強調使用空降兵和直升機、氣墊船和地效飛行器等飛越型登陸工具，則可彌補兩棲艦船的不足。再就海峽兩岸不足兩百公里的距離來看，事實上不僅不需遠渡重洋的大型兩棲艦船，直升機、氣墊船和地效飛行器也不需載運平台，可從大陸沿海直接起飛，就能對台實施登陸作戰。所以，胡利明中校斷定，未來超越性登陸將會成爲現代登陸作戰的主要突擊上陸方式⑨。而李堂杰上校則認爲，下世紀初的兩棲作戰，將是平面、掠海和垂直工具綜合運用的立體登陸作戰，而不是傳統的單一平面登陸作戰樣式⑩。

參、排水型渡海登陸能力的建設

50年代初，中共海軍僅裝備有少量的美製登陸艦艇，無法滿足渡海攻台作戰的需要。50年代中期後，中共開始自行研製登陸艦艇，先從小型登陸艇開始，後再研發中型登陸艦。經過數十年努力，到90年代中共海軍已發展出一支初具規模約兩棲艦艇力量。目前，中共海軍擁有70餘艘500噸以上的兩棲艦艇，超過百艘小型登陸艇。就數量看，中共海軍兩棲艦艇排名高居世界第4位，僅在美、俄、英三國之後。不過，中共海軍兩棲艦艇並不完整，主要是一支登陸艦隊，而非一支兩棲艦隊，且絕大多數爲小型登陸艇。90年代中期後，中共軍隊在東南沿海舉行了一系列登陸作戰演習。國際軍事觀察家通過分析指出，中共海軍兩棲艦船目前最多只能運送一個師的作戰部隊，還不具備對台實施大規模兩棲登陸的作戰能力。以下從中型登陸艦與小型登陸艇兩方面，分析中共海軍兩棲艦艇裝備現狀及可能發展。

㈠中共海軍的登陸艦

滿載排水量超過1000噸約兩棲艦艇，中共海軍稱爲登陸艦。目前，中共海軍裝備的登陸艦，基本都是中型艦，還沒有上萬噸的大型艦。到90年代後期，中共海軍裝備有4種型號、近30艘中型登陸艦。其中，最大型、最先進約爲90年代建造的兩棲攻擊艦，其次爲80年代建造的坦克登陸艦，再下是已淘汰在預備役的美製運輸登陸艦，最小約爲〇七三型登陸艦。

兩棲攻擊艦：這種中共海軍目前噸位最大、性能最好、戰力最強的兩棲戰艦，外界稱爲玉庭級（Yuting）。該兩棲攻擊艦於80年代設計，由上海中華造船廠建造，1992年首艦裝備部隊。在結構上，讓兩棲攻擊艦船體較長、艦身後段上設有直升機平台，可攜帶直升機，具有快速登陸和兩棲攻擊能力，但仍艦首開門，要沖灘上陸。該兩棲攻擊艦滿載4800噸，最高航速20節，最大航程超過5000公里，可攜帶2架中型直升機和4艘人員車輛登陸艇，最大貨物裝載量2000多噸，可單載中型坦克22輛、或1個營18門122毫米榴彈炮及牽引車、或2個連24輛兩棲裝甲車及380名作戰人員；如均衡裝載的話，可載運1個坦克連10輛坦克和1個步兵營500名步兵。自衛武器配有雙管37毫米艦炮和雙管25毫米艦炮各3門，還帶有便攜式防空導彈。

到1998年底，這種兩棲攻擊艦已建成並裝備中共海軍6艘，編號分別爲：九九一、九三四、九三五、九三六、九三七和九三八，全部署在南海艦隊。從噸位、航程和配備兩架中型直升機的情況看，該兩棲攻擊艦適合遠距離登陸作戰。這也是已建成6艘全部署在南海艦隊的原因所在。國際軍事觀察家曾判斷，中華造船廠將會以每年兩艘的速度，至少再建造九艘該型兩棲攻擊艦，用以替換退役的9艘美製山級登陸艦。不過，這一判斷似乎並不準確。目前，該兩棲攻擊艦似已停建。以現裝備約6艘計算，一次具有裝載6個營3000人、60輛坦克、24艘登陸艇、12架中型直升機的能力。如用於南海作戰，已是足足有餘。

坦克登陸艦：這是中共海軍裝備的第一種坦克登陸艦，代號○七三型。該型登陸艦1975年開始設計，1979年首艦在上海中華造船廠建成。在設計上，爲保證該艦的較高航速和優良的登退灘性能，專門研製了17米長的折疊式雙節吊橋，由簡易型液壓油缸驅動，全部伸直與下放僅需3分鐘；艦內爲塢式結構，設有全縱向貫通坦克大艙，水陸坦克可在水中通過尾門整車上艦，然後由前門首跳板上陸。使用表明，該型坦克登陸艦具有良好的快速性、操縱性、耐波性和登陸性，在兩度灘坡登陸時，吊橋末端涉水不超過0.8米。

該型坦克登陸艦標準排水2500噸，滿載排水3400噸，最高航速20節，最大航程超過5000公里，艦上攜帶人員車輛登陸艇3艘，最大貨物裝載量2000噸，其單載和均衡裝載能力，與玉庭級兩棲攻擊艦相當，只是不能攜帶直升機。該登陸艦自衛力較強，配有雙管57毫米艦炮4門、雙25毫米快炮4門以及便攜式防空導彈。到目前，該型坦克登陸艦共建成8艘，現已停建，最後一艘於1997年完工，編號從九二七至九三三，最後1艘爲八○一，分別部署在東海艦隊和南海艦隊。該型坦克登陸艦雖不具兩棲攻擊能力，但可實施遠距離登陸作戰。以現配備的8艘計算，一次具有裝載8個步兵營4000人、80輛坦克、32艘登陸艇的能力。

登陸運輸艦：中共海軍裝備的美製登陸運輸艦，代號五一一型，也稱山字號。1949年，中共海軍獲得一批美製大型登陸運輸艦。這些登陸艦建於二次世界大戰期間，中共海軍獲得時仍狀況良好，是以多數一直使用至今。該型登陸運輸艦載運量很大，可載貨物2000多噸，能單載作戰人員1000人，或中型坦克17輛，或卡車32部。目前，中共海軍在預備役保有九艘該型登陸運輸艦，編號爲九○五、九○六、九二一、九二二、九二三、九二四、九二五和九二六。這些登陸運輸艦現均老舊不堪，只能作運輸之用，個別艦可裝122毫米多管火箭炮，在登陸作戰演習時用作火力支援船。

中型登陸艦：60年代後期，中共開始設計滿載超過千噸的中型登陸艦，代號○七三型。1969年大連造船廠建成首艦，但主機不過關，未能繼續建造，此爲○七三甲型。1975西沙海戰後，中共海軍再度提出建造中型登陸艦的要求。於是在改進○七三甲的基礎上設計○七三乙型登陸艦，1979年建造成首艦。該艦滿載排水量超過1200噸，最大航速超過16節，裝載量約300噸，可載運250名全副裝備的1個加強步兵連，成685毫米加農炮及配套牽引車和100名作戰人員。不過，該型登陸艦主機仍有問題，且艙容設計也需改進，所以僅建了幾艘，目前仍在服役約有四艘，外界稱爲玉島級（Yudao）登陸艦。

○七三型登陸艦發展的挫折，並不能阻礙中共海軍對兩千噸以下中型登陸艦的需求。80年代末，中共又改進設計出○七三丙型中型登陸艦。首艦1991年建成，1994年裝備部隊。該型登陸艦排水量增加，改進很大，並採非平底結構、對開式首門和折疊式雙節吊橋，適航性和裝卸速度均大幅提高。該登陸艦滿載排水量超過1800噸，貨物運載量500噸，一次可載運1個連10輛主戰坦克或全副裝備的500名作戰人員。均衡裝載的話，可載運1個加強連250人、1個排3輛主戰坦克，以及八二無座力炮、八二迫擊炮各6門和重機槍6挺。艦上武器配備有雙管37毫米艦炮4門，甲板上亦可按裝122毫米多管火箭炮，用以對登陸部隊實施直接火力支援。該登陸艦還可執行布雷任務，最多能攜帶80枚大型水雷。整體看，○七三丙登陸艦可實施較遠距離的登陸作戰。目前，該型登陸艦只建成一艘，是否進入批量生產還不得而知。

㈡中共海軍的登陸艇

中共海軍將滿載排水量低於1000噸的兩棲艦艇，稱爲登陸艇，即小型兩棲艦艇。到90年代後期，中共海軍至少裝備有四種登陸艇，總數超過百艘。其中，噸位最大的爲70年代建造的○七九型登陸艇，其次爲80年代後建造的○七四型登陸艇，最小約爲60年代研製的○六七型和○六八型登陸艇。從發展趨勢看，中共海軍登陸艇正向大型化發展，排水量500~600噸的連級登陸艇將會成爲主導，而低於200噸的排級登陸艇將越來越少。

○七九型登陸艇：中共海軍裝備的第一種國產連級登陸艇。1968年，中共開始研製裝載量100噸的登陸艇，設計要求航速高於12節，可在6級風浪海區航行，海上自持力7天。1970年青島造船廠建成首艇，代號二七一型，測試中發現性能未達要求。1972年又改進出二七一乙型登陸艇，1978年通過鑒定後開始批量建造。與此同時，中共又在二七一乙型的基礎上，設計出尺度稍大的○七九型登陸艇。這兩種登陸艇差別不大，統稱爲○七九型登陸艇。90年代前，這兩種登陸艦已停止生產，前後約建造了40艘，大多部署在南海艦隊，配合海軍陸戰隊使用。

○七九型登陸艇標準排水量700噸，滿載排水量820噸，最大航速14節，最大續航力約3000公里，貨物裝載量200噸，單載5輛中型坦克，均衡裝載則可載運1個排3輛水陸坦克和全副裝備的1個步兵連。艇上武器配備很強，除4門雙管25毫米快炮外，甲板上還可安裝兩門107毫米12管火箭炮。該炮最大射程九公里，可對搶灘登陸部隊實施直接火力支援。該艇爲平底設計，登陸、退灘性能較好，便於搶灘登陸，但耐風浪性較差、航速慢。總體看，〇七九型登陸艇具有較強的兩棲戰力，適合近海登陸作戰的需要。90年代後，中共海軍兩棲作戰演習，幾乎每次都有該型登陸艇參加，可見其所擔負的重要角色。以該登陸艇現裝備量計算，一次至少具有裝載30個步兵連，90輛坦克的能力。

〇七四型登陸艇：中共海軍裝備的新一代連級登陸艇。因〇七九型登陸艇平底結構，航速慢、抗風浪性差、80年代後中共又進行後續艇的開發，研製出〇七四型登陸艇。1995年，蕪湖造船廠建成首艇。該艇結構比〇七九型先進很多，不僅採非平底設計，且艇首設有對開式大門和折疊式雙節吊橋，而非〇七九型的一扇下放式大門。這種艇門便於坦克、火炮和車輛的進出，也有利於提高航速。甲板上還設有吊車，用於裝卸輕型貨物。艇上裝有先進導航設備，配有四門雙管25毫米快炮，用於支援登陸和防空作戰。該型登陸艇長60米，寬10.7米，最高航速20節，滿載排水量800噸，裝載能力200噸，可混合裝載1個全副武裝的步兵連和1個排3輛中型坦克，與○七九型艇相當。

整體看，該型登陸艇設計先進、適航性好、機動性強，既可擔負登陸作戰任務，又可擔負日常運輸任務，而且吃水淺、沖灘性能優越。更重要的是，該型登陸艇最高航速達20節，比○七九型艇提高約三分之一，海上航渡時間因此可縮短三分之一。1997年，蕪湖造船廠又建成第2艘。目前，該型艇已開始批量生產，有兩個造船廠參與建造，每年生產6艘，到2000年約可建成20艘。如以20艘計算的話，一次可裝載20個步兵連和60輛坦克。

○六七型登陸艇：中共海軍大量裝備的小型登陸艇。60年代初，中共海軍極需新型登陸運輸艇。1962年，中共開始設計○六七型登陸艇，要求航速11節，平時擔負運輸任務，戰時可載一輛重型坦克，或兩個加強步兵排，或50噸作戰物資。1964年首艇建成，尾部採淺隧道線型結構，配置專用液壓開門機和尾錨機，艇上裝有雙管14.5毫米機槍兩挺。經使用證明，該型登陸艇裝載量大、抗風性好、操作方便，登陸與退灘性能不錯，甚得部隊歡迎，前後建造近300艘。目前，仍有50艘在服役，另有200多艘被封存起來，以備戰時使用。

○六八型登陸艇：中共海軍○六七型登陸艇的衍生

艇。○六七型登陸艇研製成功後，中共海軍基於效益的考慮，又決定建造稍小的○六八型登陸艇，以運載較輕的水陸兩棲坦克。該型登陸艇可載運30噸物資，或2個步兵排，或1輛水陸坦克，武器配有雙管14.5毫米機槍兩挺，不過，該型登陸因載重量小、抗風浪力差，不特別受部隊歡迎，所以建造數量還不如○六七型登陸艇。目前，估計仍有20餘艘○六八型登陸艇在服役，約封存有40、50艘。

就中共海軍登陸艦艇的裝備情況看，如台海發生戰事，中共軍隊可用於第一波渡海攻台作戰的登陸艦艇，主要爲玉庭級兩棲攻擊艦、○七二型坦克登陸艦、○七九和○七四兩種登陸艇，一次約可載運全副裝備的10000人作戰部隊和300輛坦克，即1個步兵師和1個坦克師的規模。以此看，中共海軍排水型登陸艦艇的載運能力，要比國際軍事觀察家的判斷多出一倍，但與對台登陸作戰所需兵力相比，仍存在巨大差距。對這種巨大差距，中共軍方自然很清楚。但要指出的是，近年來中共並沒有大肆建造排水型登陸工具。目前批量建造的只有○七四型登陸艇一項，且建造規模也不很大。這一動向深值注意，因中共軍隊已將渡海攻台作爲主要作戰準備，卻沒有大規模建造登陸艦艇，無疑説明其登陸軍力建設另有他途。

肆、掠海型渡海登陸能力的建設

從各種跡象看，中共軍隊登陸軍力建設的重點，事實上放在高性能掠海登陸工具上，即氣墊船和地效飛行器，尤其是後者。近年來，中共在氣墊船和地效飛行器等高速兩棲載具開發方面大有進展，相繼開發出全墊升氣墊船、側壁氣墊船、雙體側壁氣墊船、水翼高速艇和地效飛行器等新一代渡海運載工具⑪。以下是中共氣墊船和地效飛行器的研發與裝備情況。

高速氣墊船：氣墊船是一種倚靠氣墊作用，離開水面騰空航行的新型船舶，原理是用船上風扇，將壓縮空氣打入船底，在船底與水面之間形成一定厚度氣墊，使船騰起脫離水面航行。氣墊船分爲全墊升和側壁式兩類。全墊升氣墊船底部4週裝有柔性圍裙，氣流從船底噴口高速噴出後形成氣墊，圍裙可防止氣墊中空氣大量外逸。航行時，全墊升氣墊船完全離開水面，利用空氣螺旋槳推進，其有高速航行的能力，可在水面航行，也可在難於通行的草原、沙漠、沼澤、淺灘、冰雪等複雜地形航行。側壁式氣墊船兩側有剛性側壁插入水中，首尾端用氣封裝置保持氣墊，由升力風扇鼓風，經氣道進入船底形成氣墊。這種氣墊船不能全離水面，部分船體仍在水中，阻力比全墊升氣墊船大，且不具兩棲性，但航行性和經濟性好，能在淺水激流航行，有利於提高船的噸位、航速和續航力，可向大型化發展。

氣墊船具有許多優勢：一是速度快。氣墊船脫離水面航行，只受空氣阻力，可獲得比排水型船舶高得多的速度，爲當今速度最快的一種船舶，航速可達60至80節，甚至達100節。二是穩定性好。氣墊船有較好的穩定性和耐波性，適合海上航行。而水翼船、滑行艇等高速艇航行時受波浪衝擊，船體會激烈震盪和搖擺，對艇體強度、機器運轉、人員操縱帶來嚴重影響。氣墊船的氣墊則能吸收波浪部分能量，使船體承受衝擊力減小，可較好保證船體安全和機器正常運轉。三是適應性強。氣墊船使用範圍廣，可在海上與江河航行，也可在淺水、急流航行。全墊升氣墊船還可在淺灘、草原、沙漠以及冰雪等複雜地形運行，並可飛越障礙，跨越壕溝，爬上斜坡。此外，氣墊船也不需碼頭設施，停靠起動方便，爲其他船舶所不及。

在軍事上，氣墊船可用作各類艦艇。安裝反艦導彈，成爲氣墊船導彈艇，以高速靈活和通行性好的特點，能充分利用近海水域的複雜環境，從無設施海灘基地出發，同敵艦發動突然攻擊；將全墊升氣墊船改成氣墊登陸艇，速度快、兩棲性好，可避開敵重點設防地域，出其不意地在一般船舶不能航行的海域出現，將兵員和物資運上敵岸登陸；全墊升氣墊船還可掃雷，速度快、效率高，可迅速抵達布雷區，且在水上航行，基本不受水雷威脅。隨著氣墊船技術日益成熟，氣墊船正向大型化、高航速、長航程、全天候、多用途、低成本的方向發展。英國、美國、俄國現均具有建造200噸以上全墊升氣墊船的能力，並朝500至1000噸或更大型的方向發展。目前，美國研製的LCAC坦克氣墊登陸艇，爲海軍陸戰隊的主要突擊登陸工具，在實戰中發揮了重要作用。

中共從50年代開始研究氣墊船，先後突破圍裙、空氣螺旋等關鍵技術，現已掌握全墊升和側壁式氣墊技術，進入實用化型號的研製和應用階段。其中，主要研製單位爲艦艇研究院708所和航天工業總公司701研究所。其中，前者已開發出280客位的側壁式氣墊船，後者則研製成功100客位的全墊升氣墊船。

目前，中共海軍配備的全墊升式氣墊船，主要爲1988年研製成功的七二二改良型大沽級氣墊船。該型氣墊船爲中型全墊升式，長22米，寬8.3米，總重70噸，採用耐腐蝕的鎂鋁合金艇殼和耐波性能好的低阻響應圍裙，使用兩台2200千瓦燃氣輪機，最高航速55節，約每小時100公里，最大載運量15噸，可運載150名全副裝備的1個輕型步兵連或1輛滿載輜重車，艇上配有兩挺雙管14.5毫米機槍以自衛。使用表明，這種氣墊船速度快、機動性強、耐波性好、操縱簡單，具有相當強的搶灘突擊能力，現已批量生產裝備部隊。到90年代後期，中共海軍陸戰隊至少已裝備12艘，一次可載運12個連。

中共海軍還裝備有七一六乙型全墊升氣墊艇。該型氣墊船採鋁質艇體，長近18米，寬8.3米，全重20噸，最大載荷4噸，使用3台總功率950千瓦的風冷柴油機，最高航速79公里，最大航程300公里，最多可載運一個全副裝備的加強步兵排。經使用表明，該型氣墊艇其有速度快、安全性強、有效載重大、經濟效益好等優點。該型氣墊艇從1988年裝備中共海軍陸戰隊，目前至少已有30多艘。此外，中共還在研製更大型的全墊升氣墊船，最大設計載運量50噸，可載運一輛主戰坦克或兩輛裝甲車及隨行作戰人員。據大陸船舶界消息，這種大型全墊升氣墊船爲九五計劃期間重點武器研製項目，目前已近完成階段，估計2000年前後即可裝備部隊⑫。需指出的是，中共研發的氣墊船，主要是配備大中型登陸艦使用，而非用於獨立作戰。

地效飛行器：地效飛行器是應用表面效應翼技術製成的一種飛行器。表面效應翼技術可大幅提高飛行器的升阻比，載重係數可比飛機大一倍，而耗油省一半，航程增加百分之五十，並具超低空飛行和超越障礙等能力。如載運量高著名的波音七四七飛機，載運量僅爲自重的百分之二十，而地效飛行器載運量可達自重的百分之五十。此外，地效飛行器航速快，比一般艦船高十至十幾倍，比高速船地快三至五倍。可以說，地敬飛行器兼具飛機的高速性和船艇的重載性。

地效飛行器外表酷似飛機，優點可總結如下：一耗油量低、經濟性能好；二有效載荷大，可達數百噸甚至數千噸；三速度快、安全可靠，發生故障後能降落水上，無飛機高空墜毀的危險，並可自力返航；四可在水上起降，無需機場、碼頭等設施。具有這些優越性能，使地效飛行器可廣泛用作江河湖海、沙漠草原的交通工具，也可用於邊防巡邏、海上救援、登陸作戰和執行特殊任務。大型地效飛行器還可用於跨海越洋運輸。國際專家預言，地效飛行器將是21世紀最受青睞的水上高速運輸工具。前蘇聯60年代即開始研究地效飛行器，相繼開發成功一系列軍用、民用型號。美德日英等國也先後進行開發，目前均處於模型階段。

中共軍事專家認爲，地敬飛行器是最好的登陸工具。比較而言，傳統登陸工具速度慢，跨障力差，即使氣墊船亦無法越過1.5米以上的垂直障礙，對海況要求也高；地效飛行器則速度快，越障力強，對海況要求低。它可距地面或海面幾米至幾十米高度，作高速遠距飛行，能飛躍雷場和鹿寨等障礙，既增大了發起登陸衝擊的距離，也增強了登陸作戰的突然性。同時，它可掠海和掠地飛行，既使敵雷達很難發現，也使敵防空兵器沒有多少反應時間，因而生存力強。此外，在距離或垂直起降方面，它可與直升機比美，但運載力和續航力又過之。因此，在登陸作戰中，地效飛行器的效能不僅超過氣墊船，也超過直升機。

地效飛行器所具有的優越性能，使中共軍事專家認爲，地效飛行器將使登陸作戰發生革命性的變化。這種變化首先表現在登陸戰場向縱深地帶的轉移。傳統登陸的主戰場在灘頭陣地，地效飛行器的使用可使登陸地域超越灘頭範圍，直接進入敵海岸防禦縱深地域。所以，灘頭陣地很可能不再是登陸主戰場，而敵防禦淺近縱深則會成爲雙方爭奪的要點。第二個變化是登陸作戰攻擊力大爲提高。過去，登陸部隊戰鬥隊形複雜，梯隊繁多，推進速度慢，宜遭敵快速機動部隊圍殲。直升機垂直登陸一般只能起配合水面登陸的作用，不能唱主角。但大載量地效飛行器可將大量部隊和裝備運至敵防禦縱深，形成強有力的「拳頭」，再加上直升機的垂直登陸和兩棲部隊的灘頭突破，就可使敵面臨内外夾擊，處於被圍殲的不利態勢⑬。

90年代中期後，中共地效飛行器研製突飛猛進。1997年1月，中共地效飛行器開發中心首先研製成功DXF100

型地效飛行器。中共地效飛行器開發中心成立於1995年，由中共航天工業總公司七〇一所和航空工業總公司六〇五所聯合組成。DXF100型地效飛行器爲該中心第一個項目，它一出台，即被中共列入「九五計劃」國家科技攻關重點項目。在人力物力人量投入下，兩年即研製成功。該地效飛行器外形似客機，但機翼寬大厚實，螺旋漿突出靠前，有一環形罩引導氣流。據中共《中國軍工報》1998年12月1日報道：該地效飛行器長16米，寬8米，高5.8米，翼展10.02米，全重4.3噸，兩翼各裝一台300馬力的輕型飛機發動機，最大時速200公里，最大航程400公里，飛行高度1米至3米，最多可載16人。目前，該型地效飛行器正由大陸宏圖飛機製造廠進行首批10架生產，估計2000年前可全部製成。

1998年12月，命名爲「天鵝號」的動力氣墊地效飛行器，由中共船舶工業總公司七〇八所設計、上海求新造船廠建造成功。該地效飛行器的最大特點，是將氣墊技術和地效翼技術結合起來，因此具有良好的兩棲性能，不需起落架等登陸設備和專用碼頭，就可在未作準備的灘涂上自由登陸、下水和低速回轉。據報道，該地效飛行器長19米，寬13米，高5.2米，最大起飛重量7.5噸，可載15至20人，能在二至三級海況下起降和安全航行。據中共媒體評價說，「天鵝號」地效飛行器是目前世界上最大的動力氣墊型地效飛行器，總體性能達國際先進水平，表明中共地效飛行器發展已獲重大的突破⑭。就性能看，「天鵝號」地效飛行器，顯然比DXF100地效飛行器具有更佳約兩棲登陸能力。

現在所知，中共已有三大科研實體在研製地效飛行器。其中，一個是由中共航天工業總公司七○一所和航空工業總公司六○五所組成的地效飛行器開發中心，一個是由中共船舶工業總公司七○八所與上海求新造船廠的研製結合體，還有一個是由中共船舶工業總公司七○二所爲主的研發實體。目前，中共正在進行一系列的地效飛行器研製計劃。據1998年1月號大陸《航空知識》雜誌透露：中共地效飛行器開發中心的計劃至少有兩項，一是已研製成功的DXF100四噸小型級，可載運16人；二是40噸中型級，最大設計航速400公里，可載運100人。以中共船舶工業總公司七○二所爲首的地效飛行器開發計劃：第一種爲25噸的中型級，可載運75人，最大設計航速300公里；第二種爲100噸的大型級，可載運350人，最大設計航速每小時500公里。中共船舶工業總公司七○八所已研製成功七噸級的動力氣墊型地效飛行器，其他計劃尚不得而知。不過，該所研製計劃顯然更重於軍事用途。

從3個研發實體，至少6項研發計劃來看，中共對地效飛行器開發的重視非同一般。這一動向與中共軍方規劃中的渡海登陸作戰樣式，無疑有著密切的聯繫。否則，中共不會搞如此大規模的開發計劃。還需指出的是，中共地效飛行器開發具有兩大特點：一是注重軍民兩用結合，即地效飛行器研製不僅著眼於軍事需要，而且注重於市場需要，以獲最大的經濟效益，減輕軍費開支壓力；二是注重國際合作。事實上，中共所以能在短短二、三年間研製成功兩種地效飛行器，乃因得到俄羅斯的技術援助。目前，俄羅斯握有世界頂尖的地效飛行器技術。1998年2月，前中共總理李鵬訪問俄羅斯期間，即與俄簽署了《中共與俄羅斯在高速船建造領域進行合作的協議》，協議規定兩國共同致力水翼船、三體船、滑行艇、地效飛行器等多種高速船的開發、建造和使用以及其他船舶技術的開發⑮。

中共全力研發地效飛行器，無疑將會大大增強中共軍隊的超越登陸作戰能力。僅以中共船舶工業總公司七〇二所的兩項開發計劃看，其25噸級地效飛行器可載運1個50人的步兵排，最大航速300公里，比一般直升機還快，1小時內即可從大陸沿海飛抵台灣內陸；而100噸級地效飛行器可載一個250人的加強步兵連，500公里時速可在1小時內飛越台灣海峽一個來回。如果兩種地效飛行器各建造40架的話，1個小時內即可將1個師一萬二十人的部隊運至台灣著陸，其速度可與飛機空投相同。而兩棲艦船即使以20節高速航行，至少也需6小時才能抵達台灣沿岸。在這6小時期間，地效飛行器至少可將第二批部隊運送登台，而且是抵達內陸。

從中共開發計劃看，大部分研製的地效飛行器將爲民用，將用以取代現行民用客機，作爲沿海城市和港口的快速、經濟、安全的客貨運輸工具，中共軍隊只進行少量裝備。這樣做不僅軍費開支少，使用效率高，經濟效益好，且可大量建造，到戰時中共軍隊又有大批地效飛行器可用。加之地效飛行器造價低廉、載運量大、安全可靠，飛行高度低，難以發現和攔截的特點，如中共軍隊大量使用的話，無疑將會革命性地增強其渡海登陸作戰能力。

伍、中共軍隊渡海登陸軍力的評估

從目前國軍實力看，中共軍隊渡海攻台作戰至少需要投入30、40萬的兵力。根據近年來中共軍隊訓練的情況看，中共軍方至少將八個集團軍，即廣州軍區的第42集團軍。南京軍區的第一、十二和三十一集團軍，濟南軍區的第二十六和六十七集團軍，以及瀋陽軍區的第三十九和四十集團軍，約40餘萬人，賦予了渡海攻台作戰任務。不過，這些集團軍的大部分兵力，是作爲渡海攻台的第二梯隊，在第一梯隊奪佔登陸場之後，主要由民用船只載運赴台參戰。中共民用船隊規模龐大，要載運30、40萬軍隊渡海赴台根本不成問題。問題是渡海攻台作戰第一梯隊，第一必須具有足夠的實力，第二必須具有兩棲或三棲作戰能力，第三必須擁有足夠的專門渡海登陸或著陸工具。

目前，中共軍隊具有兩棲或三棲作戰能力，可承擔渡海登陸作戰任務約有如下部隊：陸軍方面，在濟南、南京和廣州軍區各編有一個兩棲作戰師，每個大軍區還編有一個具有三棲作戰能力的團級特戰大隊，合計3個師7個團，約5萬人；空軍方面，空降十五軍編有3個空降師，約4萬人，可用於渡海空降作戰；海軍方面，南海艦隊編有一個滿員陸戰旅，東海和北海艦隊各編有一個滿員營級兩棲特戰中隊，合計6000餘人。三者合計約8個師，近10萬人。這些部隊將是中共軍隊用於攻台作戰的第一梯隊。根據國軍的兵力情況，如果中共軍隊能將這8個師約10萬人一次投送至台灣，應具有奪佔並守住空降和灘頭陣地的能力，可爲攻台主力的第二梯隊部隊上陸打下基礎。所以，中共軍隊渡海登陸攻台作戰能否成功，關鍵因素在於攻台第一梯隊作戰部隊的渡海投送能力。

目前，中共海軍現役裝備可實施跨海登陸攻台作戰約兩棲艦艇，一次具有運載兩個師部隊的能力。中共空軍可動用運輸機力量爲：大型的伊爾七六運輸機10架，一次可空投1200多人；中型的運八式運輸機50多架，一次可空投4000多人；中小型的運七式運輸機60多架，一次可空投2400多人；小型的運五和運十二式運輸機超過200架，一次可空投2000多人⑯。以上運輸機力量合計，一次約可空投9000人。另外，中共空軍和陸軍擁有的運輸直升機超過百架，其中以可載運2個步兵班的直八、米八和米十七的中型直升機爲主，一次約可機降兩千餘人。以上空降與機降兩者合計，一次具有運送一個師的能力。如此，中共軍隊現役平面和立體登陸能力合計，一次可運送3個師不足4萬人的部隊渡海登陸。不過，中共空軍的運五和運十二小型運輸機，事實上並不適合大規模空降作戰。因此，中共軍隊現役空機降能力還達不到一個師的規模。

從以上分析看，中共軍隊現有的兩棲和立體登陸運載能力，儘管遠超出國際軍事觀察家的判斷，但與渡海攻台作戰的需要，還有著極大的差距，缺口至少在5個師6萬多人。反過來說，中共軍隊只有把現役兩棲和立體登陸運載能力擴大兩倍後，才能彌補這個缺口。如何克服這一差距呢？有的中共軍事專家提出，可大批徵用民船，採取「萬船齊發」式的登陸戰術。確實，中共軍隊很容易徵集到足夠的民船，但缺乏防護、航速又慢的民船，如作爲渡海攻台作戰的第一梯隊，在國軍現代制導武器面只有連人帶船一齊餵魚的出路。所以，這一方案與其說是一種具有實際意義的軍事計劃，不如說是一種恐嚇人、迷惑人的手段。

就目前中共渡海登陸軍力建設的情況看，兩棲艦船力量將會進一步擴大，尤其是○七九型登陸艇會加速建造，但不可能作大規模的擴張。原因一是大規模建造兩棲艦船需要大量的軍費；二是中共海軍現役兩棲艦船已是不少，再大規模建造只會形成閑置浪費。中共軍隊的空降和機降能力將會進一步擴張，經過不斷改進的運七、運八飛機今後會加速裝備部隊。不過，大批裝備和維持昂貴的運輸機，對中共軍費開支無疑是一個很大的負擔。而且，這種登陸軍力建設，在結構上既無法解決胡利明中校所認定的超越登陸作戰的需求，也無法實現李堂杰上校推崇的「空海一體」作戰樣式。原因是中共海軍兩棲艦船只能實施平面式的搶灘登陸，大規模空降部隊又只能在戰役縱深地域降落，這種「兩頭式」兵力投送方式必然在戰術縱深内形成一個眞空地帶，其結果會使灘頭登陸部隊與縱深空降部隊相互隔絕，極可能處於被各個擊破的危險。要塡補登陸地幅戰術縱深的眞空，使灘頭登陸與縱深著陸兵力相互銜接起來的關鍵，必須要有足夠的直升機或地效飛行器等機降和掠海登陸工具。

從渡海作戰相經濟負擔兩方面看，地效飛行器對中共軍隊渡海登陸軍力的建設，均明顯優於直升機。對此，中共軍方無疑有很清楚的認識。這也就是爲什麼中共目前至少有3個研究實體在從事地效飛行器的研發，至少有六項研製計劃在同時進行的原因。目前，中共已掌握了地效飛行器的技術，今後只要加大資源和人力的投入，大型地效飛行器將會很快研製出來。而且，地效飛行器商業價值很大，中共研製的地效飛行器也將主要用於商業用途，因此大量生產不會存在經費不足的問題。這樣中共軍隊只要花較少的錢，就可掌握大規模的超越登陸能力。試想如果中共船舶工業總公司七〇二所研製出百噸級的大型地效飛行器，並生產出100架的話，半小時之內就可將兩個師的兵力跨海送到台灣。在兩棲艦船約6個小時跨海航渡期間，這些地效飛行器至少可在台海兩岸往返3次，運送6個師的兵力。由此可見，只要中共研製出大型地效飛行器，並生產一定數量的話，即使兩棲登陸能力和空投運輸能力不加任何強化，亦可解決攻台作戰的跨海登陸題。

陸、中共組建藍色陸軍兩棲渡海軍力

世人對具渡海登陸作戰能力的中共兩棲軍力，一向持有一種偏低的估判，通常認爲只有一個五千人的海軍陸戰旅。但大陸方面的資料顯示，近年來中共出於攻台作戰的需要，對兩棲軍力建設不遺餘力，不僅大力擴編海軍陸戰部隊，而且首次組建出陸軍兩棲部隊，即所謂「藍色陸軍」。到2000年初時，中共已擁有的兩棲軍力，至少包括一個兩棲機械化步兵師、兩個師級規模的海軍陸戰旅和一個水陸坦克裝甲旅。還需指出的是，中共擴編兩棲軍力的行動並沒有結束，直到目前「藍色陸軍」的建設仍在進行之中。

一、中共海軍兩棲軍力的擴編

1. 海軍陸戰隊第一旅的擴編

(1) 七十年代末，八十年代初，中共爲因應南沙群島主權爭執的新形勢，在海軍組建了第一陸戰旅，部署在南海艦隊，兵力規模爲五千餘人，編制體制爲「旅營體制」，這一體制一直維持到九十年代中期；

(2) 1996年八月，中共媒體提到「海軍某陸戰旅特種團防空一連」，這說明海軍陸戰第一旅已由「旅營體制」擴編爲「旅團體制」；2000年七月，中共媒體又提到海軍陸戰隊某旅兩棲裝甲團，這表明海軍陸戰隊編制再度擴編；

(3) 從海軍陸戰隊旅編制的兩度擴大看，目前中共海軍一個陸戰隊旅的兵力已達師級部隊的規模，總兵力約萬人，至少編有三個兩棲兵力團、一個兩棲裝甲團、一個炮兵團，以及其他特種部隊等。

2. 海軍陸戰隊第二旅的組建

1999年十一月，中共媒體刊登了一偏「陸軍下海亦英雄」的報導，說「全軍裁減員額五十萬，海軍陸戰隊卻增編一個旅」。該文透露說：「1998年七月一日，陸軍某集團軍的一支部隊變成海軍，被整編成海軍陸戰隊某旅。」從這一抱導可以看出，1998年七月，中共組建了海軍第二陸戰旅。

據聞，這支被整編爲海軍第二陸戰旅的部隊，原是廣州軍區第四十一集團軍所屬某師。目前，該旅旅長爲李新根，而第一陸戰旅旅長則是周乃文。2000年四月，中共媒體報導該旅編組兩棲蛙人分隊時，說隊員是從該旅「幾個團」偵察連隊中挑選的。這說明該陸戰旅亦爲「名旅實師」的「旅團體制」。

據聞，中共還有組建第三個海軍陸戰旅的計劃，以使海軍陸戰隊總兵力達到三個師級旅，約一個軍的規模，以與中共空軍擁有的一個空降軍相當。不過，目前在這方面還沒有發現相關的資料。

二、中共「藍色陸軍」的建設

中共強化渡海攻台軍力，並沒有走單一強化海軍陸戰隊的做法，而是將重點放在建設「藍色陸軍」上。

1. 第一兩棲機械化步兵師的組建

2000年八月，中共媒體報導南京軍區某集團軍演習情況時說：「在波濤洶湧的灘頭，某兩棲機械化師戚師長正與指揮員一起研究兩棲戰車泛水衝擊的問題，已拿出多套編隊方案。」這是中共媒體首度透露中共軍隊編有兩棲機械化步兵師的消息。以後消息證明，該兩棲機械化步兵師是由南京軍區所屬第一集團第一步兵師改編而來，改編的時間在1998年後期。

在2000年十月十三日的中共「世紀大演兵」中，該師亦派部參加。從有關的報導來看，該師在編制上是中共軍隊典型的「六團制」步兵師，下編三個機械化步兵團、一個水陸坦克團、一個炮兵團和一個防空團，總兵力一萬餘人。特別要指出的是，該師配備有中共新研製的六三甲型水陸坦克、兩棲裝甲車和兩棲自行榴彈炮等武器裝備。

2. 中共「藍色陸軍」的發展規模

第一兩棲機械化步兵師的組建，標誌著中共「藍色陸軍」的正式成型。而「藍色陸軍」則是中共軍力建設的一個非常重要新趨勢，目標完全對準臺灣。前中共裝甲兵學院院長、現中共石家莊陸軍指揮學院政委李小軍少將透露，出於完成祖國統一大業軍事鬥爭的需要，以及海軍兩棲作戰能力的有限，中共急需建立一支能夠執行兩棲作戰任務的強大「藍色陸軍」。

要指出的是，中共要建設的「藍色陸軍」，並非一般性的兩棲部隊，而是機械化兩棲部隊。建設的規模，也絕非僅是眼前的一個兩棲機械化師。李少軍少將表示：「目前，我軍兩棲機械化部隊建設已取得令人矚目的成就。在此基礎上，應當進一步擴大兩棲機械化部隊規模，增加種類，加快新型兩棲突擊裝備的發展。在進一步完善和擴大現有兩棲機械化師的基礎上，應考慮著手建設兩棲機械化旅，以增強兩棲作戰的靈活性。」

從該少將談話中可以判斷，中共至少還會再組建一個兩棲機械化師，並組建一個兩棲機械化旅。如果加上目前已建成的一個兩棲機械化師，以及第三十一集團軍所屬的一個水陸坦克旅，中共「藍色陸軍」至少達兩個兩棲機械化步兵師、一個兩棲機械化步兵旅和一個水陸坦克旅的規模，總兵力三軍餘人。而且，這還是從最低的限度估計，也未將第一集團軍所屬裝甲師的水陸坦克部隊，以及瀋陽軍區第三十九軍的兩棲機械化部隊計算在內。

三、中共兩棲武器裝備之建設

1. 中共海軍陸戰隊武器裝備建設

中共海軍陸戰隊武器裝備建設強調立體化、快速化，相對較爲輕型。目前所知，中共已爲海軍陸戰旅佩備了專門的直升機分隊，今後亦將配備地效飛行器分隊，以使海軍陸戰隊具有空降登陸和超越登陸的作戰能力。在平面登陸上，中共海軍陸戰隊正在擴大氣墊船的裝備量，所有作戰分隊均滿員裝備了可高速滑行的的衝鋒舟。此外，中共還在大力研製小型潛艇，將配備海軍陸戰隊所屬的蛙人部隊，用於水下滲透登陸作戰。配備這些武器裝備的海軍陸戰隊，將能實施灘頭與縱深，空中、水面和水下的全縱深三棲快速登陸作戰。

2. 「藍色陸軍」的武器裝備建設

就目前所知的情況看，中共已爲「藍色陸軍」研製了一大批配套的新型武器裝備。其中，包括配合有複合裝甲的最新型63A型水陸兩棲坦克、四對負重輪的新型兩棲裝甲車、122毫米兩棲自行榴彈炮、水陸兩棲吉普車等。這些武器裝備的使用，將使中共「藍色陸軍」搶灘登陸作戰行動完全是機械化的，而不需要小型登陸舟艇的配合。它的基本作戰隊型按先後排列，將是水陸坦克、兩棲裝甲車、水陸兩棲吉普車和兩棲自行榴彈炮，幾乎就是將陸地上的機械化作戰行動搬到了海面上。

3. 中共對大中型登陸艦船的建設

外界對中共兩棲軍力低估的主要依據，是中共海軍兩棲艦船較爲缺乏。不過，隨著兩棲軍力的擴編，中共亦開始擴建大型登陸艦。1999年，中共新開工建造四艘玉亭級大型登陸艦，相信今後還將會繼續批量建造。

另外，中共還在改裝大中型民用滾裝船，用於載運兩棲作戰部隊。2000年夏，中共軍隊舉行渡海登陸作戰演習。16艘大型滾裝船（RD/RD）將南京軍區一個摩步旅的人員、裝備與彈藥一次全部載下。由此可見，中共改裝民用船隻用於兩棲登陸作戰的努力，已取得一定的效果。

四、中共兩棲軍力建設之評估

1. 中共兩棲軍力的建設規模

1995年時的規模：一個五千人的海軍陸戰旅、一個陸軍水陸兩棲坦克旅，總兵力一萬人，水陸兩棲坦克近二百輛；

2000年時的規模：兩個萬人的海軍旅戰旅、一個陸軍兩棲機械化步兵師、一個陸軍水陸兩棲坦克旅，總兵力三萬五千人，水陸兩棲坦克近五百輛；

2005年時的規模：三個萬人的海軍陸戰旅、兩個陸軍兩棲機械化步兵師、一個陸軍機械化步兵旅、一個陸軍兩棲裝甲旅，總兵力六萬餘人，水陸兩棲坦克約八百輛。

考慮到中共還擁有總兵力三萬餘人的三個空降師，因此到2005年時，中共軍隊可用於第一梯隊渡海攻台作戰的兵力，將可達九萬餘人。

2. 中共兩棲軍力的戰力特點與目的

⑴海軍陸戰隊的戰力特點：為具空中、水面、陸上與水下「四棲」作戰能力的登陸部隊，機動能力強、作戰速度快、可實施全縱深、超越性登陸攻擊作戰，但因裝備較為輕型化，強攻能力不足，適合台中以北，竹、苗、桃地區灘岸地形之搶渡。

⑵彌補海軍陸戰隊數量和功能的不足，建立陸軍本身的兩棲攻擊部隊，在相關軍區中選擇首擊部隊進行兩棲攻擊訓練，並裝備兩棲坦克、步裝、自走炮等等裝具，形成「藍色陸軍」兩棲作戰能力。

⑶「藍色陸軍」戰力特點：為水面裝甲機械化部隊，重型裝備多、突擊力大、攻擊性強、防護力好、但只具水平面搶灘登陸作戰能力，上陸時間較長，較陸戰隊稍具全縱深與超越性登陸作戰的能力。

⑷針對作戰目標區為台中彰濱以南、台南安平以北之沙泥灘涂岸區之登陸作戰。該地區退潮低潮線離岸平均距離可達3—5公里，不適合海軍陸戰隊中、大型登陸

艦隻登陸，故組建兩棲機械化部隊，針對雲、嘉、南地區特性進行登陸及平原作戰。

3. 中共兩棲軍力的局限所在

首要局限：目前，中共兩棲軍力建設的最大弱點，在於專門的大中型登陸艦船太少。儘管中共已開始擴建大型登陸艦，但要滿足一次載運第一梯隊六萬餘人與配套武器裝備的任務，大中型登陸艦船的數量至少還要擴大一倍。然而，中共可以迅速征集改裝民用船隻，但改裝的民用船支用於第一梯隊登陸作戰難度較大。

第二局限：中共兩棲軍力建設的另一重大弱點，是裝備的直升機、氣墊船和地效飛行器較少，實施立體登陸、超越登陸的作戰能力受限很大。從中共兩棲武器裝備的目前建設情況分析，要在短期內大幅改善此一局限仍有很大困難。

柒、結　語

中共軍隊在未來渡海攻台作戰中，以已確定採取「空海一體」登陸作戰樣式。而在「空海一體」登陸作戰中，以地效飛行器爲核心的超越性登陸工具又佔據著極爲重要的地位。目前，中共正全力研發地效飛行器，由此可得以下結論，即中共地效飛行器研發與生產的情況，似已成爲中共軍隊渡海攻台登陸軍力建設的關鍵因素。

註：①胡長發，「在高技術條件下局部戰爭戰役理論研討會結束時的講話」，國防大學科研部、戰役教研室編，《高技術條件下戰役理論研究》，北京：國防大學出版社，一九九七年，頁八、頁十二至十三。

②李鼎文，「論海軍兵力在聯合渡海進攻戰役中的地位和運用」，國防大學科研部、戰役教研室編，《高技術條件下戰役理論研究》，頁二〇〇。

③孫曉和、陳孟強，「試論登陸戰役中火力戰的組織與協調」，國防大學科研部、戰役教研室編，《高技術條件下戰役理論研究》，頁二一九。

④胡利明，「高技術條件下登陸作戰的變化」，國防大學科研部、軍兵種教研室編，《高技術條件下聯合戰役與軍兵種作戰》，北京：國防大學出版社，一九九七年，頁一四六至一五〇。

⑤李堂杰，「當今世界四種兩棲作戰理論一」，《現代軍事》（北京），一九九五年四月號，頁四六至四八。

⑥同上，頁四八至四九。

⑦李堂杰，「當今世界四種兩棲作戰理論二」，《現代軍事》，一九九五年五月號，頁四八至五〇。

⑧同上，頁五〇。

⑨同註4，頁一四七。

⑩同註5，頁四八。

⑪《艦船知識》（北京），一九九七年六月號，頁二十二。

⑫《艦船知識》，一九九六年五月號，頁十一。

⑬楊書炎、許臘雲，「地效飛機與未來登陸作戰」，《中國國防部》（北京），一九九七年九月二十六日，頁四。

⑭《人民日報》（北京），一九九八年十二月二十八日，華東新聞版。

⑮《艦船知識》，一九九八年四月號，頁二。

⑯此處所計算的運七和運八式運輸機數量，要比中共空軍現役裝備的數量爲多，因中共的民用運七和運八飛機戰時歸屬空軍使用。

中共21世紀軍隊後勤改革與發展

廖文中

壹、前　言

新軍事革命的基礎包括三個要素，即創新的戰爭概念、先進的科技武器裝備和有效運行的組織體制。「組織體制」是結合「戰爭概念」與「武器裝備」成爲可以具體運行的最重要的有機體系。在革新的過程中，體制改革也是最難改變的要素。從人類戰爭史角度觀察，中外軍隊的組織結構是隨著科技進步、武器裝備改進和軍事理論發展而機轉的。由第三波戰爭的理論轉到實際，短短二十年，以資訊戰爭爲主軸的高科技武器裝備的快速發展和廣泛運用，造成新軍事理論的不斷創新，演變出諸多以往歷史上不曾出現過的作戰方式，終於使各國軍隊的組織結構產生高度的變革。共軍在「新軍事革命」的浪潮之中，組織結構也在不斷的蛻變，基本方針是「由數量規模型向質量效能型轉變」，部隊編制朝小型化、多樣化、多元一體化的方向發展，同時也引發出後勤編制、體制和結構的變化。長期以來共軍後勤一直是沿著「垂直式結構」建立的，存在諸如規模過大、指揮體制不科學、編制結構以陸軍爲大而欠合理等等弊端與弱點。共軍自1992年開始籌畫，歷經1995、1998年兩個階段的理論研究和實務探討，終於構建出一套認爲可以與新時期軍隊編制體制配套的「立體式」後勤結構，目標包括「保障機構精幹化、保障力量模塊化、保障體制聯勤化、組織體制立體化、保障手段數字化」①）。然而，共軍的武器裝備體系近十年來大量引進外國的新產品，作戰理論又以高技術條件下三軍聯合作戰爲主要變革和發展方向，使得共軍的後勤保障能力瞠乎其後，形成「雙落差」，使得共軍長期薄弱的後勤保障環節更加捉襟見肘。西元2000年8月23日共軍在北京召開「全軍後勤工作會議」，檢討近一年來共軍啓動新聯勤保障體制的效益，總後勤部部長王克提出「四加強」，一是加強理論創新，要求圍繞適應社會主義市場經濟發展、適應高技術局部戰爭要求、探索指導共軍後勤建設的理論體系；二是加強體制創新，努力向三軍一體、軍民兼容，平戰結合的目標前進；三是加強制度創新，抓好軍費預算、物資採購、監督管理等方面的改革；四是加強科技創新，要求進一步提高後勤保障的能量，解決好軍事鬥爭的後勤保障的急難問題。透過「四加強」以加強共軍的後勤能力，可以保障「打得贏」的總目標。共軍的後勤體制改革好比「穿著長袍改西裝」，是件難度很高的系統改造工程，謹將近年來共軍後勤保障工作改革和發展情況析陳如下，藉供參考。

貳、共軍後勤改革強調結合市場經濟體制

共軍最高領導機關中央軍委1994年初根據共黨十四大精神和「中共中央關於建立社會主義市場經濟體制若干問題的決定」，提出後勤工作必須適應社會主義市場經濟發展要求，要利用市場經濟一般規律，優化軍事資源配置改革後勤保障體制、管理機制和供應方式，調整領導機關職能，逐步建立起軍民兼容、平戰結合、三軍一體、精幹高效的後勤保障體系②。爲此而提出八個基本路線和方向③：

㈠改革後勤保障體制，堅持軍民兼容、三軍一體的發展方向。要求內部保障關係要實行「軍民兼容、統分結合」，外部保障關係要實行「軍民兼容、平戰結合」，要發展軍內協作，推進以「三代」（三軍通用物資互相代供，通用裝備互相代修，普通傷病員互相代醫）爲主要內容的「網絡型劃區保障」。把軍事經濟寓於國民經濟之中，利用國民經濟保障軍事功能，儘可能將軍事設施建設與地方的基礎建設結合起來，在鐵路、公路、機

場、港口等基本建設中貫徹軍事要求。進一步在不影響戰備的前提下，將軍事資源和設施對外開放使用，支援國家經濟建設。

㈡改革軍隊財經管理，合理配置軍事資源。強調軍隊財經管理是後勤工作的關鍵環節，直接影響軍隊建設發展方向和速度。必須強化財經工作的集中統管和宏觀調控，使軍事資源在市場經濟條件下得到合理配置。其方向包括：

1.改革軍費預算管理、科學確定軍費的投向投量。

2.加強軍費集中統管，規範資金管理秩序。

3.完善標準化供應，克服經費分配的隨意性。

4.加強軍隊國有資產管理，提高使用效益。

㈢改革物資籌措供應方式，充分利用計劃分配和市場籌措兩個渠道。

1.堅持計劃籌措與市場籌措相結合，運用法律和經濟手段確保軍用物資需求。

2.調整物資儲備結構，對通用物資根據市場供求情況，原則上少儲，快進快出。

3.專用物資，修訂儲備標準，調整儲備結構和數量，視情況由地方代儲。

㈣改革後勤管理體制，運用經濟手段搞活軍事經濟工作：

1.對經費物資的分配實行經濟核算和效益審計，變後勤供應的無價運行爲有價運行。

2.將市場競爭機制引入後勤管理，選優擇廉，降低軍費消耗。

3.推行多形式的包幹管理責任制，使經費物資的使用效益同單位的利益掛勾。

4.在後勤一些領域試行有償運行，增強後勤管理活力。

㈤改革生活待遇制度，從物資利益上增強部隊的凝聚力。

1.改革和完善工資、津貼制度、逐步提高軍隊幹部收入。

2.改革軍需供應工作，保證部隊生活穩中有升。

3.改革軍隊住房制度，加快解決幹部住房困難。

4.論證制定有關軍人待遇法規，確保軍人合法權益。

㈥改革軍隊生產經營，更好的爲提高部隊戰鬥力服務。

1.改革生產經營組織體制，實行集中統管。

2.改革生產經營運行機制，實行軍企分開。

3.改革生產經營收益管理，實行統一分配使用。

4.逐步建立現代化企業制度，不斷提高企業經營效益。

㈦改革後勤科技工作，堅持走科技與後勤的路子。

1.改革後勤科技體制，調整和優化後勤科研組織結構。

2.改革後勤科研運行機制，增強後勤科技工作的活力。

3.加速後勤科技轉化，努力發展後勤技術裝備。

㈧調整後勤領導機關職能，加強對後勤工作的宏觀調控。

1.調整職能任務，加強適應市場經濟的業務建設。

2.改進計劃工作，加強宏觀調控。

3.嚴格審計監督，促進後勤廉政建設。

參、共軍後勤保障部隊基本體制

軍事後勤是一個非常複雜的軍事和經濟聯結的系統工程，其基本內容包括「後勤保障」和「後勤建設」，「後勤保障」的內容包括：財務保障、物資保障、衛勤保障、交通運輸保障、裝備技術保障、基建營防保障；「後勤建設」包括：後勤戰備建設、後勤裝備建設、後勤設施建設、後勤人才建設、後勤體制建設、後勤法制建設、後勤理論建設④。共軍的作戰後勤保障部隊海⑤、空軍⑥和二炮⑦部隊因專業不同，其組織、體制、裝備等亦有相當差異，而七大軍區的後勤保障部隊體制大致相若。

共軍的軍隊後勤保障部隊在總部、軍種、兵種和軍區一級，編有倉庫、醫院、運輸、工程、修理等部隊、分隊。總部和軍區還編有後勤基地和兵站。至於「集團軍」一級的後勤編有倉庫、醫院、汽車營、軍械和汽車修理連等；步兵師、團一級的後勤均編有倉庫、衛生隊（或醫療所）、汽車和軍械修理分隊等⑧。

後勤保障部隊的種類主要有：

㈠運輸勤務部隊，如汽車團、船艇運輸大隊等；

㈡技術保障勤務部隊：如軍械、汽車、坦克、飛機、艦艇、飛彈、通信、工程、防化、油料裝備等維修部隊、分隊；

㈢衛生勤務部隊：如各類醫院、衛生、防疫隊（所）等；

㈣油料專業部隊：如野戰油庫、加油站、輸油管線團（隊）等；

㈤工程建築勤務部隊：如後勤工程團、後勤工程建築大隊（總隊）、工程船大隊等。

此外，還有擔負物資供應的和綜合保障任務的勤務部隊，如各種倉庫、圖庫、後勤基地、兵站。空軍的航空兵場站和海軍的艦艇基地等。

共軍的後勤組織在各軍種、兵種和旅以上部隊一般都設有「後勤部」（團設「後勤處」），主要由司令部（戰勤部門）、財務、軍需、衛生、軍械、運輸、油料、物資；基建營房、生產管理等部門組成。其工作由本級部隊首長直接領導，同時受上級後勤機關的業務指導。空軍和海軍、二炮等軍、兵種因特性不同，其後勤保障也較具專業性。但基本上各軍區、集團軍和各軍種之間的部隊在後勤系統上基本沿襲共軍在建軍初期「垂直式」的後勤觀念超過40年之久，一旦開始所謂「三軍聯勤保障體制」自2000年1月1日以軍區爲分級單位開始運行，各種問題逐日浮現。一些比較突出的問題歸納起來，至少包括以下四點⑨：

㈠聯勤保障雖然已經啓動，但保障能力與保障需求難以互相適應。以濟南戰區爲例，聯勤後新增聯供實力10餘萬人，但新增的保障實體與新增的保障任務相差很大，與聯勤後的保障需求相比，保障力量明顯不足。這種狀況若不能儘快改變，一旦戰爭來臨，很難組織及時高效的聯勤保障。

㈡新的保障體制雖然符合中共的國情軍情，但與未來高技術戰爭的要求不相適應。未來高技術戰爭，諸軍兵種在陸、海、空、天、電全方位聯合作戰，部隊編組高度合成，組織指揮高度集中，作戰行動高度統一，要求後勤必須實施統一組織、統一計劃、統一供應，發揮整體效能。從目前聯勤體制編制情況觀察，雖然對以往的指揮與保障關係進行一些調整，但機構設置不夠合理，功能重疊問題依然存在，還沒有從根本上突破傳統的模式，給聯勤保障帶來諸多難題。

㈢新的運行機制雖然照顧到各方面的關係，但計劃與供應、供應與管理不相適應。「聯勤條例」確定的聯勤職能仍然是「條塊分離」，從計劃的制定、審批到執行，環節多、渠道多、周期長，仍存在「兩線分流」、「指揮與保障不一致」的問題，計劃與供應相脫節，供應與管理相脫節。這種「分供分管」體制作爲過渡是可以的，隨著形勢的發展若不加以改革和完善，將會出現一些難以解決的矛盾，導致保障效益下降。

㈣聯勤人員素質近十年來加強培訓雖有所提高，但稱職能力與所擔負的工作任務不相適應。由於多方面的原因，選調軍兵種幹部的渠道不暢，交流到各級聯勤機關的軍兵種幹部，有的不是本職專業，有的缺乏機關工作經驗，很多不適應聯勤工作需要，在實際工作中力不從心，更多的是不願屈居二線，至於既通曉聯勤業務又懂指揮、管理，有遠識又有協調能力的「複合型」幹部就更是鳳毛麟角，少之又少。

肆、戰略後勤、戰役後勤與戰術後勤

共軍的「戰略後勤」⑩由總後勤部和海軍、空軍、二炮後勤部負責。總後勤部是全軍後勤工作的最高領導機關，基本職能是統一領導、協調、組織，實施全軍後勤建設和後勤保障，制定後勤工作條令、條例與規章制度、組織、指導全軍後勤教育訓練與科學研究。海、空軍和二炮後勤部是軍種（兵種）後勤工作的最高領導機關。基本職能是在總後勤部的業務指導下，負責組織本軍種（兵種）的後勤工作。至於「戰役後勤」⑪則是保障戰役軍團建設和作戰的後勤，包括戰區（軍區）後勤、集團軍群後勤和集團軍後勤等，是「戰區經濟」和「戰區部隊」之間、「戰術後勤」與「戰略後勤」之間的橋樑，是軍事後勤的中間環節，對戰役進程和結局具有重要影響。2000年共軍加強後勤改革，特別注重戰役（戰區）後勤的建設，由於共軍認爲未來對台灣海峽方面的戰爭勢不可免，因此在東南沿海軍區和海、空軍以及二炮的戰役協同戰力間的後勤協調和後勤保障建設自當年下半年即開始規劃進行，2001年共軍在東山島進行「東海六號」的三軍聯合攻島作戰演習，自四月初演習發布至八月下旬進行實兵演習，時間跨度長近五個月，主要原因之一即爲共軍在演習初期由中央和軍區級共同組織「戰役級」的聯合後勤保障指揮單位未能發揮現代化立體戰爭特點而頻頻自陷混亂，主要原因爲中央派自總後、總裝的演習指導人員與演習部隊集團軍、海軍、空軍作戰單位的戰役保障觀念上下落差太大，演習部隊習慣於往昔「垂直型」的後勤保障概念，各部隊有自己本身的後勤管道和能力，可以指揮得宜，如今交由中央指導之下成立新的聯合指揮單位統一運作，本身的物資和兵力被抽調作爲統一運用，別人的保障部隊指揮不動，本身的保障物資又不願別的部隊侵占，集團軍、海軍、空軍之間也因軍、兵種特性不同各有所圖，本位主義使得未經實戰檢驗的現代化後勤保障改革成爲未來共軍聯合作戰將面臨的最大難題⑫。

至於「戰術後勤」⑬則是保障「軍」以下部隊、分隊戰鬥和建設的後勤，通常指師、旅、團後勤，有時也指軍後勤和營、連後勤。是屬於軍事後勤的基本環節。基本任務以「戰役後勤」爲依托，組織實施：

㈠部隊、分隊的武器、彈藥、油料、給養、被裝、藥材、營房物資、維修器材、經費請領、接收、分發管理。同時對戰場繳獲的貨幣、金銀和貴重物品收集、保管和上繳。

㈡飲食保障。

㈢傷病人員的緊急救護、早期治療和後送，組織部隊整頓個人衛生和陣地環境衛生、防疫防護工作。

㈣指導部隊、分隊正確使用裝備、實施對裝備檢測、維護和中修、小修，戰時組織實施對損壞裝備縣第搶修和後送。

㈤組織運輸力量，完成前送後送任務，協同有關部門做好戰地交通調整勤務和部隊輸送。

㈥組織實施後勤防衛，保障戰術後勤機關、部隊、分隊和物資、裝備、設施安全。

共軍「戰術後勤」主要由師、旅、團後勤部（處）、海軍艦艇支隊（大隊）和水警區後勤、岸勤部（處）、空軍場站組織實施。平時「戰術後勤」按建制系統組織實施後勤保障。戰時根據作戰任務編成後勤指揮所、救護所、擔架隊、油料庫、軍械庫、彈藥庫、軍需庫、修理所和運輸分隊等隨軍隊機動，實施伴隨保障。至於海軍則由「艦隊」（軍級）下屬各「基地」（師級）所屬「後勤部」負責「岸－艦」後勤保障，艦隊出海後之遠航航行後勤保障則由各艦隊所屬之遠洋綜合補給艦負責伴隨保障。中共海軍海上綜合補給艦共兩級、三艘。分別是七〇年代末入役的「太倉」級「太倉」號（北運575號）⑭、八〇年代入役的「太倉」級「豐倉」號（東運615號），1996年入役的「南倉」級「南倉」號（南運953號）⑮。

伍、後勤保障重點向高技術軍兵種傾斜

依據共軍傳統的軍事後勤思維公式，戰略後勤、戰役後勤、戰術後勤的保障方式依次分別是「不動的」、「半動的」、「全動的」。但隨著新軍事革命的發展，作戰裝備日新月異，使戰場上機動力的展現不斷提高，相應的對後勤保障提出更高的要求，特別是對空軍、海軍和二炮等軍兵種尤其如是。以空軍後勤爲例，中共「空軍指揮學院」在1999年的一篇研究報告中直承空軍有「相當一部分機場破損嚴重，許多機場不具備多機種保障能力；防空陣地質量較差，大部分年久失修；後方倉庫佈局不合理，空白點很多；後勤裝備老舊不配套；戰備物資儲備數量少，後勤點多面廣，運輸困難等薄弱環節」⑯。

對於空中進攻戰役所依據的機場和陣地，多呈點狀配置，高度分散，造成戰役後勤「面大點散」的現況，戰役後勤擁有的專用公路、鐵路、輸油管線在同一戰區內綿延千里，有鞭長莫及之勢。而戰役後勤與戰術後勤之間至目前爲止仍無「分部」或「兵站」一類的供應環節，作戰物資必須直接供應到場戰或作戰師團等上百個受供單位，不僅調度龐雜不易，更造成補給線過長而益形脆弱，平時尚可勉予正常供需，一屆戰時後勤供應絕對面臨難以爲繼的考驗⑰。面對以上困境，共軍有關研究部門提出「全方位機動後勤保障」理論，以因應未來高技術條件下戰爭的高度運動性。

所謂「全方位機動後勤保障」的方式，就是指在戰區領導機構的統一指揮下，以「化大爲小」的途徑，採取機動靈活的手段，對戰區内戰役作戰實施全方位、全縱深、全時段的後勤保障。特點是集中保障力量，以機動快速的方式實施重點支援，形成「小範圍聚集，大範圍保障」模式的保障。惟理論歸理論，現實問題是空軍本身是由多兵種、多機種組成，僅就航空兵而言，就有殲擊、強擊、轟炸、偵察、預警、電子干擾、空中加油、空中運輸等部隊，武器裝備既有外國直接進口，有與外國合作產製，有自行研發或改型，技術上涵蓋第三、第四代，也有改型的第二代老機種。防空部隊既有極先進的地空導彈系統，也有老式的高炮、高射機槍等。指揮系統既有以C^4I爲主要手段的現代化指揮系統，也有極簡單以無線電或目視設備爲主的指揮系統。油料系統更是繁雜不堪，除俄式機種的油料保障因承接整個俄軍油料型號系統尚稱完整之外，共軍本身的油料型號、標準、規格、品質、包裝、輸具等，仍因缺乏現代化電腦管理系統配套，而陷於低保障標準。空軍本身即問題重重，遑論戰爭發起還要支援陸、海軍的合同作戰。因此，空軍的後勤指揮部門大聲疾呼要求加強「空中作戰與地面作戰之間、各兵種與機種之間、參戰部隊與保障部隊之間」等多樣性之間的協同化、運輸之間的標準化、三軍規格的通用化等，藉以提高實施快速高效的機動保障⑱。

至於空軍在實施「空中封鎖」戰役的後勤保障，由於作戰特點與「空中進攻」不同，因此要求也有所不同，基本上共軍後勤部門提出後勤保障的作戰部署要著重於「一方向、兩區、三線、多點」混合配置，與作戰力量形成「縱深梯次、前後貫通、動靜結合、多點輻射」的「網狀保障」。所謂「一方向」指面向封鎖目標的地理位置，在戰役發起前即應建設爲全軍後勤保障重點作爲基礎。「兩區」指在一個戰區內形成兩個空軍後方基地系統，配置機動保障部隊，交叉運用，以滿足封鎖作戰的多樣性。所謂「三線」即根據實際狀況保障「一線機場」作爲主要作戰機場，使之具備能駐紮兩個殲擊（J系列）和強擊（Q系列）機團的保障能力。「二線機場」供多機種、新機種（SU系列）的主要保障，「三線機場」擔負轟炸機（H系列）、運輸機（Y系列）和支援保障機群的保障任務。「多點」指「多點輻射」，在保障區內，建設骨幹機場和地理位置視中的後方基地爲依托，加強機動保障力量，以確保在戰役發起後，空中封鎖所帶來長期與多變化的各種戰況均能迅速因應⑲。至於中共海軍爲配合「近海防禦」的新戰略，即將開始新的艦隊編制改組，以縮短戰線同時提高後勤保障能力，以肆應未來針對美日、對台灣、對南海的戰場環境（詳情請參考台北「中共研究」雜誌社編九十年版「中共軍事研究論文集」第四篇，中共廿一世紀海軍戰略對亞太區域安全之影響；第五篇、中共海軍現代化兵力建設對台海安全之影響）。

陸、軍事後勤保障建設向東南沿海重點轉變

共軍對未來可能發生局部戰爭的估算，認為只有台灣海峽和南海兩地可能因主權紛爭而引發戰爭，因此面對台灣和南海兩個熱點地區的東南沿海就成為戰場建設的重點地區。在空軍、海軍、二炮等軍、兵種早在五0年代開始即將面向台灣的機場、港口和二炮基地列為重點建設項目，五十年來的「垂直型」戰場建設自成體系，並無溝聯，軍區級的後勤保障對轄內軍隊的後勤補給由於制度不完善、關係不順暢，應付緊急事件和突發戰爭的能力並不足夠，也未能適應未來高技術條件下局部戰爭的要求。

目前東南沿海地區尚未設立一個有法可依的後勤機構，平時可以協調軍地雙方，戰時可以調控物資統籌軍事後勤的指揮機構。因此共軍後勤部門在協調地方、動員民力的過程往往引起諸多不便，因此有關部門建議可

以在大軍區爲基礎成立戰區後勤動員組織指揮機構，成員由大軍區或跨軍區聯合各省（自治區）黨政有關領導幹部組成，在戰略後勤的動員領導機構統一指揮下，領導戰區內平時和戰時的後勤保障工作，主要立意是將地方納入軍方歸口管理，平時要按戰時需要，調查掌握人力、物力、財力資源，綜合協調各項戰時後勤和動員保障的建設。戰時則按照動員決策的機構要求，組織協調軍地雙方各項支前保障的人力、物力、資源供應和交通運輸任務的完成。根據此一構想，2001年初次在東南沿海相關軍區（濟南軍區、南京軍區、廣州軍區）後勤部門和地方省、市、縣的動員部門協調研究建立一套平、戰時期的後勤動員指揮準則和組織架構，配合在八月下旬舉行的「東海六號」三軍聯合登島大演習，和十月上旬在廣州軍區即將舉行的戰區內三軍聯合大演習，作爲後勤保障項目的演習。然而由於東南沿海區域早於1980年之後處於高度開放的地區，二十多年來當地人民習於經商貿易等經濟活動，人口流動率高，民兵組織支離破碎，自由化思想嚴重，人民自主性高，是被中共歸類爲被西方「和平演變」最嚴重的危區，對軍方要求「無私奉獻」的地方「後勤支前」後備動員演習難以接受，被動員的積極性不高。而在中央方面閉門造車做出的後勤保障作戰計劃與地方實際情況差距太大，難以落實。因此造成將近三至四個月的時間進行計劃與任務的磨合，「邊進行邊計劃、邊計劃邊修正」，不僅影響演習部隊的推演進度，更造成地方與軍隊之間的關係緊張。

爲此，共軍的戰役後勤指揮部門提出加強建立集中統一的組織體系，保證後勤動員權力的高度集中，平時對各項後勤動員和保障準備工作實施領導，戰時統一協調後勤動員，確保戰爭爆發時，能將東南沿海地區的經濟迅速轉入戰時軌道，保證軍令、政令暢通，提高後勤保障的實效性，避免因「本位主義」、「唯我主義」、「多頭領導」、「令出多門」所造成的諸多混亂狀況。

至於東南沿海地區的後勤物資的儲備和運送保障，共軍在軍需大學有關的研究中也特別提及軍需儲備要根據戰區的需要估算出優先順序，「重點地區優先，作戰前線優先、戰爭需要優先」的原則，調整戰略軍需倉庫的物資儲備。至於運輸能力保障重點在建立快速反應運輸系統，如空運、海運等系統，以輔公路、鐵路運輸的不足。

爲了加強專用軍需的物資和運送保障必須加大戰役準備，目前專用軍需物資在儲備量中只佔很小比例，與未來發生戰爭時的需要不相適應，因此在戰役層級加強加大專用軍需物資的儲備，以保障需要時用得上。至於保障力量的建設，除了原有部隊的保障兵力之外，戰區之內還應建立軍需保障旅，在聯勤分部範圍內建立軍需保障營和應急保障連，可以以軍需倉庫爲依拖，建立物資保障專業分隊，負責戰時軍需物資的儲、運、發、收等工作，類此分隊的人員可以各軍、兵種軍需部門和軍需倉庫的業務幹部中抽組而成，戰時由戰區內的步兵分隊、民兵分隊和民工組成，配屬於主要作戰部隊，進行後勤物資保障。

柒、結　語

共軍爲因應21世紀軍事戰略指導方針轉變及未來高技術條件下戰爭需求，調整以往按計畫分配、三軍自成體系的後勤保障體制，全面開始「吃皇糧」並推行「三軍聯勤」體制，並逐步與市場化經濟體制、法制磨合配套。然因其傳統保障體制龐雜、資源配置矛盾重重，迫使改革步調十分緩慢，中共國防部門在分析探討後勤制度改革時提出，實施「三軍聯勤」，必須解決下列三項聯勤保障體制運行中的關鍵問題，否則將影響改革成效：（一）能否嚴格按照劃分的通用保障與專用保障範圍組織實施保障。（二）能否搞好計劃與供需的銜接。特別是保障對象從原來的保障區到另一個保障區遂行作戰任務時，需要及時明確新的保障關係。（三）能否認眞貫徹執行標準制度。當前共軍標準制度還不完善，許多項目的保障仍未脫離「標準加補助」，部分隨意性較大，尤其是對海、空軍和二炮部隊調整較高，不利於整體平衡。此外，中共積極針對現代戰爭模式轉變及高科技武器裝備廣泛引進，要求建立一套「三軍一體、軍民兼容、平戰結合」型的後勤保障體系，不斷從外軍經驗學習中獲得改善，十分快速有效解決部隊後勤裝備現代化問題，也對戰時戰備動員機制的形成有所助益，這是不可否認的事實。

自2000年以來，共軍為提昇部隊應急機動作戰能力及戰場建設，針對高技術條件下的作戰新特點，將作戰後勤保障朝向小型化、集裝箱化、標準化發展，達到應急作戰配套的要求。目前，共軍為確保應急機動作戰任務之遂行，制頒甚多相關作戰保障的條例與通令，要求在未來「十五」期間要按照「後勤指揮抓聯合、戰場建設抓配套、物資儲備抓調整、保障力量抓『拳頭』」的思路，以及部隊後勤「五化」⑳目標加強、加速改革，做好以「打得贏」為總目標的準備，由共軍當前應急機動作戰整備情況偏重以海、空軍和二炮，並以東南沿海地區為重點，主要就是要落實加強對台軍事戰爭作好準備，此一脈絡走向是無可置疑的。

註：⑳共軍後勤保障目標「五化」是自1998至1999年提出，而後勤「保障裝備現代化」則早於1985年之後即已提出，同時在北京舉辦

每五年一屆的「國際後勤裝備展覽會」，迄今舉辦四屆，後二屆已有若干專業項目分支而出，每二年或每年舉辦。同時共軍軍官獲邀赴國外軍事裝備展覽會參訪的機會亦大爲增加。共軍後勤研發及採購部門在類似研討會或展覽會中與外商或外軍研究機構互動密切，獲得極多戰爭或戰場後勤資訊或器材，對近十年來共軍作戰後勤裝備的現代化極具效益。

②中共「十四」大文件選輯中有關「關於軍隊必須建立社會主義市場經濟體制」的報告，中共「黨十四大文件選輯」。

③「後勤保障部隊」、「後勤部」，中共「中國軍事百科全書」(軍事學術Ｉ)，第251頁至253頁。

④王克，「軍事後勤」，中共「中國軍事百科全書」，(軍事後勤)，第一頁。

⑤海軍後勤組織體制大體上分三個層次：一、海軍領導機關設後勤部、裝備修理部、海航兵後勤技術部。二、海軍基地設後勤部、裝修部、艦隊航空兵設後勤部、航空工程部。三、水警區設後勤部及裝修處，艦艇部隊設岸勤部(處)、飛行部隊設航空兵場站，陸勤部隊設後勤部(處)，詳情請閱中共「軍事百科全書」(軍事後勤)，第66頁。

⑥中共空軍設有後勤部、軍區空軍後勤部、軍(指軍級指揮所)設後勤部和航空兵場站，以及有關兵種後勤部門，並編有若干保障部隊、分隊等，詳情請閱中共「軍事百科全書」(軍事後勤)，第226－227頁。

⑦二炮部隊一般以基地爲單位部署。有較強的獨立性，由戰略導彈部隊負責組成作戰後勤保障體制，詳情請閱中共「軍事百科全書」(軍事後勤)，第362頁。

⑧「後勤部」，詳閱中共「軍事百科全書」(軍事學術Ｉ)，第252頁。

⑨李學安，「21世紀三軍聯勤發展趨勢初探」，中共濟南軍區聯勤部司令部2000年會議資料第18頁。

⑩詳見中共「軍事百科全書」(軍事後勤)，第364頁。

⑪詳見中共「軍事百科全書」(軍事後勤)，第368頁。

⑫2001年7月中旬，作者參加美國華府海軍分析中心研究會議時獲悉。

⑬詳見中共「軍事百科全書」(軍事後勤),第368頁。

⑭「太倉」補給艦一次可攜帶燃料10550噸,輕柴油1000噸,補給水200噸,飲用水200噸,曾於2001年5月配合112號「哈爾濱」艦編隊出訪印度、巴基斯坦,進行海上橫向補給。

⑮「南倉」號補給艦滿載排水量爲37000噸,是目前中共海軍現役最大的艦隻,艦長178.9公尺,航速16節,該艦艦體1993年購自烏克蘭,再由大連造船廠改裝,1996年服役,分別於1997年3月、1998年、2000年5月參加共軍遠航編隊赴美洲、澳洲及南非。

⑯廖汝耕,「全方位機動後勤保障方式研究」,中共「國防大學學報」,1999年第11期(總123期),第89頁。

⑰同A,第90頁。

⑱同A,第91頁。

⑲廖文中,「空軍作戰在島嶼型國家防衛作戰中的角色」,台北國防大學空軍學部「跨世紀國家安全與軍事戰略學術研討會」研究論文集,2000年11月,第6－18頁。

⑳共軍提出部隊後勤的「五化」是一、三軍後勤一體化,二、部隊供應標準化,三、軍官福利貨幣化,四、後勤保障社會化,五、業務管理科學化。

中共網軍建設與未來發展

林勤經

前　言

中共自從蘇聯解體以後，處心積慮想取代舊蘇聯的地位，以成爲世界的霸權。因此在軍事領域上傾其國力發展尖端武器，企圖超越俄羅斯的地位。惟「波灣戰爭」及「科索沃戰爭」的結果，使中共警覺到其軍事武力與美國仍有相當大的差距。這使得中共不得不以戰爭的新思維作爲切入點，以取得其稱霸世界的捷徑；「資訊戰」便因緣際會的成爲中共的發展重點，甚至成爲全世界軍事專家矚目的目標。

在過去十五年來，伴隨者高經濟成長率，使得中共在軍事投資上更有充裕的經費來發展。而其軍事與商業相輔相成的發展策略，使其在高科技的取得上，得到了前所未有的突破，其遂行高技術戰爭所需要的裝備得以推陳出新；造成中共在全新資訊戰領域中，已漸漸地取得一席之地。然而，在過去幾年內，台灣新聞媒體大幅報導有關電腦病毒透過網際網路的傳播，造成各界電腦系統受損的訊息，間接使得「資訊戰」與「網路」劃上等號，導致社會大眾忽略了資訊戰眞正的意涵。

本篇文章主要是以廣義的資訊戰，來探討中共在這新軍事領域中戰備整備的現況。在第二章中首先介紹資訊戰的背景概念，尤其是中共對資訊戰理論形成的歷史背景；第三章就現行各界所討論之資訊作戰型態，列舉幾項最受重視之手段；本文討論的重點－中共資訊戰發展現況，將在第四章中討論，惟爲避免範圍過於廣泛，本文將著重在軍事領域的範疇；最後則是本文的結論。

第一章、資訊戰之背景概念

在資訊戰的領域中，中共對於資訊戰概念與理論的提出，是早於世界各國的。一九八五年中共解放軍少校沈偉光已經開始對資訊戰進行研究；一九八七年解放軍報介紹了其對資訊戰研究的學術觀點。然而，由於當時人們還沒有充分認識到資訊時代的到來，對資訊戰的學術文章也就缺乏應有的關注。因此遲至一九九〇年三月，「信息戰」（我國稱「資訊戰」）一書才在浙江大學出版社出版。惟中國傳統「人微言輕」的觀念，初期這本書並未帶來應有的風潮①。

在這一時期沈偉光雖然提出資訊戰的概念，但是整體的思維並不成熟，應是處於摸索的階段。然而，受到美伊「波灣戰爭」結果的影響，在一九九〇年至九五年間，有關「數位化戰爭」或「資訊戰爭」的論著如雨後春筍般湧現。這場劃時代的戰役，使得世人對戰爭的看法有相當大的改變，「數位化」或是「資訊」等名詞不斷地被討論著，同時亦深深刺激中共高層，使得如錢學森等具影響力之人物，不得不挺身而出呼籲中共要重視「資訊作戰」對未來戰爭的影響，並儘速發展相關之科技。拜這股熱潮之賜，中共解放軍報於一九九五年十一月七日以全版的版面，介紹沈偉光的「當今世界軍事革命的重心——信息戰研究導論」。沈偉光在多年來的研究下，建立了資訊戰理論的本質，他於這篇報導中提出對「信息戰（資訊戰）」的論點：

> 資訊戰，也叫指揮控制戰、決策控制戰，旨在以資訊爲主要武器，打擊敵方的認識系統和資訊系統，影響、制止或改變敵方決策者的決心以及由此引發的敵對行動②。

至此沈偉光確立了資訊戰的基本特質。一九九五年十二月，中共相關戰略及作戰領導階層於石家莊召開「面對世界軍事改革論壇」，與會的專家們呼籲要發展「能使霸權主義者的金融體系與軍隊指揮體系陷入混亂狀態」的武器；並確立中共必須放棄「追趕」先進國家的策略，而應「從全新的資訊作戰著手，以發展中共獨特科技與技術，不應拿新科技置於舊架構中。」③至此以後，中共各階層全面展開對資訊戰的探討。然而，這時期的中共資訊戰專家之立論，卻明顯地以美軍資訊戰準則中所提出的觀點，來作爲其立論依據。在一九九六年間，美國國防部及美國陸軍分別提出「指管戰」（C2W）④、及資訊作戰（Information Operations⑤兩部有關資訊戰的準則。其中在「指管戰」中提出了美軍對資訊戰最早期的定義：

> IW is defined as actions taken to achieve information superiority by affecting adversary information, information-based processes, information systems, and computer-based networks while defending one's own information, information-based processes, information systems, and computer-based networks.⑥

對照此一時期在中共內部所提出的各種有關資訊戰的定義，很明顯地與以上之定義有相雷同之處，例如：

> 資訊作戰乃涉及利用、改變及癱瘓敵人資訊與資訊系統，以及涉及保護本身的資訊與資訊系統不

受敵方之利用、改變與癱瘓之一切作戰型態⑦。
所謂資訊作戰，是指阻擾和破壞敵方正常獲取、傳遞、處理和利用資訊，保證己方正常獲取、傳遞、處理和利用資訊的各種行動。其目的是確保己方對敵的資訊優勢。⑧
所謂資訊戰，就是敵對雙方圍繞爭奪資訊獲取權、控制權和使用權而展開的鬥爭，其實質就是通過資訊流控制物質流、能量流，以提高己方和削弱敵方武器的效能和部隊的戰鬥力⑨。

這些觀念促使新華辭典中，引申出以「在資訊領域中爭奪資訊控制權的作戰行動」來解釋資訊戰這個概念；對此，沈偉光提出他獨特的看法，他認爲「資訊戰是資訊時代的產物，是獨立于武力戰的新戰爭形態，與武力戰相輔相成，不可或缺和相互替代。從戰略意義上考慮，資訊戰攻擊的主要目標，一是伴隨資訊社會而來的資訊邊界和資訊疆域，拓展網路空間和資訊空間；二是爭奪資訊資源，獲取制資訊權。在未來資訊戰中，“爭奪資訊控制權”即“制資訊權”，不僅僅在“資訊領域”開展，更多是在非資訊領域展開，因此，它也不是用“作戰行動”⑩。」也就是無論政治、軍事、文化、經濟等領域，資訊戰是指雙方都企圖通過控制資訊和情報的流動來把握主動權，雙方都企圖在情報的支援下，綜合運用保密、心理戰、電子戰和對對方資訊系統實體摧毀，阻斷資訊流，並製造虛假的資訊，影響和削弱對方控制能力，同時確保自己的控制系統免遭類似的破壞。隨著資訊社會聯繫、交往的擴大，戰爭的內涵也相應擴大；它不單指軍事領域，也包括經濟和政治、文化等領域；這其中包含利用新奇的資訊技術，多渠道、多形式地對敵方軍用、民用電腦網路和通信系統進行快速、隱蔽和毀滅性的破壞，包括破壞和癱瘓敵方的軍事、金融、電力、交通系統的電腦網路。⑪⑫

沈偉光的這些理論後來在喬良與王湘穗的「超限戰」一書中更加發揚光大；「超限戰」就是「超越所有藩籬與限制的戰爭，它兼具軍事與非軍事型式，在很多戰線上製造戰爭，它是未來的戰爭」。更具體的解釋就是「在兩個國力不對等的敵對國家間，窮國弱國的軍事戰略，就是要打破一切限制，運用一切手段，特別是將非軍事手段組合應用，從各個角度、層次、領域打擊敵人，達成戰爭目的⑬」。

從沈偉光到喬良與王湘穗，已經很明顯的勾勒出中共廿一世紀的戰爭型態，並也呼應了「應從全新的資訊作戰著手，以發展中共獨特科技與技術，不應拿新科技置於舊架構中」的指導原則。

第二章、資訊戰的基本型態

美國國防大學國家戰略研究院研究員李必奇（Martin C. Libicki）於一九九五年八月提出資訊戰的七種形式：指管戰(C2W)、情報戰、電子戰、心理戰、駭客戰、經資戰、網界戰（Cyberwarfare）⑭。這是世界上最早有系統闡述資訊戰基本形態的一篇文章；後來美國國防部所頒訂的資訊戰相關準則中，排除非軍事領域範疇(這也是「超限戰」中作者攻擊美國軍方的論點)，列出電子戰、心理戰、軍事欺敵、作戰安全（OPSEC）、網路攻擊等軍事領域資訊戰基本型態⑮。

基本上，中共的資訊作戰型態與美軍資訊作戰準則中所討論的項目雷同，以下僅就情報戰、電子戰、網路戰、精確打擊等部分作一簡單說明。

一、情報作戰

在整個中共的資訊戰爭概念中，情報作戰是一種十分重要的作戰型態。因爲從本質上來說，資訊戰爭的核心就是圍繞資訊的獲取權、控制權和使用權的爭奪與對抗；其中資訊獲取權的爭奪與對抗，既是整個資訊爭奪與對抗的重要組成部分，也是它的先導。而情報作戰實質上，就是資訊獲取權的爭奪與對抗，因此，自然成爲資訊戰爭中極重要的一個組成部分。

電腦系統爲資訊處理的主要工具，其中儲存著大量系統化且完整的情報資訊，因此理所當然地成爲情報作戰的主要目標。而電腦系統本身安全的脆弱性，使得針對電腦的情報作戰行動極易造成損害。

隨著資訊和資訊技術在社會、政治、經濟、科技、軍事等領域的地位和作用不斷增強，以情報資訊爭奪和對抗爲內容的情報作戰範圍也迅速擴展，從傳統的軍事領域迅速擴展到政治、經濟、科技、外交等各個領域，以及人類生產和生活的各個層面。

中共觀察到自80年代中期以來，國際戰略形勢出現了新的轉變，全球性的軍事對抗在國際事務中的影響逐漸減弱，以經濟和科技爲主要內容的綜合國力競爭日趨激烈，促使經濟情報活動日益加劇。能否確保自身經濟活動中秘密情報的安全？能否佔有更多有關競爭對手的經濟情報？成爲經濟—特別是商業競爭中決定勝負的一個重要因素；誰能在經濟情報方面佔據優勢，誰就能在經濟競爭中獲取有利地位。反之，就會處於被動，蒙受巨大的經濟損失。

中共了解到國與國的競爭，最重要的是綜合國力的較量，追根究底即是科技實力的競爭。因爲先進的科學技術和強勁的科技實力，是經濟實力擴展和軍事實力增強所必需的基礎和條件；因此，在軍事、經濟領域的情報作戰愈演愈烈之時，在科技領域，爭奪科技情報資訊的科技情報戰也隨之迅速展開。

二、電子作戰

中共認定電子作戰，在實質上是指揮管制作戰，並成爲資訊戰爭中一種非常重要的基本作戰型態。所謂電子作戰，是指利用電磁能和定向能以控制電磁頻譜，爲削弱和破壞敵方電子設備正常發揮效能而採取的措施和行動。具體地説，電子作戰是利用電磁波探測、識別敵方資訊裝備的電磁頻譜，然後採用多種手段和措施，干擾、阻礙其正常工作，甚至予以破壞或摧毀；同時，保證己方的資訊裝備能正常使用電磁頻譜，發揮作戰效能；電子作戰的內容則包括了電子偵察、電子攻擊和電子防禦三部份。

在現代數位化戰爭中，敵對雙方指揮作戰倚賴電子裝備日益增多。因此，干擾、阻礙、破壞或摧毀敵方指揮系統之正常作業，將輕易地使敵方陷於被動防禦的困境。因此，電子作戰已成爲現代資訊戰爭最重要的手段。

三、網路空間作戰

網路空間作戰是一種與情報作戰、電子作戰、精確作戰和心理作戰等各種資訊戰爭作戰型態，有著根本區別的全新作戰型態。中共對網路空間作戰的認知要較其他國家來得廣泛，這點可以從前述「超限戰」的概念中得到驗證。只要掌握了資訊系統的專門知識，並能有效地“闖入”重要的電腦網路，就可以實施網路空間作戰。在網路空間作戰中，資訊技術的軍民通用性和電腦網路的相互關聯性，使得作戰力量非常廣泛地延伸，無論國家、地區、組織、集團還是個人，無論軍人或平民，只要具備一定的電腦知識，掌握一定的網路攻擊手段，都可能介入其中。

網路空間作戰是在資訊網路空間中實施的作戰；這種資訊網路空間與有形的實體空間不同，它不受地域的任何制約，只要是網路能夠到達的地方都是網路作戰可及的範圍，都是其作戰空間。因此，網路空間作戰與在有形空間實施的傳統作戰不同，其作戰空間將更加抽象和廣闊，一些傳統的戰場概念將不再適用，或變得越來越模糊。

網路空間作戰在時間上具有連續性；網路空間作戰幾乎不受任何外界自然條件的干擾，沒有天候因素的制約，沒有地理環境的影響，沒有白天和黑夜的區別，其作戰時間具有連續性；也就是說，它是眞正的全天候、全時辰連續作戰。

四、精確作戰

中共的精確作戰定義是以有形的實體「毀傷型或硬殺傷型」手段實施的作戰型態。精確作戰具有直接攻擊戰爭重心和實施全縱深、全方位、全時空、機動、精確打擊的突出特點；精確作戰與其他作戰型態融爲一體，在有形的地理空間（海洋、陸地、空中和太空）和無形的資訊空間（電磁頻譜空間和電腦網路空間），精確地完成資訊戰爭所賦予的作戰任務。

精確作戰是指作戰雙方通過精確地確定對方的位置，協調控制友軍的行動，以精確制導武器精準地攻擊敵人的關鍵力量或能力，同時限制或剝奪敵方精確攻擊的能力，以完全掌握戰爭的主動權。精確作戰是追求作戰過程“精確化”理想目標的結果；它的出現，是日益成熟的資訊技術應用於武器系統的必然結果，爲武器資訊化和戰場透明化綜合作用的產物，更是資訊時代的必然要求。

精確作戰是資訊戰爭最基本的火力摧毀作戰型態；它是建立在先進的一體化C4ISR系統、完善的增強戰場透明度的資訊保障系統，具有空前毀傷能力的硬殺傷型資訊武器系統基礎之上的作戰型態。精確作戰的出現，完全是出於戰場精確毀傷能力和戰場透明度大幅提高後，所產生的綜合影響，亦是出於資訊戰爭的需要。

第三章、中共資訊戰發展現況

資訊自古以來即爲兵家所必爭的戰略資源，孫子所說的「知己知彼」就是圍繞資訊所展開的爭奪。惟資訊在指管體系中流動，敵對雙方在資訊的爭奪將不可避免地觸及其傳輸介質，無形的資訊對抗，更需藉由有形的指管對抗來展現。其次，資訊上的優勢不必然即?戰鬥力優勢，掌握資訊優勢的一方必須充分利用這種優勢，進行運籌謀劃，將潛在的戰鬥力淋漓盡致地轉化成?現實戰鬥力，才能獲得全面的優勢。現代戰爭由於參戰軍兵種眾多，大大的增加現代戰爭的複雜性。因此美軍在一九八六年高華德－尼可國防部改組法案（The Goldwater-Nichols Department of Defense Reorganization Act of 1986）中，確立美軍聯合作戰的指導。中共則在波灣戰後，才廣泛討論資訊戰以及聯合作戰的相關問題。

中共自鄧小平掌權開始經濟改革以來，基本上是隨著世界的潮流來發展，未必與上述之資訊戰理論有所關連。然而，自從一九八六年中共提出「八六三計畫」，配合其「七五」、「八五」及「九五」三個時期的五年發展計畫，中共在尖端先進科技所投注的心力，以及世界各國蜂擁而至的國際級大企業技術與資金供應下，使得中共在資訊戰的相關發展上，已獲得相當的進展。

廣義的資訊戰範圍相當廣泛，限於篇幅，以下僅就軍事領域部分來討論中共資訊戰之發展現況。

一、八六三計畫

中共自從開放改革以來，正好面臨以資訊技術、生物技術、新材料等高技術爲中心的新的技術革命浪潮的衝擊；這些技術在人類經濟、社會、文化、政治、軍事等各方面產生深刻的變革。中共高層深感高技術及其業已成爲國與國之間，特別是大國之間競爭的主要手段。誰掌握了高技術，搶佔到科技的“制高點”和前沿陣地，誰就可以在經濟上更加繁榮,政治上更加獨立，戰略上更加主動。一九八六年三月三日，王大珩、王淦昌、楊嘉墀、陳芳允等四位中共元老級的科學家寫信給中共高層，提出「要跟蹤世界先進水平，發展中共高技術的建議」。此項建議得到了鄧小平的高度重視，在隨後的半年時間裏,中共中央、國務院組織二百多位專家，研究部署高技術發展的戰略，經過極爲嚴謹的科學和技術論證後，中共中央、國務院批准了「高技術研究發展計畫（“八六三”計畫）綱要」。

中共深知以當時的人力、物力、財力，是不可能與歐美先進國家開展爭奪高技術優勢的全面競爭。因此，在經過審愼評估後，選擇生物技術、航太技術、資訊技術、雷射技術、自動化技術、能源技術和新材料七個領域十五項主題作爲中共高技術研究與開發的重點，希望通過十五年的努力，力爭達到下列目標：

1、在幾個最重要高技術領域，跟蹤國際水平，縮小同國外的差距，並力爭在中共現有優勢的領域有所突破，爲本世紀末特別是下世紀初的經濟發展和國防安全創造條件；

2、培養新一代高水準的科技人才；

3、通過傘型輻射，帶動相關方面的科學技術進步；

4、爲下世紀初的經濟發展和國防建設奠定比較先進的技術基礎，並爲高技術本身的發展創造良好的條件；

5、把階段性研究成果同其他推廣應用計畫密切銜接，迅速地轉化爲生產力，發揮經濟效益。

一九九三年通信技術作爲一個主題列入「八六三計畫」。從一九九一年到一九九五年，國家科委適時地將水稻基因圖譜、航空遙感即時傳輸系統、HJD－○4型大型數位程式控制交換機的關鍵技術、超導技術和海洋技術作爲專項納入「八六三計畫」。一九九六年七月，中共國家科技領導小組批准將「海洋高技術」作爲「八六三計畫」的第八個領域。目前，「八六三計畫」共有八個領域、二十項主題⑯。

「八六三計畫」雖然是一個以民用的高技術發展計畫，但是其對軍事領域的影響是極其深遠的。中共空軍指揮學院教授蘇恩澤便指出⑰:「我國的『八六三計畫』，雖然是一個民用高技術發展計畫，但它對我軍軍事高技術的迅速進步和武器裝備戰鬥力的提升，也具有積極意義。它如同一個助推器，也將開創我國軍事高技術發展的新時期。……促進我軍軍事理論、軍隊編成、軍事人才等各方面的全面進步」。這種觀點在波灣戰爭結束後的「八五」與「九五」時期，配合「資訊化戰爭」的熱潮，使得「八六三計畫」進一步突出了資訊技術的重要性。而其重點則在於電腦軟硬體技術，資訊處理技術，通信技術和資訊安全技術四個主題⑱。

二、衛星科技

中共於一九五七年受到前蘇聯及美國先後發射人造衛星的刺激，由中國科學院錢學森、趙九章兩名科學家向毛澤東建議中共也要發展人造衛星，於是一九五八年毛澤東發出「我們也要搞人造地球衛星」的號召，並交由錢學森、趙九章等科學家負責擬訂發展人造衛星規劃草案，代號爲581任務，成立了581小組，開始了中國大陸衛星的預先研究工作。一九六五年，中共中央專門委員會批准了中國科學院「關於發展中國大陸人造衛星工作規劃方案建議」，確定了中共發展人造衛星的工作⑲。

中共衛星工程的發展歷程分爲三個階段⑳。第一階段，1958年～1970年，是衛星工程的技術準備階段。在這一階段中，研製了探空火箭，開展了衛星工程的基礎研究工作，同時爲研製衛星進行了一系列技術上、工程上和組織上的準備工作。1970年4月24日，第一顆人造衛星「東方紅一號」研製和發射成功，使中共成爲世界上第五個獨立研製和發射人造地球衛星的國家。

第二階段，1971年～1984年，這一階段是衛星工程的技術試驗階段。在這一階段中，主要的突破在於研製成功了返回式偵察（中共以民用「遙感」一詞代稱）衛星和試驗性通信衛星。1975年11月26日，首次發射回收了返回式偵察衛星，並從1976年至1984年，相繼研製發射了5顆返回式衛星，其試驗和回收均獲得成功。

第三階段，1985年起至今，是衛星工程從技術試驗走向工程應用的階段。在此一階段，配合「八六三計畫」的推動，使中共在各衛星工程各領域的應用上，獲得相當的進展。

中共自從1970年4月24日發射成功第一顆人造衛星「東方紅一號」後，就把研製發展應用衛星，作爲太空技術發展的主要方針。截至2000年底，中共共研製並發射了48顆不同類型的人造衛星。目前已初步形成四個衛星系列：「尖兵」返回式偵察衛星系列、「東方紅」通信廣播衛星系列、「風雲」氣象衛星系列和「實踐」科學探測與技術試驗衛星系列。而在最近兩年內，連續成功發射之即時傳輸照相偵察衛星（資源系列）、導航定位衛星（北斗系列）及小衛星系列；使中共太空技術在國防、經濟方面之應用正逐步擴大，對提高中共國際地位及增強其國防實力，發揮相當大的作用。現僅就中共在軍事領域上之衛星計畫執行情形說明如下：

㈠電子光學偵察衛星（返回式）

電子光學偵察衛星是軍用衛星當中數量最多、應用最廣的一類衛星；其可從軌道上，對目標實施偵察，以搜集地面、海洋或空中目標的情報。偵察設備記錄目標反射或輻射的電磁波、可見光、紅外線等信號，以攝影的方式儲存於返回艙內，再由地面回收；或者以即時傳輸方式傳回地面接收站，以供判讀。

中共發展衛星科技的首要目標除了通信外，就是偵察；故中共發展偵察衛星較早於其他類型衛星。自1975年11月26日，中共首次發射成功返回式偵察衛星後，先後共發射十七顆返回式偵察衛星，主要可分成FSW-0、FSW-1及FSW-2三種類型。

FSW-0型—爲試驗性質

FSW-1型—自1987年9月從酒泉太空發射中心發射之衛星，可在軌道上運行八天，提供廣大地區的照相作業，至此才眞正具備初期的作業能量。中共自1987至1993年間共發射五次這種類型的偵察衛星，其中1993年第五次發射未能成功。

FSW-2型－於1992年8月首度發射，隨後在1994及1996年各發射一次。FSW-2是一種低軌道、三軸穩定、對地心定向、返回艙可安全返回地面的衛星。其主要任務是對地偵察；同時還利用衛星的剩餘載荷能力，以搭載形式進行一些科學、技術發展所急需的試驗專案。FSW-2在軌道上運行時間較FSW-1約提高一倍，解析度約十公尺。

目前中共最新發展的返回式偵察衛星爲FSW-3型，其解析度高達一公尺。根據七月三十日聯合報引述香港太陽報的報導，中共在美國國務卿鮑爾七月廿八日訪問北京前夕，七月廿七日凌晨五時和七時，中共在酒泉附近軍用基地，先後發射兩顆軍用超頻、顯像衛星以歡迎鮑爾；這是中共首次同一天、同一地點發射衛星；其中一顆衛星據研判應是FSW-3型，主要係針對美、日在中國大陸領土附近及台海周邊進行軍事活動和軍事部署，能配合預警飛機、海軍雷達、地基防衛網，能偵察、拍攝敵對軍事行動，形成完整預警防衛系統㉑。

㈡電子光學偵察衛星（傳輸式）

由於返回式偵察衛星影像需待返回艙落地回收底片沖印，始能進行情報研析作業，故不具時效性，僅能提供過時的結構影像。故中共一直對即時傳輸型照相偵察投注相當的努力。直至1999年10月中共和巴西合作研製的「資源一號」衛星發射成功，使中共偵察技術正式進入即時傳輸階段。「資源一號」衛星是中共第一代傳輸型地球資源衛星，衛星上裝有CCD相機、紅外線多光譜掃描器、寬視場成像儀等。此三種遙感相機可晝夜觀察地球，利用高碼速率數傳系統將獲取的資料傳輸回地球地面接收站，經加工、處理成各種所需的圖片，供各類用户使用。由於其多光譜觀察，對地觀察範圍大，資料資訊收集快，特別有利於動態和快速觀察地球地面資訊。

較令人難以置信的是，在不到一年的時間，於2000年9月由中共自行研製的「資源二號」衛星發射成功。依據美國華盛頓時報引述美國國防部情報官員談話㉒，「資源二號」是對外的名稱，實際上是一枚高解析度的成像偵察衛星，並以「尖兵三號」

命名；「尖兵三號」除能爲導彈提供資料攻擊駐日和其他基地的美軍重要軍事設施外，亦能作爲攻擊台灣所動用的導彈和戰機提供戰場圖像支援。「尖兵三號」衛星的圖像解析度爲二·七公尺，解析度是「資源一號」的三倍，能透過數位成像技術即時傳輸圖像給地面接收站。惟中共不到一年時間竟能推出「資源二號」，讓美國一些情報官員相當質疑中共具備此先進的衛星成像技術。

㈢通信衛星

中共的通信衛星稱爲「東方紅」系列。一九八四年四月八日，中國大陸第一顆靜止試驗通信衛星發射成功，並於四月十六日成功地定點於東經一百二十五度赤道上空，開始了中共衛星通信的紀元。「東方紅」通信廣播衛星系列包括三種不同類型的靜止軌道通信衛星，即「東方紅二號」試驗通信衛星、「東方紅二號甲」實用通信衛星、「東方紅三號」通信廣播衛星，至今共發射了10顆衛星。目前在軌的是東方紅三號大容量通信衛星，備有廿四路特超高頻波段轉發器，可同時轉播六個影像畫面和處理八千條衛星轉接電話。此外，中共正加緊腳步進行下一代通信衛星「東方紅四號」的發展工作。「東方紅四號」具有直播能力，亦可將資料直接傳送給使用者，毋須由地面接收站進行轉播，此結果將使中共解放軍可將訊息傳送至其境內，任一具備接收能力的作戰單位，對其整合戰場管理系統有決定性的影響。

㈣氣象衛星

中共的氣象衛星稱爲「風雲」系列。此系列包括兩類氣象衛星，即「風雲一號」太陽同步軌道氣象衛星（又稱極軌氣象衛星）和「風雲二號」地球靜止軌道氣象衛星，至今「風雲一號」衛星發射了三顆，「風雲二號」衛星發射了兩顆。前兩顆「風雲一號」衛星裝有五通道的可見光和紅外線掃描輻射計，第三顆「風雲一號」衛星探測通道數增加到十個，增加了對雲層、陸地和海洋的多光譜探測能力。「風雲二號」衛星裝有三通道的可見光、紅外和水氣掃描輻射計，拍攝的雲圖資料填補了中國大陸西部、西亞和印度洋上大範圍觀測的空白。

㈤導航定位衛星

中共的導航定位衛星稱爲「北斗」系列，分別於2000年10月和12月發射。「北斗」導航定位衛星的發射成功，使中共得以擺脫美國及俄羅斯的全球定位系統，實現其全球定位導航的能力。目前

「北斗」導航定位衛星只是一個二維導航定位系統，並且只能在亞太區域發揮作用；但是中共正準備建立導航定位衛星網，以建立三維全球導航定位系統；這對中共巡弋飛彈的發展將有決定性的影響。

㈥雷達影像衛星

依據石明楷（Mark A. Stokes）先生於「China's Military Space and Conventional Theater Missile Development: Implications for Security in the Taiwan Strait」㉓一文中指出，「中共在『九五』計畫中（1996-2000年）中納入第一代合成孔徑雷達衛星的生產計畫。這項取名爲『海洋一號』（HY-1）的第一枚中共雷達影像衛星，預計於2001年發射。」同時他指出「海洋一號」將裝設於一小型衛星本體上，未來將可搭配其他形式之應用，例如合成孔徑雷達與電子光學偵察衛星之組合，亦即與「資源二號」互相搭配。惟中共在其官方文件上表示「海洋水色衛星(HY-1)是一顆試驗型業務衛星，主要用於海洋水色要素探測，爲海洋環境監測與資源開發服務，海洋環境監測與資源開發，包括海洋生物資源開發利用、海洋污染監測與防治、海岸帶資源開發和海洋科學研究等領域。海洋衛星平臺是採用SJ-5衛星共用平臺，進行適應性改進和升級而成CAST968B平臺，裝載一台海洋水色掃描器和一台CCD相機。衛星具有小範圍變軌能力和太陽帆跟蹤太陽對日空間能力，採用了GPS自主定軌技術，具有較高的指向精度和姿態測量精度。」㉔依據這段描述，再配合石明楷先生的文章，中共極有可能於今年內擁有第一枚星載合成孔徑雷達，這對台海周邊的軍事部署將產生極重大的影響。

㈦其他類型衛星

美國華盛頓時報於2000年3月16日報導一篇有關「共軍建立新戰場管理系統㉕」的新聞。據報導指出：美國國防部情報局稱中共於一月二十六日從西昌發射升空的「中星二十二號」系統衛星，其實是軍事通訊衛星，是第一個「指揮、控制、通訊、電腦和情報系統」的主要組件。這個新系統將賦予中共軍方協調和支援現代戰機、戰艦、潛艇和地面部隊的最新能力。國防部情報局稱這枚衛星為「烽火一號」，是中共軍方新戰管系統數枚軍事通訊衛星中的第一枚。其主要功能類似美軍的「聯合戰術情報分配系統（JTIDS）」，新系統在未來幾年完全部署完成後，戰區指揮官將可以和聯合指揮部所轄的部隊通訊與分享情報。報告稱，新系統將使中共軍事領導人，迅速而及時地看到戰場上的實景，讓他們更有效指揮聯合指揮部所轄的部隊。

如果此項報導屬實，中共已具備初步之戰術數據鏈路的能力，對其未來遂行聯合作戰將產生重大的影響。不過亦不排除「烽火一號」為「東方紅四號」類型之通信衛星，果眞如此，其影響將不如上述報導來得重大。

㈧未來中共衛星計畫

根據解放軍報網站報導，中共發佈“十五”期間民用航太六大重點專案是㉖：

1.開發大容量廣播通信衛星：加快研製、開發大容量廣播通信衛星，初步建成中共衛星通信產業。

2.啓動新一代運載火箭的研製：儘早啓動開發新一代無毒無污染、高性能和低成本的運載火箭，建成新一代運載火箭型譜化系列，增強參與國際商業發射服務的能力。

3.建立海洋衛星系列：中共計劃於2001年發射第一顆海洋衛星HY—1，這將塡補中共沒有海洋衛星的空白。“十五”期間計劃要突破「海洋二號」的關鍵技術。

4.實現空間探測雙星計劃：中共將實施地球空間雙星探測計劃，亦即：將一顆衛星的軌道佈置于地球極區方向，另一顆佈置於地球赤道面附近，兩顆衛星相互配合形成大空間尺度的探測計劃。

5.建立資源衛星系列：繼續開發、研製資源一號後繼衛星以及資源系列的後繼衛星。

6.逐步形成地球環境監測小衛星群：該小衛星系統由四顆光學小衛星和四顆合成孔徑雷達小衛星組成。“十五”期間，將先發射二顆光學衛星，一顆雷達衛星，平均“重訪”周期縮短到32小時。

依據這「民用航太六大重點專案」，可以發現中共發展軍事衛星的企圖，這也是中共解放軍內部極力爭取的項目。在中共發表「中國的航天」白皮書前，由中共國防科工委、總裝備部和航太科技集團公司等支援下，由宇航學會主辦的研討會中，與會人員均認爲中共現有的衛星基本上都是單星作戰，缺乏適用于應急的衛星。建議「在今後的航太發展中，必須高度重視“天基綜合資訊網”戰略，走網路化的發展道路。在通信衛星發展方面，專家建議應在2005年前適時發射中功率衛星平臺的第一代直播衛星，具有能提供80～100套標準清晰度數字電視的廣播能力；在2010年前適時發射大功率衛星平臺的第二代直播衛星，儘快形成中共衛星直播業務產業鏈。

在資源衛星研製方面，專家建議要盡力提高現有的空間解析度；努力提高近紅外譜段和熱紅外譜段的光譜解析度；提高時間解析度，在星上安裝合成孔徑測視雷達和成像光譜儀。在運載器發展方面，專家建議應緊跟世界最新運載器研製腳步，大力發展可重複使用火箭運載器的研究，特別是使用直排塞式噴管發動機的可重復使用運載器的研究。㉗」

這些建議基本上與“十五”期間民用航太的六大重點專案相吻合，尤其是「海洋系列」及「資源系列」，正好配合其小衛星群組成完整的偵察網，並利用其機動發射小衛星的構想，對中共在戰時的運用，將是一大助力。

三、資訊獲取及處理技術

廣義的資訊戰雖然包括政、軍、經、心等領域，但是軍事設施仍爲敵對雙方攻擊的重點，故中共視指管戰（C2W）爲資訊戰中最重要的一環。以現代軍事領域而言，指管戰基本上為敵對雙方C4ISR系統的對抗，而其致勝的主要關鍵則在於資訊獲取及處理技術，亦即ISR之情報研析系統的落實。

中共在資訊獲取及處理技術方面向來不遺餘力，尤其受到波灣戰爭的影響，在「八六三計畫」及「八五」、「九五」階段的努力下，已經獲得相當的成果；更配合中共全力發展的衛星科技，使得中共在資訊獲取的能力上，已經達到不能輕忽的地步。

資訊獲取技術的發展集中於「八六三計畫」中資訊領域三〇八主題。先後參加該項主題研究的人員已達3000餘人，主要係由中共「國家遙感中心」負責研發，代表性成果如下：

㈠機載合成孔徑雷達（SAR）

合成孔徑雷達具有不受天候的影響，能穿透雲層而偵測到地上、地下、水面、水下等目標的能力，對於追蹤移動目標相當有效。波灣戰爭期間，美軍使用機載合成孔徑雷達（J-STARS），充分發揮其對地面目標監控的效果，對殲滅伊拉克陸軍裝甲部隊，具有決定性影響。中共在一九九八年夏季，使用星載SAR的機載校飛系統於洞庭湖和鄱陽湖區域，進行長江流域洪水監測和災情評估。目前，中共已經部署至少一具機載即時合成孔徑雷達系統，對其地面、水面及水下目標之掌握，已具備相當之能力。

㈡星載合成孔徑雷達

機載合成孔徑雷達運用的先決條件爲掌握絕對制空權，否則極易受到敵方的攻擊，故以衛星爲載台是必然之趨勢。中共對星載合成孔徑雷達相當積極，目前已完成星載合成孔徑雷達模樣機的研製；由於成像雷達具有全天候、全天時和一定穿透能力的特點，對中共在台海周邊海域及陸地之軍事活動之監控將有相當的助益。

㈢高解析度面陣CCD數位航測相機系統

該系統是一套全數位、高解析度、具有良好適應性的航測相機系統。由於電荷耦合裝置（CCD）對發展即時電子光學影像系統十分重要，故與合成孔徑雷達（SAR）爲「資訊領域三〇八主題」中的兩大重點項目。中共目前在此系統上獲得相當進展，配合電子光學偵察衛星的部署，中共將具備直接從太空將偵察影像傳回地面的能力。

㈣機載三維成像儀

機載三維成像儀是將掃描雷射測距、多波段成像、姿態測量裝置、一體化資料處理等技術集合而成的系統，亦是對地觀測技術實現定量化、準確定位的重要裝置。此項技術對巡弋飛彈的發展，具有關鍵性的地位，配合全球定位系統（GPS），將使巡弋飛彈的攻擊更具精準性。這項技術中共在配合一九九九年澳門回歸、二〇〇〇年浦東開發十周年、中關村科技園區建設及北京申辦奧運等活動展現其實力。

四、通信基礎建設

中共於1980年之前，原爲各項建設均極落後之國家，然自鄧小平改革開放策略之後，各項建設的進步極爲顯著。尤其近十年來，在中共領導階層體認到未來高科技時代之決勝因素，已經受到是否掌握資訊優勢所左右，因此由上至下，基於戰略思想之改變，使各項資源均全力投入於高科技之鑽研與建設，國家資訊基礎建設突飛猛進，短短十年期間，即創造出令全世界刮目相看的成績。1991年波灣戰爭後，中共於「國務院」與「軍事委員會」指導下，積極建立全國性資訊系統，使中國大陸成爲全世界電訊系統成長最快的國家，1995年底，中共已建立了十個世界上最龐大的電信網路。在中共延伸至2050年的長程電信發展計畫之下，預料其進展將持續不墜，使中共具備成爲世界上最先進通信王國的潛力。

中共通信系統現代化之主要變革歸納如下：

㈠觀念之革新：㉘

1.摒除通信爲「單純勤務保障」之觀念

建立『通信兵爲中共所謂「信息戰」中重要作戰力量』之觀念。

2.革除僅重視武器平台發展之觀念

建立「配套之通信系統爲充分發揮武器系統效能之必要條件」之觀念。

3.摒除「通信系統各自分立」之觀念

建立「通信系統一體化爲實現全軍信息系統一體化之基礎」之觀念。

㈡人力資源之挹注：㉙

1.江澤民要求軍隊需由人力密集型轉變爲科技密集型，於1997年宣布三年內裁軍五十萬，高科技部隊則不減反增。

2.與全國各大專院校簽訂協議，挖掘優秀人才，充實部隊幹部素質，並由信息產業界招收專業人才，進入部隊服務。

3.推動全軍科技大練兵風潮，使學科技、鑽科技、用科技蔚然成風。

4.中共國防大學教學、訓練網路化，改變傳統教學方法。

5.啓動網上模擬對抗與遠程教學，磨練幹部指揮作戰能力。

㈢系統構建

1.以「八橫八縱」為指導，全力建設長距離光纖通信網路，並使用同步數位架構（SDH）、非同步傳輸模式（ATM）、同步光纖網路（SONET）與波長分割多工（WDM）等先進技術，其光纖網路每年成長率達百分之九十二，目標為連結全國各省省會，以建立堅實之通信基礎建設。

2.1996至2000年「九五計畫」期間，投資3600億人民幣，建立戰備通信電信網路。

3.自863計畫以來，中共電信界已展開一項耗資2000億美元的長程軍民兩用電信發展計畫，藉以充分運用商用系統，成為戰時之備援手段。

4.由某項統計資料顯示，中共中央政府由全國通信預算中，撥發將近百分之二十的經費用於發展「人民解放軍」專用的通信系統，目前中共至少有：軍事電話網路、保密電話網路、自動化指揮系統、整體野戰通信網路等四種軍事網路。

5.衛星通信方面，中共除自力研發外，亦積極與外國合作發展；自力研發者，如東方紅二、三、四號，合作發展者如中衛五、七、八號衛星，均能大幅提昇中共作戰指揮管制能力。

6.投資龐大經費發展「七號轉換科技」，可在重要C3節點遭受破壞時，自動重新分配通信電路，可大幅提昇通信網路存活率。

中共以大手筆的方式建設其通信系統，在其原先之通信建設落後，無老舊銅纜系統歷史包袱的環境下，直接構建高速寬頻網路；尤其在光纖通信系統具備頻寬容量大、傳輸速度快、保密性高、不易遭截收監聽等優點考量下，選擇光纖通信系統作爲其主要骨幹，使其而能迅速受惠於新式科技。目前中共除以先進之技術，廣建全國寬頻光纖通信網路外，並於系統設計構建時，特重軍事目的之考量與人力投資，除發展多層次軍事專用網路外，研發衛星、整合民用系統等各種通信備援手段亦不餘遺力，致能構成一極具整合性與抗毀性之整體通信環境，實爲其發展先進之C4ISR系統奠定了穩固的基礎；此外，尤能結合人才招收與教育訓練，廣植科技人才基礎，使能充分發揮新科技、新系統之最大效能。

五、戰場管理系統之發展

共軍大力發展衛星科技、偵察裝備、通信基礎建設，其主要意圖即是支援其有效的戰場管理，而現代戰場管理所不可或缺的C4ISR更是共軍發展的首要目標。C4ISR

著重於整合，如何透過各種監偵手段，蒐集戰場上各式各樣的情報，經即時處理後，藉由各種通信手段傳送至各階層戰鬥人員，已經成爲各國軍方競相發展的重點要務。據「中通社」報導，中共於1999年，在廣州軍區完成大陸第一個戰區指揮自動化系統，實現三軍資訊聯網，範圍涵蓋廣州戰區、軍、師、團等四級部隊。據稱中共部隊已實現了集偵察情報、指揮決策、火力控制、資訊傳輸和電子對抗於一體的跨越。一些野戰部隊已展開資訊戰訓練，軍隊領導機關運用高新技術進行遠程指揮，通過電腦下達命令，並運用電子地圖進行各種圖上作業，應對多種複雜局面。據稱，廣州軍區最近建成全軍第一個戰區指揮自動化系統，實現了陸、海、空三軍信息互通共享，並溶指揮、控制、情報、通信、電子對抗、聯勤指揮管理於一體，覆蓋廣州戰區、軍、師、團等四級部隊。㉚

依據世界各國對戰場管理系統的發展現況，要達成如報導所述「實現了陸、海、空三軍信息互通共享，並溶指揮、控制、情報、通信、電子對抗、聯勤指揮管理於一體」之目標，各先進國家仍需投注相當的心力，上述報導不免有誇大之嫌；惟於同一時期另一篇報導說明「共軍爲加快作戰指揮現代化進程，積極提高軍事通訊能力，目前旅團級以上部隊通訊已全面數位化。共軍報紙透露，大陸西北地區軍用通信線路最近全部取消了架空明線、明纜，取而代之的是光纖、微波、衛星等大容量、高質量、多功能的數字通信。報導說，蘭州軍區旅以上部隊和所有軍分區，目前全部加入了軍區的作戰指揮自動化網。有關專家開發出多項軟體技術，如信息處理、輔助決策、地形分析等系統，已運用在自動化指揮網中。現在，軍隊指揮員可根據這些系統掌握戰場情況，選擇作戰方案，進行作戰評估等㉛。」兩篇報導均強調共軍作戰指揮，已臻自動化的地步，惟此兩篇報導透露出共軍各軍區，自行發展戰場管理系統的現況，目前尚未有任何共軍欲整合其戰略層級C4ISR之報導，此結果將使上述所發展系統產生功能上的不足。

第四章、結　論

近年來共軍戰備整備上特別強調「科技強軍、質量建軍」，並將共軍整體作戰效能最薄弱之指揮控制、情報偵察、探測預警、通信、電子對抗等能力，列為當前建設重點，顯示共軍刻正以資訊戰為基礎，強化指揮自動化之建設，以提昇其整體戰力。由於中共全國整體機能結構尚未資訊化，共軍絕大部份的單位也尚未資訊化，因此，資訊戰在共軍「立足現有基礎」的窘境下，仍在狹義的領域內打轉，而非先進國家全方位涵蓋的廣義資訊作戰，含攻守一體的指管資訊、電子資訊等資訊戰作爲。然而，共軍已警覺並正視此一現象，故近年來共軍在各軍區戰備重點建設上，以開通光纜通信、建構數位微波網、衛星接收站等資訊基礎建設項目爲主，此正凸顯共軍在發展資訊作戰與指揮管制建設相互間密切關係及其具體落實之強烈企圖心，研判未來將持續加強在整合各軍、兵種指揮、管制與武器裝備整體配合運用之整備。

未來的戰爭是數位化的資訊戰爭已是無庸置疑，對資訊作戰各種手段的運用並不保證能獲得勝利，但是不運用這些資訊作戰的工具，則將無法在未來戰爭中求得生存。共軍這幾年來所展現的企圖心是有目共睹的，而國軍如何在未來幾年內持續保持優勢，這項嚴肅的議題，仍有待我們仔細去思考。

註：①有關沈偉光之著作及其論述可參考網站http://www.idealwar.com/。
②沈偉光，「當今世界軍事革命的重心——信息戰研究導論」解放軍報1995年11月7日第6版。
③Mark A. Stokes, "China's Strategic Modernization: Implications for he United States", Strategic Studies Institute, Sep. 1999.
④Joint Chiefs of Staff (JCS) Pub 3-13.1, *Joint Command and Control Warfare (C2W) Operations*, February 7,1996,
⑤Field Manual 100-6 *Information Operations*, August 1996.
⑥Joint Chiefs of Staff (JCS) Pub 3-13.1, *Joint Command and Control Warfare (C2W) Operations*, February 7,1996.
⑦梁增新，「新軍事革命與信息作戰」。

⑧魯道海等，「信息作戰」，軍事誼文出版社，1999年1月。
⑨袁邦根，「論通信在信息戰中的地位和作用」，我軍信息戰問題研究，軍事學術編輯部編，國防大學出版社，1999年4月。
⑩沈偉光，「“資訊戰之父”跟《新華詞典》較真」，北京晚報2001年1月18日第19版。
⑪沈偉光，「資訊戰研究與理論創新」，於解放軍電子工程學院演講，2000年9月15日。
⑫⑬喬良　王湘穗，「超限戰」，解放軍文藝出版社，1999年二月。
⑭Martin C. Libicki, What is Info mation Warfare, National Defense University, August 1995.
⑮Joint Chiefs of Staff (JCS) Pub 3-13, *Joint Doctrine for Information Operations (IO)*, October 9, 1998,
⑯有關中共863計劃詳細資料可參考http://www.863.org.cn/
⑰蘇恩澤，「“八六三”與軍隊現代化」，解放軍報 2001年02月28日 第9版。
⑱馬頌德，「“863”：中國高科技發展宣言--國家科技部副部長馬頌德訪談錄」，解放軍報 2001年02月28日 第9版
⑲周同灝，「中國大陸衛星研製履創佳績」，http://www.grandsoft.com.tw/cm/016/mc216.htm
⑳徐福祥，中國空間技術研究院院長，「中國衛星工程的成就與展望」， http://www.cast.ac.cn/
㉑聯合報，「鮑爾來訪前夕 中共成功發射兩顆軍用衛星」，2001年7月30日
㉒Bill Gertz ，THE WASHINGTON TIMES，「Chinese 'civilian' satellite a spy tool」，August 1, 2001。
㉓Mark A. Stokes, 「PEOPLE’S LIBERATION ARMY AFTER NEXT」, Chapter 5, Edited by Susan M. Puska, Strategic Studies Institute, U.S. Army War College, August 2000
㉔中國空間技術研究院，www.cast.ac.cn/chpykf/wxchp/hy1.htm
㉕Bill Gertz，THE WASHINGTON TIMES，「China's military links forces to boost power」，March 16, 2000
㉖“十五”民用航太六大重點專案，解放軍報網路版，2000年5月8日。

㉗「專家學者彙聚北航研討《中國的航太》白皮書」，中國空間技術研究院，http://www.cast.ac.cn/，2000年3月31日
㉘中共總參謀部通信部袁邦根著「論通信在信息戰中的地位和作用」。
㉙台灣綜合研究院 戰略與國際研究所 施子中著「中共積極準備信息作戰之研析」。
㉚中國時報，「共軍大力發展電子資訊戰」，1999年8月10日。

中共組建「天軍」發展「星戰」

廖文中

壹、前　言

中共人民解放軍的軍隊建設自1978年12月召開的「十一屆三中全會」確定開始軍隊現代化以來，經歷80年代末、90年代初期的東歐劇變和蘇聯解體的國際情勢變化，加上80年代以來以資訊技術發展爲主體的世界「新軍事革命」浪潮湧現，特別是90年代期間「海灣戰爭」和「科索沃戰爭」的啓示，使共軍在現代化的進程中更體驗到應付未來戰爭準備的國防政策和軍隊建設必需放在「打贏高技術條件下的局部戰爭」的基點上，因而訂定「科技強軍」和走「精兵之路」的軍隊建設方針。觀察近10年來的共軍建軍的方向和規模除了陸、海、空三軍和二炮的傳統建制軍種之外，尚有所謂的「高科技部隊」，兵種包括「天軍」、「網軍」和「心理戰部隊」。1999年中共解放軍在「裝備指揮技術學院」正式成立以軍事航天技術爲研究對象的「軍事航天研究中心」，專司研究未來太空戰領域中的太空軍事科技，以因應以美國為主的西方國家所推動的「NMD」和「TMD」太空防禦計畫的挑戰。中共發展太空科技雖然較美、蘇為晚，但經過40年的研製和發展，到2000年底為止，中共的衛星工程共研製和發射48顆不同類型的人造衛星，飛行成功率達百分之九十，其成就倒也使西方國家暗自為之警惕不已。尤其近10年來中共的太空工業技術已經進入與西方國家接軌的中期，工藝日趨成熟，各型衛星的研製時程越來越快，分類越來越精細，大致可分為六大系列，包括「返回式」遙感衛星系列、「東方紅」通信廣播衛星系列，「風雲」氣象衛星系列、「實踐」科學探測與技術試驗衛星系列、「資源」地球資源衛星系列和「北斗」導航定位衛星系列。至公元2003年開始「海洋」衛星系列亦將升空部署，加上1999年11月第一艘試驗用「神舟」無人太空船亦已升空試驗飛行21小時又11分鐘，象徵中共的太空科技已經正式邁入一個新的里程碑，其對軍事的意義不言可喻。中共與西方各國競逐太空勢力的雄心日趨明顯，近十年來俄羅斯國勢衰微，太空投資力大減，中共與俄羅斯在戰略上、技術上漸有攜手聯盟之勢，如果中共快速的經濟發展能夠支持綜合國力持續成長，未來二十年在「太空星戰」能力上，中共頗有「坐三望二」的實力，至少也可與俄羅斯並駕齊驅，與美、俄「三分天下」，此一形勢已引起歐美包括日本在內的國家深自憂慮與警惕。美國國防部1998年12月對國會的「國防報告」曾經提到中共的太空戰部署將可於2005年開始基本完成，2010年迄2020年可望完成載人太空飛行計畫。而事實上中共在2002年2月一次非正式的研討會上宣稱，中共可望在2004年完成太空載人飛行計畫，時程上提前達五至六年。在未來的以科技爲主體的現代化戰場中，可作爲軍事用途的衛星網絡將成爲偵察、通訊、導航和命令系統不可或缺的重要作戰手段，更是支持戰場作戰求勝的必要支援系統，交戰雙方誰獲得太空戰場的優勢，誰就可以獲得先機取得勝仗，反之則敗。

貳、中共軍、民兩手共同部署「星戰」計畫

關於「太空戰」（Space Warfare）的名詞定義，美、俄集中共三方的界定大同小異，美國官方並沒有專門定義，但美國國防部在1983年關於「太空戰」（SDI）中四個作戰行動類型中卻有明確的基本指導：一、進攻型反太空作戰，即在戰時對敵人太空系統的攻擊，以摧毀或癱瘓敵人的太空系統或資訊系統。二、防禦性反太空作戰，包括主動防禦和被動防禦行動，旨在保持美國有關太空能力免遭敵方攻擊或干擾。三、對陸攻擊。指用太空軍事武器系統對地球上的目標實施攻擊。四、力量

加強作戰。指以太空導航、偵察、通信、監視、預警系統增援陸基力量爲目的的作戰。前蘇聯則認爲太空戰是在國家最高軍事指揮機關領導之下，使用太空武器及太空軍事系統攻擊敵人太空武器及其有關軍事系統，以削弱敵人的太空力量並奪取制天權爲目的的戰爭行動。而中共對太空戰的定義基本上亦涵蓋上述觀點，根據中共解放軍軍事科學院所編「中國人民解放軍軍語」中的定義，説明「太空戰」：「亦稱天戰。敵對雙方主要在外層空間進行的軍事對抗活動。包括外層空間的相互攻防行動」。①，另以共軍「國防大學」所編之「中國軍事百科全書」的定義是：天戰—「敵對國家在外層空間進行的軍事對抗。亦稱空間戰或太空戰。包括外層空間的軍事攻擊行動，由外層空間攻擊空中或地面目標的行動，以及由地面或空中實施的，目的在於破壞航天系統或使之失效的行動」②。

由以上兩個定義可以概括分析出中共對太空戰的基本認知是源於七〇、八〇年代以來美、俄太空爭霸過程所演譯出來的諸多競爭行動，加上九〇年代興起的「新軍事革命」所帶來海灣戰爭、科索沃戰爭和阿富汗反恐戰爭型態改變過程中，太空戰扮演越來越重要的角色所共同揉合而成的。簡言之，中共認爲太空戰是運用或針對太空軍事力量實施進攻和防禦的作戰行動，這種作戰行動主要包括兩個方面：一是爭奪制天權的作戰行動，其作戰目的是破壞敵方的太空系統和限制敵方在太空的行動自由，保護己方的太空系統和保證己方在太空的行動自由。這種作戰包括戰爭雙方太空軍事力量之間的對抗，也包括戰爭一方運用非太空軍事力量對戰爭另一方空間軍事目標所採取的作戰行動。二是運用太空軍事力量達成聯合作戰目的的行動。戰爭雙方運用太空軍事力量爲整個戰爭系統提供偵查、導航、通信、指揮、控制等方面的支援，以及運用天基武器系統對地面目標實施攻擊。它直接影響戰爭的局部乃至戰爭的全局，其成敗直接影響戰爭的勝負。

共軍之所以要將太空軍事系統對陸、海、空軍事系統提供的作戰支援和保障行動也列入太空戰的範疇，是因爲太空力量的發展同二十世紀上半葉空中力量的發展非常類似。空中力量的發展經歷三個階段，，即從支援戰鬥（例如通信和偵查）發展到空中格鬥，最後發展到在戰場上投入戰略性力量。共軍的軍事研究機構摸索出太空戰爭演變的基本規律同樣適用於太空。事實上，今天的太空軍事對抗正處在類似當年空戰的第一階段，即主要通過衛星的偵查、監視、預警、通信、導航和定位等，對陸、海、空作戰提供支援。共軍研判按照美軍的戰略構想，下一步太空軍事對抗將圍繞爭奪制天權展開。到2020年後，太空軍事對抗將進入第三階段。屆時，從太空對陸地、海上和空中大規模投入戰略力量，打擊對方戰略目標將成爲可能的戰爭模式③。

1990年代，美國克林頓總統下令部署「NMD」（國家飛彈防禦計畫）系統，同時又在歐洲和亞洲鼓吹相關盟國建立「TMD」（戰區飛彈防禦計畫）系統，中共解讀爲美國企圖在廿一世紀趁俄羅斯太空力量式微及其他太空俱樂部國家實力未盛之際，先行強佔太空領域，進而實施「太空威懾」戰略，以達「先發制人」的戰爭目的。爲此，俄羅斯面臨此一頹勢，2001年也不顧國內經濟能力，奮力重新組建「天軍」以相抗衡。中共有關戰略部門爲此亦積極開展關於「太空威懾」戰略的研究，並呼籲加強「太空戰略」的發展和加速「空間軍力」（天軍）的組建任務。

中共從軍事和戰爭的角度討論太空戰略問題時，認爲狹義的空間戰略實際就是指太空軍事戰略（又稱天軍戰略）。由軍事科學院戰略研究部編寫的新版「戰略學」就認爲，「根據作戰行動的空間特徵，可以把戰略區分爲地面戰略、空中戰略、海上戰略以及外層空間戰略等」。因此可以認爲，太空軍事戰略是指導太空軍事力量建設與運用的方略，應該從屬於國家的軍事戰略，並受軍事戰略的制約和指導。太空軍事戰略研究和解決的問題主要是：太空軍事力量建設的方針、原則，太空軍事力量運用的基本原則，太空控制或制天權的意義和作用，太空戰爭的特點、樣式和戰法等。

但是另一派的觀點又反映了以國家戰略爲主軸的、較全面性的看法，亦就是廣義的太空戰略。此派人士觀點認爲太空戰略是一個新的戰略觀念，涉及國家戰略的總體目標和高科技政策、全國現代化政策、國防產業結構體制、以及國際間若干法規和競爭等問題，具有明顯的全局性必須照顧，而不光只是軍事一隅④。

因此從廣義上解釋，太空和軍事戰略是籌畫國家太空力量發展和運用的方略。和軍事戰略都從屬於國家戰略，不過兩者以不同標準畫分，軍事戰略是按軍事、政治、經濟、外交等領域畫分，太空戰略是按不同空間範圍畫分。由於畫分標準不同，相互涵蓋的部分就是太空戰略中的軍事部分—「天軍戰略」。軍事戰略按軍種可區分爲陸軍戰略、海軍戰略、空軍戰略、核（力量）戰略、網軍戰略（資訊戰）、天軍戰略等。太空戰略則可以區分爲太空和平利用戰略、太空安全戰略。中共方面所持的主要理由是：一、太空戰略和軍事戰略一樣，都直接反映國家戰略的要求，並受國家戰略的指導。其中太空戰略不僅包括對國家航天事業發展與和平利用太空的運籌、規劃，而且包括對太空安全的關注和對太空軍事力量的籌畫和運用。二、天軍戰略就是籌畫和指導天軍建設與運用的方略，既從屬於軍事戰略，是軍事戰略的一個組成部分，同時從另一角度看，又受到太空戰略的指導。其關係如下圖：

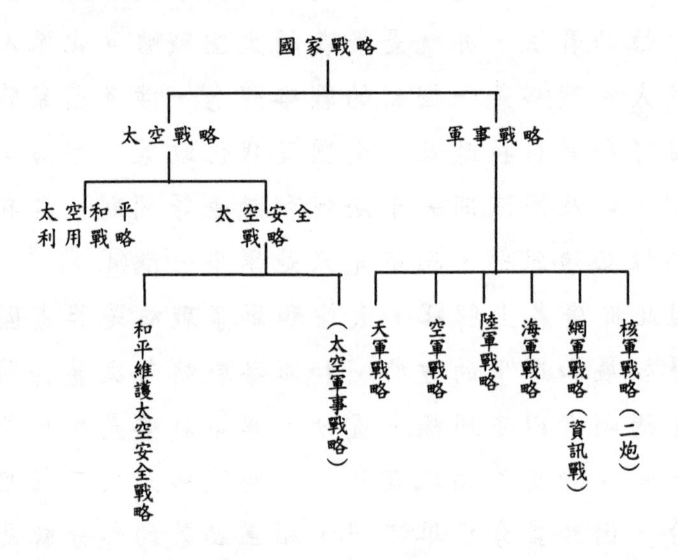

因此由廣義的解釋，在戰略序列中，太空戰略應該從屬於國家戰略而與軍事戰略並列，同時又由於太空戰略對國家發展戰略有直接影響，所以在發展過程中又超越國防戰略的層次，成爲國家發展戰略中重要的一個項目。太空戰略在理論與實務上都包括太空發展戰略、太空威懾戰略、天軍運用戰略。由中共近期的太空活動觀察，似乎廣義的太空戰略解釋已漸漸成爲中共發展太空戰略的主流思想和建立「天軍」的主要指導原則。

中共發展「天軍」最重要的部署與裝備就是各種形式不同功能的衛星構成「天網」，平時可以增強國防和經濟的發展，戰時可以直接或間接輔助軍事行動的遂行。目前中共正處於積極部署太空星陣、建立星際平台的階段。

世界各國發射的人造衛星佔航天器發射總數的90%以上，人造衛星是人類探索、開發和利用太空最主要的工具。研製人造衛星是世界各國航天活動的主要內容，衛星工程是空間技術的重要組成部分。中共衛星研製工作始於20世紀50年代末期。經過40多年的發展，取得令西方人士不可忽視的成就。

參、中共衛星工程發展歷程

中共衛星工程從研製探究火箭起步，然後集中力量發展人造衛星，重點研製各類應用衛星。中共衛星工程的發展歷程可以分爲三個階段⑤。

一、第一階段是1958－1970年。這一階段是衛星工程的技術準備階段。此一階段研制探究火箭，開展衛星工程的基礎研究工作，同時爲研製衛星進行了一系列技術上、工程上和組織上的準備工作。1960年9月，中共發射成功第一枚液體燃料氣象火箭T-7。1965年正式下達了研製人造衛星的任務，1968年2月組建空間技術研究院。1970年4月24日，第一顆人造衛星「東方紅一號」研製和發射成功，使中共成爲世界上第5個獨立研製和發射人造地球衛星的國家。

二、第二階段是1971－1984年。這一階段是衛星工程的技術試驗階段。此一階段中，先後研製成返回式遙感衛星和試驗性通信衛星。1975年11月26日，首次發射回收返回式遙感衛星，使中共成爲世界上第5個掌握衛星返回技術的國家。從1976年至1984年，相繼研製發射5顆返回式衛星，其試驗和回收均獲得成功。

1975年開始研制試驗性通信衛星，1984年1月發射了一顆試驗衛星，同年4月8日發射成功第一顆「東方紅二號」地球靜止軌道通信衛星，4月16日定點於東經125度赤道上空，使中共成爲世界上第5個獨立研製和發射靜止軌道衛星的國家。在試驗階段，還研製和發射成功7顆不同類型的科學探測與技術試驗衛星。

三、第三階段是1985年起迄今。此一階段是衛星工程從技術試驗走向工程應用的階段。此一階段，返回式衛星在連續多次試驗成功的基礎上進入實際應用，爲國土普查、資源勘測、鐵路選線等國民經濟各領域提供大量的圖片和數據。同時，衛星性能得到了改進，衛星在軌工作時間從起初的3天延長到十五天。

從1986年至1990年，成功發射了4顆「東方紅二號甲」實用通信廣播衛星，分別定點於東經103度、87.5度、110.5度和98度赤道上空，爲大陸多家用户提供通信、廣播和數據傳輸等服務。

1988年9月和1990年9月，兩次成功發射「風雲一號」試驗性太陽同步軌道氣象衛星。1999年5月成功發射經過改進的「風雲一號」第三顆氣象應用衛星。1997年6月和2000年6月成功發射「風雲二號」地球靜止軌道氣象衛星，定點於東經105度赤道上空。「風雲一號」和「風雲二號」衛星爲中共天氣預報和氣象研究提供有效的服務。

在1994年II月首次發射的具有24個轉發器的試驗性「東方紅三號」中等容量通信廣播衛星的基礎上，經技術改進後，1997年5月發射了第二顆「東方紅三號」通信廣播衛星，成功定點於東經125度赤道上空，主要用於電話、數據傳輸、VSAT網和電視傳輸等，至今正常工作已達3年餘。

在此階段的後5年，即在中共「九五」計畫期間，中共衛星研製和工程管理水準大幅提高，共研製和發射11顆不同類型的人造衛星和第一艘「神舟號」試驗飛船，發射成功率和飛行成功率均達到100%，其中6顆衛星及1艘試驗飛船都是首次發射即獲得成功。

經過30多年的努力，中共已經形成以「空間技術研究院」等單位爲核心的航天器工程研製體系，建立適應航天器高可靠性、高性能、長壽命特點的研究、設計、製造和試驗裝備、地面設備及應用、服務保障等完備的科研生產系統，並且培育出一批經驗豐富的專家和工程技術隊伍。

肆、中共衛星工程的主要成就

中共衛星工程是在基礎工業比較薄弱、科技水平相對落後、國家財力有限的條件下發展起來的。1970年4月24日中共發射的第一顆人造地球衛星東方紅一號，其重量、跟蹤手段、信號形式、星體熱控等技術都超過其它國家第一顆衛星的水準。截至2000年底，中共共研製並發射48顆不同類型的人造衛星。目前，中共已初步形成六大衛星系列：返回式遙感衛星系列、東方紅通信廣播衛星系列、風雲氣象衛星系列和實踐科學探測與技術試驗衛星系列。資源地球資源衛星系列和北斗導航定位衛星系列也即將形成。中共研製和發射的衛星已廣泛用於經濟、科技、文化和國防建設等各個領域，取得顯著的社會效益和經濟效益。

一、返回式遙感衛星系列：

包括三種不同類型的近地軌道返回式衛星，至今發射和回收17顆衛星，分別在軌道上運行了3-15天。爲使衛星能安全返回地面，克服變軌、防熱、減速和回收等技術難關，並且基本形成返回式衛星公用平台。衛星有效載荷是高水平的空間遙感系統。利用返回式衛星獲得的大量有價值的衛星遙感資料，已應用於資源調查、地圖測繪、地質調查、鐵路選線和考古研究等方面，取得成果。從1987年第9顆返回式衛星開始進行衛星搭載科學實驗，已爲國內外用户進行100多項在微重力和空間環境條件下的材料和生命科學實驗，其中包括科學院的砷化鎵、法國的海藻生長和德國的蛋白質微重力實驗、利用返回式衛星還進行了農作物種子搭載試驗，均取得一定的成果⑥。

返回式衛星0號(FSW-O)是中共第一代國土普查衛星，返回式衛星1號(FSW-l)是一種攝影測繪衛星，返回式衛星2號(FSW-2)是中共第二代國土普查衛星。上述3種型號返回式衛星的發射情況如下表：

序號	型號	發射日期	回收日期	近地點高度(公里)	遠地點高度(公里)	飛行天數(天)	傾角(度)	週期(分)
1	FSW－0	1975.11.26	1975.11.29	181	495	3	63	91.2
2	FSW－0	1976.12.07	1976.12.10	172	492	3	59.5	91.2
3	FSW－0	1978.01.26	1978.01.29	169	488	3	57	91
4	FSW－0	1982.09.09	1982.09.14	177	407	5	63	90.2
5	FSW－0	1983.08.19	1983.08.24	175	404	5	63.3	90.2
6	FSW－0	1984.09.12	1984.09.17	178	415	5	68	90.3
7	FSW－0	1985.10.21	1985.10.26	175	405	5	63	90.2
8	FSW－0	1986.10.06	1986.10.11	175	402	5	57	90.2
9	FSW－0	1987.08.05	1987.08.10	172	416	5	63	90.2
10	FSW－1	1987.09.09	1987.09.17	208	323	8	63	89.7

11	FSW－1	1988,08,05	1988.08.13	208	326	8	62.8	89.7
12	FSW－1	1990.10.05	1990.10.13	206	308	8	57.1	89.6
13	FSW－2	1992.08.09	1992.08.25	175	353	16	63.1	89.1
14	FSW－1	1992.10.06	1992.10.13	211	315	7	63	89.8
15	FSW－1	1993.10.08	*	214	317		56.9	89.6
16	FSW－2	1994.07.03	1994.07.18	178	388	15	62.9	89.5
17	FSW－2	1996.10.20	1996.11.04	175	345	15	62.9	89.5

返回式衛星在進行衛星遙感主任務的同時，也進行搭載科學試驗。各顆返回式衛星搭載科學試驗情況見表二：

表2　返回式衛星搭載科學試驗一覽表

序號	型號	發射日期	有源搭載項目	無源搭載項目	搭載總重（公斤）
1	FSW－0	1975.11.26		輻射劑量	未統計
2	FSW－0	1976.12.07		輻射劑量	未統計
3	FSW－0	1978.01.26		輻射劑量	未統計
4	FSW－0	1982.09.09	CCD攝影		23
5	FSW－0	1983.08.19	CCD攝影		23
6	FSW－0	1984.09.12	CCD攝影		23
7	FSW－0	1985.10.21	CCD攝影		23
8	FSW－0	1986.10.06			
9	FSW－0	1987.08.05	海藻，微重力測量（法國），砷化鎵晶體生長	種子	36
10	FSW－1	1987.09.09		種子等	2.2
11	FSW－1	1988.08.05	蛋白質晶體生長（德國），砷化鎵晶體生長	種子，動物細胞，藻類等	53
12	FSW－1	1990.10.05	砷化鎵晶體生長，動物試驗，微重力測量	種子，藻類，植物細胞，菌類，虫卵等	63.1
13	FSW－2	1992.08.09	蛋白質晶體生長，碲鎘汞晶體生長	藻類等	65.8
14	FSW－1	1992.10.06	砷化鎵晶體生長	種子，植物，菌類等	42.4

15	FSW－1	1993.10.08	砷化鎵晶體生長，衝擊測量	種子，植物，動物細胞等	106.1
16	FSW－2	1994.07.03	蛋白質晶體生長，細胞培養，微生物生長，微重力測量	種子，菌類等	127.3
17	FSW－2	1996.10.20	生物培養，晶體生長實時觀測，砷化鎵晶體生長，GPS接收，光碟資訊存放，電子資訊接收	種子，菌類，動物細胞等	264.9

FSW-O和FSW-l具有相同的外形，其形狀爲羽毛球狀的鈍頭截錐體，最大直徑爲2200毫米，總長爲3144毫米，頭部半錐角爲10度，由儀器艙和回收艙組成。FSW-O有11個分系統：有效載荷、結構、熱控、姿控、程控、遙測、遙控、跟蹤、天線、回收以及電源分系統。而FSW-1和FSW-2增加一個壓力控制分系統。

FSW-2的外形與FSW-O、l相差較大，相當於在原0號和l號的結構底部增加l個高1500毫米、直徑2200毫米的圓柱段。其總長爲4644毫米，最大直徑爲2200毫米。

中共3種型號返回式衛星的有效載荷都是膠片型可見光遙感相機。FSW-O爲一台稜鏡掃描式全景相機，FSW-l爲一台畫幅式相機，FSW-2爲一台節點掃描式全景相機。衛星發射前裝有一定數量的膠片，發射入軌後通過星上的程序裝置或地面遙控使相機對地開機照相，按計劃的攝影區域，獲取地物目標資訊。衛星完成全部攝影任務後，返回艙脫離運行軌道，帶著攝影膠片返回地面。應用系統將攝影膠片沖洗處理後，獲得地面景物的照片⑦。

FSW-O和FSW-1的結構分系統主要由2個艙段結構組成。儀器艙殼體爲鋁合金金屬結構，艙內主要安裝照相機及在軌工作的儀器。儀器艙具有密封性，可以滿足照相機在軌工作的壓力環境。回收艙内襯爲鋁合金，外部爲耐高溫的燒蝕材料。FSW-2由3個艙段組成儀器艙、制動艙和回收艙。其材料和艙段連接方式與前兩個型號相仿。

中共3個返回式衛星型號從對地面目標特徵考察和目標定位兩個不同的方面，進行遙感攝影。FSW-O和FSW-2的遙感目的主要是目標特徵考察，目標分辨率不斷提高。FSW-1的遙感目的主要是目標定位和地圖測繪，主要用途爲軍事偵測。將兩方面的成果結合起來應用，對城市規劃、地質地震調查、石油開採、港口建設和海岸測量、河流污染檢測、森林資源調查以及繪製準確的作戰運用地形圖，都發揮重大的作用。

以1978年1月26日發射的FSW-O返回式遙感衛星爲例，可以說明遙感照片在各個領域的應用。本次膠片回收後，中共有關部門組織航天、石油、地質、地震、海洋、測繪、考古等單位的專家，對京津唐地區、柴達木盆地冷湖地區及東部、南部沿海地區約200萬平方公里面積的照片進行判讀分析，各部門專家依據職能寫出判讀和分析報告⑧：

（一）航天遙感專家調查小組判讀重要地區如東南沿海和台灣、澎湖等地區部分照片，對地面目標進行分析，能發現一般房屋、圓形建築、橋樑、機場上停放的飛機等目標，對國防偵測和繪圖發揮相當大的作用。

（二）地質部門專家對照片進行糾正處理，繪製出1：5萬到1：20萬的地質圖。如由人工測繪，大約需30人花6年時間才能完成。而利用衛星照片，1個人3天左右即可初步完成。放大到1：5萬比例尺的照片，不低於地面實測的精度。

（三）海洋專家小組從照片可以看出流入渤海灣的黄河、海河、灤河的泥沙流的流向規律和相互作用情況。通過照片可以發現海水的污染，分析海水的類型及分布範圍，對渤海海水的預報有重要的經濟意義和國防意義。判讀海南島海域的照片，可以看出水下地形的起伏情況，對台灣海峽也可做如是的水下和海岸地形偵測。如對這些照片進行計算機處理，加上少量的實測數據，可得到該海域更詳盡的水下地形圖。對於海岸調查，中共國家海洋局用1：2.5萬的遙感照片幾個人數天時間就完成5000公里的海岸調查工作。

（四）中共國家地震局用衛星照片繪製「北京北部

地區主要斷裂構造圖」，清楚顯示山區、山間盆地和平原的關係。根據其地震地質特點，判斷該地區的地質斷裂帶，提出該地區中長期的地震預報初步意見，並對地震台站和地震測點的布置提出選擇方案。

中共國家測繪局用有30%重疊的兩張照片，選擇31個具有地面目標特徵的點，測出相片上的座標，利用全景相片解析法公式，用計算機按空間攝影定位的方法計算，得到4個點的空間地心座標和平面直角座標，將求得的座標與已知的座標值比較，得到平面位置誤差爲200～600公尺。FSW-O並非專爲攝影定位設計，因此誤差較大，尤其是高程誤差。1987年9月9日發射成功的FSW-1是專門用來進行攝影定位。自此，中共已解決對重要目標的攝影定位問題。

（五）至於衛星應用技術試驗包括4次CCD圖像傳輸試驗，3次微量力測量以及在1996年發射的FSW-2上進行的GPS接收、光盤信息存放、電子信息傳輸接收等項應用技術試驗。在第4-7顆FSW-O衛星上，連續進行了4次CCD圖像傳輸試驗，獲得當時分辨率比較高的CCD圖像，爲中共傳輸遙感進行早期探索。

（六）GPS自主定位試驗在第3顆FSW-2衛星在軌飛行時，進行了GPS數據注入和捕獲試驗。衛星測控中心組織有關台站進行軌道三站聯測，將聯測數據與GPS

測得的數據進行比對。試驗結果説明，GPS的定位達到很高的精度。本次試驗成功後，中共衛星軌道測量定軌精度增加一種新方法。

（七）至於電子信息接收試驗方面，在第3顆FSW-2上進行電子信息接收試驗。此爲返回式衛星搭載試驗有史以來，上星質量和規模最大的一次搭載試驗，有效載荷設備重量達136公斤。試驗時在衛星星下點地面佈置信號源，衛星過頂時接收地面信號，經衛星數據和遙側再傳回地面，以驗證星上接收的正確性，試驗成功獲得技術上的突破性發展。有關參數請見表三。

表3　中共返回式衛星主要參數

衛星型號		FSW-0	FSW-1	FSW-2
衛星質量（公斤）		1800	2100	2800～3100
衛星體積（立方公尺）		7.6	7.6	12.8
有效載荷質量（公斤）	可返回式	260	260	500～600
	不可返回式	340	450	500～600
軌道運行時間（天）		3～5	8	15～17
微重力量級（g）		10^{-3}～10^{-5}		
軌道傾角（度）		57～68	57～70	57～70
近地點高度（公里）		170～180	200～210	175～200
遠地點高度（公里）		400～500	300～400	300～400
軌道週期（分）		大約90		
姿態控制精度	俯仰（度）	±1	±0.7	±0.5
	滚動（度）	±1	±0.7	±0.5
	偏航（度）	±2	±1	±0.7
姿態穩定度	俯仰（度/秒）	±0.1	±0.05	±0.02
	滚動（度/秒）	±0.1	±0.05	±0.02
	偏航（度/秒）	±0.1	±0.05	±0.02

二、東方紅（DFH）通信衛星系列：

中共先後自行研製和發射3種類型的通信衛星：分別是「東方紅二號」、「東方紅二號甲」和「東方紅三號」，均爲地球靜止軌道通信衛星。「東方紅二號」(簡稱「東二」)衛星是第一代通信衛星，在軌一共兩顆。第一顆於1984年4月8日發射，定點於東經125°；另一顆於1986年2月1日發射，定點於東經103°。衛星本體外形爲直徑約2.1m，高度約1.6m的圓柱體，採用雙自旋穩定姿控方案，起飛重量約920kg，衛星工作壽命3年。每顆星上有2路轉發器，每路功率放大器輸出功率爲8W，工作於C波段，通信天線安裝在消旋組件上，衛星工作時一直對準地球。第一顆衛星的通信天線爲圓錐喇叭，具有約14°的角覆蓋範圍，具有很寬的服務區域，不但可以完成大陸陸地地球站的衛星通信，還可供遠離大陸的海上移動站進行通信試驗，第二顆衛星採用波束拋物面天線，天線增益比第一顆明顯提高通信容量。「東方紅二號甲」衛星外型和「東方紅二號」衛星第二顆差別不大，但功能已有明顯的提高，衛星設計壽命4年，起飛重量約1040kg，一共有3顆在軌工作。1988年3月7日發射的第一顆定點於東經87.5°，1988年12月22日發射的第二顆定點於東經98°，1990年2月4日發射的第三顆定點於東經115°。這幾顆衛星實際工作壽命均超過設計指標，達到5年以上。

從1986年開始正式啓動新一代通信衛星—「東方紅三號」(簡稱「東三」)的研製工作。1994年完成第一顆星的研製工作。該星於同年11月發射進入準同步軌道，但由於推進劑洩漏，最終未能定點使用。經故障分析和局部改進後，第二顆衛星於1997年5月12日發射，5月20日定點於東經125°，主要用於電話、數據傳輸、傳眞、VSAT網和電視等項業務。到目前爲止，該星已正常運行近五年半。

2000年1月，採用「東方紅三號」衛星平台的另一顆通信衛星—中星22號發射成功，定點於東經98°，已投入正常使用。同年10月和12月，採用同一平台的兩顆北斗導航試驗衛星也順利升空。此外，採用這一平台的另外一些衛星也正在研製中。

東方紅通信廣播衛星系列包括三種不同類型的靜止軌道通信衛星，即「東方紅二號」試驗通信衛星、「東方紅二號甲」實用通信衛星和「東方紅三號」通信廣播衛星，至今共發射10顆衛星。1984年4月「東方紅二號」地球靜止軌道通信衛星在成功發射和定點之後完成各種衛星通信試驗。在此基礎上研製和發射4顆「東方紅二號甲」實用通信衛星，衛星採用國內波束天線，增加有效輻射功率和轉發器數量；衛星設計工作壽命4年，3顆衛星的實際工作壽命均超過5年，爲中共通信、廣播、水利、交通、教育等部門提供服務。1997年5月發射的「東方紅三號」通信廣播衛星比「東方紅二號甲」衛星有很大的改進，衛星採用三軸穩定姿控方式，裝有24路C波段轉發器；衛星設計工作壽命8年，至今已正常工作4年多。「東方紅三號」通信廣播衛星已納入中共衛星通信業務系統⑨。

三、風雲（FY）氣象衛星系列：

中共的氣象衛星早在20世紀80年代開始研製實驗，至90年代才進入實用階段。包括兩類氣象衛星，即「風雲一號」（FY-1）太陽同步軌道氣象衛星(又稱極軌氣象衛星)和「風雲二號」（FY-2）地球靜止軌道氣象衛星。至今「風雲一號」衛星共發射4顆，「風雲二號」衛星發射2顆。前兩顆「風雲一號」衛星（FY-1A），（FY-1B）裝有5通道的可見光和紅外掃描輻射計，第三顆（FY-1C）的探測通道數增加到10個，增加對雲層、陸地和海洋的多光譜探測能力，第四顆「風雲一號」（FY-1D）爲FY-1C的後續改進型，性能更佳，可獲取全球氣象資料，並可與外國氣象衛星連線接軌。「風雲二號」（FY-2）衛星裝有3通道的可見光、紅外和水氣掃描輻射計，拍攝的天圖資料彌補大陸西部、西亞和印度洋上的大範圍觀測之不足。該衛星還具有數據收集和轉發功能。經過空間運行測試表明，第3、4顆「風雲一號」衛星和「風雲二號」衛星的主要技術指標已達到20世紀90年代初的國際水準。兩顆氣象衛星的功能化應用在中共天氣預報和氣象研究等方面已經產生重要作用。

目前中共正在開展第二代極軌氣象衛星「風雲三號」（FY-3）的研製工作，主要目的是能夠併入全球氣象網路的運行機制。據中共有關部門的報導，該系列衛星具有全天候、多光譜、三維定量和全球探測的能力。主要任務可以　提供溫度、溼度、氣壓、雲態、輻射等參數，實現中期數據預報；　監測大範圍的自然災害和生態環境；　探測地球物理參數、支持全球氣候變化和環境變化的研究；爲航空、航海等部門提供任意區域的氣象資料等。

「風雲三號」衛星所裝載的儀器有時通道的可見光紅外線掃描輻射計、中分辨率的成像光譜儀、微波成像儀、紅外分光計、微波輻射計、紫外臭氧探測器、地球輻射收支探測器和太空環境監測器。傳輸方面亦較前二系列衛星先進，圖像傳輸分系統包含時實圖像傳輸和延時回放圖像傳輸兩種，實時傳輸儀特徵將與國際同類衛星兼容⑩。

四、實踐科學探測與技術試驗衛星系列：

形成時間較長，共包括6顆衛星。1971年3月，中共發射「實踐一號」科學實驗衛星，衛星在太空正常運行8年多，超過原設計壽命。1981年9月中共用一枚運載火箭同時發射「實踐二號」、「實踐二號甲」和「實踐二號乙」3顆科學實驗衛星，衛星在太空運行積累許多工作經驗。1994年2月發射「實踐四號」衛星，獲取大量的太空探測數據。1999年5月發射的「實踐五號」小衛星是該系列最新的一顆衛星，採用先進的小衛星平台，主要用於太空環境輻射探測、單粒子效應試驗、空間流體科學試驗以及衛星工程新技術試驗，以探測和試驗新一代衛星的功能和結構的改進。

五、資源衛星系列：

1999年10月中共、巴西聯合研製「資源一號」衛星發射成功，星上裝有5譜段CCD相機、4譜段紅外多光譜掃描儀、2譜段寬視場成像儀等。二年多來，衛星運行正常，接收到近9萬多筆衛星圖像資料，廣泛應用於農業、林業、水利、礦產、能源、測繪、環保等眾多部門。2000年9月中共自行研製的「資源二號」衛星發射成功，其分辨率比「資源一號」衛星更高。此兩顆資源衛星的主要技術指標已達到20世紀90年代初的國際水準。研製和發射成功顯示，中共在傳輸型遙感衛星研究上已經有所突破。1983年中共國務院批准利用返回式衛星技術研製兩顆國土普查衛星，並分別於1985年、1986年發射成功，回收大量衛星照片。該照片雖然覆蓋全大陸，但由於天氣的影響，長江以南大部分地區照片無法利用，而長江以北有些地區並未涵蓋入內。儘管在黃河三角洲、京津唐、三北（東北、西北、華北）防護林、塔里木盆地北緣等地區發揮一些作用，但仍無法滿足國土開發整治工作覆蓋全境的需要。因此，1986年中共國務院批准利用傳輸型衛星技術，研製「資源一號」衛星。1988年，爲加強與發展中國家之間高技術合作，中共與巴西簽署聯合議定書，在中共研製的「資源一號」衛星基礎上，聯合研製「中巴地球資源一號」衛星（即「CBERS－1」號衛星）。

CBERS－1在可行性論證時，參照當時法國「斯波特3」（SPOT-3）和美國「陸地衛星5」（LANDSAT-5）的技術性能，波段選擇與陸地衛星5相近，空間分辨率與斯波特3相近。經過對「CBERS-1」進行數據應用評價，中共國防科工委衛星應用專家認爲，CCD相機2、3、4波段，即波長爲0.52～0.59微米、0.62～0.69微米和0.77～0.79微米，此三波段組合形成的假彩色影像能有效的反應地表的綜合特徵，也是國際上各類資源衛星最常用來形成標準假彩色圖像的主要波段。「CBERS－1」地面分辨率達到設計的19.5公尺的標準，在地物細節的空間特徵表達及其可分性方面均優於美國陸地衛星TM相應的數據，經處理糾正的圖像資訊具有較好的清晰度和較高的幾何精度，可滿足1：10萬比例尺的製圖要求，可爲資源環境數據庫更新提供資訊基礎（最大比例尺可達1：5萬），凡是可用法國「SPOT－3」或「LANDSAT－5」的地名，基本上都可以用「CBERS－1」衛星取代。「中巴地球資源衛星」擁有位於北京、廣州、烏魯木齊的3個地面接收站，可以覆蓋大陸全部領土和領海，改變過去哈密以西、海口以南無法接收的狀況。在時間上，除受天氣限制外，可以做到需要什麼時相就接收什麼時相。同時亦不受國際衛星公司組織的分配時段和波長，可以充分的自主調動衛星的偵照時間和範圍。

CBERS-1號衛星「一號星」體已運行兩年，2001年3月3日中共在軌道上移交予巴西太空研究院測控中心及其所所屬之兩個測控站管理，至2001年9月31日又再回歸至中共衛星測控站管理下運行。目前由於中巴雙方對該衛星之測試、運行等管理工作合作良好，雙方自2000年10月開始，中共方面又派出專家百餘人和大量設備前往巴西，進行「二號星」之總裝和測試工作，2001年11月該「二號星」已運回中國大陸，預計於2002年擇期發射。同時中巴兩國正研擬研究第二代資源衛星之協議，即資源衛星「三號星」、「四號星」，仍將使用一號星作爲平台，其中最主要的不同是遙感性能將提高一倍

⑪。

根據中共國防科工委衛星應用專家組進行的「中巴地球資源衛星數據應用評價意見」，結合1986年研究資源一號衛星需求方案時，中共外交部、農牧漁業部、水電部、地礦部、冶金部、核工業部、煤炭部、鐵道部、林業部、國家土地局、國家環保局、國家測繪局、國家氣象局、國家海洋局、中國有色金屬總公司、中國海洋石油總公司、中國科學院、總參測繪局等18個部門和上海、天津，黑龍江、遼寧、吉林、河北、河南、湖南、雲南、安徽、青海、廣東、西藏、新疆等14個省(區、市)對研製「資源一號衛星」的需求意見，中巴地球資源衛星主要應用領域及效益如下：

1.可編制全大陸或省級國土資源動態監測報告。利用「CBERS-1」衛星，可編制包括耕地、森林、草地、工礦、居民地、水體、沙漠、冰川及永久積雪、灘塗、裸地·石山、戈壁、沼澤、荒漠等各類型的數據及圖件。爲國土開發整治規劃、地方經濟發展規劃提供服務。

2.進行土地資源調查。全大陸土地利用調查，用常規方法要動員幾十萬人，幾億元人民幣的投資，十幾年的時間，如果用「CBERS-1」數據結合地面調查，兩年左右的時間，幾百萬元人民幣的投資就可以完成全大陸1：25萬比例尺的土地利用調查。

3.進行森林資源調查。利用「CBERS-1」衛星，配合航空和地面資料，可用兩年左右的時間，調查一次森林資源數量、質量、分布及植樹造林後效果。每兩年一次，建立全國的和省(區、市)的森林資源監測體系，利用此監測體系可減少40%地面工作量，周期可由5-10年縮短到2-3年；還可監測森林火災，估算災害損失。

4.促進水利，水電及電業建設。利用「CBERS-1」衛星河進行水資源調查，河口海岸帶淺海地貌調查、含沙量和泥沙淤積研究、流域規劃、水土流失調查、水土保持措施的效益監測、大型水利工程的監測、電站的選址；調水線路的選線、大型水庫淹沒損失調查、環境水利監測，洪水監測及旱情監測等。

5.協助進行國土資源大調查，促進地質調查向廣度和深度擴展。「CBERS-1」衛星可協助進行新一輪的國土資源大調查，進行1：100萬、1：25萬、1：10萬區域地質調查，特別是西部偏遠和高山高寒地區，可進一步深入調查地質情況。研究區域構造和地殼穩定性評價，可爲工程地質提供基礎資料。調查地下水情況，計算地下水儲量，可分析預測地震、火山、冰川、泥石流、滑波等地質災害。

6.進行農業資源動態監測。可對種植業、畜牧業、漁業進行動態監測，農作物長勢監測與估產，重點是冬小麥、水稻、棉花、玉米、大豆等的種植面積，長勢監測和產量估算，病蟲災害，草地類型面積，水域養殖面積，海上漁情，估算海蝦量等。

7.自然災害調查。利用「CBERS-1」衛星數據，可提供宏觀、快速的洪水、旱災、森林火災、冰壩險情、雪凍災害、農田病蟲害、大氣及水流污染、鐵路病害、地震、火山、冰川、滑坡、土石流災害等。

8.海洋及海岸帶資源調查。協助進行海岸帶調查，進行灘塗面積估算，海洋環境預報，漁情調查，爲海岸工程規劃，海洋生態環境保護和治理提供基礎資料。

9.城市應用。「CBERS-1」衛星數據可用於城市規劃，城市擴展監測、城市數據庫的添加與更新，還可用於城鎮體系動態監測、城鎮體系規劃，利用城鎮用地與城鎮人口模型可監測城鎮人口的空間分布與動態擴展，爲人口製圖可持續發展研究提供動態的人口資訊。

10.測繪製圖。「CBERS-1」衛星適合大陸1：25萬、1：10萬比例尺地形圖測繪的需要，可製作正射影像圖，節省經費，縮短成圖周期；用於由於政治、軍事等原因難以測繪的國家邊界地區的地形圖測繪，可以進行西部地區、高寒、高原地區測繪製圖。

11.旅遊景觀調查。利用「CBERS-1」衛星數據可進行旅遊景觀資源分類、空間分布、面積測算，編製旅遊資源圖，爲編製旅遊規劃服務。還可與地理信息系統、全球定位系統技術相結合，製作深度旅遊線路導覽光碟，提供旅遊業現代化管理服務。

12.國外資源調查。爲對外經貿需要，可協助調查國外農業情況，森林、土地、礦產資源情況。也可以幫助友好國家進行國土資源調查。

13.軍事偵察。應國家安全需要，可協助國防部門調查國外大型軍事設施動態變化情況。由於「資源一號」衛星設置三台遙感器：一台20公尺分辨率的5譜段CCD相機，80公尺和160公尺分辨率的4譜段紅外線掃描儀一台，兩台256公尺分辨率的寬頻場成像儀。衛星的遙感系統共有11個譜段，4種不同分辨率，以及26天、5天的重複觀察週期，用CCD相機側擺鏡頭可以每三天對「重點地物」重複觀察一次，可以解決光照、雲層及短期觀測週期問題等難題，對製作巡弋飛彈地形匹配電子圖具有絕對的重要作用⑫。

根據美國國防部情報部門的評估，認爲中共在2000年9月1日發射的「資源二號」衛星是一顆新型照相偵察衛星，由於衛星的基本軌道爲傾角97.42°、高度493公里，最終運行軌道爲高度490至494公里之間的太空低軌區內，比「資源一號」衛星的運行軌道爲低，若以同樣的設備兩者相較，「資源二號」衛星可以獲得更佳的解析度分辨率，若裝備更先進的成像設備，則圖像品質可進一步改善。同時美國專家指出「資源二號」衛星發回地面的數據是數字化通訊，使用壽命將會更長。

六、「北斗」雙星定位系統

2000年12月21日0時20分，中共自行研製的第二顆「北斗導航試驗衛星」在西昌衛星發射中心以「長征三號甲」火箭發射升空，並準確進入預定軌道。與同年10月31日發射的第一顆「北斗導航試驗衛星」共同組成中共第一代雙星導航定位系統——「北斗導航系統」。雙星定位系統的成功運行，爲共軍在軍事上擺脱受制於美、俄導航衛星系統的被動局面。

一、雙星系統的功能與特點：

雙星定位系統融精密導航定位和移動通信爲一體的衛星定位通信系統。中共雙星定應系統的開發大致經歷三個階段：一是理論論證階段，80年代末，成功發射5顆地球同步衛星，實現高精度快速定位，爲發展雙星定位系統提供基礎；二是演示試驗階段，90年代初，利用其中的兩顆通信衛星，進行快速定位演示，驗證其方案的可行性；三是發展完善階段，90年代後期，與外國幾家公司進行技術合作與交流，解決技術難題，使得雙星定位系統的研製工作進入實質階段。

雙星定位系統和GPS各具特色。前者採用2-3顆高軌道上運行的衛星進行區域性有源定位，後者則用24顆中高軌道上運行的衛星對全球進行定位。因此，建立起雙星定位系統後，大陸境內將由雙星定位系統和高精度的GPS全球定位系統兩個系統平行工作，互相核對，大大提高導航定位的精度。

北斗系統爲全天候、全天時的區域性導航系統。在國際電信聯盟所登記的頻段爲衛星無線電定位業務頻段，上行爲L頻段（頻率爲1610~1626.5MHz），下行爲S頻段（頻率爲2483.5~2500MHz）。登記的衛星位置爲赤道面東經80度，140度和110.5度（備份之星位）。

雙星定位是利用兩顆地球同步衛星作信號中轉站，根據已知衛星位置、兩顆近地衛星提供的測站(用户終端)至衛星的距離和測站大地高來求解用户的水平坐標，屬於一種二維定位技術。雙星定位系統是一種衛星無線電測距定位系統，主要由太空衛星、地面中心站和用户終端三部份組成。

（一）太空衛星——由二至三顆地球同步衛星組成，執行地面中心站與用户終端之間的雙向無線電信號的中繼任務。每顆衛星上裝有轉發器，以及覆蓋定位通信區域點的全球波束或區域波束天線。兩顆衛星即可保證系統正常工作，但它們之間的弧距要大於300，在600左右最佳。第三顆衛星爲備份衛星，一是作爲事故衛星的替補，二是當太陽處於黃赤交點附近時，用於替代因熱噪音過大造成精度過分降低的工作衛星。

（二）地面中心站——主要完成無線電信號的發射和接收任務，是定位系統的中樞。整個工作系統由監控和管理、數據存儲、交換、傳輸和處理、時頻和電源等各功能部件組成。地面中心站連續的產生和發射無線電測距信號，接收並快速捕獲用户終端轉發來的響應信號，完成全部用户定位數據的處理工作和通信數據的交換工作，把計算機得到的用户位置和經過交換的通信內容分別轉發給有關用户。

（三）用户終端——各種用户終端設備都是一台自動信標轉發器。包括收發機、資訊鍵盤和資訊顯示器等。這些終端能夠接收經衛星轉發的地面中心站的測距信號，變頻後注入有關資訊，並向兩顆衛星發射應答信號，此信號經衛星轉發到中心站進行數據處理。凡具有此種應答電文能力的設備都稱用户終端。

二、雙星定位系統的四大功能

主要有快速定位；實時導航；簡短通信；精密授時：

（一）快速定位——地面中心站發出的測距信號含有時間資訊，經過衛星－測站－衛星，再回到中心站，根據出入中心站信號的時間差可計算出距離，通過兩衛星的觀測邊長和測站大地高便可求出測站坐標，在中心站信號處理的整個過程不足0·4秒，對於優先級最高的用戶，從測站發射應答信號到收到定位結果，可在1秒鐘之內完成。

（二）實時導航——系統的全部數據都在地面中心站處理，其擁有龐大的數字化地圖數據庫和各種豐富的數字化信息資源。中心站可根據用户的當前位置，參考地圖數據庫迅速地計算出用户至目的地的距離和方位，同時還可對用户發出防碰撞的緊急報警，或通知有關部門對出事地點進行緊急營救等資訊。

（三）簡短通信——因爲系統是雙向環路，每個測站收發機都有專用識別碼。響應信號和詢問信號的幀格式結構中都含通信資訊段。測站欲向指揮部請求批示，或想與某測站聯繫時，可用收發機的鍵盤鍵入對方地址和通信電文，便能將響應信號送至地面中心站。地面中心站收到測站的想應信號後，譯出要聯繫的另一個測站地址和通信電文。中心站把通信電文與要聯繫的測站的通信碼一起，隨詢問信號發出，要聯繫的對應測站或指揮部便可得到通信資訊。非對應地址碼的測站解不出通信段內容，只會出現干擾噪聲。需要應答的測站，只需要重複上述過程即可。

（四）精密授時——授時與通信、定位是在同一頻道中完成的。地面中心站的鐘用於產生標準時間和標準頻率，並通過通信信號將時標的時間碼發送給測站。受時測站與普通定位和通信測站的不同之處在於有一個解碼器和一個計數器。解碼器解出詢問信號的時間碼，計數器記錄時間碼的時標與測站鐘的時差。由於信號空間傳播的時延，計數器記錄的時鐘差是僞時差。然後測站向中心站發送應答信號，地面中心站計算出時延，連同時差修正一起發送給測站，測站便可將僞時差減去時延量而得到測站的標準時間，或再加修正量得到標準時間。

三、應用雙星定位系統的特點：

（一）能隨時提供全天候時實定位服務——無線電信號從地面發出經地球同步衛星再返回地面的上下行時間約爲0.24至0.28秒。從測站應答測距信號到接收定位結果，信號經過兩次上下行鏈路的傳送，時間不會超過0.56秒。連同計算時間在內，測站可在1秒之內完成定位。從地面觀察，地球同步衛星總是固定在空間某一點，提供24小時的定位、導航、通信和授時。採用差分定位技術可消除絕大部分衛星位置誤差和電離層延遲誤差，可全天工作，定位精度不會有太大的影響。

（二）定位精度高——目前使用的主要無線電定位系統中，定位精度一般爲幾十公尺，採用差分定位技術可提高到10公尺左右。雙星定位精度隨測站緯度的降低而降低，雙星定位精度一般情況下可以達到9-12公尺。在有幾個校準站修正的情況下，能保證10公尺以內。

（三）設備小型輕便，操作簡單，價格低廉——測站收發機僅是一個應答器，利用微波半導體元件和大規模集成電路設計，結構簡單，價格低廉。

（四）投資較少，經濟實用——雙星定位系統的工作衛星只需兩顆，連同備份星3－4顆就足夠，與其他的系統相比，投資最少，經濟實用。但由於屬於局部定位系統且同步衛星位於地球赤道平面內，因此赤道附近的測站點定位精度較差。

四、雙星定位系統的軍事應用

雙星定位系統增強現代定位和通信的功能，在軍事上的應用成爲共軍戰場定位的主要手段，顯著增強作戰部隊快速反應能力。

（一）與電子地圖結合在定位導航中的應用——目前，研製一種把定位系統和電子地圖相結合，組成一個既有定位導航功能，又有地形分析顯示功能的綜合系統，已成爲中共軍事部門關注的焦點之一。此種系統的接收機不斷的把測得的空間位置傳輸給螢幕上的電子地圖，並以光點閃爍方式連續顯示出來，以達到定位導航的目的。

若飛機上安裝雙星定位系統接收機設備，可以實時確定敵防空系統的設置情況，並通過軟體分析，直接在電子地圖標出敵雷達盲區並爲飛行員選標出通過敵防空系統的相對安全航線，可以保障實施低空或超低空飛行的安全。

（二）在砲兵中的應用——現代戰爭是諸軍兵種的聯合作戰，砲兵在協同作戰中具有十分重要的地位和極其重要的作用。如果每門火砲配備一台小型雙星系統的用户接收機，可快速確定各砲的坐標和相對位置，換算射擊諸元，使火砲的反應速度和命中率大大提高。同時，雙星定位系統還可與各種光、聲、電偵測系統(如雷射測

距儀、戰場偵察雷達、無人駕駛飛機等)以及計算機火力控制系統相配合，及時確定目標方位、斜距離、高度、速度等，以便進行快速準確的射擊。此外，雙星定位系統的導航定位速度快，並兼容通信，可引導炮兵部隊沿指定路線迅速到達指定地點，及時做好戰鬥準備，實施不受地形、天候限制的實時指揮調度，還可與指揮部和友軍即時取得聯繫，以適應高技術戰爭的要求。

（三）在海軍中的應用——如果把雙星定位系統接收機裝在艦船上，並將航海資訊數據和海圖儲存在地面中心站的數據庫中，就可使航船避開暗礁，正確行進，

節省動力，避免碰撞和擱淺。海軍基地指揮部的用户管理站，可根據下屬艦船的實時位置對艦船實施調度，以執行海上進攻、支援、勤務保障以及緊急營救等任務。在戰鬥中，可提高艦砲的射擊效果，增強潛射飛彈的威懾力量。另外，裝有雙星定位系統收發機的艦船，不但能順利進出海港，加速完成航道佈雷和掃雷任務，而且能在準確地點完成海上巡邏和搜索任務。

（四）在軍事訓練中的運用——定位系統接收機特別便於小分隊實施偵察與穿插。當沿預定路線行進時，先在地形圖上依次量出起點、中間點(如據點等)和終點的三維坐標並標記在圖上；在起點進行首次定位，並與已標註的三維坐標進行核對，若差值在誤差限值之內，即開始行進。行進中不斷更新定位數據，檢查坐標的變化是否漸趨於計劃中下一點的坐標，當達到預定點坐標100公尺附近時，利用地形圖作進一步的準確定位，依此可至終點。此外利用雙星定位系統接收機判定方位亦很方便，即連續更新定位值，使橫坐標值不變，而使縱坐標值增加的方向爲座標北來確定方位。越野行進時，還可根據計劃中的起點、中間點和終點坐標計算出坐標方位角。依縱、橫坐標的增量變化率方向行進，能迅速到達終點。此一功能可極大提高部隊的快速反應能力和戰鬥力。

七、海洋衛星系列：

中國大陸東臨太平洋，海岸線長達1.8萬多公里，沿海島嶼有6500多個，島嶼岸線約1.4萬多公里。根據「聯合國海洋法公約」規定，可以劃歸中共管轄的海域，包括大陸架和專屬經濟區近300萬平方公里，相當於陸地面積的三分之一。有40%以上的人口居住在面積僅佔全國總面積13%的沿海省、市、自治區。「九五」期間，中共第一顆海洋衛星「海洋1號」(HY－1)已正式立項研制，預計於2002年發射。「海洋1號」衛星地面應用系統(包括北京、三亞衛星地面接收站)的建設工程由國家海洋局負責，計劃2001年基本建成。利用海洋衛星可以對大面積海域實現實時、同步、連續的監測，是海洋環境監視監測的重要工具。

目前中國大陸的海洋監測行動是依賴一架於1987年購置的「運－12」（Y－12）飛機改裝的「中國海監3807號」執行相關任務⑬，任務十分繁重，一遇氣候不良或機體維修，即被迫停止任務，因此中共海洋單位，包括海軍方面積極要求發展可供軍民兩用的海洋監測衛星早日上空。海洋衛星的功能至少包括以下七個方面：

1.提高海洋環境與災害的監測、預報和預警能力。

2.強化海洋資源調查、開發和管理工作。

3.實施海洋污染監測與監視，保護海洋自然環境資源。

4.海洋專屬經濟區綜合管理和維護國家海洋權益。

5.加強全球變化研究，提高對災害性氣候的預測能力。

6.促進海洋、空間及相關領域的科學技術發展。

7.國防部門對海洋探測的特殊需求，包括軍事用途上對特定水域的水文、海象監測，以供有關部門調研分析，結合氣象以利海軍作戰判斷之所需。

海洋衛星與陸地衛星和氣象衛星相比，具有獨有的特點：海洋環境要素探測要求定性、定量、大面積、連續、同步或準同步和動態探測；海洋衛星遙感要求全天時、全天候，透過大氣層探測海洋；海洋衛星可見光傳感器要求波段多而窄，靈敏度和信噪比高(靈敏度高出陸地衛星約10倍)，動態範圍要寬，數據量化精度也要高；要與海洋環境要素變化周期相匹配，如海洋水色衛星的地面覆蓋周期要求爲2－3天，空間分辨率爲50－1100公尺；由於水體的輻射強度微弱，而要使輻射強度均勻，具有可對比性，則要求水色衛星的降交點地方時選擇在正午前後；某些海洋要素的測量，例如海面粗糙度的測量和海面風場的測量，除海洋衛星探測技術外，尚無其他辦法。由上可知，自主發射海洋衛星是十分必要的，氣象衛星和陸地資源衛星都難以滿足海洋觀測的要求。重要的是海洋衛星一方面可爲海洋專屬經濟區劃界的外交談判提供海洋環境和資源信息，尤其是調查船及飛機難以進入的敏感海域；另一方面也可提供對方控制下的海洋環境特徵和資源開發現狀資訊，作爲權益之爭談判的依據，同時也可爲海上快速反應體系服務，例如海軍三大艦隊和各省沿海巡防武力等。

中共發展海洋衛星工程已即將就緒，並於2001年11月18日正式成立「國家衛星海洋應用中心」。未來海洋衛星及其應用將以海洋調查監測現代化、有效實施海洋空間監測、防災減災、維護海洋權益、爲國民經濟和國防建設服務，實現海洋衛星的系列化、業務化，形成長期、連續運行的海洋空間監測與地面應用體系，逐步發展以海洋衛星爲主導的立體海洋監測網，平時可以提高海洋災害預報的準確性和時效性，爲海洋與海岸帶資源的開發利用、海洋環境保護和國防建設等提供服務，戰時更可爲中共海軍提供作戰環境的實時預警。因此中共國防和國防科技部門結合中共「國家海洋局」以及海軍有關部門大力呼籲：

（一）盡快建立海洋衛星體系

海洋衛星體系包括海洋水色衛星、海洋動力環境衛星和海洋環境綜合監測衛星等3個系列及其地面應用系統。爲此，中共需要發展微波探測器和光學遙感器並舉的海洋遙感器、大小衛星平台、大小運載工具以及衛星精密測軌與定位技術等。光學遙感器和微波遙感器、大衛星平台和小衛星平台共籌將以其各自的特點和優勢而相輔相成，取長補短，共同構成滿足海洋監測要求的星載遙感系統。同時要發展海洋衛星地面應用系統，包括海洋衛星數據地面接收、處理、產品存檔與分發、定標與檢驗、運行控制、通信和應用等分系統。爭取到2015年在海洋衛星研製、發射、測控技術和應用能力方面儘快的縮短與外國「國際海洋衛星」（Inmarsat）先進功能的差距，至少也要在部分技術上達到國際先進水平。

（二）發展三個系列海洋衛星

1.「海洋1號」系列衛星(海洋水色衛星系列)以在可見光、紅外譜段探測水色水溫爲主，走小衛星系列，技術成熟，研製周期短，可滿足部分海洋水色環境監測用户要求，盡快發揮效益。

2.「海洋2號」系列衛星(海洋動力環境衛星系列)以通過主動微波探測全天候獲取海面風場、海面高度和海溫爲主，亦走小衛星系列，技術日趨成熟，可滿足部分海洋預報應用要求，達到減災、防災的目的。「海洋1號」系衛星和「海洋2號」系列衛星相互間各自獨立，特點不同，各自可發揮特點效益，同時兩個系列又可起一定的互補作用。

3.「海洋3號」系列衛星（海洋環境綜合監測衛星系列）相對於「海洋1號」系列衛星和「海洋2號」系列衛星是綜合衛星，可獲取時間同步的海洋水色和動力環境資訊，每天在運行時間上與前兩類衛星錯開，以實現互補。「海洋3號」衛星同時配置針對海洋特點的多頻段、多極化、多分辨率的合成孔徑雷達（SAR），可以對海洋環境實施各種不同時段的動態監測。三種系列各有不同重點，可以對大陸沿海、南中國海，尤其是西太平洋水域中的台灣海峽等戰略海域發揮動態及靜態監測的綜合效益。

2002年5月15日上午9時50分，中共以「一箭雙星」方式藉由「長征四號乙型」火箭一次發射氣象衛星「風雲一號D」以及海洋探測衛星「海洋一號」一起送入預定軌道。「海洋一號」在技術上首次採用K鏡像消旋技術，使衛星可獲得十個頻譜的海面暗目標的清晰圖像，可提高對海洋目標的探測能力。此外新型的單軸驅動器驅動兩個太陽電池面板技術，亦可解決衛星長期受電不足而造成信號干擾之問題。海洋系列衛星升空後，一旦形成整合功能將有利中共對二百海浬經濟專屬區的資源觀測，同時對一萬八千公里的沿海各型海象變化的研究分析提供依據，而與地面應用系統如海監飛機、船舶、浮標和岸站等共同構成海洋立體監測網，隨時監測大陸管轄的海域動態。更重要的是對軍事上的價值，衛星長期的滯空監偵，可對平面定點雷達偵測不到的死角諸如遠距海上船隻、水下潛艇等進行不間斷的偵測、跟蹤、識別和定位，一旦「台海有事」，可以提前發現美國艦隊的行蹤，共軍若想動武犯台，海洋衛星配合導航衛星的相互作用足可影響一個局部性海上作戰的成敗⑮。

八、「神州」太空工程系列：

中共的太空工程發展計劃自1985年開始策劃，迄至1992年時機成熟，技術班組確定，乃於「國防科工委」和「國家科委」共同主持之下正式啓動。最終目的是與美、俄兩大「太空佔領國」爭奪「太空第三權」，在外太空建立太空站，分享外太空地權利，達到「三分天下」的終極目標。

中共的載人太空工程發展計畫，總共分成三個步驟實施，從無人太空船到載人太空船，再發展爲建造可在太空長期駐人的太空站。中共的載人太空計畫三部曲，首先是發射無人太空船和載人太空船，把太空人安全送入近地軌道，進行對地觀測和科學實驗，並使太空人安全返回地面，初步掌握載人航太技術。第二步是要重點完成出艙活動、交會對接試驗和發射長期自主飛行，短期有人照料的太空實驗室，儘早建成完整配套的太空工程系統，解決一些必要的太空應用問題。第三步是建造更大規模的長期有人駐守的太空站。

中共太空船工程中載人太空船的七個系統包括：（一）太空人系統。（二）太空船系統。（三）安全可靠性系統。（四）陸地發射系統。（五）通信聯繫系統。（六）指揮控制系統。（七）返回著陸系統。其中太空人方面，中共已從戰鬥機飛行員中挑選出一批人進行集訓，並送往俄羅斯太空部門以合作訓練的方式引進經驗和技術。太空船應用系統方面，將可開展對地觀測、環境監測，進行材料科學、生命科學、空間天文、流體科學等實驗。載人太空船系統採用由軌道艙、返回艙和推進艙組成的三艙、兩對太陽電池帆板構型和升力控制返回、圓頂降落傘回收方案，其中軌道艙位於太空船的前部。

至於發射太空船的「長征二號F」運載火箭（CZ-2F），是中共爲載人航太工程而在原「長二捆」火箭基礎上研製的新型捆綁式大推力運戰火箭，由中共「中國運載火箭技術研究院」研製。由四個液體助推器、芯一級火箭、芯二級火箭、整流罩和逃逸塔組成，是目前中共各型運載火箭中起飛質量最大、長度最長的火箭。

值得注意的是此次「神舟三號」飛船分爲「軌道艙」與「返回艙」，「返回艙」於三月廿五日發射，四月一日下午十六時五十四分返回大地。但「軌道艙」仍然續留軌道運行爲期半年以上，該艙內裝在一套「中分辨率成像光譜儀」，該儀具備34個波段，僅次於美國1999年升空的光譜儀僅少兩個波段，可實施對「大地」、「大氣」、「大海」進行各種頻譜的成像監測。該光學遙感對地探測儀是中共「中科院上海技術物理研究所」研製，設計上係採用雙面鏡旋轉掃檔、雙光學系統、稜鏡分束直耦和光柵分光等技術，針對地面遙測所需進行探測。對海洋以水色和水溫探測爲主，兼顧海冰和海岸帶探測，其中海岸帶探測以不同水深和淺水地形探測爲主要實驗項目，可對掃描地區的岸際和水際實施長期跟蹤調查⑯，台灣全島、海岸均完全涵蓋在內，各種地物也暴露無遺，必要時亦可對港口、基地實施動態監測，其性能與軍用間諜衛星相當，雖目前仍在實驗階段，但性能已較過去「可返回式」衛星所載之監偵儀器進步甚多，未來在2003年開始籌畫升空的海洋衛星和2002年年底升空的「神舟四號」飛船的軌道艙是否將成爲該型監測儀的長期載具與平台，對台灣海峽與台灣全島實施「情報、監視、偵察」（ISR），其性能與研發方向均十分值得我國防、國安和科技部門重視其爾後之發展。

伍、21世紀初中共衛星工程展望

當前中共航天技術與世界先進水準還有一段差距，

也尚未適應國家現代化建設的需求。根據其現代化建設的發展需求和長遠目標，中共「國家科委」和軍方「國防科工委」等有關部門正在制定21世紀初航天發展戰略和規劃，加快發展航天事業，以滿足經濟發展、國防建設、科技實驗和國際合作等方面的需求，並建立國際地位。2000年11月22日中共國務院新聞辦公室發表「中國的航天」政府白皮書⑰，公開介紹其航天事業近期和遠期的發展目標，有關衛星工程的發展目標包括以下幾方面內容：

一、近期(今後10年或稍後的一個時期)發展目標：

建立長期穩定運行的衛星對地觀測體系。以氣象衛星系列、資源衛星系列、海洋衛星系列和環境與災害監測小衛星群組成長期穩定運行的衛星對地觀測體系，實現對大陸及周邊地區甚至全球的陸地、大氣·海洋的立體觀測和動態監測。

建立自主經營的衛星廣播通信系統。積極支持商用廣播通信衛星的發展，開發長壽命、高可靠性的大容量地球靜止軌道通信衛星和電視直播衛星，初步建成衛星通信產業。

建立自主的衛星導航定位系統。分步建立導航定位衛星系列，開發衛星導航定位系統，初步建立衛星導航定位應用產業。

二、遠期(今後20年或稍後的一段時期)發展目標：

空間技術和空間應用實現產業化和市場化，空間資源的開發利用滿足經濟建設、國家安全、科技發展和社會進步的廣泛需求，進一步增強綜合國力。按照國家整體規劃，建立多功能和各種軌道的、由多種衛星系統組成的空間基礎設施；建成天地協調配套的衛星地面應用系統，形成完整、連續、長期穩定運行的天地一體化網絡系統。可以預料，21世紀初中共衛星工程的發展將更加快速，預估「十五」期間，中共將研製和發射近30顆各類衛星，包括通信衛星、導航衛星、氣象衛星、資源衛星、海洋衛星、環境與災害監測衛星、天文衛星、空間探測衛星等15類。自1968年2月中共空間技術研究院成立至今32年來，中共自行研制和發射的人造衛星共計48顆，平均每年研制和發射人造衛星1.5顆，而「十五」期間平均每年研制和發射人造衛星近5顆，由於大量的技術和人才已與西方高科技領與接軌，衛星的性能和質量也會有相當的提高。

在「十五」期間，中共「空間技術研究院」將承擔大部分衛星的研製工作以及多艘神舟號載人飛船的研製任務。中共「空間技術研究院」在技術上和管理上根據中共有關的報導，將採取以下一些主要措施：

一、優先發展衛星有效載荷技術。有效載荷是衛星的核心部分，是決定衛星性能的主要因素，往往涉及到機、電、光、熱等多種學科，技術難度大、更新快，必須適當超前安排，並選擇有優勢的單位給予重點支持。

二、大力發展衛星公用平台技術。在經過飛行考驗的、正在研製的和新研製的衛星平台基礎上，選擇幾種平台，使其實現通用化、系列化和模塊化，以適應多種有效載荷的配置。計劃建成地球靜止軌道衛星、太陽同步軌道衛星、返回式衛星和小衛星四個系列的衛星公用平台，在研製新衛星時可由這幾類公用衛星平台中選用，以縮短衛星的研製周期，降低成本，提高可靠性。

三、加強新技術研究開發和技術基礎建設。積極跟蹤、研究國際空間技術前沿，集中力量重點攻克一些新技術，如衛星總體優化設計、高精度高穩定度控制技術、新型空間光電技術、空間微電子、太空資訊安全技術、衛星自主導航、空間輕型結構與機構、大型可展開和多波束天線以及先進太空制冷等技術，以促進衛星工程的跨越式發展。同時加強各種技術基礎建設，發揮技術支撐和保障作用。以及建構可以快速進入太空和應用太空的發射能力⑱。

四、加強衛星應用技術的研究開發。建立長期穩定運行的各種應用衛星系統，提高衛星的應用效益，不僅要靠衛星，還要靠地面的各種衛星應用系統。重點支持通信廣播、對地觀測、導航定位等衛星應用領域中的關鍵技術攻關，使地面應用系統的建設與應用衛星的研製協調發展。

五、加強管理創新，探索建立新型管理體制。以30多年研製成果，特別是近5年來「中共空間技術研究院」在衛星工程管理上所取得經驗基礎，借鑒國際航太公司的工程管理方法，結合實際，繼續探索，努力建立具有自身特色的新型衛星工程管理模式和管理體制，建立高效的運行機制，促進衛星工程持續快速發展。

六、中共「空間技術研究院」在實施技術創新、管理創新的同時，還積極推進體制創新，將分步進行結構調整和資源重組，加大改革力度，以體制創新促進科技創新，加速空間技術產業化的進程，爭取在2005年前後將「空間技術研究院」基本建成與國際航太公司接軌的高科技公司。

2000年10月和12月，中共兩次發射北斗導航試驗衛星，爲北斗導航系統的建設奠定基礎。北斗導航系統是全天候、全天時提供衛星導航資訊的區域導航系統，主要爲公路交通、鐵路運輸、海上作業等領域提供導航定位服務。除上述各類衛星的直接應用以外，研製各類衛星所取得的許多新技術更被移植到國民經濟的許多部門，得到二次開發和應用，帶動相關部門的技術改造，創造十分可觀的間接經濟效益。對軍事用途而言，衛星導航系統不再受制於美國GPS及俄羅斯GLONASS導航系統，其自主性將可使其作戰能力得到進一步增強。

截至2000年底，中共共研製和發射了48顆不同類型的人造衛星，飛行成功率達90%以上。衛星工程的發展對中共國民經濟、國防建設、文化教育、國際聲望和科學研究都造成一定程度的影響力，亦相對提高在世界上的政治地位。

中共是一個發展中國家，正如前述，其基礎工業和科技基礎與西方科技發達國家比較是相對薄弱，經濟財力亦十分有限，對空間技術的投入預算比例不大，因此研製和發射衛星的數量不多，但是已經取得相當程度的成就。

目前大陸計畫開發的新一代應用衛星有幾個種類：一、大型通信衛星和廣播衛星，包括多種類型通信頻段的轉發器。二、遙感衛星，應用範圍將從陸地擴展到海洋，從資源勘測擴展到地球環境監測和災害預報。三、第二代導航衛星，從區域導航向全球導航發展。此外，衛星技術將會朝向兩極發展，一方面研究大型衛星技術，另一方面開發微小衛星技術，並研究衛星組網技術。所謂衛星產業，包括衛星製造業、衛星發射服務業、衛星地面應用服務業和地面設備製造業。據預測，到二〇一〇年，全球衛星產業市場規模將達每年兩千億至三千億美元。而中共希望大陸能推動衛星產業化進程，在全球衛星產業市場中佔有一席之地⑲。

陸、結　語

公元2001年8月10日中共「解放軍報」披露，共軍「總參謀部」頒發新的「軍事訓練與考核大綱」，規定自2002年1月1日起開始將按新的訓練大綱施訓。此一新頒大綱爲共軍第七代訓練大綱，其中將解放軍全軍規範爲七個大類，即陸軍、海軍、空軍、第二砲兵、科研實驗部隊、預備役部隊、武警部隊等，分開研擬訓練大綱體系。首次透露共軍正爲因應軍事科技革命而組建一批新的科技型部隊，亦即所稱之「科研實驗部隊」。該部隊至少包括因應「資訊戰」而新成立的「電子戰部隊」、「網軍」和「心理戰部隊」，以及爲搶奪立體空間「制高點」的「天軍」。「天軍」是「天戰」（太空戰）的基本戰力，其基礎結構主要是以各類型不同性能的人造衛星所組成。中共目前在太空運行的人造衛星大略可分爲七型，大部分非屬軍事專用，但全部均可作爲「軍民兩用」。平時該等衛星可用於政治、經濟、社會、文化、體育、遙感、測量和天候、海象、宇航等民間用途，一屆戰時全部系統統屬軍方接手使用後，可立即轉化成爲以軍事作戰爲主要目的的輔助戰具⑳。例如「東方紅」系列廣播通信與電視轉播衛星隨即可成爲軍事通訊與命令系統的主要通信工具；「資源」衛星系列的遙感衛星平時即作爲地球資源遙感探測使用，所得資訊數字化後即可作爲陸攻型巡弋飛彈內部計算機中之地形匹配導引電子地圖的數據，戰時更可作爲匹配比較，加強飛彈的精確度；「風雲」系列之氣象衛星可以掌握戰區氣象變化，選擇有利「天時」，有助於作戰部隊捕捉戰機；「海洋」衛星系列之衛星有助於軍事作戰發起時海面和海下作戰部隊，以及兩棲作戰部隊進行海上戰鬥時「海象」的分析判斷，加強「地利」因素；「北斗」系列導航衛星更有助於加強敵方目標的定位、戰具和作戰人員機動時地換算地導航精確度，可以迅速有效的提高作戰效能。至於由「返回式」衛星蛻變而成的多型偵察衛星在戰時可立即發射升空作爲對敵境或具威脅力的敵方武力執行偵照或偵察行動。2002年12月中共即將發射「神州四號」太空船，即將完成其載人太空船發射的前置任務，對2005年左右完成初期組建「天軍」的任務具有決定性的作用。美國國防部在1999年底提交國會一份有關中共軍力的聽證報告曾明言至2010年左右，共軍的太空作戰軍力將可能威脅美國的安全，直指共軍可能利用發射技術成熟的載人太空船「神州號」系列載具從事「太空空間戰」（Space War），對全球，尤其是美國本土安全造成威脅，因而大力鼓吹美國應在西太平洋建立TMD系統，並在美國本土建立NMD系統，以有效抵禦中共快速發展的太空戰能力。爲此，「冷戰」後國際情勢的短暫均衡可能將因中共不斷發展「天戰」能力而導致新一輪的武力競賽而失衡，長此以往不僅將嚴重影響國際間的和平結構，更將加速損耗全球人類共有的自然和經濟資源。

註：①「中國人民解放軍軍語」，中共「人民解放軍軍事科學院」編，北京，軍事科學出版社，1997，第17頁。

②「中國軍事百科全書」，中共「國防大學」主編：「戰爭、戰略分冊」，北京，軍事科學出版社，1993，第96頁。

③作者訪問來台參加PLA研究計畫會議之外國學者，彼參加華府有關共軍發展空軍及天軍有關研討會時，訪問參與會議之中共解放軍退役大校。該退役大校曾在中共解放軍國防大學任職，目前在華府某研究機構擔任訪問學者。

④同註3。

⑤「中國的航天」政府白皮書，2000年11月出版，中共「國務院新聞辦公室」發行，第二章。

⑥同註5，P.P.40～44。

⑦李大耀，「20世紀中國的衛星遙感」，中共「中國航天」雜誌，2001年10月，P.P.7～9。

⑧「中國的航天」白皮書，第三章。

⑨王家勝，中共「空間技術研究院」通信衛星總工程師，「中國通信衛星回顧與展望」，2001年2月中共「航天科技2000年型號工作會議」報告，轉載於「中國航天報」，2001年3月17日。

⑩中共「國家衛星氣象中心」與美國合作的新一代地球觀測衛星（EOS）中分辨率成像光譜儀（MODIS）數據接收處理技術後，於2001年初研製開發並完成接收EOS及MODIS數據之接收處理系統，可廣泛運用於氣象、環境、林業、漁業、港口、交通、自然災害、國防及海洋事務之監測。自2000年12月起，該系統已

開始運行，目前中共國家衛星氣象中心每日收圖4次。2002年3月底發射之「神舟三號」無人飛船「軌道艙」所載「中分辨率光譜成像儀」即依據此一技術研發而成。魏景雲，白雲，「我國開始接收衛星中分辨率圖像」，中共「中國航天」雜誌，2001年3月，P.P.17頁。

⑪李大耀，「20世紀中國的衛星遙感」，中共「中國航天」2001年10月，P.P.7～P.9頁。

⑫「資源一號」的新技術，中共「太空探索」雜誌，2002年3月號，P.13。

⑬朱海，「巡天萬里監海情」，中共「航天知識」，2002年第2期，第8－10頁。

⑭「國家衛星海洋應用中心在北京正式掛牌運行」，2001年11月18日，中共「中國海洋報」，第一版。

⑮中共「中新社」2002年5月15日報導。

⑯「神舟探秘」，「中國航天」雜誌，2002年4月份發行，第九至十頁。

⑰欒恩傑，中共「國家航天局」局長，「中共航天發展政策與展望」，透露「十五」期間中國航天將有發展，刊載於2000年11月22日，由中共「國務院新聞辦公室」發表之「中國的航天」白皮書，P.22。

⑱殷興良，「構造快速進入空間和應用空間的能力」，強調中共正在研製「機動式固體運載火箭」，以及「簡易測控系統」，以因應未來的各種任務需要。中共「中國航天」雜誌，2002年2月，P.P.12～13頁。

⑲閔桂榮，「中國近現代科學技術回顧與展望國際學術研討會」，中共「中國新聞社」2002年4月13日北京電。

⑳「中共遠圖、太空建站」，台北「中央日報」，2002年3月26日，第七版。

共軍現代化對台灣防禦之影響

張立德

壹、前　言

在中共武力犯台可能採行的模式中，爲截斷台灣經濟命脈所賴以維生的海上航運線所採行的封鎖作戰，一直是各方公認共軍可能採行的主要作戰模式之一。雖然學術界曾由多個面向探討過台海封鎖作戰的相關問題，不過由於軍事科技的進步、作戰方式的改變、兩岸各自制海戰力的增強，加上當前台海與亞太地區獨特的地緣與國際政治環境，以往所討論的狀況部份已不符當前現狀，有必要重新加以考量。

對台封鎖作戰並非單純的軍事技術問題，需考量到其對週遭國家的影響與國際法上的相關規範。在戰時以封鎖來干擾對方經濟與軍事運作，在國際上行之有年；然由於此種作戰方式對海上航運影響極大，受到干擾與利益損害的常常不僅止於交戰雙方。因此西方國家在早年即制訂相關國際法規，來規範封鎖作戰的進行方式，以維持海上通行自由與權益。

雖然此類規範常爲交戰雙方所忽略而成具文，然其影響力仍不容忽視。若中共在進行台海封鎖時未考量到國際法規，而對他國航運、商業、能源運輸等攸關經濟與國家安全的利益造成重大侵害，則他國爲了自身權益勢必介入干涉；此將影響其封鎖作戰的進程與效度，絕非中共所樂見。

本文即希望結合兩岸未來軍力與軍事技術發展，並輔以相關國際法觀點，來討論中共封鎖台海可能採行的方式與可能衍生的問題。由於台灣對外航運99%係以海運方式進行，①因此本文以討論海上封鎖爲重點。並假設兩岸高層爲了部分原因(例如：中共認爲使用封鎖作戰即可達成目的；而台灣則不希望戰局擴大使損失遽增)，而各自約束己方部隊，限定其所執行的作戰以中/低強度的封鎖與反封鎖作戰爲主，而非全面性的海、空決戰與三棲作戰，以與高強度的全面犯台作戰作一區別，並縮小本文討論範圍。

貳、兩岸制海戰力比較

一、共軍制海戰力②

共軍制海兵力主要是以海軍爲主，空軍、二砲部隊及特種部隊爲輔(以打擊敵海空基地、降低敵制海戰力爲目的)，使用軍兵種協同方式來達成制海任務。

當前中共海軍編制兵力數量龐大，但多數裝備老舊落伍，高技術武器裝備所佔比例較少，並缺乏完整的遠海作戰能力。然在中共軍方高層刻意培養下，中共海軍的實力持續加強，未來企望能以有效掌控第二島鏈以西海域及南海爲目標。而在進行以軍事手段解決台灣問題時，亦希望能以實力嚇阻美軍介入，或擊退已介入台海衝突的美軍太平洋兵力。

1.當前中共海軍兵力

潛艦：90餘艘(含備役)。除發射魚雷外，各式柴電攻擊潛艦均具佈雷能力；而漢級與宋級等潛艦則具有發射潛射反艦飛彈的能力。

大型水面艦：包含驅逐艦22艘與護衛艦39艘。整體而言，上述艦艇除少數現代級、旅海級、旅滬級驅逐艦與江衛級護衛艦外，多數艦艇防空火力薄弱。然其水面攻擊能力堪稱強大；許多艦艇可配備1～2架裝有海面搜索雷達的艦載直升機，以掌握地平線下方的遠距目標，發揮長射程反艦飛彈的優點。

海航兵力：3個轟炸師及6個殲擊師，總計約700架岸基作戰飛機。機種包括：轟5與轟6D轟炸機、殲轟7、殲8II、殲7、殲6、強5等戰機；其中殲轟7與轟6D具有發射空射反艦飛彈的能力。

2. 2010年中共海軍兵力預測

航艦：推測已建成1艘中型航艦，③並試著編成航艦戰鬥群。若以搭載Su-30戰機(作戰半徑1500km)爲假設，則其只要在第一與第二島鏈間的海域中央活動，就具有威脅包含我國在內兩島鏈上各個國家的能力。

潛艦：55～65艘。其總兵力雖減少，但新式攻擊潛艦的戰力卻較以往大爲增加，其所發射的潛射反艦飛彈更是一大威脅。據我國海軍估計，中共只要派出13艘潛艦，即可對台灣完成合圍；未來中共攻擊潛艦數量爲此一數目的4倍有餘，可輪流替換執行封鎖；或在其他航線上對我過往艦船加強攻擊。

大型水面艦：驅逐艦28艘(以上)，護衛艦約55艘。其中多艘大型驅逐艦投入現役，讓中共海軍的遠海作戰能力得以增加，艦隊防空火力亦隨之強化。

海航兵力：兵力規模預計將略爲縮減，然Su-27/30、殲10、殲轟7等新式長航程戰轟機量產投入現役，其中多數機種具備發射空射反艦飛彈與空中加油能力，因此其實質戰力將大幅增長。

二、中華民國制海戰力發展

當前中華民國(以下簡稱「台灣」)的國防政策是以「有效嚇阻、防衛固守」爲目標，並希望擁有一定程度在境外打擊來犯之敵的能力。而其制海戰力亦大致依此構想建立中，並以海、空軍爲主要的聯合制海作戰力量。

台灣海軍現有大型水面艦兵力包括7艘驅逐艦及21(+1)艘二代巡防艦；輔戰兵力尚有12艘錦江級飛彈巡邏艦與50艘飛彈快艇(攜帶射程36公里的雄一反艦飛彈)。水下兵力則包括：2艘較新的荷製劍龍級與2艘舊型美製古比級柴電潛艦。海航反潛兵力包括：22架妥善率不高的S-2T反潛機及20架近年購入的S-70C(M)-1/2與8架500MD/ASW反潛直升機。水雷反制兵力包括：4艘德製獵雷艦、4艘美製遠洋掃雷艦及4艘老舊的永字號掃雷艦。④

到了2010年，台灣海軍水面艦艇兵力預計將增加4艘紀德級飛彈驅逐艦；另外不排除還可能獲得4艘裝有神盾戰鬥系統的勃克級飛彈驅逐艦。這些高性能防空艦的加入，將使艦隊在脫離空軍防護範圍時，仍能保有一定的存活率。而50艘舊型海鷗級飛彈快艇，則計畫由30艘光華6號150噸匿蹤飛彈快艇替換。

水下兵力則爲2艘劍龍級柴電潛艦，與預計陸續交艦中的8艘美國軍售柴電潛艦。在海軍航空隊方面，除20架原有之S-70C(M)-1/2外，S-2T將爲12架P-3C長程反潛巡邏機所取代。水雷反制兵力在2010年時若未增購額外的獵雷艦，海軍將只剩8艘掃/獵雷艦；不過購自美國的二手MH-53E掃雷直升機應已服役。

上述兵力中，30艘光華6號飛彈快艇均可裝載4枚射程150公里的雄二反艦飛彈，其射程爲以往雄一飛彈的4倍；在友軍偵搜系統提供目標情資的情況下，1艘光6快艇的制海範圍爲原海鷗快艇的16倍以上。另外，光6快艇的雷達反射截面積(RCS)可能只相當於1艘30噸漁船，並可靠泊於全省多處二級以上漁港；當其在近海活動時，更可獲得空軍戰機與防空飛彈部隊的掩護，其戰時存活率與攻擊性可謂良好。

另外，海軍「海鋒大隊」在台灣本島及其各前線外島配有多處岸射雄二反艦飛彈陣地。待射程達600公里的雄三超音速匿蹤反艦飛彈在未來幾年服役後，只要有良好的偵搜與指管系統配合(例如：可偵獲遠距海上目標的E-2T預警機、無人飛行載具，或與外國情報合作等)，就可充分發揮其射程優勢。如此，我國岸基制海能力在距離上等於延伸了4倍，可控制的海域面積則多出近10倍。

而掛載空射魚叉反艦飛彈的F-16戰機，其潛在威脅範圍更可達1000公里之遠。只是此一距離的目標已在我方正常岸、空偵搜範圍之外，若無法發現目標或無法證實目標的敵/友/中立國身份時，便不能有效加以攻擊。

綜合來看，2010年時台灣的制海兵力在不包含大型作戰艦與潛艦的情況下，即可在台海週遭設下四道防線，限制敵方水面艦的活動，其包含：

1.部署於台灣本島與外島，射程150公里的岸射雄二反艦飛彈。

2.在友軍偵搜系統的指引下，配備雄二飛彈的光6快艇或錦江級飛彈巡邏艦，可對離岸300公里内的目標形成威脅。

3.在友軍情搜系統的指引下，部署於本島與外島，射程600公里的岸基型雄三超音速反艦飛彈。

4.掛載空射魚叉/雄二飛彈的空軍F-16/IDF戰機，潛在威脅範圍可達1000公里。

而在距離台灣東部900公里内、空軍戰機作戰半徑可及的海域，則爲海軍大型作戰艦適宜活動的區域，其配備的雄二與艦載型雄三飛彈可將威脅範圍擴大至1000公里以上。若艦隊内包含有紀德級或神盾級等高性能防空艦，則其在脫離空軍戰機航程所及的海域活動時，仍可望保有一定的存活率。至於台灣西部、北部與西南部海域，由於處在大批中共戰機、艦艇與岸置反艦飛彈的威脅下，台灣海軍水面艦艇的活動範圍將大爲縮短。

另外，台灣海軍潛艦除可在本島週遭進行防衛性的反封鎖作戰外，包含大陸所有海岸線、南海、台灣以東的太平洋，亦都在其有效的作戰範圍之内。

參、高技術條件下共軍可能採行的台海封鎖作戰方式

在暫不考量國際法規與國際勢力介入影響的情況下，本段文章將先從純軍事角度，考量兩岸的封鎖與反封鎖能力，以探討高技術條件下中共在台海地區進行海上封鎖所可能採取的方式。

一、中共海上封鎖作戰的特性

在中共國防大學所出版的《高技術條件下戰役理論研究》一書中，內有一篇由南海艦隊司令王永國中將所著、內容頗具針對性的「海上封鎖作戰問題探討」之文章。⑤該文雖未指明何者是其探討的假想封鎖對象，但以中共欲封鎖海軍實力更強、又有美國協防的日本是力有未殆，封鎖其他東亞或東南亞國家又無需如此大費周章，亦無政治上的動機與必要性來看，該文所指的封鎖目標爲台灣當無疑義。

由文中可以看出，中共對海上封鎖作戰的觀點，與西方國家不甚相同，除融合了現代高技術戰爭的戰術戰法外，還帶有那麼一點陸上作戰甚至是人民戰爭的味道。文中認爲：在高技術條件下實施海上封鎖作戰，是以海軍兵力爲主體，在其他軍兵種及地方武裝的密切配合下，綜合運用多種手段和方式，以達成戰役目的的軍事行動。

文中指出，在實施海上封鎖作戰時，應確立重點封鎖、廣泛威脅的作戰方針，殲滅敵海空主力，持續封鎖重要港口和主要航線，切斷敵海上交通運輸線。其在謀略運用上，要採取欺騙佯動、造勢誘敵；在打擊方式上，則以諸軍兵種合同打擊的殲滅戰，以潛艦游獵、航空兵襲擾的破襲游擊戰，不斷削弱敵有生力量，切斷敵方交通線。作戰中，要充分發揮海軍各兵種本身的專長；並與陸軍、空軍和第二砲兵部隊以及支援作戰的其他力量間，進行良好的協調與配合；以正規作戰與特種作戰相結合，充分發揮聯合作戰的整體威力，消滅敵軍海空主力。

實施封鎖時，在兵力運用上除使用艦艇、潛艦與航空兵外，還可使用商船、漁船等民用船隻(推測應是作爲佈雷船、情報船之用)。而潛艦兵力的適當部署區域爲敵軍重點反潛區邊緣，對其潛艦威脅較小、海區開闊、水深較大、有利於潛艦機動、且能得到部分航空兵掩護的海區；如此，除可較爲安全的執行對敵航運封鎖外，當敵軍艦艇欲避開共軍兵器打擊而向外疏散時，即可能進入共軍潛艦的伏擊區。水面艦艇則可部署在潛艦外側，這樣既可與潛艦合同突擊敵軍疏散轉移或前出護航的兵力，又可對進出封鎖區的敵方商船實施臨檢、拿捕，形成多層立體的封鎖體系，提高封鎖效果。

當然，敵軍亦必採取反封鎖作戰，在主要方向上使用海空兵力建立海上安全通道，對重要船隊組織伴隨護航及區域護航。然文中認爲，此時敵方海空兵力均將遠離基地，部份還可能進入共軍海空兵力綜合作戰半徑之內；因此共軍將充分利用有利時機，進行合同殲滅戰，利用敵軍艦艇前出建立海上安全通道及組織護航的時機，集中兵力殲滅孤立突出的敵方艦艇。

除了較被動的封鎖作爲外，共軍亦可能組成若干個由空中、水面、水下戰術群編組而成的機動編隊，在適當時機進入預定海域，以「機動尋殲」的方式打擊敵軍護航艦隊與船團。當敵方的海上編隊規模不大、戰力較弱，且只從一個方向出現時，共軍機動編隊將集中兵力，對敵實施多方向的連續突擊；而當敵方海上編隊規模較大、且從幾個方向出現時，則採有重點的確立一兩個方向，投入主要兵力對敵實施突擊，先從整體上破壞敵方的作戰部署，爲共軍後續移轉兵力、對敵行各個擊破創造條件。

在對敵軍前線外島的封鎖方面，封鎖本身只是次要目的，主要則是希望「造奪取守敵要地之勢，行誘敵來援、相機殲敵之實」。其方式則兼採圍困與部分火力攻擊手段，以火力對敵守軍造成殺傷，但圍而不殲、打而不登，迫使外島守軍呼救；而爲進一步引出敵方海空增援兵力，共軍還將利用電子佯動、兵力佯動等方法，造成敵方誤認共軍即將大舉進犯的錯覺，迫敵進行海空支援，而共軍得以半途伏擊或軍種合同攻擊方式，伺機殲滅敵方前往外島救援的海空部隊。

二、中共對台封鎖模式探討

在航運繁忙的台灣週遭海域，共有6條國際性航道，包括：東海航道、沖繩航道、菲海航道、巴拉望航道、南海航道以及台港航道。⑥共軍在封鎖台海地區時，可以單獨或混合採行的手段包括：空中封鎖、飛彈封鎖、潛艦封鎖、水雷封鎖及由水面艦負責的臨檢、拿捕等封鎖方式。

由前文可知，至2010年時中共海軍戰力對台灣海軍保有的數量優勢，在攻擊潛艦上的對比約爲6：1，大型水面艦則約爲3：1，而其航艦與艦載機更爲我方所無；此外，雙方艦艇在質的方面差距日益縮小。可見未來中共在制海戰力方面佔有相當大的優勢。而現代化後的中共海軍航空兵，更將加大此一優勢的差距。

然2010年時，台灣海軍的制海戰力在長程岸基反艦飛彈與空軍戰機的協助下，對台海週遭600～1000公里以內海域的「海面」掌控能力，較以往大爲增加。也就是說，除非台灣方面的指管系統及制海、制空戰力被大部摧毀(需要發動高強度攻擊才能辨到)，否則共軍水面艦艇一靠近台灣至600～1000公里內，就有可能遭到擊沉。因此可以合理推斷，隱密性高、數量佔優勢的潛艦將成為共軍封鎖台海的主力。

以下即依據地理區隔與航道考量，及中共海上封鎖作戰特性、兩岸的制海能力，將台海週遭海域劃分為幾個區域，由各區域的特性分別考量中共所可能使用的封鎖方式：

1.台灣海峽與巴士海峽

這兩個海峽是由印度洋、南海通往東北亞與西太平洋的重要商業、能源運輸通路。在台灣海峽部分，中共與台灣均具備以飛彈對其進行海、空封鎖的能力。由於台灣海峽寬度不大，而雙方反艦、防空飛彈射程的增長與性能的精進，各式岸射、空射及艦射的反艦飛彈，讓軍民大型艦船與航機在戰時欲通航於台灣海峽，將變成是一件危險與困難的事；而台灣在數個前線外島所部署的飛彈與火砲，讓大陸艦船就算想儘量貼近大陸海岸航行以躲避飛彈攻擊，都將徒勞無功。

另外，台灣海峽深度不足、範圍狹窄，原本不利於潛艦作戰，但戰時大型反潛機艦難於在台灣海峽內執行任務，所以潛艦亦是封鎖台灣海峽的可用工具，尤其是在海峽兩端入口處；而由潛艦或改裝機漁船所佈放的水雷，亦相當適合，並以封港為主要目的。然而台灣佈放的防禦性水雷、尤其是火箭推送上升式機動水雷，⑦將對前來封鎖、佈雷的中共潛艦造成相當大的威脅。

在巴士海峽部分，雙方亦具備對其進行海、空封鎖的能力。由於該海峽仍在台灣岸基反艦飛彈與海空火力的瞰制下，中共應會採用潛艦與水雷封鎖的方式。

2.台灣海峽以南、菲律賓以西海域

自台灣向西南延伸約600公里，由於在台灣岸基反艦飛彈火力的瞰制之下，水面船艦較難靠近，共軍應會採用潛艦與水雷封鎖方式。

在此區域以南的南海，中共可以數量龐大的大小水面艦艇對台灣船舶、艦艇進行臨檢、拿捕，並有海軍航空兵與空軍戰機爲其後盾。除非台灣海軍願甘冒與中共海軍主力艦艇發生決戰、並承受共軍在空戰機密集攻擊的危險，而以大批主戰艦艇進行船團護航(由台灣海軍以保存戰力爲優先考量來看，可能性不大)，或有美、日等海軍強國介入，否則台灣海軍對此區域之封鎖並無有效的反制之道。

3.台灣海峽以北、琉球群島以西區域

除了方位南北不同外，情況與前述西南海域類似。而此區域的東海航道若遭封鎖，對我方的衝擊較不嚴重。

4.第一島鏈以東的太平洋區域

此一方面的討論又可分爲兩部分，即中共航艦戰鬥群形成戰力的前後。在此之前，中共水面艦較難靠近台灣東部的太平洋海域，而其完整的遠海作戰能力亦尚未成型，較難有效維持大批艦艇長期在台灣以東600～1000公里外的廣大太平洋海域進行封鎖作業；因此對台灣東部的封鎖，在這個時期應以潛艦爲主。而部分長航程、高性能的中共戰轟機，亦可能在空中加油機與其他情資來源的協助下，在此區域內發動襲擾性的攻擊。

而在中共航艦戰鬥群形成戰力後，由於其艦載戰機的影響，台灣對東部海域海面上的有效控制範圍可能縮短至600公里；加上中共海軍遠程作戰能力的增加，讓中共海軍水面艦在東部海域執行封鎖、機動尋殲任務的可能性提高。

綜合以上各區域各種可能的封鎖措施，可看出：在中共航艦戰鬥群成軍前，台灣在本島及第一島鏈以西的所有航道將全面遭到中共封鎖；而在東部若能有效護航、掃雷，則仍可望在東部海域保持某種程度的航行自由。至於原經麻六甲海峽與南海通行北上的商、油輪，可以考慮改道由爪哇島西邊的巽他海峽或東邊的龍目海峽進入，經爪哇海、望加錫海峽、蘇拉威西海、再北轉菲律賓海(台灣海軍應由此開始護航)，由呂宋島東側返回台灣。

而在中共航艦戰鬥群形成戰力後，台灣民間船舶較可行的航道，就只剩前往日本、美加的沖繩航道，及前述巽他/龍目至菲海的航道了。

肆、國際法與國際環境對台海封鎖作戰的影響

由純粹軍事觀點來探討台海封鎖作戰，是以擊沉、扣押敵方破壞封鎖的艦艇或船舶爲前提，所考慮的面向與使用的手段相對單純。然若再考量到國際法與國際環境對台海封鎖作戰可能衍生的問題、限制與影響，則狀況將變得更爲複雜。

中共欲動用武力封鎖台海，可能牽涉到的國際法包括：1982年制定的《國際海洋法》及戰爭法中與海上封鎖相關的法規。⑧其中前者的條文內容明確，在國際上亦具有相當的約束力。然在戰爭法部分，目前除《聯合國憲章》對戰爭有一基本的原則性規範外，其他數個先後簽定、年代久遠之關於戰爭的國際公約，其部份內容並不能切合當代戰爭的狀況；在20世紀的戰爭中，許多交戰國家爲求作戰上的勝利，對其陽奉陰違甚至置之不理。

一、國際法中對於封鎖的一般規定

所謂封鎖，是指：「交戰國對於敵國的海岸或港口對外交通的截斷」。其目的是阻止敵國的輸入與(或)輸

出；其對於各國的軍艦、商船與航空器均同樣地發生效力。而就商船與航空器而言，無論它們所載運的貨物是否為戰時禁制品，如果企圖破壞封鎖，就有被拿捕與沒收的危險。⑨

合法的封鎖應當具備下列要件：⑩

1.封鎖必須是國家行為。《倫敦宣言》第九條規定，「宣告封鎖應由封鎖國或由海軍當局以封鎖國的名義為之」。

2.封鎖必須限於敵國所管轄的或所佔領的海岸與港口。交戰國不得封鎖中立國的海岸與港口、不得封鎖公海及國際航行的海峽、不得封鎖前往中立國海岸與港口的通路。《倫敦宣言》第一條規定。

3.封鎖必須由封鎖國予以正式宣告。《倫敦宣言》第八條規定：「為使封鎖具有約束力，必須按第九條規定予以聲明」。也就是說，戰爭狀態的存在雖是實施封鎖的有效條件之一，然戰爭的開始並不代表就是封鎖的開始；交戰國對敵國海岸或港口的封鎖，如果不予以正式宣告，則只能對於敵國船舶生效，而不得對於中立國船舶生效。《倫敦宣言》第九條規定，交戰國的封鎖宣告應包含：封鎖開始的日期與時刻、封鎖區的地理界限、以及中立國船舶駛離被封鎖區的期限。並依第十一條和第十六條規定，由交戰國以外交途徑通知中立國，由封鎖艦隊的司令官通知被封鎖的地方當局。

4.封鎖必須是有效封鎖，需由封鎖國配置足夠切斷敵國海上交通的艦艇，且在宣告封鎖期間均需予以維持。《倫敦宣言》第二條規定。

5.封鎖必須具有普遍性與公平性。《倫敦宣言》第五條規定，封鎖「必須公正不偏地適用於一切國家的船舶」。除了條例中規定的少數例外，封鎖國如果允許某一國家的船舶出入，則封鎖就不成立。另外，封鎖還可以單向實施，即指只能出不能進的「內向封鎖」或方向相反的「外向封鎖」。

破壞封鎖是指已經知悉封鎖的船舶未經封鎖者允許而駛入或駛出封鎖區域。封鎖國不但對破壞封鎖的敵方船舶可以捕獲並沒收，對中立國船舶也有權將其捕獲並追究責任。但是，《倫敦宣言》第十四條規定：「對因違反封鎖而被捕獲的中立國船隻，是否追究責任，應以實際或推定它是否已獲悉設有封鎖而定。」這一規定表明，船舶知悉封鎖存在是構成破壞封鎖的必要條件。封鎖的知悉則可區分爲實際知悉和推定知悉。實際知悉指船舶在駛入封鎖區域前直接得到封鎖軍艦的警告；推定知悉是指已通過外交途徑發出了通知，或封鎖公佈已久，而推定過往船舶應當知悉航道封鎖存在。通知發出一定期限後，在封鎖區域內的船舶，通常被推定爲已經知悉。

另據《倫敦宣言》第二十條的規定，對於破壞封鎖的船舶，封鎖部隊的軍艦有權將其捕獲，如果它企圖逃離，封鎖部隊的軍艦可以行使國際法所准許的緊追權。根據第二十一條的規定，對於因破壞封鎖而被捕獲的船舶，可以將其沒收；該船所載貨物也可以沒收，除非證明發貨人在裝運貨物時不知或無意違反封鎖。⑪

二、由聯合國憲章看中共對台封鎖問題

《聯合國憲章》禁止進行戰爭，其規定只有「自衛戰爭」和「聯合國授權的戰爭」(集體安全制度)才是合法戰爭，其餘戰爭均爲非法行爲。其第一條第一款規定聯合國的宗旨爲維持國際和平及安全，並應制止侵略行爲或其他和平之破壞。第二條第三款規定各會員國應以和平方法解決其國際爭端，俾免危及國際和平、安全及正義；第四款規定各會員國在其國際關係上不得使用威脅或武力，或以與聯合國宗旨不符之任何其他方法，侵害任何會員國或國家之領土完整或政治獨立。

也就是說，如果當事國主動進行宣戰，等於自動承認違反國際法。因此，當代各國都以「武裝衝突」的形式掩蓋其戰爭本質；就算是先對敵國發動攻擊，也要堅稱這是因爲國家利益受到敵國侵害而發動的「自衛戰爭」。中共即宣稱其與鄰國爆發的幾起邊界戰爭爲「自衛戰爭」，其用意即避免與聯合國憲章的規定相牴觸。

以中共封鎖台海的情況而言，爲避免國際上的介入，中共必將主張台海的衝突爲内政問題，並排拒國際或第三國介入。而《聯合國憲章》第二條第七款雖然規定：「本憲章不得認爲授權聯合國干涉在本質上屬於任何國家國内管轄之事件，且並不要求會員國將該項事件依本憲章提請解決」，然「此項原則不妨礙第七章内執行辦法之適用」。而第七章的內容即爲「對於和平之威脅、和平之破壞及侵略行爲之應付辦法」。

爲草擬一個適當的侵略定義，1967年12月聯合國大會特別設立了「界定侵略問題之特別委員會」。依據該特別委員會在1974年所通過、並經聯合國大會批准的定義，其第一條即指出:「侵略即一國針對另一國之主權、領土完整或政治獨立使用武裝力量，或是其他與聯合國憲章在此定義中所訂下之方式不符之手段加以對抗」。在本條中，「國家」這個詞句包括一群國家在内，並且不涉及承認的問題以及該相關國家是否爲聯合國會員國的問題。

而在第二條規定中，規定了一國違反聯合國憲章而「先行使用」武裝力量的情形，雖然安理會可依其嚴重性來判斷該行爲，然它仍然構成了侵略行爲的證據。第三條則列舉了包含封鎖在内之各種侵略的特定行爲。第五條規定，無論是基於生態、政治、軍事、經濟及其他考量，都不能接受將侵略行爲合法化，侵略戰爭乃是違反國際和平的一種罪行。⑫

因此，雖然當中共決心對台封鎖時，不論是《聯合國憲章》或所謂「侵略的定義」均無法發揮足夠的嚇阻作用；但台灣若藉此在國際上加以宣傳，則國際輿論可能朝向對台灣較爲有利的方向發展；而外國若欲介入干涉、調停，也會有較爲適當的「藉口」。

此外，由於中共封鎖台海將影響到許多國家的利益，這些國家雖不一定會承認中華民國的存在，亦不會介入其中，但其可能承認兩岸爲交戰團體、發表中立聲明；如此，即表示兩岸處於戰爭狀態，而我國將取得如同交戰國般的地位。⑬依國際法對戰爭的定義，戰爭存在於兩個或兩個以上的國際法人之間；此處所謂的國際法人，包含：完全主權國、部分主權國與交戰團體等。這也表示戰爭法適用於兩岸間，大陸與台灣必須遵守戰爭法所規定的義務，並得享其相關權利。⑭

三、純軍事考量的現代海上封鎖作戰與國際法規的扞格

現代軍事技術使武器的威力、精確度與作戰範圍大爲提昇，讓海上作戰與封鎖作戰的型態大爲轉變；若由國際法的觀點來看，其將對封鎖作戰產生極大的限制。

戰爭法規定，對於破壞封鎖而進入封鎖區的船舶，若是敵方作戰艦艇，則封鎖國可不先警告地加以攻擊；若目標是商船，國際法所允許的處置方式是將其捕獲。而在捕獲之前，爲了確認其是否破壞封鎖，應按國際法上關於登臨檢查的規則進行臨檢；如果不作臨檢，也不採取捕獲的實際措施，而對船舶實施攻擊，則被認爲是違反國際法的行爲。而若該商船在接到正式發出的臨檢信號而又拒絕監檢，或經拿捕後不遵守指定的路線行駛時，則可加以攻擊；然在將其擊沉之前，尚需對乘客及船員提供安全保證，否則就不得將其擊沈。而在以戰轟機實施空中打擊時，「對平民目標的空中打擊應絕對禁止」，「空中轟炸只有對軍事目標——即其破壞或傷害對交戰國具有明顯軍事利益的目標，才是合法的」。⑮這些規定無疑對封鎖國戰具的運用與攻擊目標的選擇造成相當的限制。基於以上限制，國際法學者均認爲水面艦艇是海上封鎖的必要手段。潛艦只有在水上活動時，才能執行與水面艦艇相同的封鎖任務。水雷、飛彈、飛機等均不能獨立作爲封鎖手段。⑯

依前文所述，未來中共純軍事考量下台海封鎖作戰的可能場景，由於受到我國反封鎖戰力的影響，中共在靠近台灣週遭600公里海域內，較適宜用於執行封鎖的戰具爲潛艦、佈雷及海軍航空兵戰機，在台灣海峽內則還可加上反艦飛彈封鎖；而水面艦的封鎖則在距台600公里外的「公海」海域進行。然若依前述戰爭法規定，戰機與反艦飛彈的封鎖手段根本就不應該使用；而其水面艦的封鎖亦將在國際法所禁止的「公海」上進行；而台灣海峽與巴士海峽爲國際海峽，對其進行封鎖亦違反國際法。

而潛艦因其航行的特性與結構的脆弱，其作戰行動模式與一般水面艦完全不同，若潛艦艦長遵照一般水面艦的封鎖規則，先行上浮接近敵方商船，發送停船命令，再登船實施臨檢搜索，將喪失其隱密活動的優勢、暴露自己行蹤，並可能受到敵方海空兵力攻擊，甚至遭受商船的衝撞或商船上裝設之自衛性火砲的攻擊；而現代潛艦爲求航行寂靜，甲板上甚至連二戰潛艦普遍具備的小型火砲都未裝設，又何以企望其能執行上述任務；再者，潛艦上空間狹窄，亦無法容納遭其擊沉之船舶的乘客與船員。因此，潛艦若欲適用國際法關於水面艦船封鎖的規則，將會產生極大的困擾；20世紀中，即少有交戰國家遵守上述規定。值得注意的是，二戰之後的國際法規已略有修改，即：「敵國商船若由戰艦或戰機所護航，則潛艦可不待警告而逕以攻擊」。此一規則實踐至今仍受各國認可。⑰

在佈雷封鎖的部分，依1907年《海牙敷設自動觸發水雷公約》規定，禁止使用無纜的觸發水雷；禁止使用斷纜後仍能危害的水雷；禁止在敵國沿海與港口外，作專爲遮斷商業航海的水雷敷設⑱（此一公約在兩次大戰中並不曾爲各國所遵守）；而且只有在封鎖開始時水雷才能生效。⑲這又對封鎖國在進行佈雷時造成一定程度的困擾，需審愼選擇合適的佈雷時機。尤其是封鎖日期已經事前公佈，將對封鎖國進行佈雷的兵力帶來更多的危險。例如中共派往台灣港口外進行佈雷的潛艦或改裝機漁船；其可能遭台灣方面已提高警覺的反潛機艦、近海巡防/岸防兵力或搶先設下的防禦性佈雷所擊沉。

就算是最適宜執行海上封鎖任務的水面艦，若其雷達發現海上有目標而欲靠近臨檢時，由於海上船舶並不像空中目標在遭航管雷達照射時可自動發送其識別代碼，因而較難判別該船舶的軍民或敵友身份；⑳若目標船舶爲敵方軍艦，而封鎖國軍艦逕自上前檢查，則有可能在未看到目標之前即已遭對方飛彈擊沉，此亦爲海上封鎖的執行增加了更多的困難。而封鎖區劃出後，每日繞離台灣過往的數百艘船舶，雖可以其航向加以過濾，但每日所需臨檢的船舶數量，將讓中共海軍的水面艦艇疲於奔命；甚至因艦艇四散分離，而可能爲台灣艦艇趁隙分批擊滅。

由上觀之，在現代戰爭技術下欲對台灣進行海上封鎖，將出現：符合國際法的封鎖方式不可能達到有效的封鎖；要想達到有效封鎖，則將牴觸許多國際法規的窘境。而中共若進行違反國際法的海上封鎖措施(如無限制潛艇政策)，除可能引起國際爭端外，台灣亦可依國際慣例的「戰時報仇」㉑與聯合國憲章第51條「自衛權」行使原則，採取相同程度的反制手段。

四、如何規避國際法對封鎖的限制

儘管海上封鎖的國際法規少有國家認眞執行，然部分解放軍軍官認爲：「海軍在執行海上封鎖任務時，必須服從國家政治戰略需要，使國家能夠妥善處理國際關係，在打好軍事仗的同時打好政治仗。爲此，就必須知曉有關海上封鎖的國際公約和慣例、把是否遵守這些公約和慣例作爲指揮和執行海上封鎖必須考慮的因素。」㉒

中共軍事專家張召忠教授即指出：關於海上封鎖的執行方式，國際法中制定了專門的規則。爲了避免受制於這些規則，一些國家在行海上封鎖之時，儘量避免使用「海上封鎖」這個術語，期能使自己免受到相關國際法的限制。在20世紀的多個實例中，許多交戰國在把封鎖區改稱爲其他術語後，即無視公海航行自由的原則、中立國的權利和海戰法關於封鎖的規定，而在廣闊的公海上任意劃定封鎖區域。

例如在第一次世界大戰中，德國先後以「軍事區域」與「軍事禁區」爲名，進行對英國海域的封鎖，以無限制潛艇戰對敵國與中立國的商船進行攻擊。1918年，美國也建立了一個在大西洋中連綿數百海浬的「軍事禁區」；如此一來，一次大戰的海上封鎖區就被稱爲「軍事區域」和「軍事禁區」，在該區域內的海軍兵力可以自由機動和遂行作戰任務，不必依封鎖規則要求般使用大量艦艇去阻攔敵國海岸的通道和航線，而且交戰國也便於對暗助敵方的中立國船舶進行攻擊。而在1950年美國對朝鮮海岸進行封鎖時，使用了建立「防範區」的說法；1956年英法海軍在對埃及封鎖時，將400海浬長的海區宣佈爲「對商船關閉區」；1962年美國封鎖古巴，使用的是「攔截區」一詞；越戰中又將越南沿海100海浬宣佈爲「採取作戰行動的區域」；1982年英國在福克蘭群島戰爭中，將福島周圍200海浬宣佈爲「軍事禁區」和「作戰行動區」。

張召忠認爲：國際法和海戰法中對「海上封鎖」規定得嚴嚴實實、滴水不露，封鎖國根本沒必要硬往上撞，非要宣佈什麼「海上封鎖」、自己去對號入座。(註)

五、台海封鎖作戰對週遭國家的影響

中共雖可以各種稱呼來規避戰爭法的約束，然其欲有效封鎖台海地區，所需涵蓋的廣大封鎖範圍，仍將不免對週遭國家的利益造成衝擊，例如：日本、韓國、菲律賓、南海各國及在亞太有重大利益的美國等。

首先，中共封鎖台灣海峽與巴士海峽兩個國際水道，將影響到日本、韓國、甚至是中共自己的能源與貨物運輸；輕則耽誤船期、對該國經濟造成衝擊，重則因戰略能源缺乏而致該國經濟與社會秩序崩潰、嚴重影響國家安全。加之封鎖作戰曠日費時，對他國的影響並非短期可以消除，此均將增加國際間介入、調停的可能性，而爲中共所不樂見。

其次，雖有部分解放軍軍官認爲1982年制定的《國際海洋法公約》，賦予沿海國劃定不超過200海浬(370公里)專屬經濟區的權利，並規定公海是指「不包括專屬經濟區、領海或內水或群島水域內的全部海域」；根據這一規定，海上封鎖區可延伸至離岸200海浬的範圍內劃定，較原先認定12海浬(22.2公里)領海之外即公海，封鎖區域可大爲擴展。㉓然依1909年《倫敦宣言》規定與國際慣例，交戰國亦不得封鎖中立國的港口和海岸；而日本琉球群島末端的嶼那國島，距離台灣只有約110公里；巴士海峽上離台灣最近的菲律賓伊特巴亞特島亦只有約166公里，中共所劃設的「封鎖區」可能會將其包含在內，否則封鎖措施將不完整，增加台灣船舶突防的可能性；然此舉將侵犯日本與菲律賓的主權，勢將引起兩國的抗議及與兩國有防衛合作協定的美國之干涉。

六、國際間或第三國的介入

中共若主動對台進行封鎖，雖牴觸《聯合國憲章》的非戰原則，而聯合國亦有集體安全的相關制度；然因中共本身爲安理會常任理事國，享有「否決權」，因此欲指望聯合國介入干預，可能性不大。而在亞太地區，較可能介入中共對台封鎖的國家唯有美國與日本：

1.直接介入

即拒絕承認中共的封鎖，由美國協助對各國航行船舶與進出台灣的船舶提供軍艦護航，日本則可能提供後勤方面或掃雷上的協助，以破壞共軍的封鎖。中共軍方認爲其他外國勢力可能介入的模式尚包括：對被封鎖國提供情報；在封鎖區外圍部署兵力對中共海軍進行威懾；對中共艦艇實施電子干擾，影響其偵搜與武器系統的運作效能；設立禁航區、禁飛區，限制、阻隔中共兵力行動等㉔。如此，若中共決定以武力排除美、日的干預，則雙方即可能進入國際法上的戰爭狀態。

2.間接介入

若美、日權衡利害關係後，決定不直接介入、保持中立，則可能在封鎖區外、尤其是己方領海(12海浬)、鄰接區(24海浬)與經濟海域(200海浬)加強巡防與護航。而中共在國際法理論上雖可宣稱台灣周邊200海浬的封鎖範圍，然此將與日本與菲律賓所宣稱的經濟海域重疊；如以中線來計算，則理論上在嶼那國島方面的封鎖區寬度應只有約55km，在菲律賓伊特巴亞特島方面應只有83km。

而國際法規定，任何國家船舶均享有無害通過別國領海的權利；國際法還規定，封鎖一方的軍艦追捕有關船隻時，不得及于中立國的領海，如此，被追捕的船隻很可能逃入中立國的領海避難，讓封鎖國的臨檢、拿捕、甚至是違反國際法的直接攻擊行動增加了許多困擾。也就是說，台灣船舶若是由沖繩航道與菲海航道進出，必要時可躲入日、菲兩國領海，以躲避追捕；而只要全速前進，約1～2個多小時就可以通過前述寬55公里、83公里的封鎖危險海域，可減少損失。當然，這需要日、菲兩國默許台灣船舶在其領海內行使「無害通過權」，並能承受中共來自外交上的壓力與軍事上的威嚇(若美國願意在背後予以支持的話)。

台灣的商船亦可能考慮改掛中立國或美國、日本的船旗(不管其是否來得及在該國註冊)。雖然如此作爲並不能改變該船在封鎖區內的敵性，然卻可讓中共海軍在公海上的臨檢、拿捕產生較多顧慮，而美、日海軍在封鎖區外的介入護航，亦顯得較具正當性。

由上觀之，中共對台海週遭進行封鎖，將不免影響到附近國際水道的暢通，甚至對他國的主權或國家利益造成影響，而可能導致他國介入。而這些介入無論是直接或間接，軍事上或是外交上的調停，若台灣當局能善加運用，對台灣的處境將或多或少會有所幫助。

總結本段論述，中共若決定封鎖台海，將設法儘量擺脫國際法對它的拘束，但卻又不能不受其影響。對於部份不合時宜的戰爭法規，由於以往各國均不曾遵守，當然也無法期待中共將會遵守；只要運用好的外交與國際法詞彙，且不過份影響各國利益(不要侵入我國海域、不要擊沉我國船舶、不要影響我國商業航運)，相信大多數國家會覺得事不干己，最多在外交管道上以言詞表達關切、抗議，這對解除中共封鎖行動並無法產生足夠的影響力。不過只要封鎖行動侵害到各國在國際法上的權益(如封鎖區域過大、本國船舶遭誤擊、造成商業損失)，則權益受損國家勢必依照國際法法典中的詳細規定，控訴中共罪行並採取相關行動，軍力強盛的國家可能直接介入、軍力較弱的國家則在聯合國或國際法庭上提出控訴，讓原本較單純的軍事封鎖行動變得更爲複雜。而這也就是中共若欲封鎖台灣，在決定要遵守那些國際法、不用遵守那些國際法時，所要考量的要素。

伍、面對封鎖時的因應措施探討

雖然中共對台進行封鎖有其困難度，然若中共認定我國對反制封鎖的各項措施疏於準備，而民心脆弱至只要聽聞1、2艘商船被擊沉就會信心崩潰時，則其何嘗不會採取此種低成本的方式迫我就範。因此，對於相關的因應措施，政府還是應在平日做好準備，擬妥應變措施，並能加以演練。

一、增加國內戰略能源儲量與安全性

目前我國用於發電或充當然料的各式初級能源若以能量計算，石油約佔51%、煤佔30%、核能10%、天然氣6%、水利3%；其中96%的能源係依靠海運進口。以最重要的石油來說，我國法定石油安全存量雖爲60天，但這是把已下單採購及運返途中的油料都計算進去，實際存量只約33天；加上我國用油量年年增加，與民眾對新建油槽的抗爭，則在局勢緊張、軍方大量用油，及戰時煉油廠、油料儲運所遭飛彈攻擊破壞後，可能將無法支撐半個月。以日本爲例，其戰備油料存量達270天，而其海上自衛隊對海上交通線的維護亦較我國更具能力。因此未來我國除持續貫徹「能源多元化、來源分散化」的能源政策外，更應持續增加國內的戰略能源存量；並採用地下化、半地下化(只露出頂部)或洞窟式的大型

油槽，其較暴露在外、日曬雨淋的圓柱狀或球狀金屬油/氣槽來得安全許多；戰時存活率亦高，遭攻擊時較不會產生連鎖爆炸的失控狀態，以免幾枚彈道飛彈攻擊，即可能燒毀我國大部份的民間戰備存油。另外，油槽安全性提高後，居民對興建儲油槽的恐懼與阻力亦可望降低。

另外，國內部分民眾對核電廠雖有負面評價，然1座核電廠每年所需的核燃料只要1架貨機即可載運；而我國核燃料的戰備存量長達3年，其受封鎖的影響極小。如全面廢核而以油、煤替代，則每年需增開10萬噸級大型油輪近130艘次，或6萬噸級運煤船320艘次；而無論是增加運輸航次，或更可能因能源無處存放而進一步降低原本就不高的戰備能源支撐天數，都將讓我方的脆弱性增大，而中共也更易以此爲要脅，掐住台灣脆弱的能源運輸航線，逼迫我方屈服或上談判桌。因此核電廠對深具能源脆弱性的我國來說，或可說是一種必要之惡。

二、擬妥應變計畫

國營船舶平時即應準備好備用航道的海圖。海軍則應針對中共可能採行的各種封鎖方式，預擬各項護航計畫；其除了考量純軍事範疇外，亦應預想國際間可能的反應與國際法方面的影響，例如：美、日海軍是否介入？東南亞國家若拒絕我國船舶擁有其領海(如寬度不及24海浬的巽他或龍目海峽)的無害通過權時又該怎麼辦？

我國的長射程武器與反封鎖措施會不會也對他國的利益造成不當影響？

另外在遭封鎖期間，如何分階段採取限油、限電措施，減少民生用油、用電來支援經濟與軍事用途，亦應事先加以計畫。

三、東部港埠設施強化與中小型油輪添購

當我方船團突入封鎖圈後，最好能直接進入東部港口卸載而無需繞行至西部，以減少沿途被攻擊的機會。然本島東部沒有大型港口，蘇澳與花蓮兩港的設施及容量遠不如高雄、台中與基隆港；如此一來，海軍就算冒死將船團安全護航至東部，這2個港口能否消化容納還是一大問題。尤其是巨型油輪，由於東部無卸油與煉油設施，加上其吃水過深，以往向來是停泊在高雄大林蒲、桃園沙崙等處外海，以海上卸油管路向內陸卸油；在中共對台封鎖、潛艦環伺的情況下，這些油輪不啻是魚雷與飛彈的最佳活靶。

因此，雖然成本效益可能不佳，但政府應政策考慮讓中油與國營船運公司添購幾艘噸位較小，可進入高雄、基隆、蘇澳、花蓮、深澳石油港內卸油的中、小型油輪；而油輪數目的增加，也讓中油現僅13艘的巨型油輪不致於因戰損而很快消耗殆盡。至於蘇澳與花蓮港的水深、規模與營運能量則應予以擴大，並與基隆港均應增設卸油設施。另外，由於東部沒有煉油廠，西部的煉油廠亦可能遭飛彈破壞，因此可能需直接進口已經提煉的各式油料成品而非原油。

四、與外國進行協調與合作

由於中共對台封鎖將影響到各國利益，因此我國可考慮透過各種管道與各國協商；如果相關國家有意願，則可在事先訂出關於反封鎖與護航的相關合作計畫。若各國不願公開介入，只願針對自身的權益加以維護，則我國可與之協調，希望在不違反各國利益與國際法的情況下，由美、日出面主導，宣佈劃出部分安全航道(如巴拉望、沖繩、菲海等航道)與非交戰區(如日本嶼那國島與台灣中線以西、菲律賓伊特巴亞特島與台灣中線的南側與西南側)，由美、日等國海軍強力巡弋護航，中、台雙方兵力不得進入，而各國商船均得自由通行。

如此，基於各國利益獲得保障，及擔心中共因獲取台灣而更形坐大，因此配合度可望較高；而中共也無由抗議。如上述構想可行，我國將受益於商船可能受到攻擊的航行距離降低，軍方所需擔負的護航區域大幅減小，而得以集中兵力將護航工作做得更好。對平均航速只有15.3節(時速28.3公里)的國輪船隊來說，遭受攻擊威脅的航程若由上千公里縮短至近百公里，即可能代表著生與死的差別。

五、海軍反潛效能的加強

在未來中共的潛艦作戰中，由於指向性衛星通信、潛射反艦飛彈的運用，以及自俄國引進絕氣推進系統(AIP)的技術，未來中共潛艦部隊的存活率、隱密性與戰力可望大爲提昇。考量到對付潛艦的最佳武器是潛艦，因此我國應儘速加強水下潛艦兵力的質與量；除外購外，爲長久之計，亦應考量引入技術在國內生產。而海軍反潛主力——濟陽級(美製諾克斯級)巡防艦，目前並未配備適當之反潛直升機，致其反潛戰力降低了40%，未來應設法加以彌補。

六、強化艦隊遠程打擊戰力

在現代海戰中，若某方能搶先發現敵方艦隊行蹤、並搶先以反艦飛彈加以攻擊，或其飛彈可在敵方飛彈射程之外攻擊對方，則該方在海戰中將佔有極大的優勢，甚至可能出現一方遭到全殲，而另一方卻毫髮未傷的情況。因此，未來海軍主戰艦艇，若能具有長程目標偵獲能力或能接收友軍提供的情資(如利用艦載S-70C(M)-1/2反潛直升機上偵測距離可達370公里的APS-143(V)3雷達、配備感測系統的無人飛行載具、友軍的空中預警機等)，並能配備長射程、超音速與匿蹤設計的反艦飛彈(如雄風三型飛彈)，則可望能有效突破中共水面艦隻的封鎖。

七、強化艦艇應付飽和攻擊的能力

由於未來中共海航戰轟機及多數潛艦均具備發射反艦飛彈的能力，加上編組的「機動尋殲」艦隊上亦有爲數眾多的反艦飛彈；我國海軍艦艇及護航船團未來所要應付的戰況，可能是自多方向同時襲來多枚飛彈或戰機的惡劣局面。目前海軍防空戰力最強的成功級巡防艦，也只能同時接戰2個目標；未來紀德艦或神盾艦等高性能防空艦若能順利引入，將對我國海軍艦隊與護航船團的存活能力有極大的助益。而反潛巡防艦由於常需離開艦隊或護航船團一段距離外作業，因此其防空自衛戰力亦應加強。

八、維持一定數量的大型作戰艦

未來海軍應儘量以長程岸基飛彈及飛彈巡邏艦、匿蹤飛彈快艇來擔負起近海防衛任務(若大型作戰艦戰耗嚴重，其也將形成最後一道卻難纏的海上防線)，讓海軍可以抽出更多大型作戰艦擔任遠海護航，或以存在艦隊的姿態與數量佔優勢的中共海軍周旋。

九、獵雷/佈雷兵力的加強

佈雷是本低效高的封鎖方式，向爲中共所重視，並已研發出包括火箭推送上升式機動雷在內傳統掃雷方式難以掃除的各式水雷。我國海軍目前與規劃中的掃/獵雷兵力規模並無法處理多處同時佈下的水雷；爲避免我國商業航運癱瘓及高價艦艇困在港內成爲廢鐵，添購具有先進獵雷能力之獵雷艦/機，其重要性決不下於採購神盾艦。在佈雷部分：研發新式水雷；㉕戰時運用水面、水下、空中載具(如研發佈雷用的UAV)進行攻勢性及防禦性佈雷等，亦是反制水面/水下封鎖的有效手段之一。

陸、結　語

由於在國際安全環境與國際法的種種限制，以及與我國制海能力增長的影響下，中共若欲以中、低強度的封鎖作戰來逼迫台灣就範，將可能爲其帶來許多變數與困難度;若以中共的立場觀之,反倒不如發動全面攻擊，以迅雷不及掩耳的速度在他國來不及介入前儘快解決台灣問題，還更爲有利。

而國際間會不會介入中共對台封鎖事件，與國際法規在中共對台封鎖時能發揮多少實際效用，則可能係取決於：各國因中共實際封鎖作爲與不遵守部分國際法規而致國家利益遭到侵害的程度。爲在中共對台採取封鎖行動時，擁有足夠的抵禦能力，並爲國家爭取最大的國際利益,我國平日即應強化各項軍/民反封鎖應變措施，與週遭各相關國家預作航運安全合作規劃，並對國際法與戰爭法深入研究，以在戰時爭取有利於我的國際視聽，並依此制定相關的封鎖反制作爲。

註：①2000年我國海運貨運噸數爲11027萬公噸，空運國際貨運噸數約111萬噸，海運貨物數量幾達空運之100倍。行政院交通部網站，「重要交通統計指標摘要」（民國八十九年）。http://www.motc.gov.tw/service/year-c/ycmain.htm

②本段文章參考："Combat Fleets of the World 2000-2001", U.S. Naval Institute, pp103-117；以及 "Military Technology—The 1999-2000 World Defence Almanac", Wehr & Wissen, pp286。其中2010年中共海軍兵力的預估是以中共以往在該類型艦的造艦速率，並以驅逐艦、潛艦(R級除外)艦齡35年，護衛艦、R級潛艦艦齡30年，爲該類艦艇的汰除年限。

③中國時報報導:據美方獲得的最新訊息,鑑於對台軍事行動需要、戰略考量、成本效益等因素，中共決放棄建造航空母艦的計劃，至少在2010年以前不會具體構建，而是把重心放在其他方面，包括充實對台作戰能力、發展反艦飛彈及反潛能力、強化造艦技能等。中時電子報，2002.3.4，http://ctnews.yam.com.tw/news/200203/04/241452.html。然此一消息並未獲得絕對的證實，且本文討論的狀況乃以2010年及以後的發展爲基準，故對中共發展航艦的可能性仍暫時加以保留，以爲討論。

④詹皓民，Y2K國軍武裝報告書(上)，雲皓出版社，台北，2000年1月，頁5-79。

⑤王永國,「海上封鎖作戰問題探討」,高技術條件下戰役理論研究，國防大學出版社，北京，1997年1月。

⑥鍾堅,「台灣聯外海上航道：遠程反封鎖之敏感性」，戰略與國際研究第一卷第二期，台灣綜合研究院戰略與國際研究所，1999年4月，頁60。

⑦爲求佈放的水雷發生功效，並避免造成國際糾紛，一般水雷的佈放多以敵方港口、海岸線與被封鎖國對外航道爲主，其中對付水面船艦的水雷多佈放在50m或以上的深度，以聲、磁感應或傳統的碰撞方式來引爆，由於國際法上禁止飄雷的使用，所以上述佈放的水雷需以鏈錨繫留、以防飄走，因此當地海床深度不宜過深；而對付潛艦的水雷一般均爲沉底雷，佈放深度視海床

深度不同而可達數百公尺，當聲、磁裝置感應到水中潛艦經過時，雷體以火箭助推方式上昇朝向目標加以攻擊，此即火箭推送上升式機動水雷，甚至有部分沉底雷的雷體本身就是1枚魚雷，可藉自身導引的方式來追擊企圖閃躲的目標。在面對中共的潛艦封鎖與水雷封鎖時，我方也可能至對方港口執行攻勢佈雷以為報復；然以反封鎖的角度來看，我方可能以防禦性佈雷的方式來反制中共封鎖，也就是在重要港口、航道週遭特定海域佈下雷區，攻擊前來封鎖與佈雷的共軍潛艦。我國中科院已於日前完成萬象三型(WSM-3)火箭推送上升式機動水雷，將對靠近我方港口、航道的中共潛艦造成相當的威脅。

⑧目前世界上有：1899年和1907年制定的《海牙公約》、1925年6月制定的《日內瓦議定書》、1950年10月生效的《日內瓦公約》、1945年生效的《聯合國憲章》等4個公認的戰爭法。至於有關海上封鎖的國際法淵源，主要由兩部分組成：一是國際公約，例如1856年《巴黎會議關於海上若干原則的宣言》(以下簡稱《巴黎宣言》)；二是國際慣例，1909年《倫敦宣言》對以往海上封鎖的國際慣例進行了有系統的匯整，然而《倫敦宣言》並沒有被各國批准為國際公約，但卻作為國際慣例而被各國所認可。此外，1994年7月國際人道主義法學會組織幾十名國際法學者制訂有《適用於海上武裝衝突的國際法》(又稱《聖雷莫海戰法手冊》)，該手冊既非國際公約，也不是國際慣例，而是學者對相關國際法的編纂，為各國欲行海上封鎖可以參照的重要文獻。程長明、肖鳳城，「海上封鎖的國際法問題」，中國人民解放軍軍事科學院網站，http://www.ams.ac.cn/。

⑨雷崧生，國際法原理(下)，正中書局出版，台北，民國76年12月出版第13次印行，頁239。

⑩同註8；同註9，頁241-245。

⑪同註8。

⑫I. A. Shearer, Starke's International Law；陳錦華 譯，國際法，五南圖書出版公司出版，台北，民國88年3月，頁680-682。

⑬同註12，頁674。

⑭同註9，頁76。

⑮翟建榮，「論國際法對海上封鎖戰役的影響」，中國人民解放軍軍事科學院網站，http://www.ams.ac.cn/。

⑯同註8。

⑰Gerhard von Glahn, 「Law Among Nations」,6th revised ed. New York,(1992), p.824．刊載於陳宗吉，「潛艦作戰的國際法演進與未來」，海軍學術月刊第35卷第3期，民國90年3月；國防部網站，http://www.mnd.gov.tw/。

⑱同註9，頁157-158。

⑲同註15。

⑳目前各國有許多軍艦裝有與商船相同的導航雷達(物美價廉，在某些狀況下又可隱蔽自己的軍艦身份)，在某些狀況中若其不開啓軍規雷達、甚至關閉其所有雷達；若封鎖國艦艇無其他識別手段(如艦載直升機)，則艦上的電偵系統也就難以分析、判別出該艦爲一艘敵方艦艇。

㉑同註9，頁69。

㉒同註8。

㉓同註15。

㉔同註5，頁195。

㉕如美製Mk60型水雷，係以射程8公里的Mk46 mod4型魚雷爲彈頭；當水雷上的感測系統在偵獲遠距外的目標後，即可射出Mk46型魚雷加以攻擊；其對目標(特別是潛艦)的威脅範圍與攻擊精確度，較傳統水雷大爲增加。爲我國在繼萬象三型火箭推送上升式機動水雷後，所應持續研發的水雷類型。

我國未來海軍戰略之構思

王曾惠

壹、前　言

「存在艦隊」（Fleet in being）是海軍戰略思想之一，也是海軍運用的一種方式，原則上它是劣勢海軍的守勢作為。自公元前415年雅典遠征敘拉古（Syracuse）①至第二次世界大戰都曾經出現。一般都以公元1690年英國托靈頓爵士（Lord Torrington）對抗法國入侵的行動詮釋「存在艦隊」，乃因後來英國海權大師柯白（Julian Corbett, 1854~1922）以此爲例，將其寫入『海洋戰略的一些原則』（Some Principles of Maritime Strategy）中，使其得以發揚②。事實上最佳的範例是公元1672年至1674年期間，第三次英、荷戰爭時荷蘭海軍的作戰。由歷史得知，「存在」是「存在艦隊」的基本要件，艦隊能夠「存在」才能去談如何發揮戰力。以此視今，有那些國家海軍，在面對優勢的海、空兵力時能夠生存？尤其在比較台海兩岸軍事及雙邊戰略環境後，「存在艦隊」是否還有實質的意義？再之，戰力的「保存」與「發揮」應是國軍今後最根本的課題。而以當前被動的戰略思考下，戰力是否能夠「存在」？或是改變目前的戰略概念使戰力得以發揮，應值吾人深思。

貳、「存在艦隊」歷史的回顧

一、公元前415年伯羅奔尼撒戰爭（Peloponnesian War, BC431~BC404）的第十七年，雅典以優勢的海、陸兵力遠征敘拉古，敘拉古聯軍以部分兵力駐守他林敦（Tarentum）③，逼使雅典艦隊橫渡愛奧尼亞海（Ionian Sea）而增加風險④。另一方面其本土的防衛除在大港地區築城，以保護城市及周邊的海岸外，並將海軍船隻拖上岸，於重要的沿岸海域暗藏木樁以防止雅典海軍的進攻⑤。且利用雅典運補及其他任務，兵力分散之際伺機出海攻擊，造成雅典諸多的困擾，終在公元前413年將雅典的海軍擊潰，導致其遠征軍全軍覆沒。

二、公元1672年至1674年第三次英、荷戰爭中，荷蘭海軍將領魯特（Michiel De Ruyter, 1607~1676年）⑥，除梭兒灣海戰（Battle of Sole Bay, 1672年6月7日）外，均以荷蘭險要的海岸與淺灘作了戰略性的運用。雖然魯特被迫在極不利的情況下作戰，但並未將其淺灘作爲避難所，而以此爲作戰基地，實施攻擊防禦；當時機不利時則以此爲掩護⑦，有利時則主動攻擊而贏得德克塞（Texel）等前後三次重要的海戰勝利⑧，阻止了英法聯軍多次兩棲進犯的企圖。直至戰爭結束，英法聯軍未能踏上荷蘭海岸一步。

三、公元1688年至1679年威廉王戰爭（The War of King William）前期，英荷聯軍面對優勢的法國海軍，1690年6月11日英王威廉三世（William III）又親征愛爾蘭，更削弱了海峽的兵力。當時法國已在海峽集中一支極具優勢之部隊，法國的作戰構想如下：

㈠主力進入泰晤士河以支援在倫敦詹姆士國王（James II）擁護者的政變。

㈡一部將陸軍於托貝（Torbay）登陸後，轉用於愛爾蘭海域，阻止威廉的部隊返英。

6月23日英海峽指揮官托靈頓（Lord Torrington）以55艘戰艦與法國88艘⑨相峙於威特島（Wight I.）兩側。

鑒於兵力懸殊，托靈頓的計畫如下：

㈠儘量避免與敵接戰。

㈡設法向西與征愛爾蘭或其他的部隊會合。

㈢若狀況不利或被迫向東，則退至弗利脫沙洲後固守；因法國人不知該區水文，難以進行攻擊，反之英國艦隊對該沙洲狀況瞭如指掌可隨時出擊，致使法軍陷於被動的地位。

6月29日他上書國務大臣說明他的企圖：「…因為只要我方艦隊能夠密切監視，則法國人將難以分身侵犯各處陸地或其他船艦，否則彼等將冒甚大之危險；反之如果我方主力被擊潰，則其他各單位亦將不能倖免…⑩」但國務大臣不同意他的見解並轉王后諭令其出擊，托靈頓仍認為他必須顧及戰略上的現況，即實力雖遠遜於法軍，但只要艦隊存在，法國人就不能有其他的作為。若依王后之命出擊，在面對數量眾多，而單艦戰力亦遜於敵人⑪，毫無獲勝的希望，理應謹慎行事避免自取滅亡。他說：「…若本人以另外一種方式迎戰，則我方艦隊將完全喪失，如此將使我們遭到全面的入侵。而此時國王與大部分主力都不在國內之際，我們將陷入何種的局面？亦因如此，使得大部分人都害怕法國人入侵；但本人卻一向持另一種觀點，因為本人一再聲言，只要我們艦隊存在，敵人就不敢有所圖謀…⑫」托靈頓的這種堅持終於消弭了當時法軍欲控制海峽及入侵的威脅。

四、1894年甲午戰爭及1904年日俄戰爭中，可以看出中、俄方面均有運用「存在艦隊」的企圖，但因觀念及作為上的誤導未能成功。1894年豐島海戰後，北洋艦隊退守大同江至渤海海域，將制海權拱手讓人，是年7月8日，李鴻章令丁汝昌：「兵赴大同江遇敵船勢將接仗，無論勝負，不必再往鴨綠江口，恐日本大船隊進入北洋，妥慎防止⑬。」7月9日，日艦出現於旅威口外，清廷大驚。7月13日，李鴻章再電飭丁汝昌：「威防綏鞏，護軍各添一營，兵力已不甚單，除守砲臺外，分顧就近陸路漢口游擊，當能應付，且此後海軍大隊必不能遠出，有警則兵船應全出口迎剿彼運兵船隻，豈能肆志橫行⑭。」7月29日，清廷擬彈劾丁汝昌，李特此上疏〈奏海軍統將摺〉稱：「現在密籌彼等情勢，海軍戰守得失，不得不保船制敵之方」。「海上交戰，能否趨避，應以船行之盡速爲準」，而中國「快船不敵」日本，「儻與馳逐大洋，勝負實未可知，萬一挫失，及趕設法添購，亦不濟急。惟不必定與拼擊，但令游戈渤海内外，作猛虎在山之勢，倭尚畏我鐵艦，不敢輕與爭鋒。不特北洋門户恃以無虞，且威海、仁川一水相望，令彼時有防我軍渡襲擊其陸兵後路之虞，則倭船不敢全離仁川來犯中國各口...，伏讀迭次電旨，令海軍嚴防旅順、威海，勿令闖入一步，又令在威海、大連、煙臺、旅順各處梭巡扼守，不得遠離...，等因。聖明指示，洞燭機宜，至今恪遵辦理⑮。」由上述電文及奏摺李鴻章有保船制敵的概念，但避戰爲先保船爲後，毫無主動的意圖，終於一敗塗地，目前有關甲午戰爭之論述甚多，在此不再贅言。至於後者，以其陸上作戰的觀念，將海軍用於保護基地，成爲「要塞艦隊」而非「存在艦隊」，喪失海軍動機與攻擊性，置艦隊於港口作以待斃，它的毀滅是必然的結果。

五、一次大戰時，德國海軍的實力僅次於英國爲世界第二位，雖在日德蘭海戰（Battle of Jutland）得到戰術上之勝利但受制於錯誤的政策「風險理論」⑯，終戰爭全程均困於北海而無所作爲，1919年6月整個艦隊自沉於蘇格蘭奧克尼（Orkney）群島的泊地，悲乎！至於第二次大戰德國海軍水面艦隊受限於實力且被英倫海峽分割，並無大的作爲，但值得一提的是1942年前半年德國海軍行動精彩，不但證明海、空聯合作戰的效果，也彰顯「存在艦隊」概念的價值。1942年2月12日德國水面艦隊在空軍的掩護之下，由法國布勒斯特港（Brest）衝過英倫海峽返回本土⑰，再轉駐於挪威北方峽江，即以「存在艦隊」的姿態給予英國北航線⑱嚴重的威脅。1942年，7月2日由英國駛俄國莫曼斯克（Murmansk）的PQ17船團；共有34艘商船及3艘救難船由13艘護航艦直接護航，7月4日接獲情報德北海支隊（駐挪威的水面艦隊）已出海欲對船團攻擊，在此重型水面艦的威脅下PQ17船團解散編隊以分散目標⑲，北海支隊雖未能尋獲PQ17無功而返，但卻反而有利於德國空軍與潛艦的聯合攻擊，導致23艘商船與一艘救難船沉沒，德國損失五架飛機⑳，但這也是德國水面艦隊最後一次成功的運用。其後英國即以長程轟炸機及小型潛艦將其摧毀，從而解除了北航線的威脅。

在太平洋戰爭中，幾乎所有重大的戰鬥，均以航母的空中打擊爲主，使得堅強如珍珠港、土魯克（Truk）、拉布爾（Rabaul）等基地均無法保障其艦隊的安全，換言之，航母兵力的發展是「存在艦隊」的終結。

參、「存在艦隊」，存在否？

由史觀之，存在是「存在艦隊」的首要條件，安全的基地爲其依托。19世紀中葉前，操帆與排槳時代，經營良好的海軍基地，難以於短期內攻陷，因而提供艦隊一個安全的庇護所，當然也有例外，如布萊克（Robert Blake）突破波多法林那港（Porto Farine）㉑。然而進入二十世紀後因科技與空中武力的發展，任何的海軍基地在面對優勢的海、空兵力下，都無法保障其艦隊的存在；珍珠港、土魯克（Truk），甚至有時只以水面兵力也可以得到相同的效果，1940年7月3日，英國擊滅阿爾及利亞阿蘭（Oran）港內的法國艦隊是鮮活的實例㉒。當然「存在艦隊」除了「存在」外，也要有攻擊的精神，以港口爲基地伺機出擊，牽制敵人，使其無法執行預想的企圖，換句話說是敵人有所企圖，而我施予牽制，如同第三次英荷戰爭魯特的作爲，讓英法聯軍在未能擊潰荷艦隊前不敢實施兩棲進犯，同樣的情形也出現在公元1690年托靈頓的計畫，使法國有所顧忌而不敢入侵。至於甲午戰爭與日俄戰爭，中、俄的失敗，重要的原因之一，是海軍失去攻擊與機動的精神陷入純防禦作戰，而被日軍甕中捉鱉。

歸納上述「存在艦隊」運用的歷史，可以得到它的一些條件：

一、劣勢海軍境內作戰。

二、艦隊必須能夠存在，爲其首要條件。

三、敵人有所企圖，可加以威脅或牽制。

四、敵人被某些因素所拘束或牽制，如在西西里作戰的雅典海軍。

五、艦隊不受任何因素所拘束或牽制。

六、艦隊必須具備機動性。

七、艦隊必須有寓攻於守的攻擊精神。

以此視今有那些國家的海軍在面對優勢的海、空軍時能夠保有這些條件？答案是沒有；那麼「存在艦隊」是否還有它實質的意義？已無須作進一步的討論。

我們再以此檢視兩岸之間的現況，我們海軍能否以「存在艦隊」的姿態出現。

一、我們是劣勢的海軍在境內作戰。

二、能否「存在」？在中共的首擊之下，在過去可能有存活的機率，但現在及可預見的未來機率極小。

三、中共不先實施兩棲進犯，則我對其即無所牽制。

四、對中共海軍而言，對台動武時，中共本身受到的牽制或拘束其行動之因素不大。

五、我方艦隊必須保持對外之交通線而有所牽制。

六、機動與攻擊精神，得視艦隊能否「存在」而定，不然只是空談。

如此看來「存在艦隊」對我們的海軍而言也是否定的，但我們必須要有攻擊與機動之精神，那也是海軍作戰基本的精神。

肆、國軍未來戰略思想

綜上所論，衡量我們空軍與陸上部隊，前者可以得到近似的結果，後者當可保存相當的實力，但敵人只圍不攻；則陸上戰力如何發揮？

戰力的保存與發揮，一直是國軍在戰略上最根本的問題，尤以台灣海島的性質，海、空軍持續戰力的保存與發揮更是勝負的關鍵，因之海軍的東遷，空軍經營花東基地及陸軍地下化等，目的即在於此。這類的措施在十年前有其一定的效果，但在波斯灣戰後，中共痛下決心，修正其人民戰爭思想，走向快速高科技局部戰爭的形式，進而產生「首戰即決戰」㉓的概念，將鄧小平所謂八十小時解決台灣問題的說法具體化。對台灣而言「首戰即決戰」意味著，中共已認清台灣的戰略處境，作出最有效的戰略；即以信息戰等多重手段作先制的攻擊，在短期內不惜犧牲持續的打擊，擊潰國軍的海、空軍。時程可能只是一天，這一天對雙方而言都將是最長的一日。海、空軍的毀滅對一個海島整體防禦而言，軍事力量的瓦解只是早晚的問題而已。以現在國軍「防衛固守、有效嚇阻」的純防衛思想㉔，是等敵人先動手再反擊，更增加了上述情況的可能性，若在未來中共的裝備與思想更上層樓後，我們連戰力保存可能都成問題，那還能談戰力發揮與反擊？

若希望戰力能夠發揮，就涉及到兵力如何用及何時用，也就是說要在戰力完整時使用，那只有改變我們的戰略思想，由純防禦轉爲攻擊防禦，在敵人未動手前，在條件成熟時，執行先制打擊，以求得爾後海、空戰力的平衡，甚至轉爲優勢，如此才能發揮戰力達到「戰略持久，戰術速決」的目標，同時也可使部分現行的防衛計畫有機會實施。

再之攻擊防禦的思想與作爲，可以給予中共一個戰略與心理上的牽制與拘束，簡單的說，中共必須在防衛上投入資源，而防衛的投資遠大於攻擊，也可造成中共諸多的困擾，增高具戰略中不確定性因素，而增加我們戰略的彈性，更符合海島境外作戰的原則。

至於如何執行攻擊防禦，略述於下：

一、資訊作戰爲先。

二、空軍在其作戰航程內，對選定的敵境目標實施徹底的打擊。

三、陸軍攻擊直升機及防空飛彈部隊前進部署，在其作戰半徑內，威脅敵之城鎮、軍事目標與空中武力。

四、海軍則以潛艦與攻擊佈雷爲手段進行攻擊。

這些行動須在平時演訓中顯示，讓中共瞭解我可能的作爲，以達到威懾的效果，而降低戰爭發生的機率。

先制作戰防禦的概念，許多先進早已想到，但我們自問能如此作嗎？就現況而言我們無法實施，乃因受制於兩岸政策上的主動，而造成戰略上的被動與缺乏彈性。在國際的現實上我們有時被視爲挑釁者及麻煩製造者，若再先制作戰，如何能得到國內外之支持，當我們被視爲一個戰爭製造者時，臺灣的後果堪慮。只有在政策上取守勢，以取得戰略上之主動與彈性，因若我願在一個中國各自表述的情況下進行談判，而中共一再壓迫時，我可利用這情勢團結國內，進而取得國際的諒解，在各種條件成熟後，才有可能進行先制作戰，而減少其所引發的後果。總之政策與戰略上的不協調是國軍戰略缺乏彈性主要的原因。在可見的未來也惟有攻勢防禦的思想，才能使我們新一代兵力有所發揮，能不深思！

伍、結　論

「存在艦隊」的思想與運用，在海軍史上有一定地位與價值，然由於現代科技與裝備的發展，「存在艦隊」思想已無實質意義，因它無法存在，在兩岸之間臺灣受戰略環境的限制更不可行，但我們應保有它攻擊與機動的精神，因那是海軍作戰的基礎。

以「存在艦隊」的條件，檢視國軍的空軍與陸軍也可得到相似的結果，前者難以保存，後者受限於海島的性質，戰力無從發揮，而戰力的保存與發揮是國軍最重要的問題，以現今國軍純防禦被動的戰略，在中共高科技「首戰即決戰」的概念下，海、空軍存活率不高如何讓戰力發揮，惟有改變我們的戰略從「防衛固守，有效嚇阻」轉爲「攻勢防禦，境外殲敵」的先制思想才能使新一代兵力發揮戰力，然政策上之主動會導致戰略上之被動與缺乏彈性，這種被動的戰略並不能支持主動的政策。因此政策與戰略上的結合，才能使戰略主動，而增加中共的牽制與困擾，增加我威懾的效果，減少戰爭發生的機率，否則「人有狼牙棒，我有天靈蓋」，其結果可想而知。

註：①敘拉古（Syracuse）現名（Siracusa）位於西西里島之西南方，在希臘時代時爲西西里島上最強大的城邦。

②『海洋戰略的一些原則』（Some Principles of Maritime Strategy）出版於1911年，海軍學術月刊社於民國八十年出版中譯本書名爲《海權經典學說》，書中第五章第一節爲「存在艦隊」之專論。

③他林敦（Tarentum）今名大蘭多（Taranto）。

④槳船時代，不論三槳或兩槳艦，一般均白天沿岸航行，夜間靠岸休息，由希臘半島到西西里在當時是由科孚島（Corfu現名Kerkira）向西通過大蘭多（Taranto）海峽後沿岸南下至西西里，若敘拉古聯軍固守他林敦，則雅典必須直接經過愛奧尼亞海，最短的航程約240浬，槳船航運需兩天左右，因而增加許多不可預知的危險。

⑤敘拉古人依預定（計畫）將木樁打入水面下4~5呎，雅典人無法偵知，因此會損毀船隻；如同現今的水雷，但敘拉古人知道位置故可安全進出。

⑥魯特（Michiel De Ruyter，1607~1676），荷蘭海軍史上最負盛名的將領，年輕時曾於商船服務，1641年首次指揮15艘軍艦參加葡萄牙對抗西班牙的海軍作戰。英荷戰爭全程無役不予，第三次戰爭時荷蘭幸賴他的指揮，才免於被英法聯軍入侵。1676年4月22日在地中海奧斯塔海戰（Battle of Augusta, Sicily）率西荷艦隊與法軍作戰受傷，數日後在其旗艦恩德拉克（Eedracht）號上去世，被譽爲十七世紀最偉大的海員。

⑦荷蘭因海域及水文的關係，所建造的戰艦吃水較淺，船底也較圓，可進入淺灘區，但英國同型艦隻吃水較深，因此不能越過荷蘭近海的淺灘。

⑧王曾惠，〈海軍戰略的發展－1652~1674〉，桃園，國防雜誌，15卷6期，88年12月，頁63~64。

⑨柯倫布（Philip Colomb），《海軍作戰》，台北市，海軍學術月刊

社譯印，83年4月，頁133。

⑩同註9，頁137。

⑪當時法國的軍艦設計與載員是最好的，下表列出英、法、荷同級戰艦的比較：

艦　型	法	英	荷
90門砲	700~1200人	600~800人	
70門砲	500~700人	500~600人	400~500人
50門砲	300~500人	280~400人	200~400人

資料來源：箕作元八，西洋海軍史（日京），東京，富士山房，大正12年，頁588。

⑫同註9，頁139。

⑬李文忠公全集，電稿，卷16，頁465。

⑭同註13，頁648。

⑮同註13，頁688。

⑯王曾惠，〈從一個致命的政策「風險理論」看當前國軍戰略思想〉，左營，海軍官校，國際海洋年，海洋，海軍，科技研討會論文集，民國87年10月。

⑰由布勒斯特港衝過海峽的行動，德空軍謂"Operation Thunderbolt"，德海軍則稱"Operation Cyberus"。

⑱北航線是指由英國至俄國莫曼斯克（Murmansk）的航線，除天候惡劣外，更受到德國駐挪威海、空軍的嚴重威脅。由英國駛俄國船團代號PQ，返英的船團代號QP，PQ17即第17次由英駛俄船團的代號。

⑲第二次世界大戰時護航船團在遭遇到空中或潛艦威脅時，一般集中編隊以增加護航的效率。若遭遇重型水面艦攻擊，則解散編隊以免遭一網打盡。

⑳Hulmet Pemsel, A History of War at Sea, Annapolis, U.S. Naval Institute, 1977, pp.117。

㉑布萊克（Robert Blake, 1599~1657），英國海軍史上聲譽排名僅次於納爾遜的將領，原為商人與學者，內戰爆發時為圓顱黨的旗兵上校，護國主掌權時轉為海軍年已五十，對英國海軍改革貢獻極大。第一次英荷海戰（1652~1674）時無役不從，1655年

4月9日突破位於突尼斯以北波多法林港（Porto Farine）及1657年4月20日襲擊位於西屬加那利群島的聖塔克魯茲（Santa Cruz）港，均以艦隊攻入敵港並全身而退，是海軍史上少有的例子。他的戰略、戰術可能不及當時其他的將領，但決心及勇氣無以倫比。1657年8月17日在返回英國途中，在距普利茅斯港（Plymouth）兩小時航程外去世。

㉒請參閱宋鄂，〈第二次大戰海戰檢討〉，台北市，國防部，民國46年11月，卷上，頁65~67。

㉓趙栓龍，〈首戰即決戰－新時期軍事鬥爭準備〉，《解放軍報》，1998年8月18日，第六版。

㉔同註16。

Taiwan's Capability to Defend Itself or Deter China

Andrew Nien-Dzu Yang
Lecturer, National Sun Yat-sen University, Kaohsiung, Taiwan, ROC
Secretary General, Chinese Council of Advanced Policy Studies, Taipei, Taiwan, ROC

War Assumption

All wars begin with operational plans. Behind all operational plans are war objectives. Normally, the simpler the war objective, the greater the likelihood of success. The People's Republic of China (PRC) has quite complex tasks surrounding a single war objective. This is due partly to the complexity of the mission and partly to the high degree of internal and external uncertainty the People's Liberation Army (PLA) has faced. Clausewitz teaches that the best war plans are the ones with the simplest goals: In situations where there are complex goals, the best plans are those which can identify a single center of gravity, where success can be leveraged to achieve more complex war objectives without the diffusion of forces and effort. The more war objectives you have, the more difficult they are to achieve and the more likely they are to be contradictory and self-defeating. Therefore, the main goal is always to reduce the number of war objectives to only the essential. Once this is achieved, a single enabling point-a center of gravity-must be identified, if won or destroyed, will yield all other benefits.

The problem with PRC war objectives in Taiwan is that they are simple in perception but complex in implementation. Distinct tasks can be identified already:

1.Eliminate Taiwan independence forces and upholding the territorial integrity of China.

2.Replace Taiwanese authority with one compatible with PRC interests.

3.Eliminate Taiwanese defense capabilities and cut off its defense links with the United States.

4.Restore order by coercing the population to accept the imposed political arrangements.

5.Minimize PRC's war casualties

Aims 1, 2, 4 and 5 stand in tremendous tension with one another. Replacing a democratic-elected Taiwanese government could trigger mass uprising, unless the PRC directly commits massive forces and put down popular resistance quickly. That risks rising casualties and intense international intervention. But without ensuring territorial integrity, other aims will be imperiled. This is the war-planning problem the PRC must solve.

The complexity of PRC's war tasks contrast dramatically

with Taiwanese single objective: survival of independence. For authority declaring outright independence, the mere survival of his regime will constitute a victory. For the PRC, simply destroying independence regime does not guarantee success.

For PRC to achieve all its military tasks, it needs to exert sufficient destructive power to the Taiwanese armed forces and command/control systems to demoralize the military and political will of the population.

Therefore, the PRC's strategy must have two key elements: The first is the rapid isolation and destruction of Taiwanese national authority. The second is the rapid generation of a credible replacement.

If the first objective is achieved without the second, then territorial integrity cannot be guaranteed. Any outcome in which regime destruction is not rapidly effected endangers the PRC war mission, as does any outcome in which regime destruction does not set the stage for rapid achievement of the other goals.

Therefore, PRC aims must be built on the confidence that the Taiwanese national command authority can be rapidly eliminated, that an able command authority can replace it and that the Taiwanese armed forces will not resist effectively.

For its part, Taiwanese war plans must be built on two pillars: First, Taiwan must assure that the government can survive the initial assault. Second, as a deterrent, it must create conditions that reduce the likelihood that any of the other PRC objectives can be achieved if Beijing does destroy the command authority.

All war plans are built on a core foundation: the perception of one's own capability and those of the enemy. In this case, it is vital to understand that both combatants will approach the war with fairly high estimates of their own capabilities.

In PRC's perception, future war against Taiwan independence must be conducted by a quick attack with massive air strikes, Special Forces operations, and naval blockade to be able to impose its will in extremely short time frames and with minimal costs. PRC has gained lessons of U.S. war campaigns in Kuwait, Bosnia, Kosovo, and Afghanistan, and believes by developing and the use of advanced technology, combined with small numbers of special operations troops supported by amphibious landing forces to hold ground, and follow by effective blockade will impose satisfactory solutions.

Whereas on the Taiwan side, it knows that the PRC's attack will open with devastating air attacks, but they are confident that they can survive those attacks and that the PRC will decline a high-intensity conflict on the ground. From Taiwanese point of view, without air superiority and successful sea control, PLA can not launch amphibious landing operations and fight a ground war on Taiwan.

Therefore, the Taiwanese view is that if they can survive the initial attack, the advantage will shift to them.

The same events cause the PRC and Taiwan to come to

completely different conclusions. What is for the PRC a model of effective military operations is from the Taiwanese perspective a high risk to bear the costs of follow-on operations. Obviously, these are some of the reasons why wars occur: If PRC didn't think it could take Taiwan, it wouldn't try. If Taiwan didn't think it could survive an attack, it would be looking for an exit strategy.

This paper attempts to look into war plan scenarios of both attacker and counter attacker. The analysis is based on three basic strategic options that could stand alone or be melded into a combined strategy:

1. War scenario A: a sudden, over whelming attack on the critical strategic and military targets using air power and Special Forces designed to force a rapid conclusion to the war.
2. War scenario B: an effective naval blockade on major ports, follow by an extended air campaign designed to cripple Taiwan economically and militarily.
3. War scenario C: an amphibious landing to facilitate a multi-divisional armored and mechanized attack on political center[1].

[1] According to ROC Ministry of National Defense, the assumed PLA military threat towards Taiwan including:

a. Paramilitary intimidation-including large scale exercises close to Taiwan, enhancing psychological harassment, missile exercises near Taiwan, and creating maximum economic and social disturbance etc.

b. Limited military action to force a political settlement-including air, sea

Finally, as each side thinks it can win, this paper also tries to assess core operational problems that cut directly to the heart of their war-making systems.

War Scenarios

Despite the fact that there were no real military conflict in the Taiwan Strait since 1958, the possibility of PRC launching a military invasion or attack over Taiwan has never been downplayed. Taiwanese threat perception could be realized by PRC's historical, political, and strategic perspectives on the reservation of military option against Taiwan.

Historically Communist regime in Beijing considers Taiwan a renegade province of China, separated from and out of mainland government control only because of civil war.

Ever since the Communist controlling mainland China, Beijing government has adopted two-prone policy, namely peaceful and by military force, to unify Taiwan eventually. Unification (or reunification) with Taiwan is considered a primary

---

blockade, missile attack on strategic targets, and attack/occupying offshore islands.

c.All out invasion under high-tech conditions-including air attacks, blockade Taiwan, and amphibious landing operations

These are standard war game scenarios practiced by the ROC armed forces. "Assessment of Models of PRC's Invasion on Taiwan", a report given by Minister of National Defense Tang Fe, at National Defense Committee, Legislative Yuan, *Legislative Gazette*, Vol. 88, No. 55-2, December 15, 1999. Pp. 387-396.

historical task and responsibility of successive communist leaderships.

Even though the ROC government has formally renounced "the Period of Mobile in Anti-Communist Rebellion" which ended the civil war with Beijing and recognized PRC's legitimacy over the mainland, Beijing still sees Taiwan a renegade province and refuses equal footing in negotiating a peaceful settlement of political disputes.

Politically both sides did try to search for a common ground over "one China" to enhance mutual trust and facilitating increasing interaction so as to serve mutual economic benefit and preserve peace and stability in the Taiwan Strait. However the trust-building effort has been suspended or abandoned by Beijing as it perceived the political and diplomatic efforts by ROC leaderships in 1995-2002 to proceed with agenda of outright independence. Increase military coercion over Taiwanese political orientation has become Beijing's high priority for Taiwan.

Strategically Beijing sees Taiwan and Taiwan Strait sea lane of communication (SLOC) as vital interests to China's economic development and national security. Strategic planners made attempts to enhance military projection to prevent U.S. and Japanese intervention into the Taiwan Strait. Should Taiwan permanently separate from China and become an independent sovereignty state, it will immediately open the door for U.S. and Japanese military presence in the Taiwan Strait, hence directly compromising China's national vital interests.

Given these three major concerns, constant military pressures over Taiwan seem to be unavoidable. Furthermore, Beijing will be tempted to use force against Taiwan, as seem in 1995-96 missile exercises and 1999 intimidation, should Taiwan push the envelope and declare outright independence.

The kind of military threat, as perceived by ROC armed forces, that Beijing will exert on Taiwan is guided by its effort to establish capabilities for winning a local war under hi-tech conditions. Under this military strategic principle, the PLA is focusing on the enhancement of "preemptive strike" and "quick strike" capabilities, with emphasis on the tactics, combat skills, and technology in achieving air superiority and sea control in the Taiwan Strait.

War Scenario A: Air Attack[2]

---

[2] The assumed air attack scenario is based on advanced technology and weapon systems developed by China and acquired from Russia and other countries, reported PLA learning US air war campaign in Kosovo and Gulf war, and new air war tactics developed by the PLAAF. According to the intelligence department of the ROC's Ministry of National Defense (MND), the PLA Air Force conducted exercises based on the order of battle for the first time in July 2002, as well as a combined group attack exercise. The order of battle exercise involved an attack aircraft group (AG) and a support air craft group (SG). The AG, composed of mainstay fighters, attacked the enemy at intervals of 180-300 seconds in cooperation with the SG. The SG, a composite group made up of reconnaissance, suppression of air defense, electronic gamming, and AWACS units, carried out its missions at intervals of 120 seconds. According to an intelligence officer of the ROC MND, the

To lunch a sudden, overwhelming air strike over Taiwan, the PLA Air Force (PLAAF) needs to achieve capabilities of conducting precision bombing over Taiwanese critical military and strategic targets such as command, control and communication centers, radar and early warning stations, air force bases, air defense systems, key railway/road spots, critical power supply systems, and oil and ordnance depots to disrupt Taiwanese command and control system early in the campaign that Taiwanese leadership or his/her successor will be incapable of any coherent resistance.

To this purpose PRC in recent past has put impressive defense resources in either self-developing or acquiring from abroad (mainly from Russia) the advanced technology and weapon systems such as Su-27, Su-30 MMK, FB-7A, J-10 fighter bombers, cruise missile technology, laser-guided and satellite-guided munitions technology, and military space technology (See table I-A & I-B). However, the enhancement of advanced air strike capability is still in its early stage and insufficient to accomplish PRC's war objective in the near future future. But with the sense of urgency and strong determination, Beijing could speed up

---

PLA has completed precise location surveys of the five military air fields and four air-defense missile bases in Taiwan's western coastal areas and had fed precise positioning data for these military facilities into its fighter-borne computers. See ET Today.com, September, 14 2002, http://www.ettoday.com/2002/09/14/303-135/331.htm

modernization of its air power. Currently PRC has deployed approximately four hundred DF-15 and DF-11 Short Range Ballistic Missiles (SRBMs) in coastal provinces facing Taiwan. The number of SRBMs could be largely increased in short time frame, yet its effectiveness against critical military and strategic assets is questionable (See table II). Experiences learned in the Gulf War (1991-92) proved Iraqi Scud SRBMs could not effectively destroy military and strategic targets other than demoralizing the population. More accurate Chinese SRBMS may cause damages in some larger targets such as air force bases, but they by no means can disrupt Taiwanese Command and Control system. Therefore, if PRC is anxious to win an air campaign against Taiwan, they have to work very hard to achieve air power similar to U.S. air war in recent years.

Taiwanese Counterattack: Stay Low and Hide Deep

Taiwanese main task is to avoid command and control system being disabled by PRC's air strikes. In doing so, ROC armed forces countermeasures to air strikes are based on two pillars: first, strengthen the protection of critical command, control and communication centers, and second, to modernize and improve its air defense system.

Table I-A. PRC's Acquired Main Weapon Systems/Platforms 1990-2001

Type/Weapon S./Platform	Purpose	Source	Quantity	Time/ Imported	Remarks
SU-27SK SU-27UBK	Air Superiority	Russia	26 24 55	1992 1996 1997	License production of 200 SU-27MK (J-11) started in late 1998, 27 units delivered to PLAAF
		Russia	12 16	2000/12 2001	6 SU-27UBK were delivered in 1992-1996
SU-30MMK	Air superiority Air-surface Air-ground attack	Russia	50	2000-2001/ 12	Equipped with NOOIVE radar firing AA-12 missiles with two targets lack on also freeing KH-29/31/41/59 ASMS with air refueling capability
PL-8 (Python 3)	SRAAM	Israel	Unknown	1990	Technology transfer and in mare production
AA-10 (R-27 T/R) Alamo	MRAAM (Semi active)	Russia	144	1992	Technology transfer and in mass production
AA-11(R-73) Adder	SRAAM	Russia	576	1992	Including T/R/ET/ER/AE/EM 6 types, and already equipped by J-8IIM
AA-12 (R-77) Adder	MRAAM (radar guided)	Russia	100	2000	Similar to US AIM-120 AMRAAM
KH-29 LITE	TV/LASER Guided ASM	Russia	Unknown	2000	Similar to US AGM-65 and French AS-30

Table I-A. continue

Type/Weapon S./Platform	Purpose	Source	Quantity	Time/ Imported	Remarks
KH-31141A/P A: anti-ship P: anti-radiation	ASM ARM	Russia	Unknown	1996	KH-31 (AS-17 krypton) KH-41 (3M80E Moskit)
KH-59M (AS-18, KAZOO)	Long range TE guided ASM	Russia	Unknown	2000	Range: 200km 705lb HE warhead or 618lb cluster warhead, indigenous production and deployment in 2003
SA-15(TOR-MI)	Mobile SAM	Russia	13 20 13	1997 1999 2000	Copied and reproduced by the PLA as HQ-17
S-300PMU	SAM system	Russia	4 regiment	1993	Similar to US Patriot PAC-1

S-300PMU-1	SAM system	Russia	unknown	1996	Similar to US Patriot PAC-2 with potential anti cruise missile and ATBM capabilities
Sovremmenny Destroyer (956A)	Sea control /anti carrier	Russia	2 2	2000/2001 2004/2005	Equipped with SS-N-22 Supersonic SSMS
Kilo sub (Type 877& 636)	Under sea or sub. Hunting	Russia	2 2 2	1995 1998 TBD	With AIP capability, can launch SA-N-8 SAM
SS-N-22 Sunburn SSM	Supersonic anti-ship	Russia	96	2000	Already acquired extended range (160km) type 3M80E
SA-N-7	Medium range SAM (ship)	Russia		2001	Equipped by two Sovremmennys
Crotale	Ship SAM	Russia	1	1990	Copied by the PLAN and equipped by Luda, Luhu class frigates, destroyers reproduced as FM-80M SAM
IL-76	Long range Transporter	Russia	10 12	1993 2000	For airborne corps
AS-532 Puma	Helicopter transporter	Russia	6	1985	
BMP-3	Airborne Operation	Russia	70 200	1993 1997	
T-72 MI MBT	Ground combat	Russia		1993	
Sarin (nerve gas)	Chemical warfare	Russia		1993	
Source: CAPS PLA Database, February 2002					

Table I-B. PRC's Indigenous Advanced Weapon System Development

Type	Status	Tech. Source of Origin	Remarks
JB-3 Recon. Satellite	Operational	Self-developed	△real time, all weather image satellite △SAR △resolution: -10m △3 deployed
FF Early warming Satellite	Due to be operational	Self-developed	△launched in January 2000 at Xichan launch site △infrared high resolution △tracking theater missile and mobile targets
BD GPS Satellite	Experimenting	Self-developed	△1st BD GPS Sat. launched in Oct. 2000 (Xichan)

			△2nd BD GPS Sat. launched in Dec. 2000 (Xichan) △additional 2 BD GPS due to be lunched 2001-2002
DFH-3 Communication Satellite	Operational	Self-developed	△1st lunched in April 1974 △37 DFH-3 lunched in last 25 years △planning to lunch 30-50 communication sat.2001-2005
JL-2 SLBM	Two tests completed	Self-developed	△possible equipped with 3-5 MIRVS with range at 8000km
DF-5 ICBM	Operational	Self-developed	△range 12000km △5MT nuclear warhead
DF-31 IRBM/ICBM	Due to be operational in 2003	Self-developed	△range 8000km △possible with MIRVS △mobile launched
DF-41 ICBM	Developing	Self-developed	△range 12000km △MIRVS △mobile launched
092 Xia SSBN	Operational	Self-developed	△possible 2 in service △equipped with 12 JL-T SLBM(2MT)
093 Han SSN	Operational	Self-developed	△5 in service △can launch C-801/2 SSM
094 SSBN	Reported lunched in Jan-2001	Self-developed	△equipped with 16 JL-2 SLBM △planned to launch 4-6 094 SSBM before 2015
M-7 SAM/SRBM	Operational	Self-developed	△modified HQ-2J △range:300km
DF-11 (M-11) SRBM	Operational	Self-developed	△range:180-300km △GPS+INS terminal guidance △with decoy dispenser △solid fuel, mobile lunched, single warhead

Table I-B. continue

Type	Status	Tech. Source of Origin	Remarks
YJ-63 LACM	Testing	Israel, Russia tech. assistance	△CEP:5m(upgrade type)-15m (standard) △range:600(standard)-1300km(upgrade) △INS+GPS+TERCOM, due to be deployed in 2003
HQ-9	Operational	Self-developed	△Supersonic SSM believed incorporating

			Russian SS-N-22 technologies △Ranges 160-200km
J-10 Fighter	Testing	Israel, Russia tech. assistance	△collaboration with IAI △import AL-31FN turbofan(Russia) △prototype test May in 1998
J-8IIM Intercepto r	Operational	J-8II Upgrade	△with ZHUK-8II radar (Russia) △Compatible with AA-10 MRAAM △Fly by wire (FBW)
FC-1 Light fighter	Testing	Joint developed with Pakistan	△overhaul J-7 design △EL/M2032 radar (Israel) △multi purpose
EMP	Operational	Self-developed	△disabling C[4]ISR
Neutron Bomb	Operational	Self-developed	
WS-2 MLRS	Operational	Reverse engineering Russia system	△range: over 200km △diameter: 406mm
Source: CAPS PLA Database, February 2002			

Table II. PLA MRBM/SRBMs/LACMs in service and under development

Type	DF-21 (MRBM)	DF-15 (M9)	DF-11 (M11)	Cruise missile (YJ-63)
Length	10-7m	9.1m	7.5m	Unknown
Diameter	1.4m	1.0m	0.88m	Unknown
Weight	14,700kg	6,200kg	4000-5000kg	Unknown
Warhead	600kg, Nuk capable (single-multiple)	500kg (single), Nuk capable	800kg (single), Nuk capable	400-500kg
Guidance	INS	INS with terminal control	INS with terminal control	INS, terrain mapping, & satellite position
Propulsion	2 stage solid fuel rocket	2 stage solid fuel rocket	2 stage solid fuel rocket	2 stage solid fuel/turbofan rocket/engine
Range	1,800km-2,700km	600km	280-300km	200-2500km
CEP	500m	150-300m	300-500m	Unknown
Date of Operation	1985	1992	1993	2003-2005

Source: a. *Studies of Chinese Communism*, Vol. 30, No. 10, October 15, 1996, Pp. 90-99.
b. *Studies of Chinese Communism*, Vol. 30, No. 12, December 15, 1996, Pp. 98-101.

To the first objective, the ROC armed forces has initiated a multi-billion US dollar "Resolute Project" (Bo Sheng) to integrate command, control, and communication systems of the three forces, to enhance electro countermeasure (ECM) and electro counter measure (ECCM) capability of C^4ISR, and to consolidate infrastructure in protecting those command and control assets. The consolidation and improvement effort is not only to make those assets survive the precision air strikes, but also to enhance their capability to survive an electromagnetic strike and cyber warfare[3].

To the second objective, current air defense systems are mainly composed by ROC Air Force Chang Wang (Strengthen Met) system and Navy's Da Chen system which direct air defense missile batteries and radar stations in counterattack air strikes. Chang Wang system offers full automation and integration of C^3I in an air defense network consisting of a chain of twenty-eight radar stations distributed throughout Taiwan, the Pescadores, Pratas, Quemoy, Matsu, and Tong-Yin Island groups. It has created a rudimentary unified command and control of air defense assets in the three services and assisted by indigenous developed software programmes for automatic selection of the right weaponry, best trajectory, and best target engagement time. Naval Da Chen system is mainly to provide fleet air defense which

---

[3] See Part 2: National Security and Defense Policy, Chapter 4: *National Defense Policy and Military Strategy in National Defense Report 2002, Rep. of China*, published by Ministry of National Defense, ROC, Pp. 71-72.

lacks of linkage with Chang Wang system[4]. These two air defense systems can only direct air defense systems against fighter aircrafts rather than SRBMs and cruise missiles. Missile batteries are composed by US Hawk, indigenous developed Tien Kong I, and II. With the acquisition of three batteries of Patriot PAC2 plus in 1997, Taiwan began to possess limited missile defense capability. In order to shield off PRC SRBM attack, Taiwan is seeking Early Warning Radar (EW) from the U.S.; six batteries of Patriot PAC 3 or more advanced THAAD air defense system, and Aegis based Naval Air Defense (NAD) system. Taiwan is also seeking Link 16 data link packages to improve its air defense, which has been approved by the U.S. in July 2002[5]. Link 16 data link package will consolidate the integration of Early Warning Radar, E-2T AWACS, Chang Wang and Da Chen air defense system and the ground force missile batteries. The local Chung-Shan Institute of Science and technology (CSIST), a defense R&D unit) is also upgrading Tien Kong II missile to Tien Kong III anti-missile system. Tien Kong III has successfully test-fired in 2001-2002, and believed to be operational in near future. In addition,

---

[4] See Andrew N.D. Yang, "Taiwan's Defense Capabilities" in Greg Austin, ed. *Missile Diplomacy and Taiwan's Future: Innovations in Politics and Military Power*, published by Strategic and Defense Studies Centre, Research School of Pacific and Asian Studies, Australian National University, Canberra, 1997, Pp. 151-152.

[5] See *United Daily News*, July 12, 2002, p. 12.

Taiwanese government is also seeking satellite technology to enhance its capability in detecting preemptive strikes from the PRC. National Science Research Council has contracted French satellite builder Matra to assemble Hwa Wei (China Defense) II photo reconnaissance satellite to monitor PLA activities in mainland coastal regions. Hwa Wei II will have the capacity to relay real time images of 1-2 meter diameter to Taiwan's command and control system providing more reliable intelligence in analyzing PLA readiness for war[6]. An unconfirmed report indicated the ROC National Security Bureau (NSB) also established satellite intelligence linkages with US National Security Agency (NSA) in monitoring PLA movements[7]. Had these being realized, the ROC armed forces will have more enhanced air defense capability in the near future.

---

[6] According National Science Research Council, the Hwa Wei Satellite project is conducted by the Office of Space and Satellite Programs NSRC beginning in 1996. Basically for scientific research purposes, the Hwa Wei II Satellite is focusing on agriculture survey and earth remote sensing. However the duel use image technology can be used by military purposes. The satellite is scheduled to be launched in late 2003. See "The Report on C^4ISR Capability and Evaluation of National Military Science and Technology Policies", Technology and Information Committee, Legislative Yuan, in *Legislative Gazette*, Vol. 88, No. 28, May 29, 1999, Pp. 182-183.

[7] Taiwan *Next Magazine* (weekly) published a lengthy report on the intelligence cooperation between Taiwan NSB and US NSA through satellite linkage in November 2001. The disclosed sensitive information has never been confirmed by both agencies. See *Next Magazin*e, November 8, 2001, Pp. 36-40

However, Taiwan is still lack of effective missile defense system to be effectively intercepting PRC's SRBMs. To this gap, the Ministry of National Defense (MND) is placing the acquisition of Naval Area Defense (NAD) missile defense system based on Aegis platforms. Although such request has not been accepted by the US, US government has approved the lease of four Kid class destroyers equipped with STANDARD II air defense missiles as replacement. It is understood the Kid class destroyers equipped with STANDARD II missiles will provide more effective and sufficient air defense badly need by ROC Navy. Despite US indecision over Aegis package, the same request is still high in ROC's future procurement agenda. Without Aegis, Taiwan still lacks of effective means against China's SRBM strikes[8].

In terms of protecting its valuable advanced fighter aircrafts from PRC air strikes, the ROCAF has strengthened the protection of air force bases in the western coastal region. New hangars and tunnels which could withstand precision bombing have been constructed. In addition, two new air force bases in eastern part of Taiwan with underground harden shelters have been constructed in the early 1990s. Surrounded and protected by mountains, these air force bases could shelter at least one third of fighter aircrafts currently in service. In time of air strike, Mirage 2000-5

[8] In August 17, 2002, Premier Yiu Xi-Kung announced that ROC government will spend 700 billion NT dollars from 2006-2016 on defense acquisition; the

interceptors and F-16 multi-role fighters could be evacuated to these well-protected air bases and fighting for air superiority[9].

In order to fend off PRC's preemptive air strikes, the ROC armed forces is currently working closely with the US military to enhance ROC's joint operation command, control, communication, and intelligence system (C^4ISR). Under the "Resolute Project II", the joint operation under the existing Da Chen, Chiang Wang, and Bo Sheng integrated command and control system will be established to provide quick and direct linkage between top command authority and basic combat units to initiate rapid response to war situation[10]. This joint operation command and control system will be assisted by electronic countermeasures (ECM) and electronic counter countermeasures (ECCM) devices to enhance capability against electromagnetic attacks.

Challenges in Air Attack

The challenge to the PRC's air attack is whether it can rule the sky over Taiwan. To achieve this, the PLAAF must effectively destroy most of critical air defense assets, command

---

priority goes to Aegis platform. See *Freedom Daily*, August 18, 2002, p. 4.

9 The ROC Air Force has constructed a new Chia Shang Air Force Base in Hwalian eastern Taiwan in early 1990s. It is surrounded by high maintain and facing eastern Pacific Ocean. The geographic condition makes enemy difficult to conduct air attacks. This author made a visit to Chia Shang Base in 1998, and witnessed huge underground hangars inside the mountain.

10 See *China Times*, August 12, 2002, p. 1.

and control centers, and put most of the air force bases nonoperational. In order to do so, defense planners in Beijing must gain the element of surprise which requires successful means to compromise Taiwanese advanced early warning and surveillance systems, C^4ISR, and communication networks. In addition, it has to successfully fend off more sophisticated and advanced U.S. surveillance and intelligence gathering systems and cut off communication and intelligence linkages between U.S. and ROC armed forces. Short of these successes, the effect of air attack will be seriously in question.

To the Taiwanese, the challenge will be the preservation of its scarce and valuable air defense assets as well as sustaining its command, control, and joint operation networks in facing massive air attacks. Equally important the leadership in Taiwan has to find ways to put society in order after SRBM assault. The solidarity of the general public and keeping life as normal as possible are key to launch effective counterattacks and regain air superiority.

War Scenario B: Blockade

A naval blockade is considered as a reasonable war scenario immediately after air attack in order to facilitate PRC amphibious landing operation and airborne operation. Blockade is also meant to cut off outside assistance through sea lane of communication.

A possible RPC blockade will be conducted mainly by

submarines which could lay mines at crucial waterways near harbors such as Tsoying naval base, Kaohsiung, Keelong, and Suau. Estimated more than a dozen of PLA Navy's Kilo and Soong class diesel-electric submarines equipped with mines and missiles will carry the job.

Taiwanese Counter blockade: Anti-submarine Warfare (ASW) capability

Over the years since 1992, ROC Navy has put emphasis in enhancing anti-submarine warfare (ASW) capability to deter possible blockade. Several billion dollars worth of ASW weapon systems and platforms have been sold to Taiwan by the US. They include 28 S-70C(M) anti-submarine helicopters, eight Knox-class frigates, and four MSOs (minesweeper ocean). To further enhance ROC Navy's ASW capability, the Bush government further approved large quantity of naval systems and platforms in April 2001. They include eight diesel-electric submarines, twelve P-3C Orion ASW aircraft, four Kid-class destroyers, and eight CH-53 minesweeping helicopters. These new package of naval ASW weapon systems and platforms along with previously acquired ASW systems will greatly enhance Taiwanese ASW capability not only near waterways of harbors but also in much wider region of Taiwan Strait and neighboring waters. These newly approved ASW systems from the U.S. will form the backbone of ROC

Navy's ASW capability in next 10-20 years[11]. Although US ship makers no longer build diesel-electric submarine, the Bush government is assisting submarine builders to seek possible partners from Europe. The first US-Europe built submarine could be delivered to Taiwan before 2010.

Challenge to Blockade

To China, the blockade operation is meant to prevent naval counterattack on amphibious landing operation. Submarine alone can not achieve such effect. Blockade must be accompanied by air superiority which means not only to suppress counterattack capability but also to cut off Taiwanese badly needed war effort supply from abroad.

To the Taiwanese, the objective is in reverse. The effective solution to prevent PRC amphibious landing operation is to knock off PRC landing force while crossing the Strait, and conducting Marine counter amphibious landing to destroy PRC landing force on shore. These counter attacks can only be achieved should submarine blockade be nuturized.

War Scenario C: amphibious landing and airborne operation

The amphibious landing and airborne operation is predicated on a successful assessment of air attack and naval blockade. It

[11] *Ibid; Legislative Gazette*, Vol. 88, No. 55-2, Pp. 391-392.

assumes that Taiwanese ability to resist is severely limited or at least assumes that the worst case is possible.

Both previous war scenarios are built around a core assumption that ROC's direct command and control authority is shattered by air attacks, forces will be incapable and unwilling to engage persistent resistance. Amphibious landing operation will be conducted by hovercraft and win-in-ground (WIG) amphibious landing craft which could ferry 10000-15000 marines and special operation forces and equipment; airborne operation will be conducted by 15th Airborne Corps with newly acquired Russian made IL-76 Candid transporters dropping three regiment of airborne troops and equipment to one of air force bases in western Taiwan[12]. The initial amphibious landing and airborne operation is to secure suitable landing sites to facilitate the intake of large number of ground forces and heavy equipment rather than fighting against Taiwanese remaining resistance. Once this objective has been achieved, the ground battle of the worst case scenario will be pursued.

Taiwanese Counterattack

The counterattack capability is built on the assumption that command and control authority remains intact, ground forces is

---

[12] Mei Ling, "PLA's amphibious landing capability development", in *Studies on Chinese Communism*, Vol. 35. No. 4, April 15, 2001, Pp. 55-64.

still maintaining its formation, the mobility remains undamaged, and the morale is still high. Presuming most air defense system is compromised, and Marine Corps can not launch counter amphibious landing attack due to blockade, control command authority can still direct rapid reaction ground forces to launch counterattacks against thin PRC forces on the ground. Taiwanese ground forces has undergone streamlining and restructuring processes in the near past. A first line ground defense force has been regrouping into twenty joint operations combined brigades. Each has 5000-8000 men and officers equipped with transportation and communication gears, independent logistic support system, air defense weapon systems such as Stingers shoulder lunched missiles, artilleries, armor units, and mobile radar systems.

These joint operation combined brigades are supported by OH-58D survey helicopters, AH-1W Cobra armed helicopters, and AH-64D Apache Longbow attack helicopters equipped with TOW (tube launched optically tracked wide-guided) and Hellfire anti-tank missiles. They are formidable and effective weapon systems against thin landing forces on the ground. In addition, other joint operation combined brigade units could be quickly shipped to assist ground counterattack by CH-47 heavy-lift helicopters.

Challenge to amphibious landing and airborne operation

Amphibious landing and airborne operation are based on assumptions that Taiwanese air defense system is shattered, relief effort is isolated by blockade, and ground forces are disintegrated. If China achieves this, there will be an attempt to move into ground assault, bypassing remaining counter-force strongholds in favor of a rapid political resolution. Should those preconditions fail to be achieved, the landing force on the ground would inevitably face strong counterattacks by the ROC ground forces, and these counterattacks could impose battles of attrition to the PLA.

Likewise, quick and effective resuming command and control system, directing remaining air defense and air force assets to support ground counterattacks are key to defeat PLA landing forces and driving the enemy offshore.

General Assessment

The war scenario assumptions pursuit by this analysis has not taken into account the options of taking over offshore islands. Excluding offshore island operation analysis is due mainly to a lack of military strategic interests in conducting such operation if PRC means to achieve regime change or favorable political settlement.

Second, the analysis does not take into account the political impact as result of these attacks, particularly with regard to the likely responses from international community. In real war against Taiwan, international strong reaction towards China will be inevitable. Yet the effect of such responses or even sanctions imposed on China will difficult to calculate.

What is clear, as a result of war analysis, is cross-strait military conflict will result in great disaster for both China and Taiwan, and probably even for Asia Pacific region.

From military point of view, it is difficult for China to achieve its political objective by launching SRBMs and cruise missiles; it will also be difficult for China to compromise Taiwanese command and control authority by air strikes and naval blockade, given the fact it will be up against very strong and effective defensive capability; lastly even China can achieve a successful landing on Taiwan it will certainly face strong ground resistance in battles of attrition.

民國91年10月31日

高科技戰爭 共軍出版書籍採樣

(1991.11-2002.10)

林中斌

2002（十本）

(91)　2002.6　樓耀亮，地緣政治與中國國防戰略 (天津：天津人民出版社)

(90)　2002.5　姚有志，世紀論兵 (北京：解放軍文藝出版社)

(89)　2002.5　王文榮，蘇希勝，章沁生，范震江，戰略理論學習指南（北京：國防大學出版社）

(88)　2002.3　王玉東，現代戰爭心戰宣傳研究（北京：國防大學出版社）

(87)　2002.3　肖占中，新概念戰爭 (鄭州：中原農民出版社)

(86)　2002.1　吳春秋，論大戰略和世界戰爭史 (北京：解放軍出版社) 功

(85)　2002.1　肖功父，衡德福，陳波，夏二紅，白炳泉，新世紀・新武器叢書－波束與粒子束武器 (北京：軍事誼文出版社)

(84)　2002.1　鄭連青，劉增良，吳耀光，戰場網絡戰 (北京：軍事科學出版社)

(83)　2002.1　李際均，論戰略，(北京：解放軍出版社)

(82)　2002.1　吳如嵩，徜徉兵學長河 (北京：解放軍出版社)

2001 (十七本)

(81)　2001.12　小月，任俊，周耀明，新世紀・新武器叢書－軍事情報與偵察武器 (北京：軍事誼文出版社)

(80) 2001.10 梁必駸，軍事革命論（北京：軍事科學出版社）
(79) 2001.10 王普豐，明天的戰爭與戰法（北京：軍事科學出版社）
(78) 2001.10 王文榮，戰略學（北京：國防大學出版社）
(77) 2001.9 閔克勤，鄭長興，李國亭，新世紀・新武器叢書－電子戰與電子戰武器（北京：軍事誼文出版社）
(76) 2001.9 越冬，占中，郗希發，新世紀・新武器叢書－納米技術與納米武器（北京：軍事誼文出版社）
(75) 2001.9 王家耀，閻海，徐青，呂志平，李宏傳，王卉，新世紀・新武器叢書－軍事測繪與高技術戰場（北京：軍事誼文出版社）
(74) 2001.9 周林，楊玉修，新世紀・新武器叢書－數字化部隊與數字化戰場（北京：軍事誼文出版社）
(73) 2001.6 張天平，戰略信息戰研究（北京：國防大學出版社）
(72) 2001.7 楮良才，軍事學概論（杭州：浙江大學出版社）
(71) 2001.4 肖占中，郗希發，王力，新世紀・新武器叢書－數字化部隊與數字化戰場（北京：軍事誼文出版社）
(70) 2001.4 肖占中，劉昱旻，新世紀・新武器叢書－精確制導武器與未來戰爭（北京：軍事誼文出版社）
(69) 2001.1 任振杰，張武衛，卜慶豐，新世紀・新武器叢書－通信技術與指揮自動化（北京：軍事誼文出版社）
(68) 2001.1 肖占中，劉昱旻，新世紀・新武器叢書－智能武器與無人戰爭（北京：軍事誼文出版社）
(67) 2001.1 王力，解林冬，王軍委，小卜一，新世紀・新武器叢書－病毒武器與網絡戰爭（北京：軍事誼文出版社）
(66) 2001.1 藺督學，王琪，新概念武器與未來戰爭（北京：軍事誼文出版社）
(65) 2001.1 宋效軍，李大剛，安虎成，新世紀・新武器叢書－隱身技術與無形戰爭（北京：軍事誼文出版社）

2000 (六本)

(64)　2000.8　景慎祜，軍事演習指南 (濟南：黃河出版社)
(63)　2000.8　陳浩良，陳慶平，劉立勤，軍事科學文獻信息檢索指南 (北京：軍事科學出版社)
(62)　2000.10　張萬年，當代世界軍事與中國國防 (北京：中共中央黨校出版社)
(61)　2000.10　劉德倜，馬仁光，宋世平，新世紀・新武器叢書－軍事氣象與氣象武器 (北京：軍事誼文出版社)
(60)　2000.10　黃波，吳德富，李亞林，周炯，新世紀・新武器叢書－核生化武器 (北京：軍事誼文出版社)
(59)　2000.10　邱毅，新世紀・新武器叢書－航天與太空武器 (北京：軍事誼文出版社)

1999 (廿五本)

(58)　1999.12　李效東，比較軍事思想：部分國家軍事思想比較研究（北京：軍事科學出版社）
(57)　1999.12　馬亞西、成冀、王漢水，網路戰—地球村時代的戰爭（北京：國防大學出版社）
(56)　1999.11　陳伯江，美國將領與著名學者訪談錄—大洋彼岸的軍事革命（北京：世界知識出版社）
(55)　1999.10　張鋒，潮頭：全維信息化戰爭（北京：中國青年出版社）
(54)　1999.9　張召忠，下一個目標是誰 (北京：中國青年出版社)
(53)　1999.9　沈偉光，新軍事問題 (北京：新華出版社)
(52)　1999.8　譚吉春，現代國防高科技知識叢書：夜視技術（北京，國防工業出版社）
(51)　1999.8　任萱，現代國防高科技知識叢書：軍事航天技術（北京，國防工業出版社）
(50)　1999.8　郭修煌，現代國防高科技知識叢書：精確制導技術（北京，國防工業出版社）
(49)　1999.7　李傳臚，現代國防高科技知識叢書：新概念武器（北京：國防工業出版社）

(48) 1999.7 張召忠，戰爭離我們有多遠（北京：解放軍出版社）
(47) 1999.7 王凱，數字化部隊（北京：解放軍出版社）
(46) 1999.6 張克強，現代國防高科技知識叢書：計算機與信息處理技術（北京，國防工業出版社）
(45) 1999.5 蘇建志等編，現代國防高科技知識叢書：指揮自動化系統（北京，國防工業出版社）
(44) 1999.5 周一宇、徐暉、安瑋，現代國防高科技知識叢書：電子戰原理與技術（北京，國防工業出版社）
(43) 1999.5 陸彥文、陸啟生，現代國防高科技知識叢書：軍用激光技術（北京，國防工業出版社）
(42) 1999.4 鍾華、李自立，現代國防高科技知識叢書：隱身技術（北京，國防工業出版社）
(41) 1999.4 軍事學術編輯部，我軍信息戰問題研究（北京：國防大學出版社） 內部圖書
(40) 1999.3 張召忠，誰能打贏下一場戰爭（北京：中國青年出版社）
(39) 1999.3 汪江淮，盧利華，聯合戰役作戰指揮（北京：國防大學出版社）
(38) 1999.2 李佑義，2020年的武器（北京：解放軍出版社）
(37) 1999.2 喬良，王湘穗，超限戰—對全球化時代戰爭與戰法的想定（北京：解放軍文藝出版社）
(36) 1999.2 閻晉中，軍事情報學（北京：時事出版社）
(35) 1999.1 王保存、劉玉建，外軍信息戰研究概覽（北京：軍事科學出版社）
(34) 1999.1 魯道海，信息作戰（北京：軍事誼文出版社）內部發行

1998（十本）

(33) 1998.11 李顯堯，周碧松，信息戰爭（北京：解放軍出版社）
(32) 1998.9 鮑忠行，神秘的太空和未來太空戰（北京：國防大學出版社）
(31) 1998.8 胡永豐，數字化部隊與戰場（北京：軍事誼文出

版社）
(30) 1998.8 魏平，不速黑客—計算機病毒武器（北京：國防大學出版社）
(29) 1998.7 龔飛，信息戰爭戰役后勤研究（北京：國防大學出版社）
(28) 1998.7 魯品越，葛寧，劉強，中國未來之路—信息化進程在中國（江蘇：南京大學出版社）
(27) 1998.4 張健志，倚天仗劍看世界—現代高技術戰爭和導彈核武器（北京：中國青年出版社）
(26) 1998.3 國家科學技術委員會，中國科學技術政策指南（北京：科學技術文獻出版社）
(25) 1998.1 李元奎，高技術與現代戰爭（北京：軍事誼文出版社）
(24) 1998.1 王志剛，電子信息技術（北京：軍事誼文出版社）

1997（十三本）

(23) 1997.12 李鳴生，中國 863（山西教育出版社）
(22) 1997.11 孫旭，何樹才，孫快吉，黎曉明，導彈與戰爭（北京：國防工業出版社）
(21) 1997.11 李悅堂，周碧松，核武器與戰爭（北京：國防工業出版社）
(20) 1997.8 曹宏，張惠民，潛艇與戰爭（北京：國防工業出版社）
(19) 1997.8 袁玉春，田小川，房兵，航空母艦與戰爭（北京：國防工業出版社）
(18) 1997.8 賈俊明，李力鋼，太空武器與戰爭（北京：國防工業出版社）
(17) 1997.8 趙潞生，高科技對軍事的影響（北京：兵器工業出版社）
(16) 1997.8 朱也璇，軍事高科技知識通覽（北京：兵器工業出版社）
(15) 1997.6 沈偉光，新戰爭論（北京：人民出版社）
(14) 1997.6 程秀龍、崔淑霞、常巧章，現代作戰形式集萃（北京：國防大學出版社）

(13) 1997.5 王啟明，陳鋒，打贏高技術局部戰爭—軍官必讀手冊 (北京：軍事誼文出版社)

(12) 1997.3 溫熙森、匡興華，國防科學技術論 (長沙：國防科技大學出版社)

(11) 1997.3 趙捷，羅雪山，軍隊指揮自動化 (北京：軍事誼文出版社)

1996（一本）

(10) 1996.12 高春翔，新軍事革命論 (北京：軍事科學出版社)

1995（六本）

(9) 1995.12 王普豐，信息戰爭與軍事革命 (北京：軍事科學出版社)

(8) 1995.10 中國人民解放軍總參謀部軍訓部，軍事高技術知識教材（〈下冊〉）（北京：解放軍出版社），內部發行

(7) 1995.10 中國人民解放軍總參謀部軍訓部，軍事高技術知識教材（中高級本〈上冊〉）（北京：解放軍出版社），內部發行

(6) 1995.10 中國人民解放軍總參謀部軍訓部，軍事高技術知識教材（初級本）（北京：解放軍出版社），內部發行

(5) 1995.10 姜放然，高技術條件下合同作戰指揮（北京：解放軍出版社）

(4) 1995.3 梁必駸，趙魯杰，高技術戰爭哲理 (北京：解放軍出版社)

1993（二本）

(3) 1993.8 黃彬，陸海空軍高技術條件下作戰指揮 (北京：國防大學出版社）

(2) 1993.6 劉明濤，楊承軍，高技術戰爭中的導彈戰 (北京：國防大學出版社）

1991（一本）

(1)　1991.11　霍忠文，王宗孝，國防科技情報源及獲取技術 (北京：科學技術文獻出版社)

國家圖書館出版品預行編目資料

廟算台海—新世紀海峽戰略態勢

林中斌主編. – 初版. – 臺北市：臺灣學生，
2002[民 91]
面；公分

ISBN 957-15-1161-7 (平裝)

1. 軍事 – 中國大陸 – 論文，講詞等
2. 兩岸關係
3. 戰略

590.9207 91021356

廟算台海—新世紀海峽戰略態勢（全一冊）

主編者：林中斌
出版者：臺灣學生書局
發行人：孫善治
發行所：臺灣學生書局
臺北市和平東路一段一九八號
郵政劃撥帳號：00024668
電話：(02)23634156
傳眞：(02)23636334
E-mail：student.book@msa.hinet.net
http：//studentbook.web66.com.tw

本書局登記證字號：行政院新聞局局版北市業字第玖捌壹號

印刷所：宏輝彩色印刷公司
中和市永和路三六三巷四二號
電話：(02)22268853

定價：平裝新臺幣六〇〇元

中華民國九十一年十二月初版

59001

ISBN 957-15-1161-7 (平裝)